全国高等职业教育技能型紧缺人才培养培训推荐教材

建筑工程基础知识

（建筑工程技术专业）

本教材编审委员会组织编写

主编　赵　研
主审　杜　军

中国建筑工业出版社

图书在版编目（CIP）数据

建筑工程基础知识/赵研主编. —北京：中国建筑工
业出版社，2005（2024.8重印）
全国高等职业教育技能型紧缺人才培养培训推荐教材.
建筑工程技术专业
ISBN 978-7-112-07166-1

Ⅰ. 建… Ⅱ. 赵… Ⅲ. 建筑工程—高等学校：技
术学校—教材 Ⅳ. TU

中国版本图书馆 CIP 数据核字（2005）第 084065 号

全国高等职业教育技能型紧缺人才培养培训推荐教材

建筑工程基础知识

（建筑工程技术专业）

本教材编审委员会组织编写

主编 赵 研

主审 杜 军

*

中国建筑工业出版社出版、发行(北京西郊百万庄)

各地新华书店、建筑书店经销

建工社（河北）印刷有限公司印刷

*

开本：787×1092 毫米 1/16 印张：22¼ 插页：5 字数：550 千字
2005 年 8 月第一版 2024 年 8 月第十六次印刷
定价：**58.00** 元
ISBN 978-7-112-07166-1
（36914）

本书是全国高等职业教育技能型紧缺人才培养培训推荐教材之一。内容按照《高等职业学校建筑工程技术专业领域技能型紧缺人才培养培训指导方案》的指导思想和该方案对本课程的基本教学要求进行编写，重点突出职业实践能力的培养和职业素养的提高。

全书共分 14 个单元，内容包括：概述、建筑制图的基本知识、投影的基本知识、剖面图与断面图、建筑专业施工图的识读、建筑材料的基本性能、胶凝材料、墙体材料、建筑钢材与玻璃、建筑的通用构造、建筑力学的基本知识、平面力系的合成及平衡条件、静定结构的内力计算、建筑结构的基本概念、建筑结构的基本设计原则等。

本教材主要作为高职二年制建筑工程技术专业的教学用书，也可作为岗位培训教材或土建工程技术人员的参考书。

*　　*　　*

责任编辑：吉万旺
责任设计：郑秋菊
责任校对：孙　爽　王金珠

本教材编审委员会名单

主 任 委 员: 张其光

副主任委员: 杜国城　陈　付　沈元勤

委　　　员: (按姓氏笔画为序)

丁天庭　王作兴　刘建军　朱首明　杨太生　杜　军

李顺秋　李　辉　施广德　胡兴福　项建国　赵　研

郝　俊　姚谨英　廖品槐　魏鸿汉

序

改革开放以来，我国建筑业蓬勃发展，已成为国民经济的支柱产业。随着城市化进程的加快、建筑领域的科技进步、市场竞争的日趋激烈，急需大批建筑技术人才。人才紧缺已成为制约建筑业全面协调可持续发展的严重障碍。

面对我国建筑业发展的新形势，为深入贯彻落实《中共中央、国务院关于进一步加强人才工作的决定》精神，2004年10月，教育部、建设部联合印发了《关于实施职业院校建设行业技能型紧缺人才培养培训工程的通知》，确定在建筑施工、建筑装饰、建筑设备和建筑智能化等四个专业领域实施技能型紧缺人才培养培训工程，全国有71所高等职业技术学院、94所中等职业学校、702个主要合作企业被列为示范性培养培训基地，通过构建校企合作培养培训人才的机制，优化教学与实训过程，探索新的办学模式。这项培养培训工程的实施，充分体现了教育部、建设部大力推进职业教育改革和发展的办学理念，有利于职业院校从建设行业人才市场的实际需要出发，以素质为基础，以能力为本位，以就业为导向，加快培养建设行业一线迫切需要的高技能人才。

为配合技能型紧缺人才培养培训工程的实施，满足教学急需，中国建筑工业出版社在跟踪"高等职业教育建设行业技能型紧缺人才培养培训指导方案"编审过程中，广泛征求有关专家对配套教材建设的意见，组织了一大批具有丰富实践经验和教学经验的专家和骨干教师，编写了高等职业教育技能型紧缺人才培养培训"建筑工程技术"、"建筑装饰工程技术"、"建筑设备工程技术"、"楼宇智能化工程技术"4个专业的系列教材。我们希望这4个专业的系列教材对有关院校实施技能型紧缺人才的培养培训具有一定的指导作用。同时，也希望各院校在实施技能型紧缺人才培养培训工作中，有何意见和建议及时反馈给我们。

建设部人事教育司

2005年5月30日

前　言

　　本教材是根据"教育部、建设部联合组织制定的"高等职业学校建设行业技能型紧缺人才培养培训指导方案"中对建筑工程技术专业的要求，组织编写的。高等职业教育建筑工程技术专业（两年制）的人才培养培训指导方案是根据我国高等职业教育发展的新形势制定的，该培养方案注重培养学生的基本技能和岗位能力，教学过程的设计充分体现了项目教学与训练的改革思路，把学生的专业知识、专业技能和工作态度作为培养方案的核心内容。本教材主要是为了满足技能型紧缺人才培养培训工程高职建筑工程技术专业（两年制）的教学要求，同时也能适应相关专业岗位培训的一般要求。

　　建筑工程基础知识是高等职业教育建筑工程技术专业（两年制）的一门主要专业课，主要学习建筑的一般知识和工程建设的基本程序；常用建筑材料的种类、规格、技术性质、质量标准和检验方法，以及常用建筑材料的应用范围、保管手段和常用仪器设备的使用方法；投影原理，建筑制图基本知识和技能、制图标准，建筑专业施工图的识读；建筑通用构造的原理和常见做法；建筑力学的基本知识、物体的受力分析和一般的计算方式；建筑结构体系的基本概念、荷载和极限状态的概念和量化分析。本教材在编写过程当中，努力使教材的定位适应建设行业技能型紧缺人才培养培训工程的总体要求。在内容的组织方面突出实用性和工程性特色，尽量贴近工程实际，并充分地考虑了目前高职学生的特点。力争用通俗的文字、新颖的内容和具有实际意义的插图来构成教材的主体。为了方便学生的自学，本教材在每个单元之后均附有复习思考题或习题。

　　本课程是"地基与基础工程施工"、"混凝土结构工程施工"、"砌体结构工程施工"、"钢结构制造与安装"、"建筑装饰工程施工"、"建筑防水工程施工"、"建筑工程计量与计价"等教学与训练项目的（课题）的前导课程，担负着培养学生掌握建筑、建筑材料、建筑制图、建筑通用构造、建筑力学基础知识、建筑结构基础知识的任务，在整个人才培养培训指导方案中具有重要的地位。为了适应《高等职业学校建设行业技能型紧缺人才培养培训指导方案》的要求，本教材在内容的组织和框架的构建方面进行了较大的变革，用全新的面目和内容的组合来体现教材的核心目标，在职业教育教学文件建设方面做了有益的尝试。

　　本教材由黑龙江建筑职业技术学院赵研教授主编，并编写了概述、课题1、课题2、课题3、课题4及课题9；黑龙江建筑职业技术学院于英副教授编写了课题11、课题12；黑龙江建筑职业技术学院周仲景副教授编写了课题5、课题6、课题7及课题8；四川建筑职业技术学院黄敏讲师编写了课题10、课题13、课题14。

　　本教材由天津建筑工程职工大学杜军主审。本教材在编写过程中得到了建设部人事教育司、全国高职高专土建类教学指导委员会土建施工类专业分委员会和编者所在单位的热情指导和大力支持，在此一并致谢。

　　由于编者的水平有限，再加上教材的内容与体例又比较新颖，书中难免存在错误与缺陷，希望各位读者及时的批评指正，以便适时修改。

目　录

概述 ··· 1

 课题 1　建筑的构成要素 ·································· 1

 课题 2　建筑及结构的发展简史 ······················ 2

 课题 3　建筑的分类 ····································· 3

 课题 4　建筑的等级 ····································· 6

 复习思考题 ·· 9

单元 1　建筑制图的基本知识 ····························· 10

 课题 1　绘图工具和仪器 ······························ 10

 课题 2　建筑制图标准 ································· 14

 课题 3　绘图的一般方法 ······························ 30

 课题 4　几何作图 ····································· 33

 复习思考题 ··· 35

单元 2　投影的基本知识 ································· 36

 课题 1　投影的形成与分类 ···························· 36

 课题 2　三面正投影 ····································· 39

 课题 3　点、直线、平面的投影 ······················ 42

 课题 4　基本形体的投影 ······························ 49

 复习思考题 ··· 59

单元 3　剖面图与断面图 ································· 60

 课题 1　剖面图 ··· 60

 课题 2　断面图 ··· 64

 复习思考题 ··· 67

单元 4　建筑工程图的识读 ······························· 68

 课题 1　民用建筑的构造组成 ························· 68

 课题 2　单层工业厂房的构造组成 ···················· 70

 课题 3　建筑标准化和模数协调 ······················ 74

 课题 4　定位轴线 ····································· 77

 课题 5　建筑专业施工图的识读 ······················ 86

 复习思考题 ··· 98

单元 5　建筑材料的基本性能 ····························· 99

 课题 1　建筑材料的定义、分类及在建筑工程中的应用 ···· 99

 课题 2　材料的物理性能 ······························ 100

 课题 3　材料的力学性能 ······························ 107

　　课题4　材料的耐久性 ·························· 110
　　　复习思考题 ······························ 111

单元6　胶凝材料 ····························· 112
　　课题1　气硬性胶凝材料 ······················ 112
　　课题2　水硬性胶凝材料 ······················ 118
　　　复习思考题 ······························ 136

单元7　墙体材料 ····························· 137
　　课题1　砌墙砖 ··························· 137
　　课题2　砌块 ··························· 145
　　课题3　墙板 ··························· 149
　　　复习思考题 ······························ 152

单元8　建筑钢材与玻璃 ······················· 153
　　课题1　建筑钢材 ··························· 153
　　课题2　建筑玻璃 ··························· 166
　　　复习思考题 ······························ 168

单元9　建筑的通用构造 ······················· 169
　　课题1　楼梯与电梯 ··························· 169
　　课题2　变形缝 ··························· 198
　　课题3　其他常见构造 ······················ 206
　　　复习思考题 ······························ 218

单元10　建筑力学的基本知识 ··················· 219
　　课题1　静力学的基本概念 ···················· 219
　　课题2　静力学的计算 ······················ 224
　　课题3　结构的计算简图 ···················· 229
　　课题4　受力分析及受力图 ···················· 238
　　　复习思考题 ······························ 240
　　　习题 ······························· 241

单元11　平面力系的合成及平衡条件 ············· 244
　　课题1　平面汇交力系的合成及平衡条件 ··········· 244
　　课题2　平面力偶系的合成及平衡条件 ············· 250
　　课题3　平面一般力系向作用面内任一点的简化 ······· 251
　　课题4　平面一般力系的平衡条件及其应用 ········· 254
　　　复习思考题 ······························ 263
　　　习题 ······························· 263

单元12　静定结构的内力计算 ··················· 267
　　课题1　概述 ··························· 267
　　课题2　轴心拉、压构件的轴力及轴力图 ··········· 269
　　课题3　受弯构件的内力及内力图 ··············· 271
　　课题4　静定平面桁架的内力计算 ··············· 292

　　复习思考题 ··· 298

　　习题 ··· 298

单元 13　建筑结构的基本概念 ································· 303

　　课题 1　建筑结构的一般概念 ······························· 303

　　课题 2　常见结构的概念及特点 ····························· 313

　　复习思考题 ··· 330

单元 14　建筑结构设计原则 ································· 331

　　课题 1　建筑结构荷载 ····································· 331

　　课题 2　建筑结构的极限状态 ······························· 334

　　课题 3　极限状态设计方法 ································· 338

　　复习思考题 ··· 343

　　习题 ··· 344

附图

参考文献 ··· 345

概　　述

课题 1　建筑的构成要素

建筑的发展经历了从原始到现代，从简陋到完善，从小型到大型、从低级到高级的漫长过程。随着社会的发展和科技的进步，建筑已经由最初单纯为了解决人类遮风挡雨、防备野兽侵袭的简陋构筑物，逐步发展成为集建筑功能、建筑技术、建筑经济、建筑艺术及建筑环境等诸多学科为一体的、包含较高科技含量，与人们的生产、生活和日常活动具有密切联系的现代化工业产品。虽然现代建筑的构成日趋繁杂、复杂，但从根本上讲，建筑是由以下三个基本要素构成的：（1）建筑的使用功能；（2）物质和技术条件；（3）建筑的艺术形象。

1.1　建筑的使用功能

建筑的使用功能是建筑三个基本构成要素当中最重要的一个，是人们建造房屋的具体目的和使用要求的综合体现。人们建造房屋，就是为了满足生产、生活的要求，同时也要充分考虑整个社会的各种需要。建筑的使用功能往往会对建筑的结构形式、平面和空间构成、内部和外部空间的尺度、建筑的形象产生直接的影响。不同的建筑具有不同的个性，建筑的使用功能在其中起到了决定的作用。建筑的使用功能并不仅仅局限在物质的范畴当中，人们心理和精神需要也是建筑使用功能的一部分。随着时代的发展，建筑的功能也在不断地发生着变化。

1.2　建筑的物质技术条件

建筑是由不同的建筑材料和相关设备构成的，不同的建筑材料和结构方案又构成了不同的建筑结构形式，把建筑设计变成建筑实物还需要建筑材料、施工技术和人力资源的保证，所以物质技术条件是构成建筑的重要因素。任何好的工程设计构想如果没有物质技术条件作保证，都只能停留在图纸上，不能成为建筑实物。因此，建筑的建造过程是实际的生产过程，不能脱离当时社会政治、技术和经济的发展环境。

物质技术条件作为构成建筑的重要客观因素，对建筑的各个方面具有一定的制约作用，但物质技术条件在限制建筑发展空间的同时，也在许多方面促进了建筑的发展。例如：高强度建筑材料的产生、结构设计理论的成熟、建筑内部垂直交通设备的应用，就促进了建筑朝着大空间、大高度、大体量的方向发展进程。

1.3　建筑的艺术形象

建筑的艺术形象是体现建筑艺术价值的重要组成部分，缺乏艺术美感的建筑是不完善的。建筑的艺术形象通常是以其平面空间组合、建筑体形和立面、材料的色彩和质感、细部的处理及与周边环境的协调融合来体现的。不同的时代、不同的地域、不同的人群可能对建筑的艺术形象有不同的理解，但建筑的艺术形象仍然具有自身的美学规律。由于建筑的使用年限较长，体量较大，同时又是构成城市景观的主体，因此成功的建筑应当反映时代特征、反映民族特点、反映地方特色、反映文化色彩，并与周围的建筑和环境有机融合、协调，能经受住时光的考验。

课题2　建筑及结构的发展简史

建筑与人们的生产生活关系密切，远古的人们为了躲避野兽的侵袭和遮风挡雨，用树枝、石块等一些天然的材料搭建起极为简陋的构筑物，形成了建筑的雏形。经过大量的考古发掘证明，我国大约在距今 5000～6000 年的新石器末期就已经有了简易的地面建筑，在距今近 3000 年的西周时代，烧制的瓦已经在建筑中得到应用，到了汉晋时期，烧制的砖已经在建筑当中普遍应用。我国的古建筑在材料的应用方面形式较为多样，用木材、石料、砖瓦等建筑材料构建了大量的建筑，有些一直保存至今，成为全人类宝贵的文化遗产，如始建于战国时期的万里长城、建于隋代的河北赵县赵州桥、建于辽代的山西应县木塔（图 0-1）、建于明代的北京故宫等著名的古建筑。这些古建筑不论是在材料使用、结构受力、空间组织、艺术造型和经济性等诸多方面均具有极高的成就，充分地显示了我国古代劳动人们在建筑工程方面的能力和水平。由于当时的科学和文化发展的程度较低，古代的建筑更多的是依据工匠的经验和体会来建造的，还没有形成完整的理论体系。

17 世纪英国工业革命，带动了资本主义国家工业化的发展，建筑的结构理论开始构建，新型的建筑材料不断涌现。17 世纪金属材料开始用于建筑和桥梁，19 世纪水泥的发明和随之而来的混凝土在建筑工程上的应用，更是使建筑和结构的发展速度大大地加快。由于有了更多的建筑材料可供选用，有了结构理论作为支持，许多经典建筑应运而生，如法国巴黎的埃菲尔铁塔、英国伦敦的世博会水晶宫等。

现代建筑不论在材料应用、施工手段、结构形式和结构理论等诸方面均有了长足的进步，预应力混

图 0-1　应县木塔

凝土、建筑钢材、建筑塑料、节能材料等在建筑上应用得越来越广泛。框架、网架、悬索、薄壳、筒体、膜等结构形式层出不穷，给建筑的生产提供了极大的发展空间。建筑结构的跨度从砖石结构和木结构的几米、十几米，发展到钢结构的几百米、上千米。如上海金茂大厦地上 88 层、地下 3 层，总建筑面积 29 万 m²，总高度达 420.50 m（图 0-2）；北京国家大剧院采用的空间金属网架穹顶，长轴为 220m、短轴为 150m、高为 49m，采用玻璃

2

和钛金板封闭，在其内部布置了有 2416 个座席的歌厅、2012 个座席的音乐厅、1040 个座席的小剧场，气势极为宏伟。

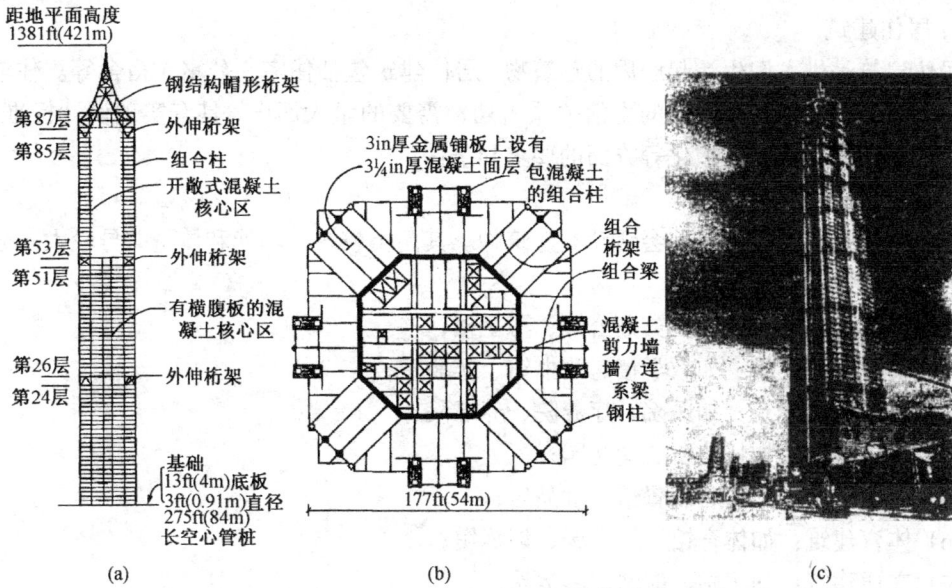

图 0-2　上海金茂大厦

(a) 剖面示意；(b) 标准层示意；(c) 外观

建筑结构在建筑当中起到将建筑物的各部分有效和有序的组成为一个整体的作用。建筑结构主要应当完成以下三个任务：

(1) 把人们需要的功能良好、美观实用、符合人类活动特点的建筑空间变为现实；

(2) 在满足承担人们正常使用给建筑及构件带来的作用力的前提下，还要在自然条件发生突然变化时（如地震、海啸、火灾等），确保建筑的安全，或为人们提供足够的疏散时间；

(3) 由于建筑结构是通过不同的建筑材料来实现的，建筑材料的使用与建筑的造价和工期以及施工关系密切，因此在满足结构安全的前提下，应当尽量挖掘建筑材料的潜力，充分发挥所用材料的效能。

课题 3　建筑的分类

由于建筑个体之间在各个方面往往存在较大的差异，因此，人们把建筑分成不同的类型。不同的建筑各方面的特性也不尽相同，因此分类的方式也不一样。我国常见建筑的分类方式主要有以下几种：

3.1　按照建筑的使用性质进行分类

按照建筑的使用性质可以把建筑分成民用建筑、工业建筑和农业建筑三类。

3.1.1 民用建筑

通常把供人们居住及进行社会交往等非生产性活动的建筑称为民用建筑。民用建筑又分成居住建筑和公共建筑两类。

1. 居住建筑

居住建筑是供人们生活起居用的建筑物,居住建筑包括住宅、公寓、宿舍等。住宅是构成居住建筑的主体,与人们的生活关系密切,需要的量大面广,具有实现设计标准化、构件生产工厂化、施工机械化等方面的要求和条件。

2. 公共建筑

公共建筑是供人们进行社会活动的建筑物。其门类较多,功能和体量差异较大。公共建筑主要有以下一些类型:

(1) 行政办公建筑:如各类办公楼、写字楼;

(2) 文教科研建筑:如教学楼、图书馆、实验室;

(3) 医疗福利建筑:如医院、疗养院、养老院;

(4) 托幼建筑:如托儿所、幼儿园;

(5) 商业建筑:如商店、餐馆、食品店;

(6) 体育建筑:如体育馆、体育场、训练馆;

(7) 交通建筑:如车站、航站、客运站;

(8) 邮电通讯建筑:如电台、电视台、电信中心;

(9) 旅馆建筑:如宾馆、招待所、旅馆;

(10) 展览建筑:如展览馆、文化馆、博物馆;

(11) 文艺观演建筑:如电影院、音乐厅、剧院;

(12) 园林建筑:如公园、动物园、植物园;

(13) 纪念建筑:如纪念碑、纪念堂。

有些大型公共建筑内部功能比较复杂,可能同时具备上述两个或两个以上的功能,一般称这类建筑为综合性建筑。

3.1.2 工业建筑

工业建筑是供人们进行生产活动的建筑。工业建筑包括生产用建筑及辅助生产、动力、运输、仓贮用建筑,如机械加工车间、机修车间、锅炉房、动力站、库房等。工业建筑的功能主要体现在生产工艺的需求方面,生产的工艺流程和生产状况对建筑的各个方面影响极大。

3.1.3 农业建筑

农业建筑是供人们进行农牧业的种植、养殖、贮存等用途的建筑,如温室、禽舍、仓库等。

3.2 按照建筑结构形式进行分类

按照建筑结构形式可以把建筑分成墙承重、骨架承重、内骨架承重、空间结构承重等四类。随着建筑结构理论的发展和新材料、新机械的不断涌现,建筑的结构形式也将不断地推陈出新。

3.2.1 墙承重

这是一种传统的结构形式，墙体承受建筑的全部荷载，由于墙体具有承重的功能，因此使墙体布局的灵活性受到了较大的限制。这种承重体系适用于内部空间较小，建筑高度较小的建筑。

3.2.2 骨架承重

这也是一种传统的结构形式，只不过近现代以来已经由钢筋混凝土和钢材替代了木材。目前骨架承重的建筑是由钢筋混凝土或型钢组成的梁柱体系承受建筑的全部荷载，墙体通常只起到围护和分隔的作用。这种结构形式适用于跨度大、荷载大、高度大的建筑。

3.2.3 内骨架承重

内骨架承重是墙承重和骨架承重结构形式的综合体，建筑内部由梁柱体系承重，四周用外墙承重。这种结构形式适用于局部设有较大空间的建筑。

3.2.4 空间结构承重

这是一种较为新颖的结构形式，目前在技术上已经相当成熟。钢筋混凝土或钢（型钢或钢索）组成空间结构承受建筑的全部荷载，如网架结构、悬索结构、壳体结构等。这种结构形式适用于大空间建筑，在体育建筑、博览建筑、交通建筑方面应用广泛。

3.3 按照承重结构的材料进行分类

按照承重结构的材料可以把建筑分成砖混结构、钢筋混凝土结构、钢结构等三类。

3.3.1 砖混结构

这种建筑用砖墙（柱）、钢筋混凝土楼板及屋面板作为主要承重构件，属于墙承重结构体系，我国目前在居住建筑和小型公共建筑中较多采用。这种结构材料来源广泛，对施工的技术和机具要求较低，是一种比较容易实施的建筑形式，但由于这种建筑在空间的组织方面不够灵活、消耗的建筑材料较多、建筑的自重较大，因此面临着较大的改革课题。

3.3.2 钢筋混凝土结构

这种建筑用钢筋混凝土材料作为主要承重构件，墙体起围护和分隔作用，属于骨架承重结构体系。这种结构形式具有空间布置灵活、施工技术成熟和建筑功能应用性广泛的特点，目前，我国的大中型公共建筑、大跨度建筑、高层建筑较多采用这种结构形式。

3.3.3 钢结构

这种建筑用主要承重结构全部采用钢材作为承重构件，多属于骨架承重结构体系。这种结构形式具有空间布置灵活、建筑造型飘逸多变、自重轻、强度高的特点。大型公共建筑和工业建筑、大跨度和高层建筑经常采用这种结构形式。

建筑的结构形式除了应当适应建筑的功能、建筑的技术经济指标和施工技术条件之外，还要充分考虑建筑的地域特征、经济发展状况、建筑材料的生产能力及民族特色。因此，建筑的材料构成是动态的，会随着社会的发展而变化。在我国相当长的时期内存在的生土-木结构建筑和砖木结构建筑，由于它们存在耐久性和防火性能差的缺点，现在已经被城市建筑所淘汰，仅在部分地区的民居中还有应用。

3.4 按照建筑高度或层数进行分类

按照建筑高度或层数可以把建筑分成以下类别：

3.4.1 住宅建筑按照层数分类

因为住宅建筑的层高差异不大，《住宅设计规范》（GB 50096—1999）规定，普通住宅的层高不宜大于 2.80m，卧室、起居室和厅的净高不能小于 2.40m，所以我国是按照层数区分住宅类别的。具体规定如下：

（1）低层住宅为 1～3 层；

（2）多层住宅为 4～6 层；

（3）中高层住宅为 7～9 层；

（4）高层住宅为 10 层及以上。

由于低层住宅占地较多，因此，在城市中应当控制建造。按照《住宅设计规范》（GB 50096—1999）的规定，7 层及 7 层以上或顶层入口层楼面距室外设计地面的高度超过 16m 以上的住宅必须设置电梯。因为，设置电梯将会增加建筑的造价和使用维护费用，所以应控制中高层住宅的修建。

3.4.2 其他民用建筑按建筑高度分类

建筑高度是指自室外设计地面至建筑主体檐口上部的垂直距离，突出于屋面的楼梯间和电梯机房一般不计入建筑高度。

（1）普通建筑：建筑高度不超过 24m 的民用建筑和建筑高度超过 24m 的单层民用建筑。

（2）高层建筑：10 层及 10 层以上的住宅，建筑高度超过 24m 的公共建筑（不包括单层主体建筑）。

（3）超高层建筑：建筑高度超过 100m 的民用建筑。

课题 4 建筑的等级

民用建筑一般是根据建筑物的使用年限、防火性能、规模大小和重要性来划分等级的。

4.1 按照建筑的耐久年限来划分等级

耐久年限一般是指建筑主体结构的正常使用年限，民用建筑共分为四个等级：一级建筑的耐久年限在 100 年以上，适用于重要的建筑和高层建筑；二级建筑的耐久年限为 50～100 年，适用于一般性建筑；三级建筑的耐久年限为 25～50 年，适用于次要的建筑；四级建筑的耐久年限在 25 年以下，适用于临时性建筑。

4.2 按照建筑的重要性和规模来划分等级

民用建筑按照其重要性、规模、使用要求的不同，分成特级、一级、二级、三级、四级、五级等六个级别。具体划分见表 0-1。

工程等级	工程主要特征	工程范围举例
特级	1. 列为国家重点项目或以国际性活动为主的特高级大型公共建筑。 2. 有全国性历史意义或技术要求特别复杂的中小型公共建筑。 3.30层以上建筑。 4. 高大空间有声、光等特殊要求的建筑物	国宾馆、国家大会堂、国际会议中心、国际体育中心、国际贸易中心、国际大型空港、国际综合俱乐部、重要历史纪念建筑、国家级图书馆、博物馆、美术馆、剧院、音乐厅，三级以上人防
一级	1. 高级大型公共建筑。 2. 有地区性历史意义或技术要求复杂的中、小型公共建筑。 3.16层以上29层以下或超过50m高的公共建筑	高级宾馆、旅游宾馆、高级招待所、别墅、省级展览馆、博物馆、图书馆、科学实验研究楼（包括高等院校）、高级会堂、高级俱乐部。不小于300个床位医院、疗养院、医疗技术楼、大型门诊楼、大中型体育馆、室内游泳馆、室内滑冰馆、大城市火车站、航运站、候机楼、摄影棚、邮电通讯楼、综合商业大楼、高级餐厅、四级人防、五级平战结合人防
二级	1. 中高级、大中型公共建筑。 2. 技术要求较高的中小型建筑。 3.16层以上29层以下住宅	大专院校教学楼、档案楼、礼堂、电影院、部、省级机关办公楼，300床位以下医院、疗养院、地、市级图书馆、文化馆、少年宫、俱乐部、排演厅、报告厅、风雨操场、大、中城市汽车客运站、中等城市火车站、邮电局，多层综合商场，风味餐厅，高级小住宅等
三级	1. 中级、中型公共建筑。 2.7层以上（包括7层）15层以下有电梯住宅或框架结构的建筑	重点中学、中等专科学校、教学、试验楼、电教楼、社会旅馆、饭馆、招待所、浴室、邮电所、门诊部、百货楼、托儿所、幼儿园、综合服务楼、一、二层商场，多层食堂，小型车站等
四级	1. 一般中小型公共建筑。 2.7层以下无电梯的住宅，宿舍及砖混结构建筑	一般办公楼，中小学教学楼，单层食堂，单层汽车库、消防车库、防消站、蔬菜门市部、粮站、杂货店、阅览室、理发室、水冲式公共厕所等
五级	一、二层单功能，一般小跨度结构建筑	

4.3 按照建筑的防火性能来划分等级

能对建筑产生破坏作用的外界因素很多，如火灾、地震、战争等，其中火灾是最主要的因素。在日常活动当中，几乎每一幢建筑都存在遭受火灾的可能，而且一旦发生火灾将对建筑及使用者的生命财产造成巨大的危害。为了提高建筑对火灾的抵抗能力，在建筑的布局和构造上采取措施，控制火灾的发生、蔓延和提高建筑的自救能力就显得非常重要。我国《建筑设计防火规范》（GBJ16—87修订本）与《高层民用建筑设计防火规范》

（GB50045—95）根据建筑材料和构件的燃烧性能及耐火极限，把建筑的耐火等级分为四级。

4.3.1 建筑材料及构件的燃烧性能

建筑构件按照燃烧性能分成非燃烧体（或称不燃烧体）、难燃烧体和燃烧体。

（1）非燃烧体（不燃烧体）：用非燃烧材料制成的构件。非燃烧材料系指在空气中受到火烧或高温作用时不起火、不微燃、不炭化的材料，如建筑中采用的金属材料和天然或人工的无机矿物材料。

（2）难燃烧体：用难燃材料制成的构件或用燃烧材料制成而用非燃烧材料做保护层的构件。难燃烧材料系指在空气中受到火烧或高温作用时难起火、难微燃、难炭化，当火源移走后燃烧或微燃立即停止的材料，如沥青混凝土、经过防火处理的木材、用有机物填充的混凝土和水泥刨花板等。

（3）燃烧体：用燃烧材料做成的构件。燃烧材料系指在空气中受到火烧或高温作用时立即起火或微燃，而且火源移走后仍继续燃烧或微燃的材料，如木材等。

4.3.2 耐火极限

耐火极限是指对任一建筑构件按时间——温度标准曲线进行耐火试验，从构件受到火的作用时起，到失去支持能力或完整性破坏或失去隔火作用时止的这段时间，用小时为计量单位。

建筑构件出现了上述现象之一，就认为其达到了耐火极限。失去支持能力是指构件自身解体或垮塌，梁、楼板等受弯承重构件，挠曲速率发生突变，是失去支持能力的象征。完整性破坏是指楼板，隔墙等具有分隔作用的构件，在试验中出现穿透裂缝或较大的孔隙。失去隔火作用是指具有分隔作用的构件在试验中背火面测温点测得平均温升到达140℃（不包括背火面的起始温度）；或背火面测温点中任意一点的温升到达180℃，或不考虑起始温度的情况下，背火面任一测点的温度到达220℃。

建筑耐火等级高的建筑，其构件的燃烧性能就差，耐火极限的时间就长。在建筑当中相同材料的构件根据其作用和位置的不同，它们要求的耐火极限也不相同。我国《建筑设计防火规范》（GBJ16—87修订本）和《高层民用建筑设计防火规范》（GB50045—95）规定不同耐火等级建筑物主要构件的燃烧性能和耐火极限不应低于表0-2和表0-3的规定。

建筑物构件的燃烧性能和耐火极限（普通建筑）　　　　　　　　表 0-2

构件名称	燃烧性能和耐火极限（h）	耐火等级			
		一级	二级	三级	四级
墙	防火墙	非燃烧体 4.00	非燃烧体 4.00	非燃烧体 4.00	非燃烧体 4.00
	承重墙、楼梯间、电梯井的墙	非燃烧体 3.00	非燃烧体 2.50	非燃烧体 2.50	难燃烧体 0.50
	非承重外墙、疏散走道两侧的隔墙	非燃烧体 1.00	非燃烧体 1.00	非燃烧体 0.50	难燃烧体 0.25
	房间隔墙	非燃烧体 0.75	非燃烧体 0.50	难燃烧体 0.50	难燃烧体 0.25
柱	支承多层的柱	非燃烧体 3.00	非燃烧体 2.50	非燃烧体 2.50	难燃烧体 0.50
	支承单层的柱	非燃烧体 2.50	非燃烧体 2.00	非燃烧体 2.00	燃烧体

燃烧性能和耐火极限（h）	耐火等级			
构件名称	一级	二级	三级	四级
梁	非燃烧体 2.00	非燃烧体 1.50	非燃烧体 1.00	难燃烧体 0.50
楼板	非燃烧体 1.50	非燃烧体 1.00	非燃烧体 0.50	难燃烧体 0.25
屋顶承重构件	非燃烧体 1.50	非燃烧体 0.50	燃烧体	燃烧体
疏散楼梯	非燃烧体 1.50	非燃烧体 1.00	非燃烧体 1.00	燃烧体
吊顶（包括吊顶搁栅）	非燃烧体 0.25	难燃烧体 0.25	难燃烧体 0.15	燃烧体

建筑构件的燃烧性能和耐火极限（高层建筑） 表 0-3

燃烧性能和耐火极限（h）		耐火等级	
构件名称		一级	二级
墙	防火墙	不燃烧体 3.00	不燃烧体 3.00
	承重墙、楼梯间、电梯井和住宅单元之间的墙	不燃烧体 2.00	不燃烧体 2.00
	非承重外墙、疏散走道两侧的隔墙	不燃烧体 1.00	不燃烧体 1.00
	房间隔墙	不燃烧体 0.75	不燃烧体 0.50
柱		不燃烧体 3.00	不燃烧体 2.50
梁		不燃烧体 2.00	不燃烧体 1.50
楼板、疏散楼梯、屋顶承重构件		不燃烧体 1.50	不燃烧体 1.00
吊顶		不燃烧体 0.25	不燃烧体 0.25

建筑的分级是根据其重要性和对社会生活影响程度来划分的。通常重要建筑的耐久年限长、耐火等级高。这样就导致建筑构件和设备的标准高，施工难度大，造价也高。因此，应当根据建筑的实际情况，合理地确定建筑的耐久年限和防火等级。

复习思考题

1. 建筑的基本构成要素有哪些？最主要的构成要素是什么？
2. 建筑按照使用功能分为几类？宿舍属于哪类建筑？
3. 为什么要控制中高层住宅的建造？
4. 建筑结构主要应当完成哪三个任务？
5. 建筑分级的意义有哪些？
6. 墙承重和骨架承重的建筑在受力方面有什么不同？
7. 材料的燃烧性能是如何划分的？钢筋混凝土属于哪类？
8. 耐火极限的概念是什么？

单元 1　建筑制图的基本知识

知 识 点：制图仪器的应用知识，制图标准，绘制工程图的一般方法和步骤。

教学目标：通过学习使学生了解绘图的基本知识，学会使用常见的绘图仪器和工具。掌握建筑制图标准的主要内容，了解绘图的一般方法和步骤，初步掌握绘图的基本技能。

课题 1　绘图工具和仪器

识读和绘制工程图是从事建筑业技术工作的专业人员应当具备的起码的业务能力和技能。应当说，绘图的难度要高于识图的难度，目前，高职的毕业生主要是面向建筑的生产一线，在最基层的技术和管理岗位上从事业务工作，需要自己动手绘制工程图纸的机会并不多，但练习绘制工程图的方法，并掌握其技能，是锻炼识读图能力的有效手段。学习建筑制图，首先要了解目前常用的各种绘图工具和仪器的性能，学会正确使用绘图工具和仪器的方法和保养知识，才能保证绘图质量，加快绘图的速度。

1.1　图　　板

图板是供铺放图纸的长方形案板，是绘制图纸的基础设备，一般用优质木条做成工作边框，由胶合板双面贴在木骨架上形成板面（图 1-1）。要求图板表面平坦光洁，由于图板的左边作为工作边，必须要平直，以便于用丁字尺画水平平行线。图板有三种常用的规格，0 号图板（900mm×1200mm）适用于绘制幅面是 A0 的图纸（俗称 0 号图），1 号图板（600mm×900mm）适用于绘制幅面是 A1 的图纸（俗称一号图），2 号图板（400mm×600mm）适用于绘制图纸 A2 或小于 A2 尺寸的图纸。

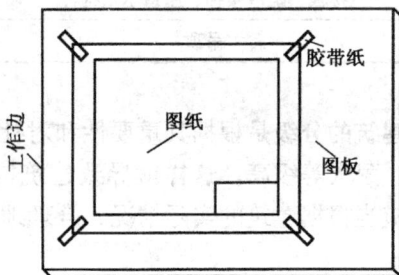

图 1-1　图板

1.2　丁字尺和一字尺

丁字尺由相互垂直的尺身和尺头组成，目前，丁字尺常用有机玻璃材料制成（图 1-2），尺身要用螺栓或粘结剂牢固地连接在尺头上，尺身的工作边标有刻度。由于工作边要供画水平线条用，因此，必须保持平直光滑。丁字尺用完后要挂起来，以防止尺身变形。

丁字尺是画水平线的长尺，画图时，应使尺头始终紧靠图板左侧的工作边，左手把握住尺头，然后上下推动，直至丁字尺工作边对准要画线的地方，再从左向右画水平线。画水平线时，要由上至下逐条画出。不能用丁字尺靠在图板的上边、右边、下边画线。许多丁字尺的尺身上下两边是不平行的，因此也不能用丁字尺的下边画线。

丁字尺应与与图板配套使用，常用的丁字尺有 1500、1200、1100、800、600mm 多种规格。

由于丁字尺在使用时左手需要扶持尺头，再加上丁字尺只能用来画水平线条，使用时灵活性较差，因此在工程上用得并不多。目前在工程上手工绘图多用一字尺，一字尺没有尺头，在尺的两端设有双轴滑轮，尺的中段设有扶持手柄供移动尺身用。一字尺沿着挂在双轴滑轮上并由图板固定的挂线移动。如果使挂线保持与图板之间能够滑动，就可以使一字尺倾斜，此时可以画斜线，非常方便。

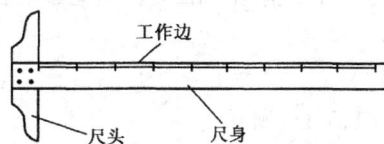

图 1-2 丁字尺

1.3 三　角　板

三角板一般用有机玻璃或塑料制成（图 1-3），图面上的垂直线条都要用三角板来画。三角板还可以配合丁字尺画与水平线成 30°、45°、60° 的倾斜线，用两块三角板组合还能画与水平线成 15°、75° 的倾斜线，如图 1-4 所示。

一副三角板有两块，一块是 30°×60°×90°，另一块是 45°×45°×90°。其规格有 200、250、300、400mm 等多种。

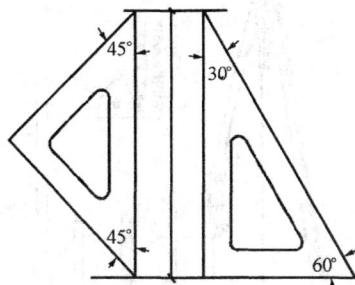

图 1-3 三角板

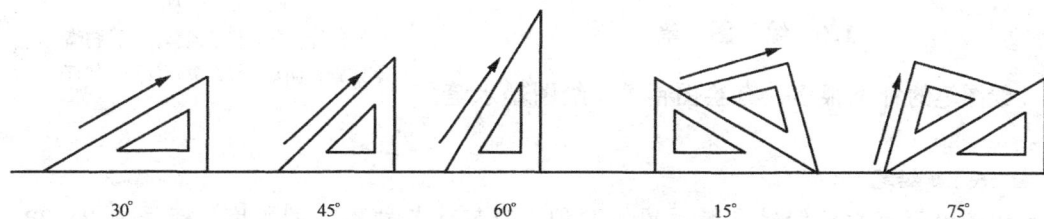

图 1-4 三角板与丁字尺配合画斜线

1.4 比　例　尺

由于建筑的图样尺度很大，因此需要把比例缩小绘制到图纸上。比例尺是绘图时用来按比例缩小或放大线段长度的依据。比例尺为三棱柱体断面，又称三棱尺，一般为木质或塑料制成（图 1-5）。比例尺依据使用的专业不同其比例的分配也不一样，建筑工程用比例尺的三个棱面有六种比例，即 1:100、1:200、1:300、1:400、1:500、1:600，比例尺上的数字以米（m）为单位。利用比例尺直接度量尺寸，尺子比例应与图样上的比例相同，先将尺子置于图上要量的距离之处，并需要对准度量方

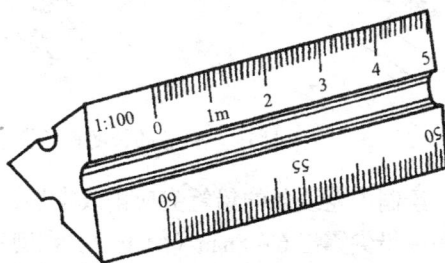

图 1-5 比例尺

向，便可直接量出。

比例尺只能用来度量尺寸，不能用来画线，也不能弯曲。尺身应保持平直完好，尺子上的刻度要清晰、准确，以免影响使用。

1.5 圆规和分规

1.5.1 圆规

圆规是用来画圆和圆弧形曲线的绘图仪器，使用的频率较高。常用的圆规为可拆卸组合式的，有多种固定针脚及可拆卸的铅笔脚、鸭嘴脚、钢针脚及延伸杆（图 1-6）。

另外，还有一种弓形小圆规，在两肢之间设有螺杆和调节钮，可以固定圆的半径，常常用来画直径较小的圆。点圆规也是圆规的一种，用来画直径更小的圆，使用时针尖固定不动，将笔绕钢针旋转即可画出。

1.5.2 分规

分规是用来量取线段、度量尺寸和等分线段的绘图仪器，是一种常用的绘图仪器。分规的两肢端部均设有固定钢针，使用时要检查两针脚高低是否一致，如不一致则要放松螺丝调整。同时，还要保证分规两个针尖的尖锐，以保证度量的准确性。

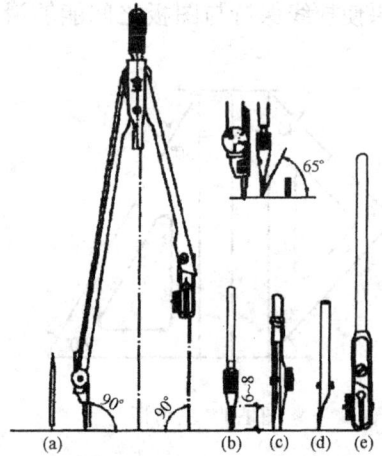

图 1-6 圆规

（a）钢针；（b）铅笔插脚；（c）鸭嘴笔插脚；（d）钢针插脚；（e）延伸杆

1.6 绘 图 笔

绘图笔的种类很多，有绘图铅笔、绘图墨水笔等。

1.6.1 铅笔

绘图铅笔有六棱铅笔和脉动铅笔两种。铅芯有各种不同的硬度。标号为 B、2B、3B……6B表示软铅芯，数字越大表示铅芯越软。标号为 H、2H、3H……6H 表示硬铅芯，数字越大表示铅芯越硬。标号 HB 表示软硬适中。画底稿时常用 2H 或 H，徒手画图时常用 HB 或 B。由于铅芯较软时笔芯的磨损较快，而且容易污染图面，因此在绘图时要注意选择硬度合适的铅笔，常用的铅笔有 H、2H、3H、HB 和 B。削木质绘图铅笔时，绘制中粗线条的铅笔尖应削成楔形，写字、绘制草图或细线条的铅笔尖可以削成锥形尖头，铅尖露出 6～8mm（图 1-7）。在削铅笔时要注意保留有标号的一端，以便始终能识别铅笔的硬度。

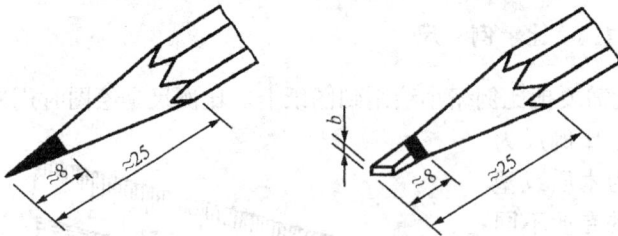

图 1-7 铅芯的长度和形状

脉动铅笔的笔身用金属或塑料制成，铅笔芯装在金属套管内，笔芯直径有 0.3、0.5、

12

0.7、0.9mm 等多种，每支铅笔有一种口径。铅芯有不同硬度供选择，铅芯在套管内可调整伸缩，活动铅笔的优点是不用削铅笔尖，但画出的线条不够锐利。

使用铅笔绘图，需要经过一段时间的锻炼，培养适于自己的习惯和技巧。用力要均匀是关键，用力过小不容易画出清晰的线条；用力过大又会刮破图纸或在纸上留下凹痕，甚至折断铅芯。应当指出的是，试图用软铅芯画出重一些线条的做法是错误的。画细长线时要一边画一边旋转铅笔，以使线条保持粗细一致，要控制好旋转的速度。画长度较大的中粗线条时，可以事先准备好几支宽度相同的铅笔备用。画线时，从侧面看笔身要垂直，从正面看，笔身要倾斜约 60°。

1.6.2　绘图墨线笔

绘图墨线笔的笔尖是一根金属针管，可以在笔筒内滑动，靠毛细作用绘制线条，因此也叫针管笔，绘图笔能像普通钢笔那样吸绘图墨水，使用起来非常的方便，是目前手工绘制墨线图的主要工具。绘图笔笔尖的口径有多种规格可供选择，主要有 0.1、0.2、0.3、0.4、0.5、0.6、0.7、0.8、0.9、1.0mm 等宽度。普通的绘图墨线笔在使用之后要及时清洗，以免墨水干燥堵塞笔头，如果发生了笔头堵塞的情况，可以把笔头部位放进热水里浸泡一会儿，然后上下晃动笔身，进行清洗。现在市场上有数种档次较高的绘图墨线笔，笔头与笔帽的密封很好，使用专用的墨水，可以保证不堵塞，只是价格较高。

鸭嘴笔也是一种传统的绘图笔，由于使用起来不方便，目前已经很少见到。

1.7　模板、曲线板和擦图片

1.7.1　模板

把图样上常用的一些符号、图例和比例等，刻在透明的塑料板上，制成模板使用，这样可以提高绘图的速度和质量。由于每个专业常用的图例和符号各不相同，因此模板是分专业制作的，常用的模板有建筑模板、装饰模板、结构模板、设备模板等。在模板上刻有可用以画出的各种图例的模孔，如柱、卫生设备、沙发、详图索引符号、指北针、标高及各种形式的钢筋等，图 1-8 为建筑模板。

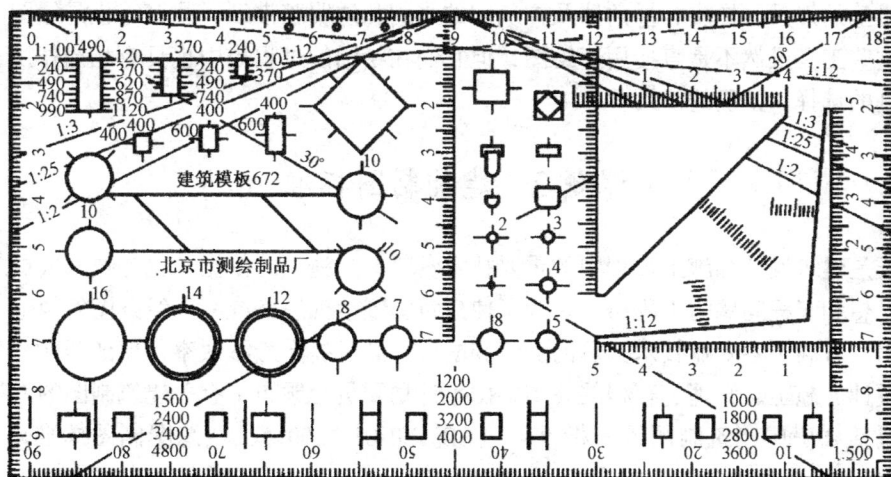

图 1-8　建筑模板

1.7.2 曲线板

曲线板被用来画非圆曲线，图1-9（a）所示的是利用已知曲线上的一系列点，用曲线板连成曲线的画法。先徒手将这些点轻轻的连成曲线，接着如图1-9（b）所示，从一端开始，找出曲线板上与所画曲线吻合的一段，沿曲线描出这段曲线。用同样的方法逐段描绘曲线，直到最后一段，如图1-9（c）所示。要注意的是，前后描出的两段曲线应有一小段（至少三个点）是重合的，这样描绘的曲线才显得圆滑和顺畅。

还有一种蛇形软尺，也可以用来绘制各种曲线，使用时也比较方便。

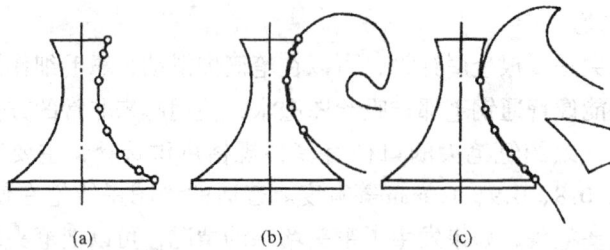

图1-9　用曲线板画曲线

1.7.3 擦图片

擦图片是用来修改错误图样的。它是用不锈钢板制成的薄片，薄片上刻有各种形状的模孔，如图1-10所示。

使用时，应使画错的线在擦图片上适当的模孔内露出来，再用橡皮擦拭，以免影响其邻近的线条。

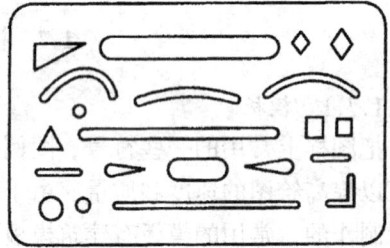

图1-10　擦图片

1.8　其他绘图辅助工具

削铅笔的刀具、橡皮、量角器及掸灰用的小刷和透明胶带纸、图钉等也是绘图的辅助工具。这些工具虽然不是直接用于绘图，但它们在绘图的过程当中也具有相当作用，同样需要认真的选择、正确的使用。

课题2　建筑制图标准

图纸是建筑设计和施工过程中的重要技术资料，是施工的依据，也是技术人员之间交流技术思想和工程问题的工程语言。为了使建筑图纸达到规格统一、线条图例规范、图面清晰简明，有利于各专业技术人员的交流和配合，满足提高绘图效率，保证图面质量，符合工程设计、施工、管理、存档的要求，国家计划委员会颁布了有关建筑制图的六种国家标准，包括《房屋建筑制图统一标准》（GB/T50101—2001）、《总图制图标准》（GB/T50103—2001）、《建筑制图标准》（GB/T50104—2001）、《建筑结构制图标准》（GB/T50105—2001）、《暖通空调制图标准》（GB/T50114—2001）、《给水排水制图标准》（GB/

T50106—2001），这些标准自 2002 年 3 月起开始施行。制图国家标准（简称国标）是所有工程人员在设计、施工、管理中必须严格执行的国家法令。我们要严格地遵守国标中每一项规定，养成自觉遵守国家技术法规的职业素养。

2.1 图 幅

我国有关规范规定，所有的建筑工程设计图纸的幅面及图框尺寸均应符合国家标准（表1-1）。表中尺寸是裁边之后图纸的幅面尺寸。从表中可知，1 号图幅是 0 号图幅的对裁，2 号图幅是 1 号图幅的对裁，余者类推。表中代号 a、b、c、l 的意义见图 1-11。

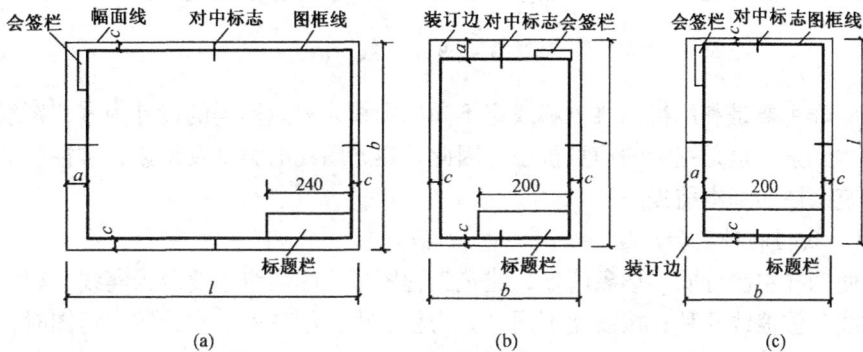

图 1-11　图纸的幅面规格

(a) 横幅图纸；(b) A0 ~ A3 立幅图纸；(c) A4 立幅图纸

图纸幅面有横式和立式两种形式，以横幅为多见。以长边为水平边的称横式幅面（图 1-11a）；以短边为水平边的称立式幅面（图 1-11b、c）。

图幅及图框尺寸（mm）　　　　　　　　　　　　　　表 1-1

尺寸代号	幅面代号				
	A0	A1	A2	A3	A4
$b \times l$	841 × 1189	594 × 841	420 × 594	297 × 420	210 × 297
c	10			5	
a	25				

无论图样是否装订，均应在图幅内画出图框，图框线用粗实线绘制，与图纸幅面线的间距宽 a 和 c 应符合表 1-1 的规定，如图 1-11 所示。

为了复制或微摄影的方便，可在图框上留用对中符号，它是位于四边幅面线中点处的一段实线，线宽为 0.35mm，伸入图框内为 5mm，如图 1-11 所示。

2.2 标题栏和会签栏

在每一张图纸中图框的右下角都留有一个标题栏,俗称图标。图标用于填写以下内容:

(1) 工程名称、建设单位名称、设计单位名称;

(2) 图名、比例、设计日期;

(3) 设计人、校对人、审核人、项目负责人、专业负责人姓名;

(4) 注册建筑师、注册结构工程师盖章。

图标的尺寸视不同的设计单位略有差异,常用的长度应为长边 180mm,短边的长度宜采用 40、30 或 50mm。

在图框左侧的外面留有会签栏,会签栏是供设计单位在设计期间相关专业互相提供技术条件所用,主要有建筑、结构、电气、采暖、给排水等专业的签字区。

2.3 图 线

工程图样主要是利用粗细线条和线型不同的图线来表达不同的设计内容,图线是构成图样的基本元素,也是图纸的信息核心。因此,熟悉图线的类型及用途,掌握各类图线的画法是建筑制图的基本前提。

2.3.1 线型的种类和用途

为了使图样主次分明、形象清晰,建筑工程图采用的图线主要分为实线、虚线、点画线、折断线、波浪线几种;按线宽不同又分为粗、中、细三种。在绘制工程图时,要根据线条和现行的使用原则进行正确地选择和利用,准确地反映图面的信息。各类图线的线型、宽度及用途见表 1-2。

图线的线型、宽度及用途   表 1-2

名	称	线 型	线宽	一 般 用 途
实线	粗	——	b	主要可见轮廓线
	中	——	$0.5b$	可见轮廓线
	细	——	$0.25b$	可见轮廓线、图例线
虚线	粗	- - -	b	见各有关专业制图标准
	中	- - -	$0.5b$	不可见轮廓线
	细	- - -	$0.25b$	不可见轮廓线、图例线
单点长画线	粗	—·—·—	b	见各有关专业制图标准
	中	—·—·—	$0.5b$	见各有关专业制图标准
	细	—·—·—	$0.25b$	中心线、对称线等

名　称		线　型	线宽	一　般　用　途
双点长画线	粗		b	见各有关专业制图标准
	中		$0.5b$	见各有关专业制图标准
	细		$0.25b$	假想轮廓线、成型前原始轮廓线
折断线			$0.25b$	断开界线
波浪线			$0.25b$	断开界线

2.3.2　图线的画法和应用

（1）对于表示不同的内容的图线，其宽度（也称为线宽）b，应在下列线宽组中选取：0.18、0.25、0.35、0.5、0.7、1.0、1.4、2.0mm。由于工程图纸之间的差异较大，在画图时，应当根据每个图样的复杂程度、比例大小和线条密度来确定基本线条的宽度，并由粗、中、细线条组成线条组。假如基本线宽为 b，则中线宽为 $0.5\,b$、细线宽为 $0.25\,b$。

（2）在同一张图纸内，相同比例的图样，应选用相同的线条组，同类线宽度应一致。

（3）相互平行的图线，其间隔不宜小于其中的粗线宽组，且不宜小于0.7mm。

（4）虚线、点划线或双点划线的线段长度和间隔，宜各自相等。

（5）点划线或双点划线，在较小的图形中绘制有困难时，可用细实线代替。

（6）点划线或双点划线的两端，不应是点。点划线与点划线交接或点划线与其他图线交接时，应是线段交接。

（7）虚线与虚线交接或虚线与其他图线交接时，应线段交接。虚线为实线的延长线时，不得与实线连接。

（8）图线不得与文字、数字或符号等重叠、混淆，不可避免时，应首先保证文字、数字的清晰（图1-12）。

图线之间的交接关系见表1-3。

绘制图线时的注意事项　　　　　　　　　　　　　　　表 1-3

序号	说　明	图　示	
		正　确	错　误
1	虚线、点划线的线段长度和间隔宜各自相等		
2	当圆直径小于12mm时，中心线可用细实线代替。点划线两端不应是点，点划线与点划线或其他圆线交接时，应是线段的交接		
3	虚线与虚线或其他图线相交时，应以线段相交		

序号	说　明	图　示	
		正　确	错　误
4	虚线为实线的延长线时，不得与实线连接，应留有间隙		

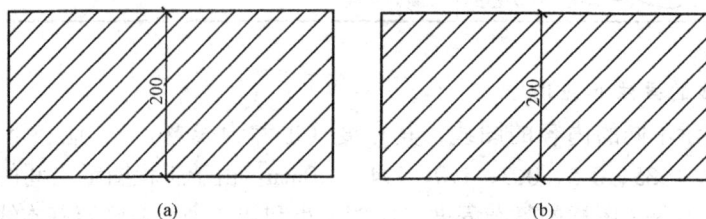

图 1-12　尺寸数字处的图线处理

(a) 正确；(b) 错误

2.4 字　体

字体是图纸重要的组成部分，包括文字、数字和符号。用图线绘成图样往往还不能准确的传达技术信息，必须用文字及数字加以注释。说明建筑的尺度、构件大小尺寸、有关材料、构造做法、施工要点及标题等信息。虽然工程图纸是按比例绘制完成的，但图纸中的文字、数字和符号具有严格的含义。在图纸中，线条更多的是传递形象信息，有时比较模糊和不够精细，字体传递的是准确的信息，准确、可靠，因此非常重要。在图样上所需书写的文字、数字或符号等，必须做到：笔画清晰、字体端正、排列整齐；标点符号应清楚正确。如果图样上的文字和数字写得潦草，难以辨认，不仅影响图纸的清晰和美观，而且容易造成差错。

2.4.1　汉字

图样上及说明的汉字，应采用长仿宋字体，文字的字高，应从以下系列中选用：3.5、5、7、10、14、20mm。大标题、图册封面等汉字也可写成其他字体，但应易于辨认。汉字的简化书写，必须遵守国务院颁布的《汉字简化方案》和有关规定。

长仿宋字要笔划粗细一致、起落转折、顿挫有力、笔锋外露、棱角分明、清秀美观、挺拔刚劲、清晰明确，所以是工程图样上最适宜的字体。几种基本笔划的写法如表 1-4 所示。

仿宋字的基本笔画　　　　　　　　　　　　　　　　　　　　　　表 1-4

名称	横	竖	撇	捺	挑	点	钩
形状							
笔法							

18

为了把字写得大小一致，并排列整齐，在写字前应先画好格子（或使用格子板），然后再进行书写。字高与字宽之比为3:2，字距约为字高的1/4，行距约为字高的1/3，图1-13是仿宋字书写的举例。

字 体		示 例
长仿宋体汉字	7号	横平竖直　注意起落　结构均匀　填满方格
	5号	技术制图石油化工机械电子汽车航空船舶土木建筑矿山井坑港口纺织焊接设备工艺

图 1-13　仿宋字书写举例

字的大小用字号表示，字号即为字的高度，各字号的高度和宽度的关系应符合表1-5的规定。

长仿宋体字宽高关系　　　　　　　　　　　　　　　　　　表 1-5

字号	20	14	10	7	5	3.5
字高（mm）	20	14	10	7	5	3.5
字宽（mm）	14	10	7	5	3.5	2.5

2.4.2　数字及字母

数字及字母在图样上书写分直体和斜体两种。它们和中文字混合书写时，位置应稍低于仿宋字的高度。斜体书写应向右倾斜，并与水平线呈75°。图样上数字应采用阿拉伯数字，其高度应不小于0.5mm，如图1-14所示。

$$1234567890 \pi \alpha \beta \gamma \delta \varnothing \ \mathrm{I} \ \mathrm{II} \ \mathrm{III} \ \mathrm{IV} \ \mathrm{V} \ \mathrm{VI} \ \mathrm{X}$$

图 1-14　数字及字母

数量的数值注写，应采用整体阿拉伯数字。各种计量单位凡前面有量值的，均应采用国家颁布的单位符号注写，单位符号应采用正体字母。

分数、百分数和比例数的注写，应采用阿拉伯数字和数学符号，例如：四分之一应写为1/4，百分之三十应写为30%，一比五十应写为1:50。当注写的数字小于1时，必须写出个位的"0"，小数点应采用圆点，对齐基准线书写，例如：0.03。

2.5　比例和尺寸标注

2.5.1　比例

（1）比例的概念：比例是指图形的大小与实物相对应的线性尺寸之比。绘制建筑工程图常常需要把绘制对象调整到合适的比例，然后画到图纸上。比例的大小是指比值的大小。比值大于 1 的比例称为放大比例，比值小于 1 的比例称为缩小比例。但不论图形是缩小还是放大，图形尺寸仍然要按事物的尺寸标注。工程图样的绘制应根据图样的用途与被绘制对象的复杂程度选择合适的比例和图纸幅面，以确保所示物体图样的精确和清晰。

表 1-6 是国家对绘制建筑工程图常用比例的规定。

建筑工程图常用比例 表 1-6

图　　名	常　用　比　例
总平面图	1:500, 1:1000, 1:2000, 1:5000, 1:10000, 1:20000, 1:50000, 1:100000, 1:200000
平面图、剖面图	1:50, 1:100, 1:150, 1:200
次要平面图	1:300, 1:400
详　图	1:1, 1:2, 1:5, 1:10, 1:20, 1:50

(2) 比例的应用和标注：根据事先选定的比例，在比例尺上读取相应的数值作为绘图尺度的依据。在应用比例尺时，一定要确定选定的比例读数是否正确，还要认定每一个小格所代表的尺寸，以免出错。如果出现了选定的比例与比例尺的固定比例对应不上的情况时，可以通过尺度换算的方法解决。图 1-15 是比例尺中不同比例关系的举例。

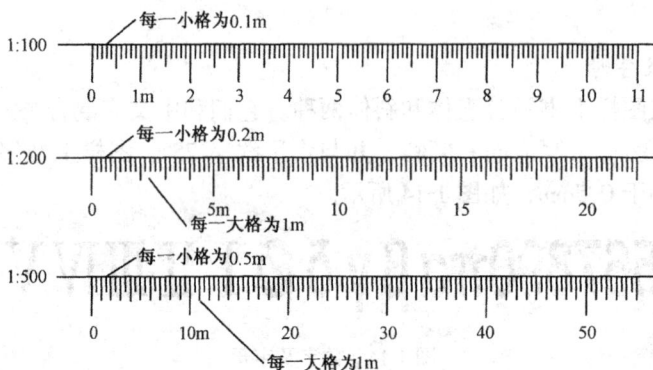

图 1-15　不同比例的关系

图纸上比例的标注应遵循以下原则：

1) 当整张图纸只用一种比例时，可注写在标题栏中比例一栏中；

2) 如一张图纸中有几个图形并各自选用不同的比例时，可注写在图名的右侧，比例的字高，应比图名的字小一号或两号，如图 1-16 所示。

图 1-16　比例的注写

2.5.2　尺寸标注

尺寸数字是工程图样的重要组成部分，因此图样中除了要画出必要的图形之外，还必须认真细致、清晰直观、系统全面、准确无误地标注尺寸，以作为施工的依据。

（1）尺寸的四要素

尺寸包括尺寸界线、尺寸线、尺寸起止符号和尺寸数字四个要素，如图1-17所示。

1）尺寸界线。尺寸界线应当用细实线绘制，一般应与被注长度垂直，其一端应离开图线轮廓线不小于2mm，另一端宜超出尺寸线2～3mm。必要时，图样轮廓线可以用尺寸界线，如图1-18所示。

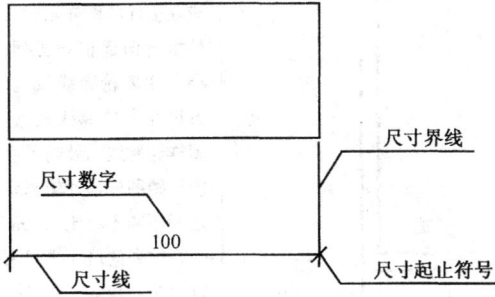

图1-17 尺寸组成的四要素

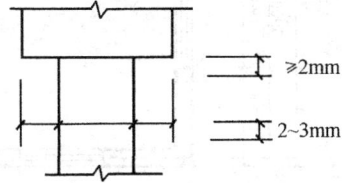

图1-18 尺寸界线的画法

2）尺寸线。尺寸线也应当用细实线绘制，并与被注长度平行，且不宜超出尺寸界线。不能用其他图线代替尺寸线。

3）尺寸起止符号。一般应用中粗斜线绘制，其倾斜方向应与尺寸界线呈顺时针45°角，长度为2～3mm。半径、直径、角度与弧长的尺寸起止符号，用箭头表示。箭头画法如图1-19所示。

4）尺寸数字。图样上的尺寸应以尺寸数字为准，不得从图上直接量取（这一点非常重要）。建筑工程图上的尺寸单位，除标高及总平面图是以米（m）为单位外，其余图纸都是以毫米（mm）为单位，因此，图中尺寸后面可以不写单位。

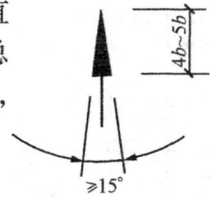

图1-19 箭头尺寸起止符号的画法

（2）尺寸的标注

尺寸标注得是否准确和清晰，对读取工程图十分重要。应当及早养成规范标注尺寸的良好习惯，提高绘图的速度和质量，并为他人提供方便。表1-7是尺寸标注的基本规定。

尺寸标注的基本规定　　　　　　　　　　　　　　　　　　　表1-7

项目	图　　示	说　　明
尺寸的排列与布置	（a）　　　　　　　　　（b）	尺寸宜注在轮廓线以外，不宜与图线、文字及符号等相交（如图a） 当图线不可避免穿过尺寸数字时，在尺寸数字处的图线应断开（如图b）

21

项目	图　示	说　明
尺寸的排列与布置	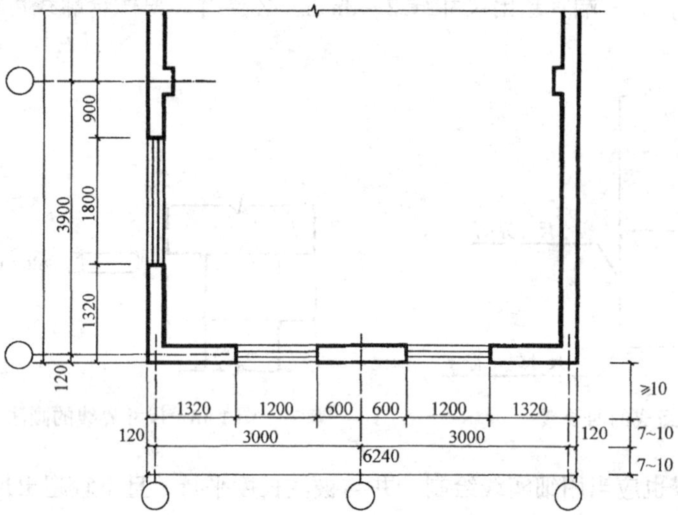	互相平行的尺寸线，应在被注的图样轮廓线处由近向远整齐排列，小尺寸离轮廓线较近，大尺寸离轮廓线较远。图样轮廓线以外的尺寸线，距图样最外轮廓线之间距离不小于 10mm，平行排列的尺寸线间距宜为 7～10mm，并保持一致
尺寸数字的注写位置	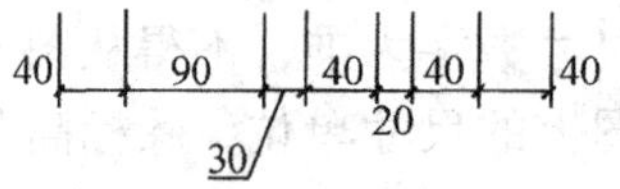	尺寸数字应依据其读数方向，注写在靠近尺寸线的上方中部，数字大小应一致
尺寸数字的读数方向	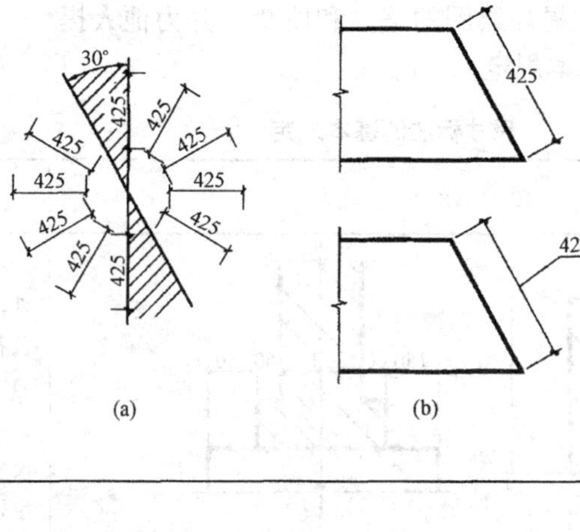	尺寸数字读数方向应按图（a）规定注写。若尺寸数字在30°斜线区内，宜按图（b）形式注写

22

项目	图　示		说　　明
	正　确	错　误	
图线与尺寸线、尺寸界线的关系	(a) 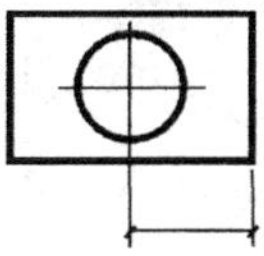	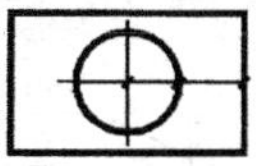	中心线、轮廓线可用作尺寸界线，但不可用作尺寸线（如图 a）任何图线均不得用作尺寸线，也不能用尺寸界线作为尺寸线（如图 b）
	(b) 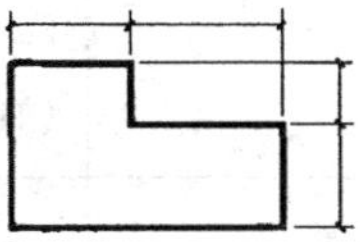	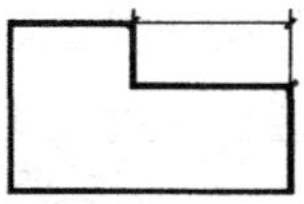	
半径的标注方法	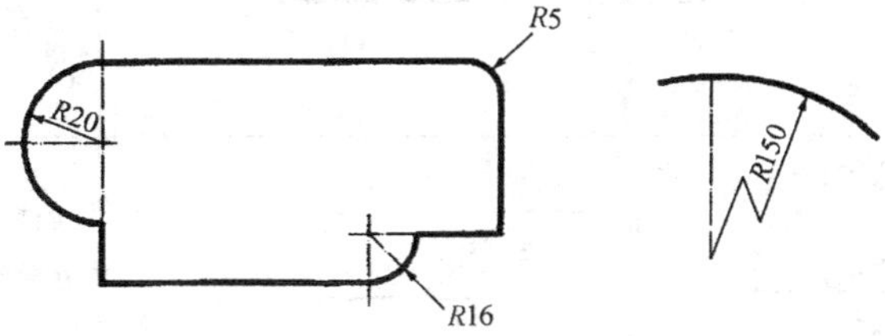 R20　R5　R16	R150	半径的尺寸线，一端从圆心开始，另一端画箭头指向圆弧。半径数字前应加注符号"R"
圆直径的标注方法	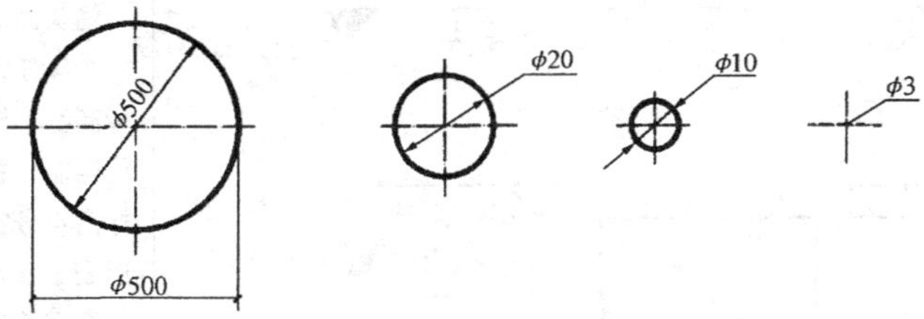 $\phi500$　$\phi500$	$\phi20$　$\phi10$　$\phi3$	在直径数字前应加符号"ϕ"在圆内标注的直径尺寸线应通过圆心，两端箭头指向圆弧。较小圆的直径尺寸可标注在圆外
球半径直径的标注方法	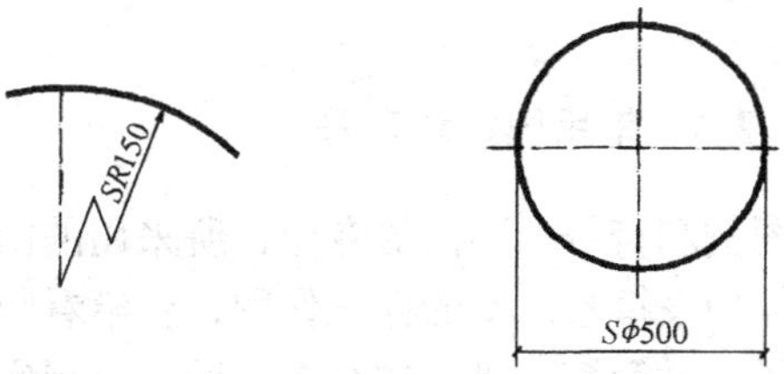 SR150	$S\phi500$	标注球的半径或直径尺寸时，应在数字前加注符号"SR"或"$S\phi$"

项目	图　示	说　明
角度、弧度、弦长的标注	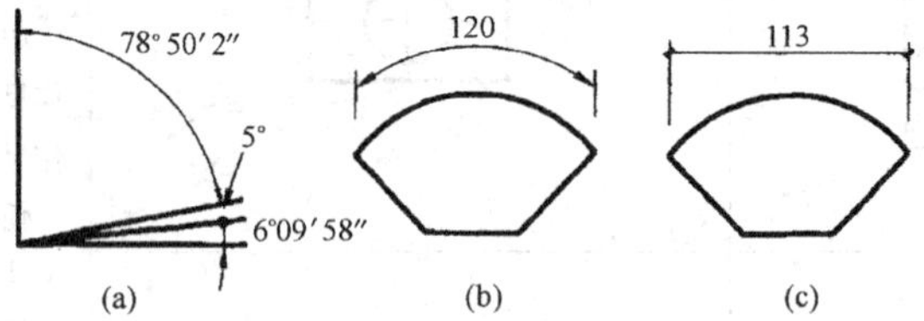 78°50′2″　5°　6°09′58″　(a)　120　(b)　113　(c)	角度的尺寸线应以弧度线表示。该圆弧的圆心是角的顶点，角的两边为尺寸界线。起止符号用箭头表示，位置不足时可以圆点代替，角度数字在水平方向注写（如图 a），弧长注法（如图 b），弦长注写法（如图 c）
坡度的标注	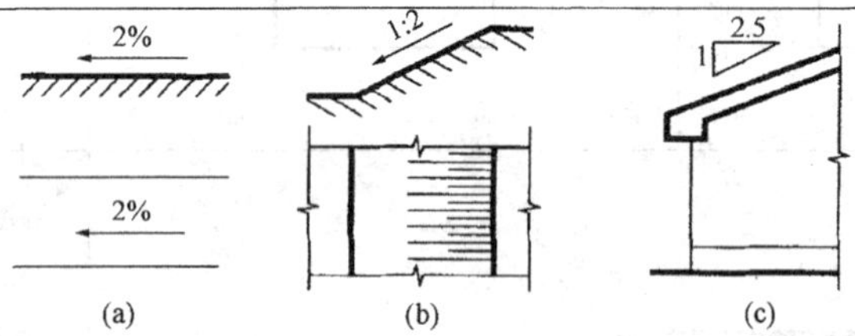 2%　1:2　2.5／1　2%　(a)　(b)　(c)	坡度数值下应加注坡向（箭头指向下坡方向）符号（如图 a、b）　坡度也可用直角三角形的形式标注（如图 c）
单线图尺寸标注法	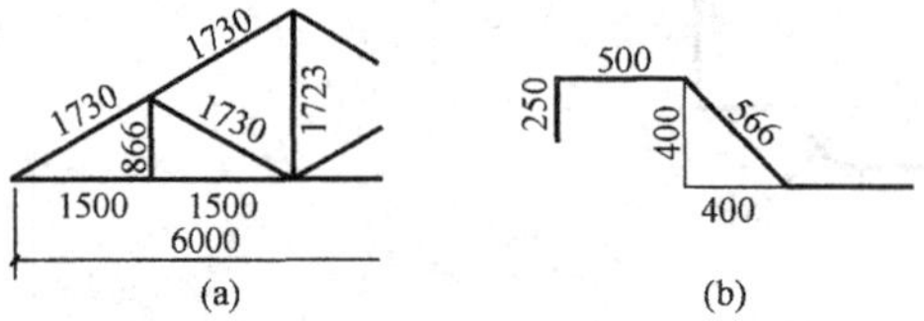 1730　1730　1730　866　1723　1500　1500　6000　(a)　500　250　400　566　400　(b)	杆件或管线的长度，在单线图上可直接将尺寸数字沿杆件或管线一侧注写
箭头、标高的标注	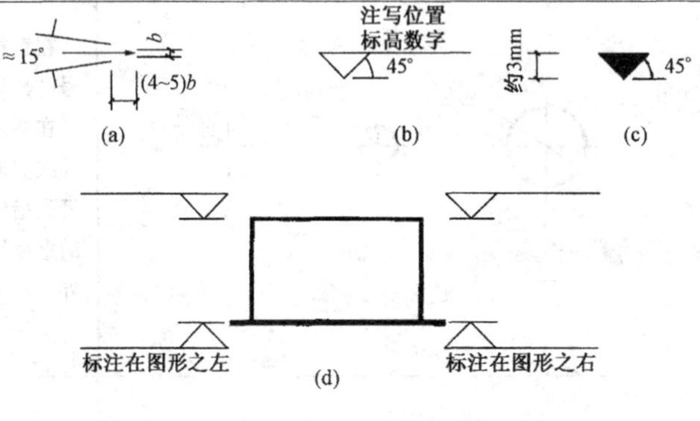 ≈15°　b　(4~5)b　(a)　注写位置　标高数字　45°　(b)　约3mm　45°　(c)　标注在图形之左　(d)　标注在图形之右	箭头画法如图 a　个体建筑物图样上的标高符号按图 b 用细实线绘制。总平面图上的标高符号宜用涂黑三角形表示（如图 c）　标高符号的尖端应指至被注的高度。尖端可向下，也可向上

2.6　常用图例和符号

　　绘制工程图样往往需要一些图例和符号，不同的专业，所采用的图例和符号也各不相同。这些图例和符号，在工程图样中发挥着重要的标识作用，会给看图的人以直观、清晰的印象，同时也给绘图的人提供了一种简捷、迅速的绘图手段。在现实生活当中，有许多图例和符号已经被人们广泛地认同和应用，如道路交通标识、公共卫生间标识、医疗单位标识等。由于建筑的图例和符号主要是给专业人员服务的，因此在社会上的影响面还比较小，但作为从事建筑工程技术工作的专业人员，必须要掌握常见的图例和符号，否则就会给今后的工作带来很大的影响。我国有关的规范对常见的建筑材料和构件均制定有国家标准，而且这些图例和符号大多数比较直观和形象，为我们正确地认知它们创造了有利的条件。

2.6.1 常用建筑材料图例（摘自 GB/T50001—2001）

常用建筑材料图例在建筑工程图中应用广泛，应当牢牢地记住，并正确地加以应用，表 1-8 是目前常用的建筑材料图例的画法。

常用建筑材料图例　　　　　　　　　　　　　　　　表 1-8

序号	名　称	图　例	备　注
1	自然土壤		包括各种自然土壤
2	夯实土壤		
3	砂、灰土	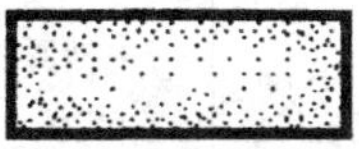	靠近轮廓线绘较密的点
4	砂砾石、碎砖三合土	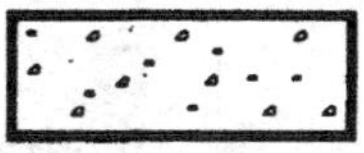	
5	石材	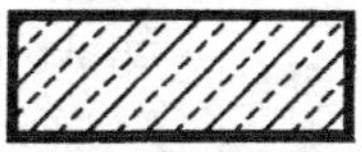	
6	毛石	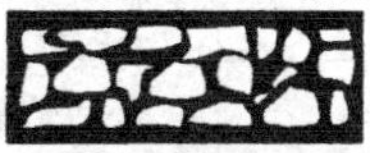	
7	普通砖	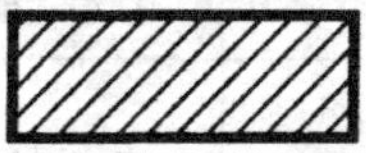	包括实心砖、多孔砖、砌块等砌体。断面较窄不易绘出图例线时，可涂红
8	耐火砖	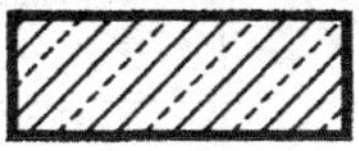	包括耐酸砖等砌体
9	空心砖		指非承重砖砌体
10	饰面砖		包括铺地砖、马赛克、陶瓷锦砖、人造大理石等
11	焦渣、矿渣	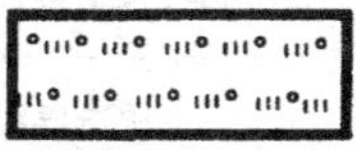	包括与水泥、石灰等混合而成的材料
12	混凝土		1. 本图例指能承重的混凝土及钢筋混凝土 2. 包括各种强度等级、骨料、添加剂的混凝土 3. 在剖面图上画出钢筋时，不画图例线
13	钢筋混凝土		4. 断面图形小，不易画出图例线时，可涂黑

序号	名 称	图 例	备 注
14	多孔材料	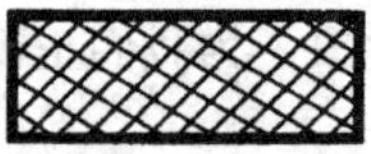	包括水泥珍珠岩、沥青珍珠岩、泡沫混凝土、非承重加气混凝土、软木、蛭石制品等
15	纤维材料		包括矿棉、岩棉、玻璃棉、麻丝、木丝板、纤维板等
16	泡沫塑料材料	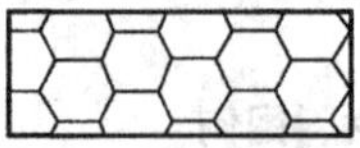	包括聚苯乙烯、聚乙烯、聚氨酯等多孔聚合物类材料
17	木材		1. 上图为横断面，上左图为垫木、木砖或木龙骨 2. 下图为纵断面
18	胶合板	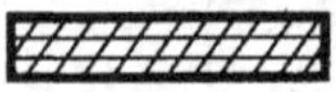	应注明为×层胶合板
19	石膏板	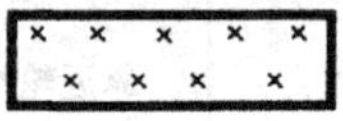	包括圆孔、方孔石膏板、防水石膏板等
20	金属	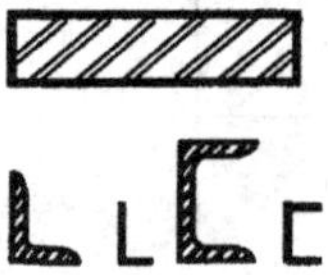	1. 包括各种金属 2. 图形小时，可涂黑
21	网状材料	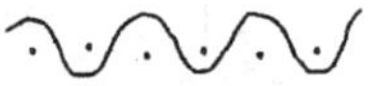	1. 包括金属、塑料网状材料 2. 应注明具体材料名称
22	液体		应注明具体液体名称
23	玻璃		包括平板玻璃、磨砂玻璃、夹丝玻璃、钢化玻璃、中空玻璃、加层玻璃、镀膜玻璃等
24	橡胶		
25	塑料		包括各种软、硬塑料及有机玻璃等
26	防水材料		构造层次多或比例大时，采用上面图例
27	粉刷		本图例采用较稀的点

注：序号1、2、5、7、8、13、14、16、17、18、22、23图例中的斜线、短斜线、交叉斜线等一律为45°

2.6.2 构造及配件图例（摘自 GB/T50104—2001）

构造及建筑配件的图例也是建筑工程图重要的组成部分，熟练地认知和准确地运用这些图例，是识图和绘图的起码条件。表 1-9 是常见建筑构造和配件的图例。

常见建筑构造和配件的图例   表 1-9

序号	名　称	图　例	说　明
1	楼　梯	 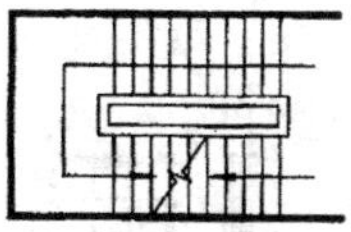 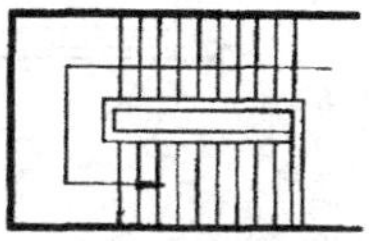	1. 上图为底层楼梯平图，中图为中间层楼梯平图，下图为顶层楼梯平图 2. 楼梯的形式及步数应按实际情况绘制
2	电　梯		1. 电梯应注明类型 2. 门和平衡锤的位置应按实际情况绘制
3	坡　度	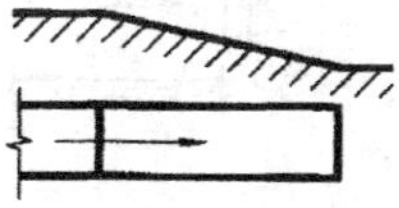	
4	检查孔		左图为可见检查孔，右图为不可见检查孔
5	孔　洞		
6	坑　槽		
7	墙预留洞	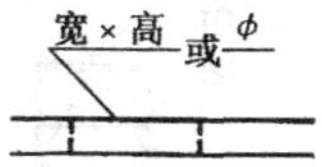 宽×高 或 ϕ	
8	墙预留槽	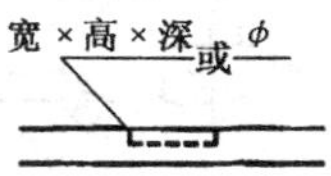 宽×高×深 或 ϕ	

27

序号	名 称	图 例	说 明
9	卷 门	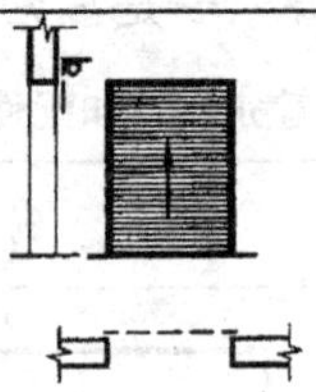	
10	单层固定窗	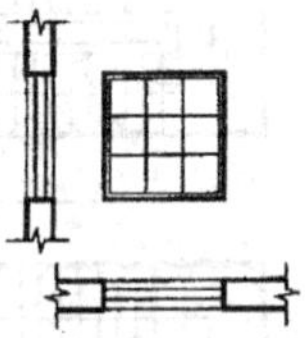	1. 窗的名称代号用 C 表示 2. 立面图中的斜线表示窗的开关方向，实线为外开，虚线为内开，开启方向线交角的一侧为安装合页的一侧，一般设计图中可不表示 3. 剖面图上，左为外，右为内；平面图上，下为外，上为内 4. 平、剖面图上的虚线仅说明开关方式，在设计图中不需表示 5. 窗的立面形式应按实际情况绘制（以下窗的说明同上）
11	单层外开上悬窗	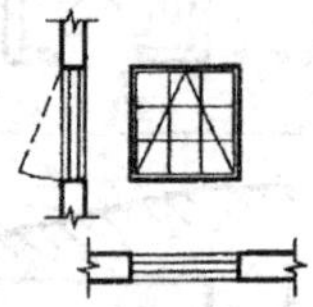	
12	单层中悬窗	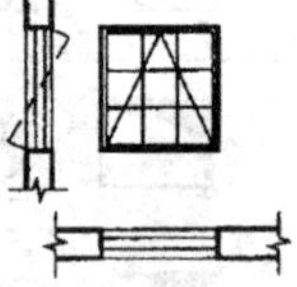	
13	单扇外开平开窗	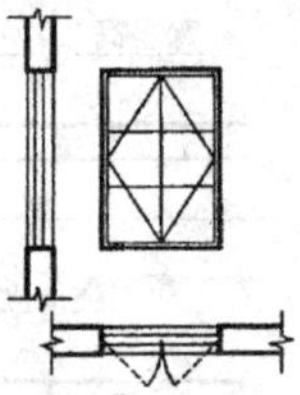	

序号	名　称	图　例	说　明
14	立转窗	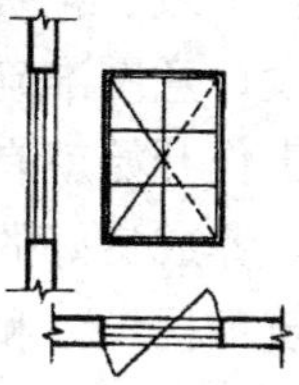	
15	双扇内外开平开窗	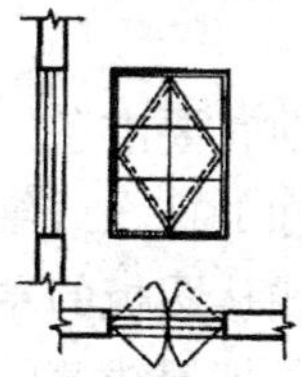	
16	左右推拉窗	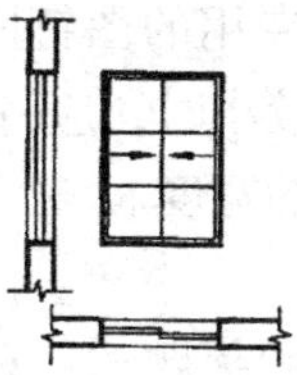	
17	上推窗	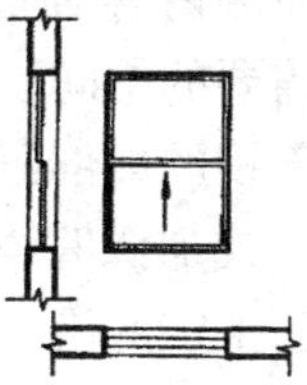	
18	百叶窗	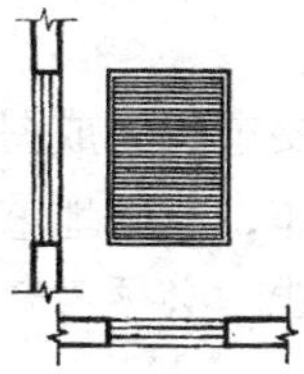	

课题 3 绘图的一般方法

绘制工程图是一项十分重要、非常细致、耗费体力、锻炼能力的系统工程。通过绘制图纸，不但可以把自己的技术信息和设计意图准确地传递给合作伙伴，而且还可以养成严谨、细致的工作作风。从接触绘图的工作开始就有意识地养成良好的绘图习惯，对今后从事设计和施工会产生非常重要的影响。养成良好的绘图习惯，掌握常用几何图形的绘制技巧，具备较强的动手能力，是从事建筑工程设计和施工工作的起码条件。

3.1 绘图的一般方法和步骤

3.1.1 准备工作

（1）工具的准备。在动手绘图之前，要准备好所用的绘图工具和仪器，磨削好铅笔及圆规上的铅芯或整理好墨线笔。用干净的抹布或纸巾把图板、尺及其他用具擦拭干净。

（2）选择合适的绘图地点。使光线从图板的左前方射入，并将需要的工具放在方便之处，以便顺利地进行制图工作。记住要把墨线笔的笔帽安放在笔杆的后端，以免笔滑落损坏。

（3）固定图纸。可以用胶带纸或专用的图钉固定图纸，一般是按对角线方向顺次固定，以保证图纸的平整。当图纸幅面较小时，应将图纸布置在图板的左下方，但要使图板的底边与图纸下边的距离大于丁字尺的宽度。

3.1.2 画底稿的方法和步骤

（1）首先画图纸外框，再画图框和标题栏。首先按照图幅尺寸的大小划出图纸的外廓，然后画图框和标题栏。在任何时候图线都不能出图框，也不能进入标题栏。

（2）然后画图形。首先要根据图面的内容对图纸进行规划和布置，并充分考虑尺寸、图名、比例、说明等内容在图面上所需要的空间。画图形时，先画轴线或对称中心线，再画主要轮廓，然后画细部；如图形是剖视图或剖面图时，则最后画剖面符号，剖面符号在底稿中只需画出一部分，其余可待上墨或加深时再全部画出。图形完成后，画其他符号、尺寸线、尺寸界线、尺寸数字横线和仿宋字的格子等。

画底稿时，宜用削尖的 H 或 2H 铅笔轻淡地画出，并经常磨削铅笔。对于需上墨的底稿，在线条的交接处可画出头一些，以便清楚地辨别上墨的起止位置。

3.1.3 画完成图的方法和步骤

在完成底稿的绘制工作之后，就要进行完成图（正式图）的绘制工作，这是画图的重要环节，也是体现图面效果的核心工作，非常地重要。不论是用铅笔还是用墨线笔，紧贴草稿线，在封闭的草稿线之内加粗图线时必须遵守原则，否则就有可能出现草稿画得很准确，但完成图误差较大的局面。

1. 铅笔图的加粗

在加深时，应该做到线型正确，粗细分明，连接光滑，图面整洁。

加深粗实线用 HB 铅笔，加深虚线、细实线、细点划线以及线宽约 $b/3$ 的各类图线都用削尖的 H 或 2H 铅笔，写字和画箭头用 HB 铅笔。画图时，圆规的铅芯应比画直线的铅芯软一级。加深图线时用力要均匀，还应使图线均匀地分布在底稿线的两侧。

在加深前，应认真校对底稿，修正错误和缺点。并擦净多余线条和污垢。

铅笔图加深的一般步骤如下（也可以在画图的过程当中不断地积累经验，摸索出适于自己特点的画图方法）：

（1）加深所有的点划线。

（2）加深所有的粗实线圆和圆弧。

（3）从上向下依次加深所有水平的粗实线。

（4）从左向右依次加深所有铅垂的粗实线。

（5）从左上方开始，依次加深所有倾斜的粗实线。

（6）按加深粗实线的同样步骤依次加深所有虚线圆及圆弧，水平的、铅垂的和倾斜的虚线。

（7）加深所有的细实线、波浪线等。

（8）画符号和箭头，标注尺寸，书写注解和标题栏等。

（9）检查全图，如有错误和缺点，立即改正，并做必要的修饰。

因为铅笔图比较容易被污染，当图幅较大时，也可以采用分区绘图的办法，就是用干净的白纸把画完的部分遮盖住，以免被来回拖动的三角板、丁字尺弄脏。戴套袖画图对保持图面和衣服的整洁均有好处。

2. 墨线图的完成

由于我国的建筑工程图是采用在透明的硫酸纸上绘制，然后复制到晒图纸上。所以在实际的工作当中用铅笔图的时候较少，用墨线图的时候较多。虽然我们在学习制图的初期，为了练习基本功，较多地应用铅笔图，但墨线图具有更广泛的实用性。在条件合适的时候，要及早地接触墨线图。墨线图的绘制步骤和原则如下：

（1）首先画细线（包括细点划线、细实线、轴线圈）。应当注意的是，要把所有需要确认的线条都用细线画一遍，为下步画中粗实线创造基础条件，这样画出的中粗线条比较利索，图面效果好。

（2）然后画中粗线。要在由细线条围合的框架内画中粗线条，并要注意线条的交接部位的连接。

（3）画图时应当遵循的基本原则是：先细后粗、先左后右、先上后下、先短后长。由于墨线图修改起来比较困难，因此在下笔时要事先做好规划，尽量避免发生错误。

（4）选择适用的图纸，并事先用粗线笔试用，发现问题及时更换。画粗线条后要在墨水基本干燥之后才能移动丁字尺及三角板，以免造成污染损失。

3.2 徒 手 绘 图

徒手草图是一种不用绘图仪器和工具而按目测比例画出的图样，在建筑工程设计构思阶段和施工现场技术交流时具有相当大的实际应用意义。徒手绘图需要具有一定的经验积累和绘图技巧，多画多练是非常必要的。虽然徒手画图不借助于仪器和工具，但仍应基本上做到：图形正确、线型分明、比例匀称、字体工整、图面整洁。

画徒手图一般选用较软的铅笔，如 HB、B 或 2B 的铅笔，有时也可以用美工笔或碳素笔，当图形比较复杂时需要事先用铅笔构画草图。印有浅色方格的比例纸对徒手绘图时控制比例很有帮助，比较常用。

徒手绘图的基本要领有以下几点：

（1）画直线时，眼睛看着图线的终点，由左向右画水平线；由上向下画铅垂线。当直线较长时，也可用目测在直线中间定出几个点，然后分几段画出。画短线常用手腕运笔，画长线则以手臂动作。

（2）在画图时要手眼并用，要锻炼用眼睛估计尺度的能力。

（3）要有大局观，不要急于刻画细部，而是要注重控制图形的长、宽、高的尺度比例关系，在大的关系确定之后，再进行细部的处理。

图 1-20 是徒手画 30°、45°、60°角基本步骤的举例。

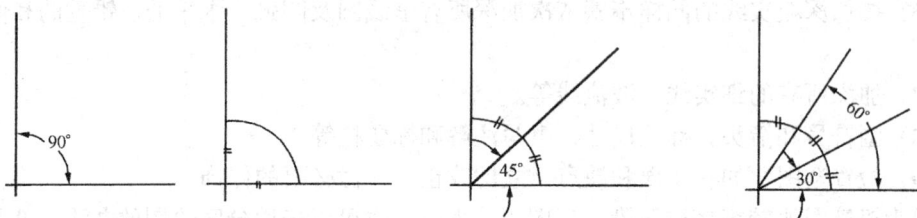

图 1-20　徒手画 30°、45°、60°角

图 1-21 是徒手画圆基本步骤的举例。

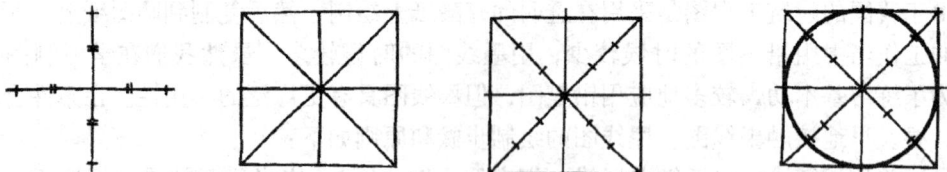

图 1-21　徒手画圆

徒手画立体草图在实际工作中具有广泛的应用价值，而且对锻炼形象思维和立体能力帮助较大，应当作为徒手画图训练的重点任务。由于立体草图涉及物体的长、宽、高三个方向，因此画起来也显得麻烦一些。画立体草图的基本原则主要有以下几点：

（1）首先选择物体在图面上的长、宽、高方向，并使高度方向保持铅直，长度和宽度方向与水平线的夹角均为 30°。

（2）物体上相互平行的直线，在立体图上也是平行的。

（3）画与长、宽、高均不平行的斜线，首先要确定出它的两个端点，然后连线。

图 1-22 是画叠加物体的举例：把叠加的物体看成是由两个简单物体组合而成的，首先徒手画出下面一个物体的立体图，然后以它的上表面为基准面，再画上面一个物体。

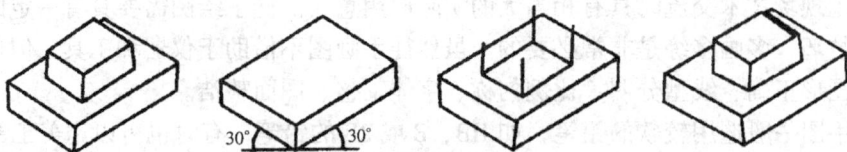

图 1-22　立体草图的画法（一）

图 1-23 是画四棱台的举例：把四棱台看成是由一个长方体削去四个楔形物体而成，首先画出一个以长方体底面尺寸为底，以长方体高度为高的立方体，然后根据棱台顶面的尺寸画出棱台的顶面，最后用斜线把棱台顶面的四个角与底面的四个角连接起来。

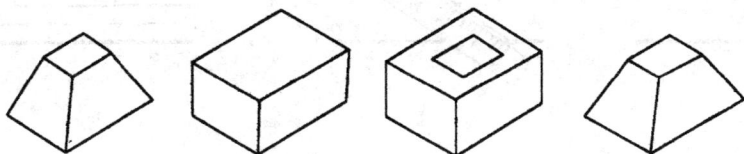

图 1-23　立体草图的画法（二）

课题 4　几 何 作 图

4.1　几何作图在建筑工程图的作用

建筑是由一些种类繁多、形状各异、分工明确的建筑构配件组成的。这些构配件在图纸中反映的是不同的图形，绝大多数看似复杂的图形实际上都可以被拆分为若干个基本形体。掌握常见基本几何形体的绘制技巧，对加快画图的速度、提高画图的质量均有明显的功效，而且在实际的工作当中也有广泛的应用意义。

4.2　常见的几何作图方法

4.2.1　作直线的平行线和垂直线

空间一条直线 AB，已知点 C，作过 C 点的直线 AB 的平行线 DE，其方法如图 1-24 所示。

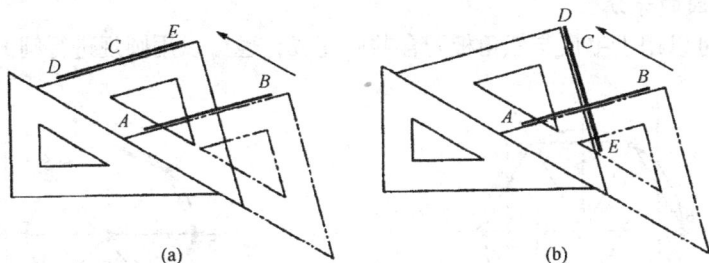

(a)　　　　　　　　　　　　(b)

图 1-24　作已知直线的平行线和垂直线
（a）过 C 点作直线 $DE \parallel AB$；（b）过 C 点作直线 $DE \perp AB$

4.2.2　分两平行线之间的距离为已知等分

空间两条平行直线 AB、CD，作二者之间距离的已知等分，其方法如图 1-25 所示。

4.2.3　作圆弧与相交二直线

空间两条相交直线，用已知半径 R 的圆弧连接，其方法如图 1-26 所示。

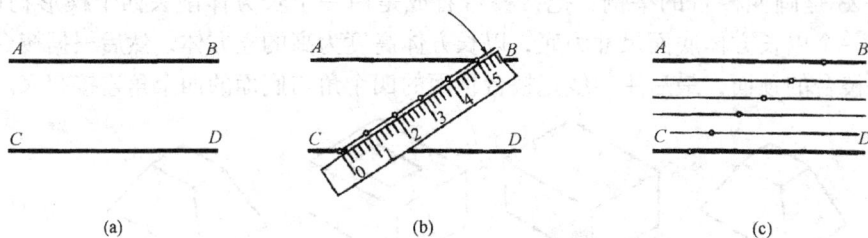

图 1-25　分两平行线之间的距离为已知等分

（a）已知平行线 AB 和 CD；

（b）置直尺 O 点于 CD 上，摆动尺身，使刻度 5 落在 AB 上，截得 1、2、3、4 各等分点；

（c）过各等分点作 AB（或 CD）的平行线，即为所求

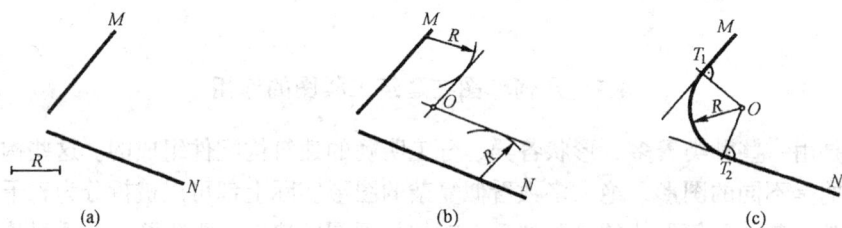

图 1-26　用已知半径 R 的圆弧，与两条相交的直线连接

（a）已知半径 R 和相交二直线 M、N；

（b）分别作出与 M、N 平行且相距为 R 的二直线，交点 O 即所求圆弧的圆心；

（c）过点 O 分别作 M 和 N 的垂线，垂足 T_1 和 T_2 即所求的切点。

以 O 为圆心，R 为半径，作圆弧 $\overparen{T_1 T_2}$，即为所求

4.2.4　作圆的等分

圆的等分可以用丁字尺与三角板配合共同完成，也可以用圆规进行圆的等分。

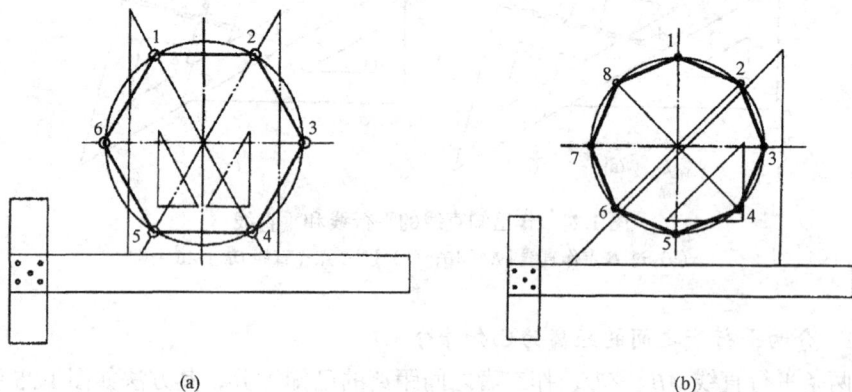

图 1-27　圆的六等分和圆的八等分

（a）圆的六等分；（b）圆的八等分

1. 丁字尺和三角板等分圆

由于圆被六等分后，等分线角与水平线的夹角为0°或30°的倍数，因此可以用丁字尺与30°、60°三角板配合作出（图1-27a）；由于圆被八等分后，等分线角与水平线的夹角为0°或45°的倍数，因此可以用丁字尺与45°三角板配合作出（图1-27b）。

2. 圆规等分圆

用圆规等分圆如图1-28所示。

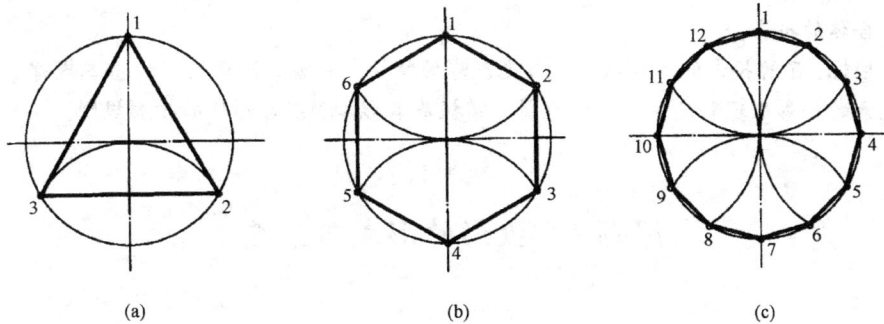

图1-28　用圆规等分圆

(a) 三等分；(b) 六等分；(c) 十二等分

复习思考题

1. 图纸幅面、图框、标题栏、会签栏的含义和作用有哪些？

2. 图纸有几种幅面尺寸？A2图幅是A3图幅的几倍？A3图幅是A4图幅的几倍？有何规律？

3. 比例的含义是什么？试解释比例"1∶50"的含义。在图样上标注的尺寸与画图的比例有无关系？

4. 图线分为几种？分别说出它们的线型和线宽。它们分别用于何处？

5. 一个完整的尺寸，一般应包括哪四个要素？

6. 图样上的尺寸单位是什么？

7. 在绘图的时候，分规起什么作用？

8. 已知平面上的非圆曲线上的一系列点，怎样用曲线板将它们连成光滑的曲线？

9. 为什么要训练画徒手草图的技能？徒手草图应达到哪几点基本要求？

单元 2　投影的基本知识

知　识　点：投影的形成及特性；投影的分类；三面正投影；点、直线、平面的投影；基本形体和组合体的投影。

教学目标：了解投影的形成原理和常见投影的特性，掌握三面正投影的基本规律，掌握常见几何元素的投影原理和度量坐标的原则，掌握基本形体和组合形体的投影规则。

课题 1　投影的形成与分类

1.1　投影的形成

在日常生活中，我们都很熟悉影子的现象，在阳光或灯光的照射下，物体在一面墙壁上就会投下它的影子。晚上在房间里，把一块木板放在电灯与墙壁之间，如果木板与墙壁平行，这时墙上就会有一个形状和木板一样的影子，但面积会大许多，如图 2-1（a）所示。在晴朗的天气里，迎着太阳把同一块木板平行放在墙壁前面，墙上也会出现一个形状和木板一样的影子，但影子的大小与木板的大小差不多，如图 2-1（b）所示。因为太阳离书本的距离要比电灯离书本的距离远得多，所以阳光照到书本上的光线就接近于平行。但不论怎么说，影子在一定程度上反映了物体的形状和大小。我们同时注意到，自然界中物体在光线的照射下所得到的影子是一个黑影，即影子。影子只能反映物体最外部的轮廓，而物体上部的变化则被掩盖在黑影里，不能表达物体的真面目（图 2-2a）。应当说，这种投影具有很多的局限性，在工程上起到的作用有限。为了把投影真正的应用于工程实践，人们对这种自然现象作出科学的总结与抽象：假设光线能透过物体而将物体上的各个点和

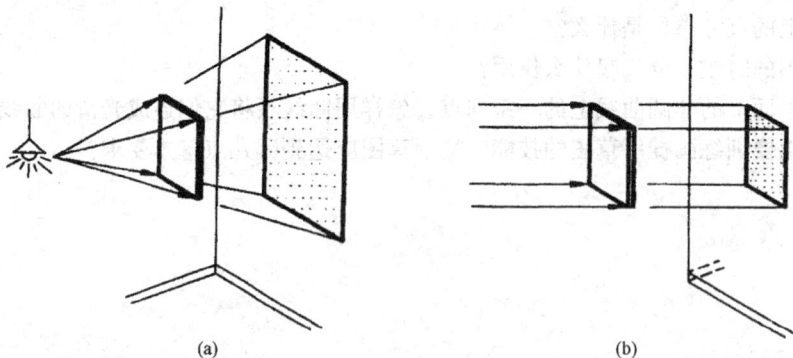

(a)　　　　　　　　　　　　　　　(b)

图 2-1　投影的形成
(a) 光线从灯发出；(b) 光线从太阳发出

线都能在承接影子的平面上，投落下它们的影子，从而使这些点、线的影子组成能反映物体的图形（图 2-2b）。我们把这样形成的图形称为投影图，通常也可将投影图称为投影，能够产生光线的光源称为投影中心，而光线称为投影线，承接影子的平面称为投影面。

由此可知，要产生投影必须具备三个条件：投影线、物体、投影面，这三个条件又称为投影的三要素。

工程图样就是按照投影原理和投影作图的基本规则而形成的。

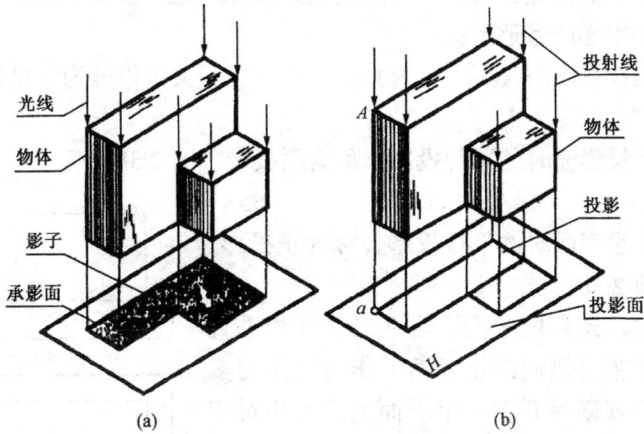

图 2-2　影子与投影
（a）影子；（b）投影

1.2　投影的分类

根据投影中心距离投影面远近的不同，投影分为中心投影和平行投影两种。

1.2.1　中心投影

投影中心 S 在有限的距离内，发射出放射状的投影线，用这些投影线作出的投影称为中心投影，作这种投影的方法称为中形投影法，如图 2-3（a）所示。

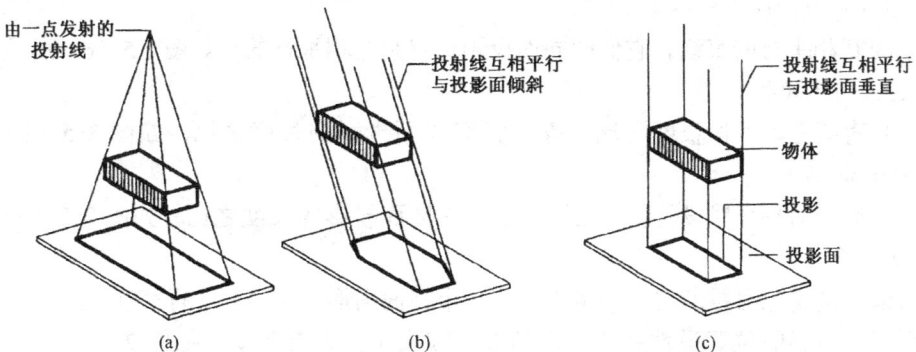

图 2-3　投影的种类
（a）中心投影；（b）斜投影；（c）正投影

中心投影的特点：投影线相交于一点（投影中心），投影尺寸的大小与投影中心 S 与投影面的距离有关，在投影中心 S 与投影面 P 距离不变的情况下，物体离投影中心 S 越近，投影图愈大，反之愈小。

1.2.2 平行投影

当投影中心 S 距离投影面为无限远时，投影线可视为互相平行，由此产生的投影，称为平行投影，这种投影的方法为平行投影法。

平行投影具有以下的特点：投影中心距离投影面无限远，投影线互相平行，所得投影的大小与物体离投影中心的远近无关。

根据互相平行的投影线与投影面是否垂直，平行投影又可以分为斜投影和正投影。

1. 斜投影

当投影线倾斜与投影面时的平行投影，称为斜投影（图 2-3b）。

2. 正投影

当投影线垂直于投影面时的平行投影，称为正投影，也称为直角投影（图 2-3c）。

在工程实际当中，经常用正投影法在三个互相垂直相交，并平行于物体主要侧面的投影面上作出物体的多面正投影图，按一定规则展开在一个平面上，互相对应观察，用以确定物体的真实形状，如图 2-4 所示。

这种投影图的图示方法简便易行，并能真实地反映物体的形状和大小，具有良好的度量性，是绘制工程设计图的主要图示方法。但这种图缺乏立体感，只有学过

图 2-4　三面正投影举例

投影知识，经过一定的训练才能看懂。我们通过学习，就是要熟练地掌握识读投影图的方法与技巧，并把这些方法和技巧有机的运用到工程实际当中。

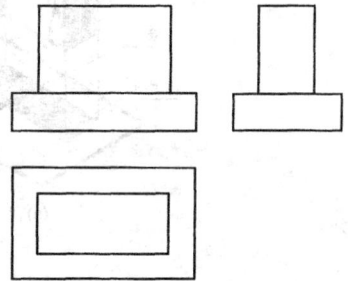

1.3　平行投影的基本规律与特性

平行投影是在工程中应用最为广泛投影法，也是掌握识读图能力的基础，应当给与足够的重视。平行投影的基本规律与特性主要有以下五个方面：

1.3.1 平行性

空间互相平行的直线，它们的同面投影仍然是互相平行的，如图 2-5（d）所示。

1.3.2 定比性

（1）直线上两线段长度之比，等于它们同面投影的长度之比，如图 2-5（b）所示，$AC:CB = ac:cb$；

（2）空间两平行线段的长度之比，等于它同面投影的长度之比，如图 2-5（d）所示，$AB:CD = ab:cd$。

由以上的定论可推断出：一条直线或一个平面图形，在经过平行移动之后，它们在同一投影面上投影的位置虽然变了，但其形状和大小并未有改变，如图 2-5（d）、（h）所示。

1.3.3 度量性

空间线段或平面图形平行于投影面时，它们的投影反映其实长或实形，如图 3-5（a）、

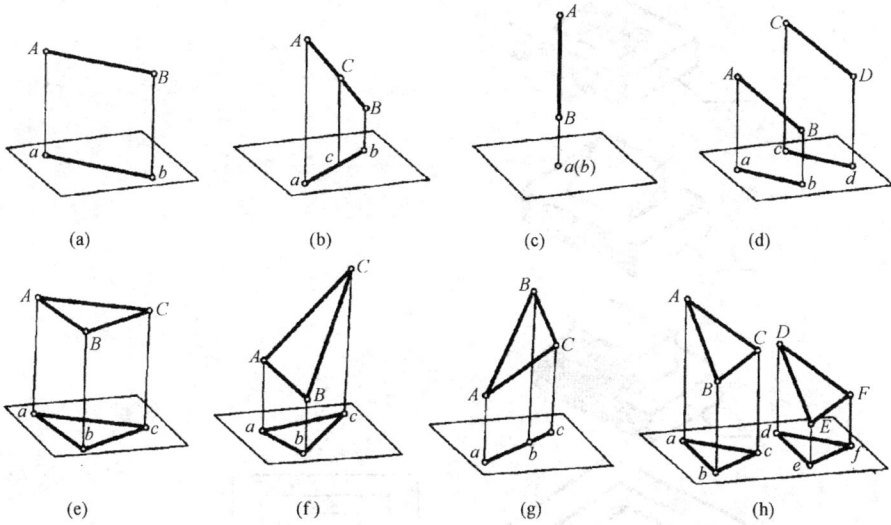

图 2-5 正投影的特性

（e）所示。

1.3.4 类似性

当直线段或平面图形倾斜于投影面时，其投影小于其实长或实形。当直线段的投影仍然为直线，平面图形的投影仍然为类似的平面图形，如图 2-5（b）、（f）所示。

1.3.5 积聚性

当直线垂直于投影面时，其投影积聚为一点；当平面图形垂直于投影面时，其投影积聚为一条直线，如图 2-5（c）、（g）所示。

课题 2 三面正投影

2.1 投影面的设置和形成

2.1.1 投影面的设置

当投影方向和投影面确定后，物体在一个投影面上的投影图是惟一的，但由于一个投影图只能反映物体一个面的形状和尺寸，并不能完整地表示出它的全部面貌。如图 2-6 所示是几个形状不同的物体，用正投影法将它们向投影面 P 投影，所得到的投影完全相同，没能把它们的真实形状准确地表示出来。这是因为物体是由长、宽、高三个向度确定的，而一个投影图只反映其中两个向度。由此可见，要准确而全面地表达物体的形状和大小，一般需要两个或两个以上投影图。建筑及构件均是具有长、宽、高三维空间的立体，如何在一张只能体现二维尺度的图纸上准确地展示具有长、宽、高三维空间的立体的真实形状和尺度；反之，如何根据物体的投影图去准确的想象出它的空间立体形状，是学习识图要解决的核心问题。

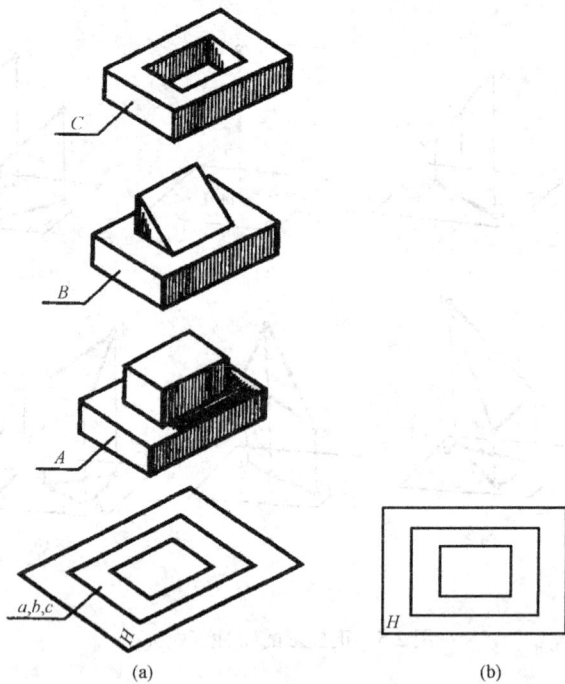

图 2-6 物体的单面投影
(a) 空间的物体；(b) 水平投影图

三个投影图就能确定几乎所有物体的形状和大小。要画三个投影图，就需要有三个投影面。通常把三个互相垂直相交的平面作为投影面，由这三个投影面组成的投影面体系，称为三面投影体系（图 2-7）。我们把处于水平位置的投影面称水平投影面，用 H 表示；处于正立位置的投影面称为正立投影面，用 V 表示；处于侧立位置的投影面称为侧立投影面，用 W 表示。三个互相垂直相交投影面的交线称为投影轴，分别是 *OX*、*OY*、*OZ* 轴，三个投影轴 *OX*、*OY*、*OZ* 相交于一点 *O*，称为原点。

2.1.2 三面正投影的形成

如图 2-7 所示，将长方形物体放置于三

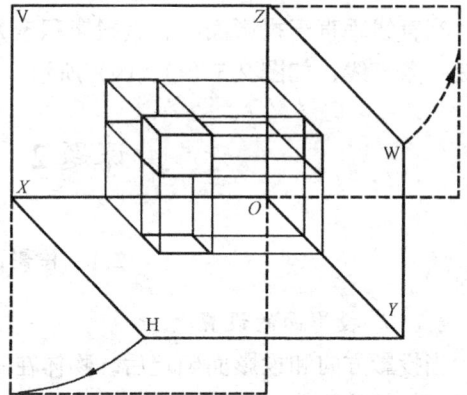

图 2-7 三面投影体系

投影面体系中，使长方体上、下面平行于 H 面；前后面平行于 V 面；左、右面平行于 W 面。再用正投影法将长方体向 H 面、V 面、W 面投影，在三组不同方向平行投影线的照射下，得到长方体的三个投影图，称为长方体的正投影图。

长方体在水平投影面的投影为一个矩形，称为长方体的水平投影图。它是长方体上、下面投影的重合，矩形的四条边也是长方体前、后、左、右四个面投影的积聚。由于上、下面平行于 H 面，所以，它又反映了长方体上、下面的真实形状以及长方体的长度和宽

度。但是它反映不出长方体的高度。

长方体在正立投影面的投影也为一个矩形，称为长方体的正面投影图。它是长方体前、后面投影的重合，矩形的四条边也是长方体上、下、左、右四个面投影的积聚。由于前、后面平行于 V 面，所以它又反映了长方体前、后面的真实形状以及长方体的长度和高度。但是它反映不出长方体的宽度。

长方体在侧立投影面的投影同样为一个矩形，称为长方体的侧面投影图。它是长方体左、右面投影的重合，矩形的四条边又分别是长方体的上、下、前、后面投影的积聚。由于长方体左、右面平行于 W 面，所以它又反映出长方体左、右面的真实形状以及长方体的宽度和高度，但是它反映不出长方体的长度。

由此可见，物体在相互垂直的投影面上的投影，可以比较完整地反映出物体的上面、正面和侧面的形状。

2.2 投影面的展开规则

图 2-7 所示的是长方体的正投影图形成的立体图，为了使三个投影图能够绘制在同一平面图纸上，方便作图，就要设法将三个垂直相交的投影面展开到同一平面上。

展开规则：V 面（正立投影面）不动，H 面（水平投影面）绕 OX 轴向下旋转 $90°$；W 面（侧立投影面）绕 OZ 面向后旋转 $90°$，最终使它们与 V 面展成在一平面上。这时 Y 轴被拆分为两条，一条随 H 面旋转到 OZ 轴的正下方与 OZ 轴地同一直线上，用 Y_H 表示；一条随 W 面旋转到 OX 轴的正右方与 OX 轴在同一直线上，用 Y_W 表示，如图 2-8（a）所示。

为了保证投影的规则性，三个投影面展开之后的位置是固定的，投影面的大小与投影图无关。我们假设投影面的尺寸无穷大，因此在实际绘图时，不必画出投影面的边框。也不必在投影面上注写 H、V、W 的字样。待到对投影知识熟知后，投影轴 OX、OY、OZ 也不必画出，直接按照投影的规律画出投影图即可，如图 2-8（b）所示。

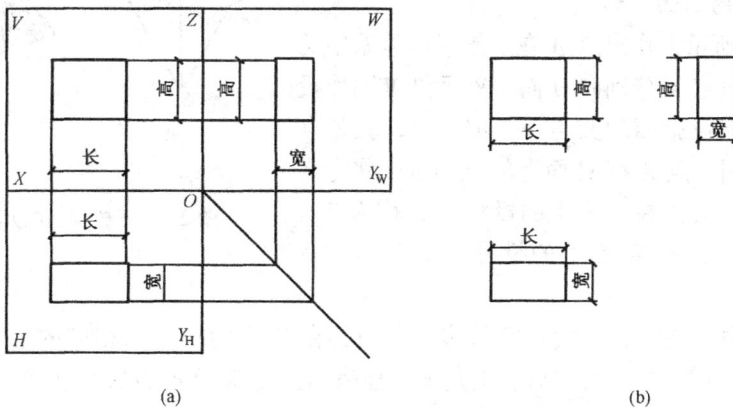

(a)   (b)

图 2-8 投影面的展开

（a）正投影图；（b）无轴的正投影图

2.3　三面正投影图的特性

简单地说，正投影规律是：长对正、高平齐、宽相等。我们仍以图 2-8 为例来说明三面正投影的特性：

（1）水平投影图和正面投影图在 X 轴方向都能反映出物体的长度，投影的位置左右应当对正，即所谓的"长对正"。

（2）正面投影图和侧面投影图在 Z 轴方向都能反映出物体的高度，投影的位置上下应当对齐，即所谓的"高平齐"。

（3）水平投影图和侧面投影图在 Y 轴方向都能反映长方体的宽度，两个投影的宽度一定相等，即所谓的"宽相等"。

三面投影的特性对学习投影和今后绘制图形十分重要，应当根据其特性有机掌握、灵活地运用，逐步成为一种自觉的认识行为。

课题 3　点、直线、平面的投影

点、直线和平面是构成立体图形的基本几何元素，任何复杂的立体图形都可以被拆分为点、直线或平面。只有真正地掌握了点、直线和平面的投影规律，才能正确地画出三面投影图。

如图 2-9 所示的正三棱锥，它是由四个棱面构成的，这四个棱面又汇聚到四个顶点上（A、B、C、S）。我们要是能够画出 A、B、C、S 四个顶点，然后把它们连接起来，就能够得到三棱锥的投影。

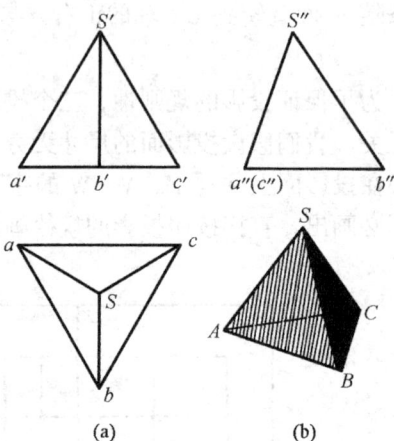

图 2-9　三棱锥上的几何元素

3.1　点的投影

3.1.1　点的三面投影

如图 2-10 所示，作出点 A 在三投影面体系中的投影。首先，过点 A 分别向 H 面、V 面和 W 面作投影线，投影线与投影面的交点 a、a'、a''，就是点 A 的三面投影图。点 A 在 H 面上的投影 a，称为点 A 的水平投影；点 A 在 V 面上的投影 a'，称为点 A 的正面投影；点 A 在 W 面上的投影 a''，称为点 A 的侧面投影。

在投影法中，空间点用大写字母表示，而其在 H 面的投影用相应的小写字母表示，在 V 面的投影用相应的小写字母右上角加一撇表示，在 W 面的投影用相应的小写字母右上角加两撇表示。如点 A 的三面投影，分别是用 a、a'、a'' 表示。

3.1.2　点的投影规律

在图 2-10 中，过空间点 A 的两点投影线 Aa 和 Aa' 决定的平面，与 V 面和 H 面同时垂直相交，交线分别是 $a'a_x$ 和 aa_x，因此，OX 轴必然垂直于平面 Aaa_xa'，也就是垂直于

aa_x 和 $a'a_x$。aa_x 和 $a'a_x$ 是互相垂直的两条直线,即 $aa_x \perp a'a_x$、$aa_x \perp OX$、$a'a_x \perp OX$。当 H 面绕 OX 轴旋转至与 V 面成为一平面时,点的水平投影 a 与正面投影 a' 的连线就成为一条垂直于 OX 轴的直线,即 $aa' \perp OX$(图 2-10b)。同理可分析出,$a'a'' \perp OZ$。a_y 在投影面成展平之后,被分为 a_{YH} 和 a_{YW} 两个点,所以 $aa_{YH} \perp OY_H$,$a''a_{YW} \perp OY_W$,即 $aa_x = a''a_z$。

经过以上的分析,我们可以得出点在三投影面体系中的投影规律:

(1) 点的水平投影和正面投影的连线垂直于 OX 轴,即 $a'a \perp OX$。

(2) 点的正面投影和侧面投影的连线垂直于 OZ 轴,即 $a'a'' \perp OZ$。

(3) 点的水平投影到 X 轴的距离等于点的侧面投影到 Z 轴的距离,即 $aa_x = a''a_z$。

这三条投影规律,就是被称为"长对正、高平齐、宽相等"的三等关系。它也说明,在点的三面投影图中,每两个投影都有一定的联系性。只要给出点的任何两面投影,就可以求出第三个投影。

3.1.3 点的坐标

在图 2-10 (a) 中,四边形 Aa_xa' 是矩形,Aa 等于 $a'a_x$,即 $a'a_x$ 反映点 A 到 H 面的距离;Aa' 等于 aa_x,即 aa_x 反映点 A 到 V 面的距离。由此可知:点到某一投影面的距离,等于该点在另一投影面上的投影到相应投影轴的距离。

在 H 面、V 面、W 面形成的投影体系中,若将 H、V、W 投影面看成坐标面,三条投影轴相当于三条坐标轴 OX、OY、OZ,三轴的交点为坐标原点。空间点到三个投影面的距离就等于它的坐标,也就是点 A 到 W 面、V 面和 H 面的距离 Aa''、Aa' 和 Aa 称为 x 坐标、y 坐标和 z 坐标。空间点的位置可用 A(x,y,z)形式表示,所以 A 点的水平投影 a 的坐标是 (x,y,0);正面投影的 a' 的坐标是 (x,0,z);侧面投影 a'' 的坐标是 (0,y,z)。

如图 2-10 所示:

$Aa'' = aa_{yH} = a'a_z = oa_x$(点 A 的 x 坐标)

$Aa' = aa_x = a''a_z = oa_y$(点 A 的 y 坐标)

$Aa = a'a_x = a''a_{yw} = oa_z$(点 A 的 z 坐标)

显然,空间点的位置不仅可以用其投影确定,也可以由它的坐标确定。若已知点的三面投影,就可以量出该点的三个坐标;已知点的坐标,就可以作出该点的三面投影。

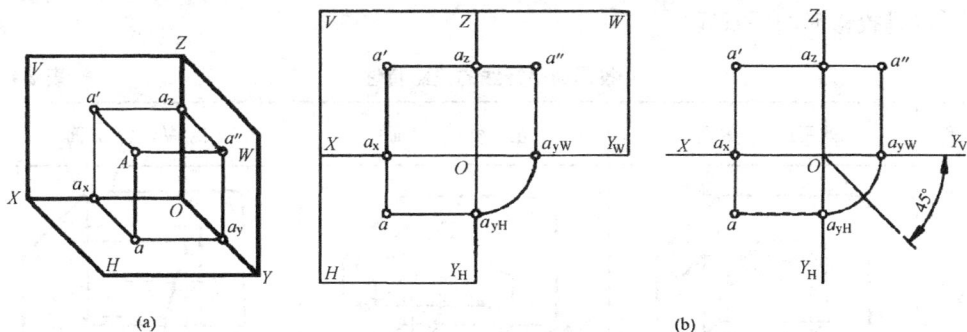

(a)　　　　　　　　　　　　　　　(b)

图 2-10　点的三面投影

(a) 直观图；(b) 投影图

3.2 直线的投影

在掌握了点的投影规律之后，按照"两点决定一条直线"的原则，可以进行直线投影的研究。直线的投影一般仍为直线。直线 *AB* 的水平投影 *ab*、正面投影 *a'b'*、侧面投影 *a"b"* 仍为直线（图 2-11a），只要先作出直线上首尾两点的三面投影（图 2-11b），然后再把它们的同面投影连接起来，就可以得到直线的三面投影（图 2-11c）。

直线按其与投影面的相对位置，可分为投影面平行线、投影面垂直线和一般位置线。平行于某一投影面的直线称为投影面平行线；垂直于某一投影面的直线称为投影面垂直线；倾斜于三个投影面的直线称为一般位置直线。

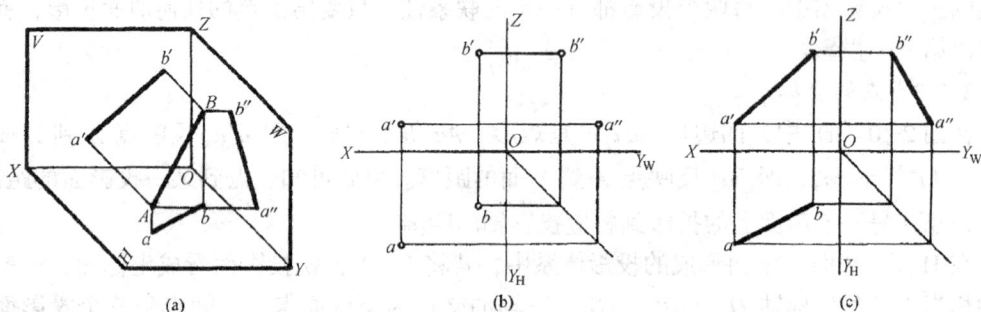

图 2-11　直线的三面投影

3.2.1　投影面平行线

投影面平行线是平行于某一投影面、同时倾斜于其余两个投影面的直线。投影面平行线可分为三种：水平线、正平线和侧平线。其投影特性如下：

（1）水平线是平行于水平投影面的直线；

（2）正平线是平行于正立投影面的直线；

（3）侧平线是平行于侧立投影面的直线。

投影面平行线的投影特性见表 2-1。

在投影图上，如果有一个投影平行于投影轴，而另有一个投影倾斜，那么，这一空间直线一定是投影面的平行线。

投影面平行线的投影特性　　　　　　　　　　　　　　　　表 2-1

名　称	水平线（//H面）	正平线（//V面）	侧平线（//W面）
空间直线			

44

名　称	水平线（∥H 面）	正平线（∥V 面）	侧平线（∥W 面）
投影图	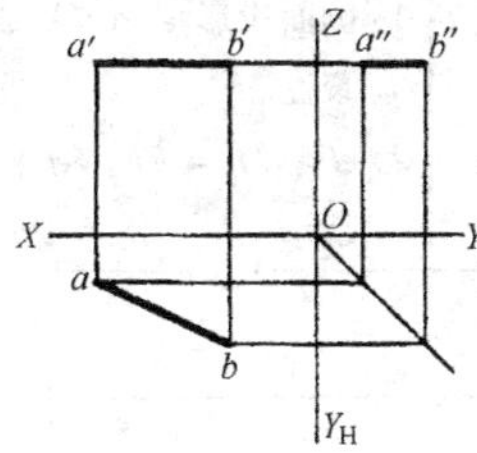	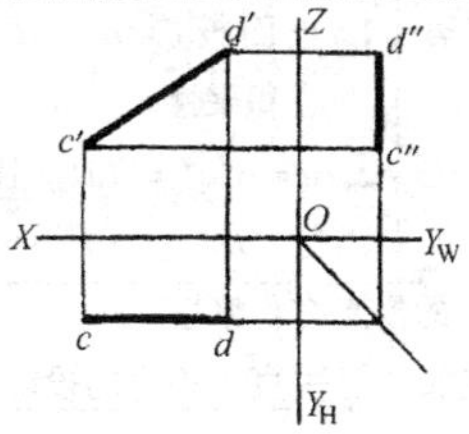	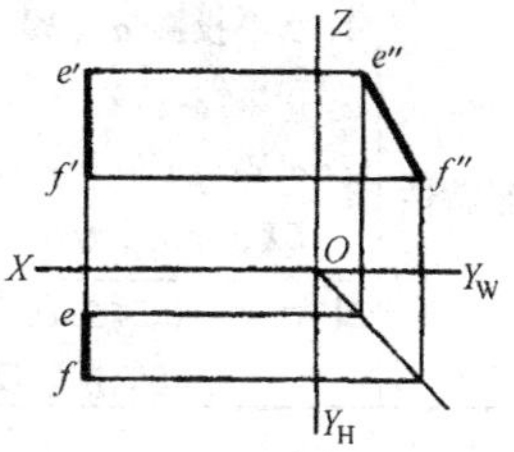
投影特性	1. 水平投影 $ab = AB$ 2. 正面投影 $a'b' \parallel OX$，侧面投影 $a''b'' \parallel OY_W$，都不反映实长	1. 正面投影 $c'd' = CD$ 2. 水平投影 $cd \parallel OX$，侧面投影 $c''d'' \parallel OZ$，都不反映实长	1. 侧面投影 $e''f'' = EF$ 2. 水平投影 $ef \parallel OY_H$，正面投影 $e'f' \parallel OZ$，都不反映实长
	小结：1. 在所平行的投影面上的投影反映实长 　　　 2. 其他投影平行于相应的投影轴		

3.2.2　投影面垂直线

投影面垂直线是垂直于某一投影面、同时也必然平行于另外两个投影面的直线。投影面垂直线可分为：正垂线、铅垂线和侧垂线，其命名原则如下：

（1）正垂线是垂直于正立投影面的直线；

（2）铅垂线是垂直于水平投影面的直线；

（3）侧垂线是垂直于侧立投影面的直线。

投影面垂直线的投影特性见表 2-2。

在投影面上，只要有一个直线的投影积聚为一点，那么，它一定为投影面的垂直线，并垂直于积聚投影所在的投影面。

投影面垂直线的特性　　　　　　　　　　　　　　　　　　表 2-2

名　称	铅垂线（⊥H 面）	正垂线（⊥V 面）	侧垂线（⊥W 面）
空间直线	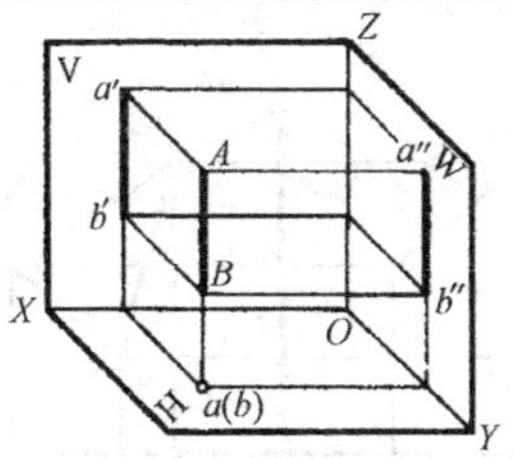	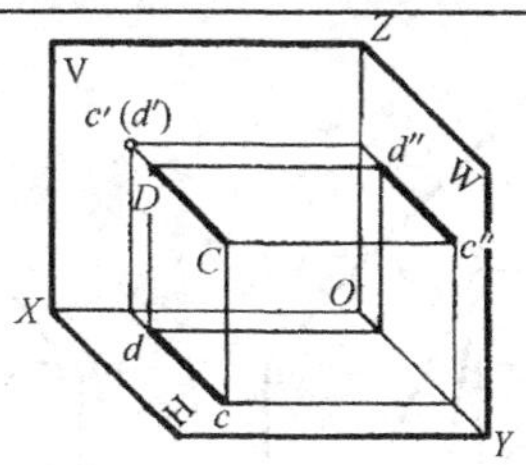	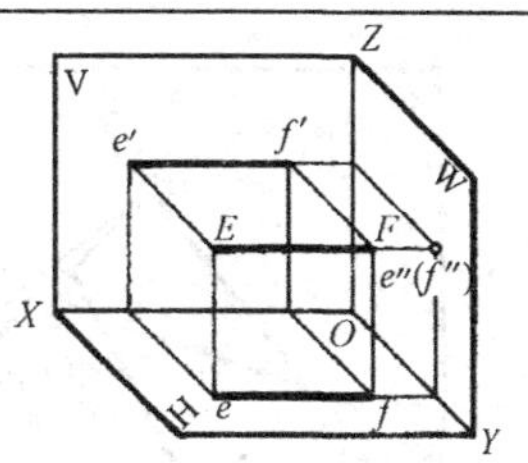
投影图	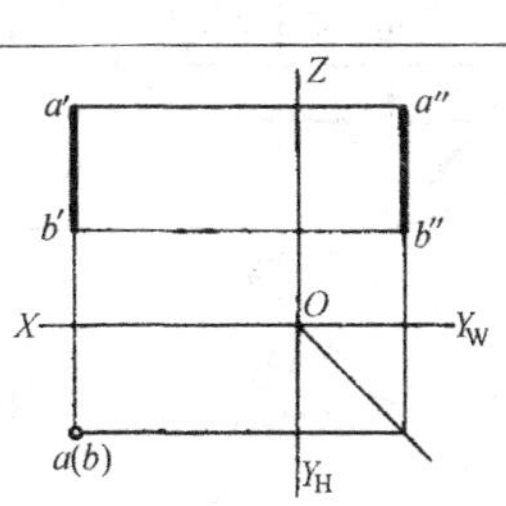	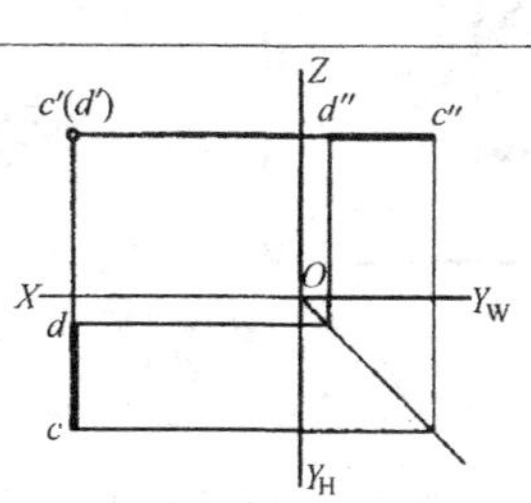	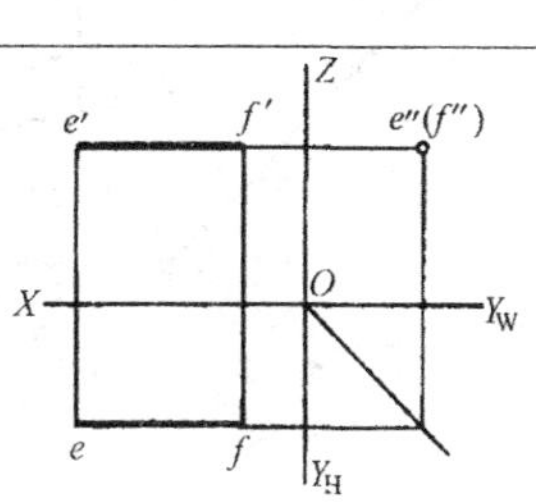

名　称	铅垂线（⊥H面）	正垂线（⊥V面）	侧垂线（⊥W面）
投影特性	1．水平投影 a（b）成一点，有积聚性 2．$a'b'=a''b''=AB$，且 $a'b'\perp OX$，$a''b''\perp OY_W$	1．正面投影 c'（d'）成一点，有积聚性 2．$cd=c''d''=CD$，且 $cd\perp OX$，$c''d''\perp OZ$	1．侧面投影 e''（f''）成一点，有积聚性 2．$ef=e'f'=EF$，$ef\perp OY_H$，$e'f'\perp OZ$
	小结：1．在所垂直的投影面上的投影有积聚性		
	2．其他投影反映线段实长，且垂直于相应的投影轴		

3.2.3　一般位置直线

一般位置直线是同时倾斜于三个投影面的直线。它对三个投影面的倾斜角分别以 α、β、γ 表示。图 2-12 所示为一般位置直线的三面投影，它的投影特性是：

（1）一般位置直线的三面投影均与投影轴倾斜；

（2）一般位置直线的三面投影长度均小于该线段的实长。

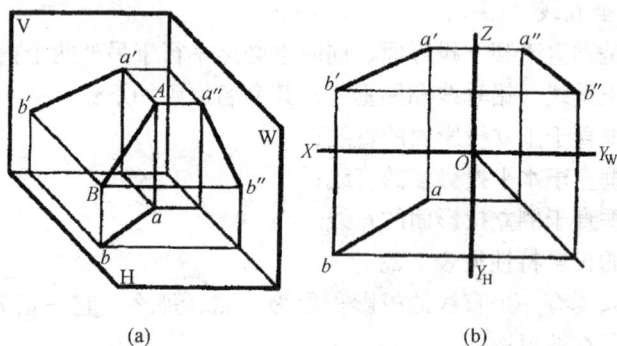

图 2-12　一般位置直线的投影

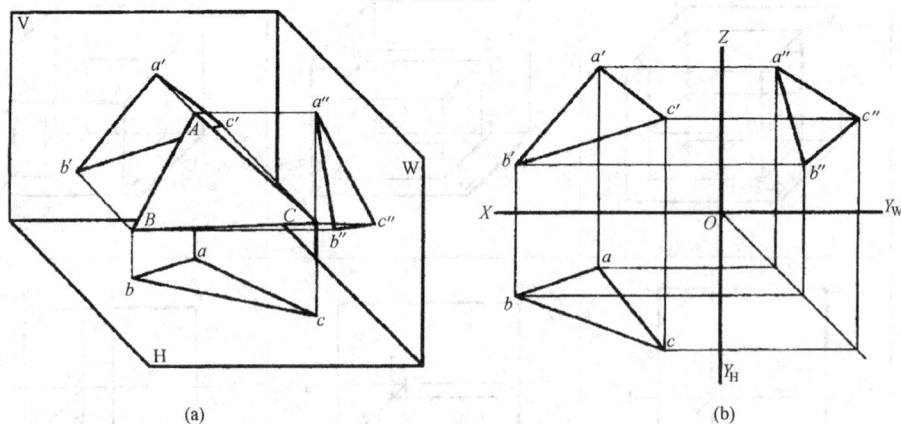

图 2-13　平面图形的投影

3.3 平面的投影

在掌握了直线投影的规律之后，按照"至少三条直线可以围合成一个平面（平面图形）"的原则，可以进行平面投影的研究。如图 2-13 所示，△ABC 的三面投影仍然是三角形。我们可以把三角形看成是由三条直线围合成的。只要画出三角形的各个顶点，然后再将各点的同面投影按顺序连接起来，就能得到三角形的三面投影。

平面按与投影面的相对位置，可分为投影面平行面、投影面垂直面和一般位置平面。平行于某一投影面的平面称为投影面平行面；垂直于某一投影面的平面称为投影面垂直面；倾斜于三个投影面的平面称为一般位置平面。

3.3.1 投影面平行面

投影面平行面是平行于某一投影面、同时也垂直于另外两个投影面的平面。投影面平行面可分为：水平面、正平面和侧平面。其命名原则如下：

（1）水平面是平行于水平投影面的平面；

（2）正平面是平行于正立投影面的平面；

（3）侧平面是平行于侧立投影面的平面。

投影面平行面的投影特性见表 2-3。

如果一个平面只要有一个投影积聚为一条平行于投影轴的直线，那么该平面就平行于非积聚投影所在的投影面，并且反映实形。

投影面平行面的投影特性 表 2-3

	水 平 面	正 平 面	侧 平 面
立体面	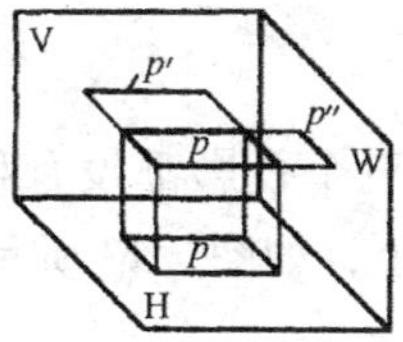	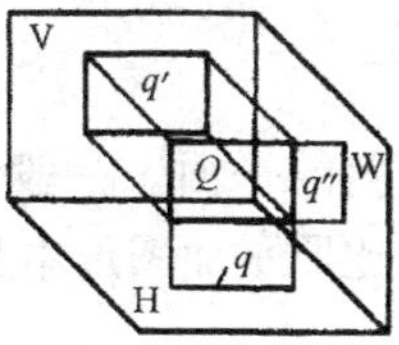	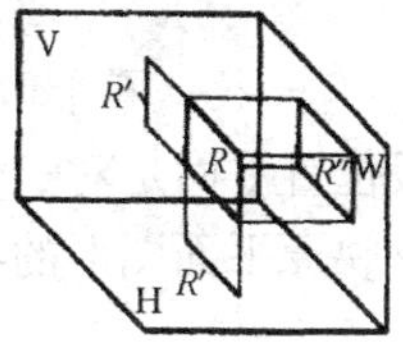
投影图	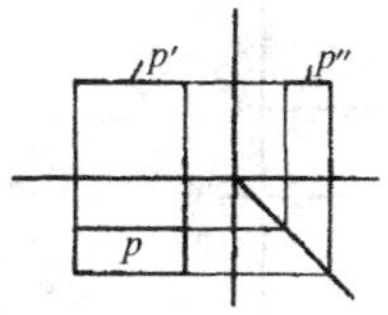	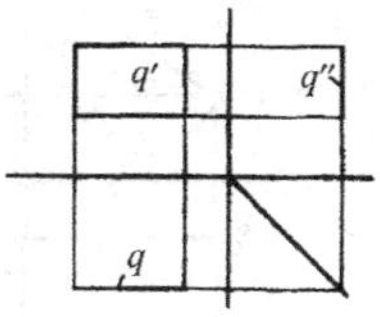	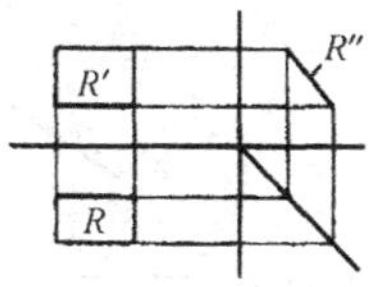
投影特性	1. 在平行的投影面上的投影反映实形 2. 在其他投影面上积聚为一条平行于投影轴的直线		

3.3.2 投影面垂直面

投影面垂直面是垂直于某一投影面、而对其余两个投影面倾斜的平面。投影面垂直面可分为：铅垂面、正垂面和侧垂面。其命名原则如下：

（1）铅垂面是垂直于水平投影面的平面；

（2）正垂面是垂直于正立投影面的平面；

（3）侧垂面是垂直于侧立投影面的平面。

投影面垂直面的投影特性见表 2-4。

如果一个平面，只要有一个投影积聚为一倾斜线，那么，这个平面一定垂直于积聚投影所在的投影面。

投影面垂直面的投影特性

表 2-4

	铅 垂 面	正 垂 面	侧 垂 面
立体图			
投影图			
投影特性	1. 平面积聚在其垂直的投影面上为一直线，且对两轴的夹角反映平面对两投影夹角 2. 另外两个投影面比原实形小		

3.3.3 一般位置平面

一般位置平面是对三个投影面都倾斜的平面。一般位置面的三个投影都没有积聚性，而且都反映原平面图形的类似形状，但比原平面图形本身的实形小，如图 2-13 所示。

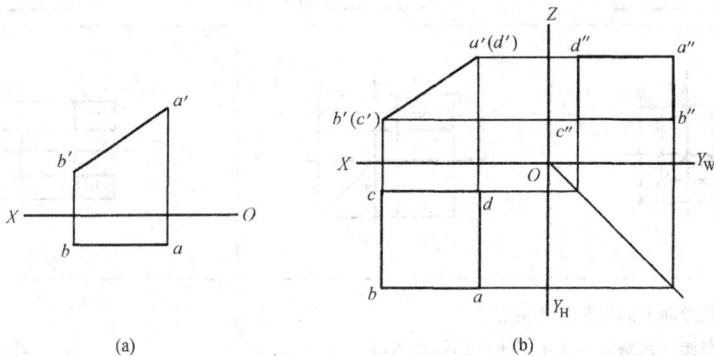

(a)   (b)

图 2-14　作正方形的三面投影

（a）已知条件；（b）作图的方法和过程

【例 2-1】　如图 2-14（a）所示，已知正方形 ABCD 平面垂直于 V 面以及 AB 的两面投影，求作此正方形的三面投影图。

【解】 因为正方形是一正垂面，AB 边是正平线，所以 AD、BC 是正垂线，a'b' 长即为正方形各边的实长。作图过程如图 2-14（b）所示。

（1）过 a、b 分别作 $ad \perp OX$ 轴、$bc \perp OX$ 轴，且截取 $ad = a'b'$，$bc = a'b'$。

（2）连 dc 即为正方形 ABCD 的水平投影。

（3）正方形 ABCD 是一正垂面，正面投影积聚 a'b'，分别求出 a''、b''、c''、d'' 连线，即为正方形 ABCD 的侧面投影。

课题 4　基本形体的投影

建筑是我们今后的工作对象，表面看来形状复杂多变的建筑形体，其实都是由一些简单的几何体组合而成的。如图 2-15 所示，一个房屋的模型，看似复杂，实际可以被拆分成两个四棱柱、两个四棱锥和一个三棱锥。所以，在掌握了面的投影特性的基础上，正确理解并掌握基本体形的投影特性，对准确地认识建筑的投影规律，更好地掌握识读图的能力和技巧具有十分明显的作用。

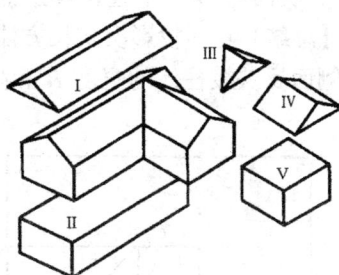

图 2-15　建筑形体的拆分

按照形体的表面几何性质，几何形体可以分为平面立体和曲面立体两大类。

4.1　平面立体的投影

由平面构成的几何体称为平面立体，平面立体的投影实际就是围合成立体的点、线、面的投影。建筑及绝大多数的建筑构配件是由平面立体构成的。根据各平面立体棱线的相互关系又可分为各棱线相互平行的几何体—棱柱体，如正方体、长方体、棱柱体；各棱线或其延长线交于一点的几何体—棱锥体，如三棱锥、四棱台等，如图 2-16 所示。

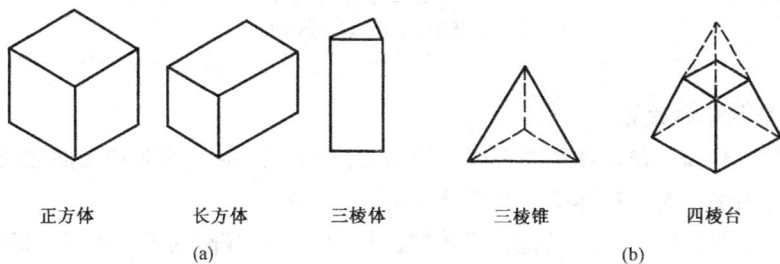

正方体　　　长方体　　　三棱体　　　　三棱锥　　　　　四棱台

（a）　　　　　　　　　　　　　　　　　　　（b）

图 2-16　平面立体

（a）棱柱体；（b）棱锥体

4.1.1　正长方体的投影

正长方体是由左右、上下、前后等六个平面构成，而且这六个平面相互垂直。现以长方体为例，对正长方体的投影进行分析。

【例 2-2】 已知长方体长为 L、高为 H、宽为 B，求长方体的三面投影。

【解】 因为组成长方体的平面均为投影面的垂直面，而且相互之间为垂直关系。所以这六个面的三面投影或反映实形、或集聚为一条直线。作图过程如图 2-17 所示。

(1) 将长方体置于三面投影体系中，底面平行于 H 面，其中前后面平行于 V 面，左右面平行于 W 面。

(2) 根据长方体在三面投影体系中的位置，底面、顶面平行于 H 面，则在 H 面的投影反映实形，并且相互重合。前后面、左右面垂直于 H 面，其投影积聚成为直线，构成长方形的各条边。

(3) 由于前后面平行于 V 面，在 V 面的投影反映实形，并且重合。而顶面、底面、左右面由于左右侧面平行于 W 面，在 W 面的投影反映实形，并且相互重合。而前后面、顶面、底面与 W 面垂直，其投影积聚成为直线，构成 W 面四边形各边。

【总结】 正面投影反映长方体长度 L 和高度 H，水平投影反映长方体的长度 L 和宽度 B，侧面反映棱柱体的宽度 B 和高度 H。

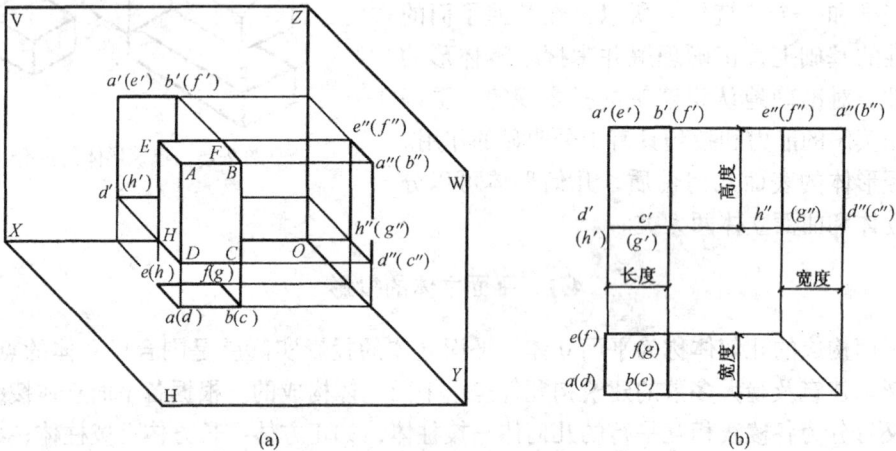

图 2-17　正四棱柱的投影
(a) 立体图；(b) 三面投影图

4.1.2　棱柱体的投影

棱柱体是由棱面、顶面和底面构成。棱面之间相互倾斜、顶面和底面之间相互平行。现以正三棱柱为例，对棱柱体的投影进行分析。

【例 2-3】 如图 2-18 所示，已知正三棱柱边长为 L、棱柱高为 H，求正三棱柱的三面投影图。

【解】 正三棱柱的顶面、底面和一个柱面为投影面的平行面，另外两个柱面为投影面的垂直面。其中顶面、底面在 H 面上的投影为实形，在另 V、W 面上的投影集聚为直线，柱面在 V 面的投影为实形，在 H、W 面的投影集聚为一条直线；正三棱柱的另外两个柱面为投影面垂直面，它们在 V、W 面上的投影仍为平面，但小于实形，在 H 面上的投影集聚为一条直线。作图过程如图 2-18 所示。

50

（1）将正三棱柱体置于三面投影体系中，底面平行于 H 面，其中一个侧面平行于 V 面。

（2）根据正三棱柱在三面投影体系中的位置，底面平行于顶面且平行于 H 面，则在 H 面的投影反映实形，并且相互重合为正三角形。各棱柱面垂直于 H 面，其投影积聚成为直线，构成正三角形的各条边。

（3）由于其中一个侧面平行于 V 面，则在 V 面上的投影反映实形。其余两个侧面与 V 面倾斜，在 V 面上的投影形状缩小，并与第一个侧面重合，所以 V 面上的投影为两个长方形。底面和顶面垂直于 V 面，它们在 V 面上的投影积聚成下、上两条平行 OX 轴的直线。

（4）由于与 V 面平行的侧面垂直于 W 面，在 W 面上的投影积聚成平行于 OZ 轴的直线。顶面和底面也垂直于 W 面，其在 W 面上的投影积聚为平行于 OY 轴的直线，另两侧面在 W 面的投影为缩小的重合的长方形。

从正三棱柱的三面投影图上可以看出：正面投影反映棱柱的长度和高度，水平投影反映棱柱的长度和宽度，侧面投影反映棱柱的宽度和高度。完全符合前面介绍的三面投影图的投影特性。

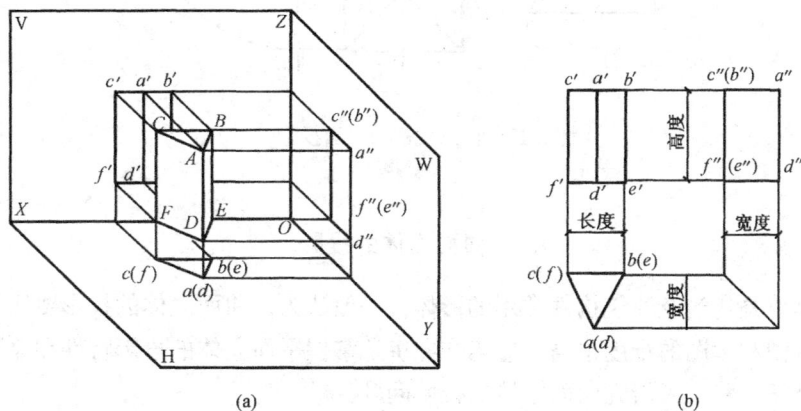

图 2-18　正三棱体的投影
（a）立体图；（b）投影图

4.1.3　棱锥体的投影

棱锥体是由若干个三角形的棱锥面和底面构成、其投影仍是空间一般位置和特殊位置平面投影的集合，投影规律和方法同平面的投影。现以正四棱锥为例，对棱锥体的投影进行分析。

【例 2-4】如图 2-19 所示，已知正四棱锥体的底面边长和棱锥高，求正四棱锥体的三面投影。

【解】正四棱锥体的底面为投影面的平行面，四个锥面为一般位置平面。其中底面在 H 面上的投影为实形，在 V、W 面上的投影集聚为一条直线；四个锥面在三个投影面上的投影均为锥面，但小于实形。作图过程如图 2-19 所示。

（1）将正四棱锥体放置于三面投影体系中，使其底面平行于 H 面，并且 *ab // cd // OX*

轴。根据放置的位置关系，正四棱锥体底面在 H 面的投影反映实形，锥顶 S 的投影在底面投影的几何中心上，H 面投影中的四个三角形分别为四个锥面的投影。

（2）棱锥面△SAB 与 V 面倾斜，在 V 面的投影缩小。△SAB 与△SCD 对称，所以它们的投影相互重合。由于底面与 V 面垂直，其投影为一直线。棱锥面△SAD 与△SBC 与 V 面垂直，投影积聚成一斜线。

（3）W 面与 V 面投影方法一样，投影图形相同，只是所反映的投影面不同。

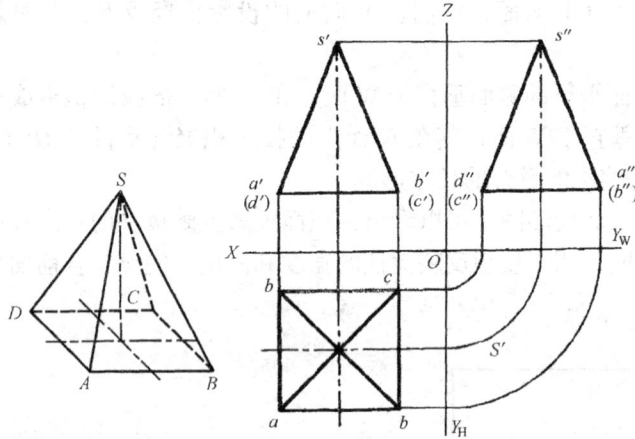

图 2-19　正三棱锥的三面投影

4.2　曲面立体的投影

曲面立体也是建筑及建筑构件常用的形体，一般认为，曲面立体的投影要比平面立体复杂一些，画图和读图的难度也高。应当在熟练地掌握平面立体的投影特性和原则的基础上，进一步开拓思路，来研究曲面立体的投影问题。

4.2.1　回转曲面体的基本概念

1. 回转曲面体的形成

由曲面或曲面与平面围合成的立体称为曲面体。常见的曲面体有圆柱、圆锥、圆球等，这些曲面体都是由回转表面和平面或单纯由回转面围合成的立体。由于这些物体的曲表面均可看成是由一根动线绕着一固定轴线旋转而成，故这类形体又可称为回转体。如图2-20 所示，图中的固定轴线称为回转轴，动线称为母线。

当母线为直母线且平行于回转轴时，形成的曲面为圆柱面，如图 2-20（a）所示。

当母线为直母线且与回转轴相交时，形成的曲面为圆锥面。圆锥面上所有母线交于一点，该点称为锥顶，如图 2-20（b）所示。

由圆母线绕其直径回转而成的曲面称为圆球面，如图 2-20（c）所示。

2. 素线和轮廓素线

（1）素线：母线绕回转轴旋转到任一位置时，称为素线。

（2）轮廓素线：将物体置于投影体系中，在投影时能构成物体轮廓的素线，称为轮廓素线。轮廓素线的确定与投影体系及物体的摆放方位有关，不同的方位将产生不同的轮廓素线。

3.纬圆

由回转体的形成可知，母线上任意一点的运动轨迹为圆，该圆垂直于轴线，称为纬圆。

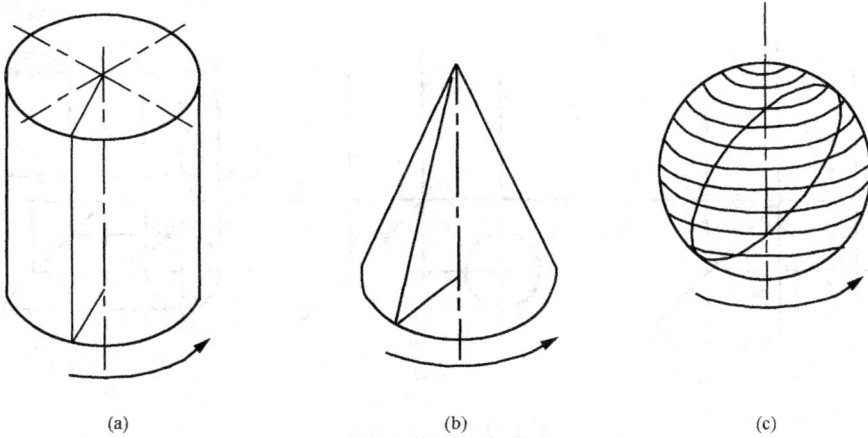

图 2-20　回转曲面的形成
(a) 圆柱体；(b) 圆锥体；(c) 球体

4.2.2　圆柱体的投影

1.圆柱体在投影体系中摆放位置的选择

圆柱体是由圆柱面和两个圆形的底面围合而成。圆柱体在投影体系中摆放位置的选择对准确、迅速地画出它的投影有一定的影响。

如图 2-21 所示，一直圆柱体，使其轴线垂直于水平面，则两底面互相平行且平行于水平面；圆柱面垂直于水平面。

2.圆柱体的投影分析

(1) H 面投影：为一圆形。它既是两底面的重合投影（真形），又是圆柱面的积聚投影。

(2) V 面投影：为一矩形。该矩形的上、下两边线为上、下两底面的积聚投影，而左、右两边线则是圆柱面的左、右两条轮廓素线。

(3) W 面投影：亦为一矩形。该矩形与 V 面投影全等，但含义不同。V 面投影中的矩形线框表示的是圆柱体中前半圆柱面与后半圆柱面的重合投影，而 W 面投影中的矩形线框表示的是圆柱体中左半圆柱面与右半圆柱面的重合投影。

3. 作图步骤

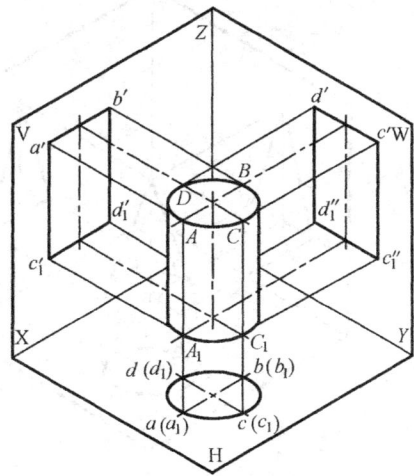

图 2-21　圆柱体在投影体系中的
摆放和投影分析

在做了投影分析之后，可以进行作图，如图 2-22 所示。圆柱投影图的作图步骤如下：

（1）作圆柱体三面投影图的轴线和中心线；

（2）由直径画水平投影圆；

（3）依据"长对正"的原则和圆柱体的高度作正面投影，投影为矩形；

（4）依据"高平齐，宽相等"的原则作侧面投影，投影为矩形。

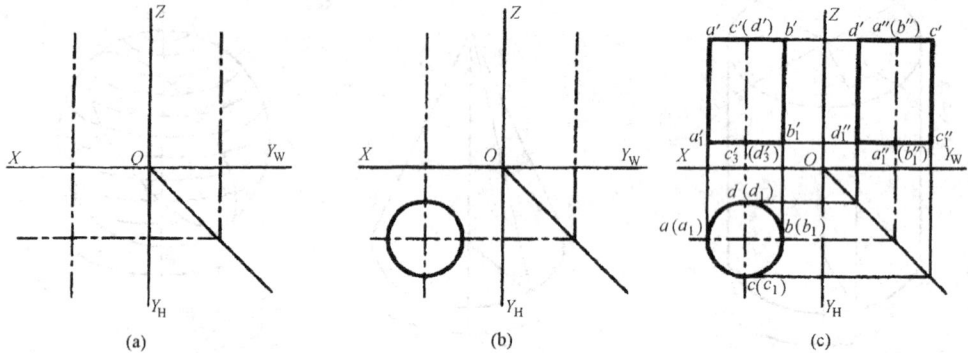

图 2-22　圆柱体的投影

4.2.3　圆锥体的投影

1. 圆锥体在投影体系中摆放位置的选择

圆锥体是由圆锥面和底面围合而成的。同样，圆锥体在投影体系中摆放位置的选择对准确、迅速地画出它的投影有一定的影响。

如图 2-23（a）所示，一直立的圆锥，轴线放置与水平面垂直，底面平行于水平面。

2. 圆锥体的投影分析

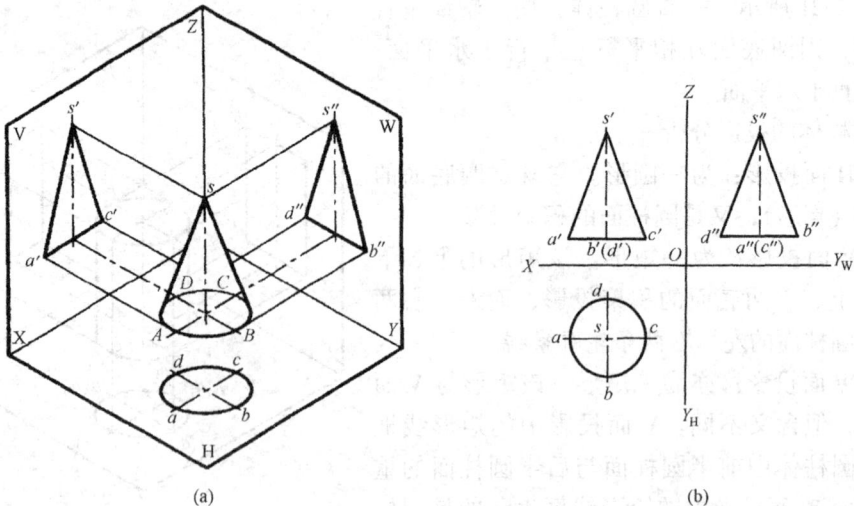

图 2-23　圆锥体的投影

（a）直观图；（b）投影图

（1）H面投影：为一圆形，而且与实物同样大小；

（2）V、W面投影：均为三角形，而且全等；

（3）同圆柱一样，圆锥的V、W面投影也代表了圆锥面上不同的部位。正面投影是前半部投影与后半部投影的重合，而侧面投影是圆锥左半部投影与右半部投影的重合。

3. 作图步骤

在做了投影分析之后，可以进行作图。由于圆锥面同圆柱面一样，都是由母线绕轴线旋转而成的回转曲面，因此它们的投影亦有许多共同之处，如图2-23（b）所示。

（1）作圆锥体三面投影的轴线和中心线；

（2）用已知直径画圆锥底面的水平投影图；

（3）依据"长对正"的原则和已知圆锥高度作底面及圆锥顶点的正面投影，投影为等腰三角形；

（4）依据"宽相等，高平齐"的原则作侧面投影，投影为等腰三角形。

由于圆球体的投影均为圆球，比较简单，在此就不作说明了。

4.3 组合体的投影

4.3.1 组合体的构成

组合体是由几个基本体组合而成的，因此组合体的形状和构成就比较复杂。既然组合体是由几个基本形体组合而成的，我们就可以把任何一个组合体进行有机、合理地拆分和切割，然后再进行投影。根据基本形体的组合方式的不同，通常可将组合体分为两类。

1. 叠加型组合体

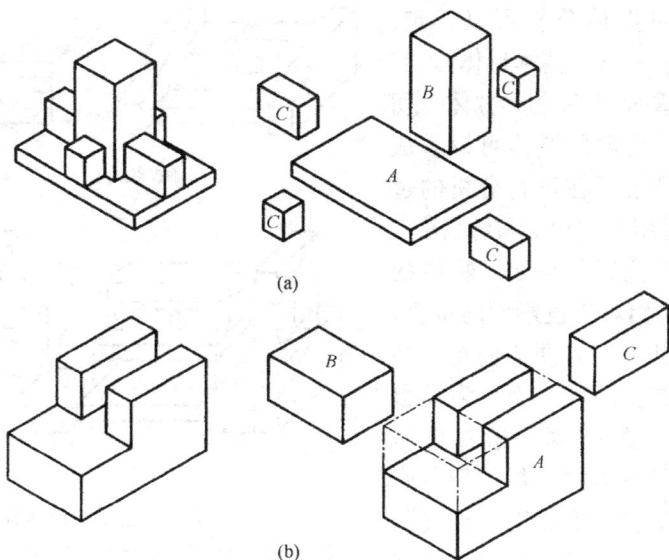

图2-24 组合体的构成

(a) 叠加组合体；(b) 切割组合体

叠加型组合体的主要部分是由若干个基本形体叠加而成为一个整体。如图2-24（a）所示为一组合体。按照拆分的原则，我们可以认为该立体是由三部分叠加而成：A为一水平放置的长方体，*B* 是一个竖立在正中位置的四棱柱，*C* 为四块支撑板。

2. 切割型组合体

从一个基本形体上切割去若干基本形体而形成的组合体被称为切割型的组合体。如图 2-24（b）所示为一组合体。按照切割的原则，我们可以认为该立体是由一个长方体切割而成：*A* 为一长方体，*B* 为在 *A* 左上方切割下来的一个长方体，*C* 为在 *A* 中右上方，与 *B* 垂直的方向切割下来的另一个长方体。

4.3.2 形体分析法

形体分析法是认识组合体构成的基本方法，其实质是：假想组合体是由一些基本形体组合而成的，通过对这些基本形体的研究，间接地完成对复杂组合体的研究。形体分析法在解决有关组合体的各种问题中具有很大的实际意义。

（1）利用形体分析的成果及基本立体的投影特性，可以迅速、准确地绘制出组合体的视图；

（2）以形体分析法指导组合体的尺寸标注，可给初学者带来很大的方便；

（3）读图能力的培养是制图课的重要任务之一，应用形体分析法可帮助我们逐步地读图，并最终读懂全图。

4.3.3 组合体视图的画法

建筑的许多构件都是以组合体的形式出现的，学会组合体投影的知识，掌握组合体投影的原则和画图方法，在实际工作当中具有很大的应用价值。绘制组合体的视图应按照先分析、再画图的步骤进行：

视图分析是绘制组合体视图的首要步骤，它通常包括以下几个方面：

（1）物体的形体分析。如图 2-25 所示为一台阶，通过形体分析可以认定，它可以被分为 5 个部分（基本形体）。其中两边的边墙可看成是两个立方体，切割去两个三棱柱；台阶的踏步可以看成是三个立方体的叠加。在进行分析的过程中，我们综合运用了叠加法和切割法。

（2）物体摆放位置的确定。物体的摆放位置是指物体相对于投影面的位置，该位置的选取应以表达方便为前提，即应使物体上尽可能多的线（面）为投影面的特殊位置线（面）。对一般物体而言，这种位置也即物体的自然位置，所以常说的要使物体"摆平放正"也就是这个意思。但对于建筑形体，首先应该考虑的却是它的工作位置。图 2-25 所示的就是台阶的正常工作位置。

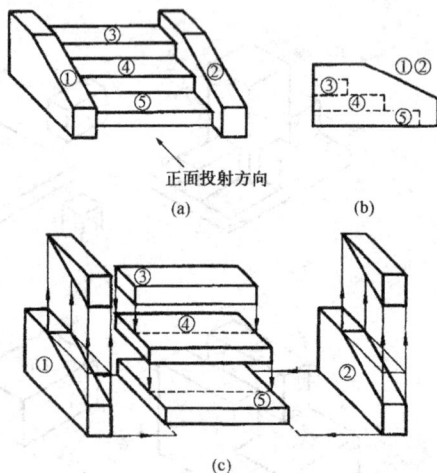

图 2-25 台阶的形体分析
(a)直观图;(b)形体组合投影图;(c)基本形体的分解

（3）正视图的选择。由前面的介绍可知，正视图是基本视图中最重要的一个视图，它对投影图的整体功效影响极大，所以在视图分析的过程中应重点考虑。其选择的原则为：

1）使正视图能较多的反映物体的总体形状特征；

2）使视图上的虚线尽可能少一些；

3）合理利用图纸的幅面。

（4）视图数量的确定。此处的视图数量是指准确、清晰地表达物体时所必需的最少视图个数。确定视图数量的方法为：通过对物体形体的分析，确定物体各组成部分所需的视图数量，再减去标注尺寸后可以省去的视图数量，从而得出最终所需的视图数量及其名称。

4.3.4 基本形体和组合体的尺寸标注

1. 基本形体的尺寸标注

尺寸标注是工程图的一个十分重要的内容，它在实际工作当中的作用甚至超过了图形本身。尺寸标注的合理，可以使读图的人清晰准确地领会图纸的信息；如果尺寸标注的不合理，就会给读图的人带来一些不必要的麻烦，甚至会给工作带来损失。基本形体是构成组合体的基础，研究组合体的尺寸注法，首先应当掌握基本形体的尺寸注法。

（1）平面立体的尺寸标注

平面立体的尺寸数量与立体的具体形状有关，但总体看来，这些尺寸分属于三个方向，即平面立体上的长度、宽度和高度方向。如图 2-26 分别为长方体、四棱柱和正六棱柱的尺寸注法。其中正六棱柱俯视图中所标的外接圆直径，既是长度尺寸，也是宽度尺寸。故图 2-26（c）中的宽度尺寸（22）可以省略不标。

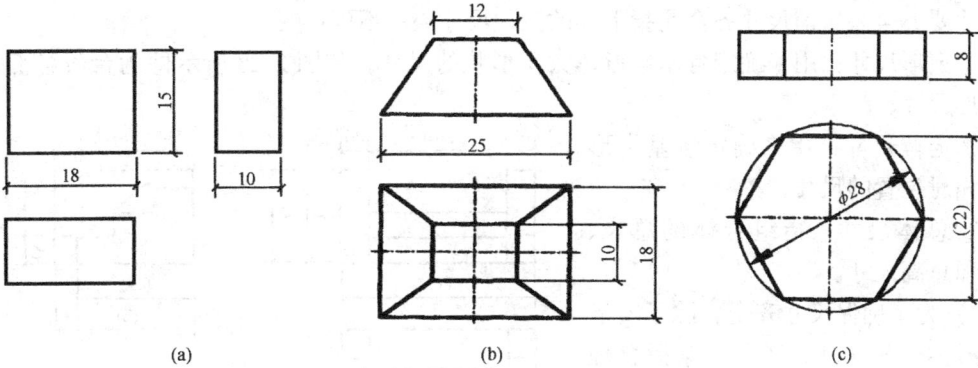

图 2-26 平面立体的尺寸标注方法
（a）长方体；（b）四棱柱；（c）正六棱柱

（2）回转体的尺寸标注

由回转体的形成可知，回转体的尺寸标注应分为径向尺寸标注和轴向尺寸标注。图 2-27 为回转体的尺寸标注举例。其中圆柱、圆锥、圆台的尺寸亦可集中标注在非圆视图上，此时组合体的视图数目可以减少一个，如图 2-27（b）所示。对于圆球只需标注径向尺寸，但必须在直径符号前加注"S"。

2. 组合体尺寸标注

组合体的尺寸标注要比基本形体复杂，应当事先做好规划，按照有关的规则办事，避免出现混乱和互相干扰的情况。

（1）标注尺寸的基本要求：

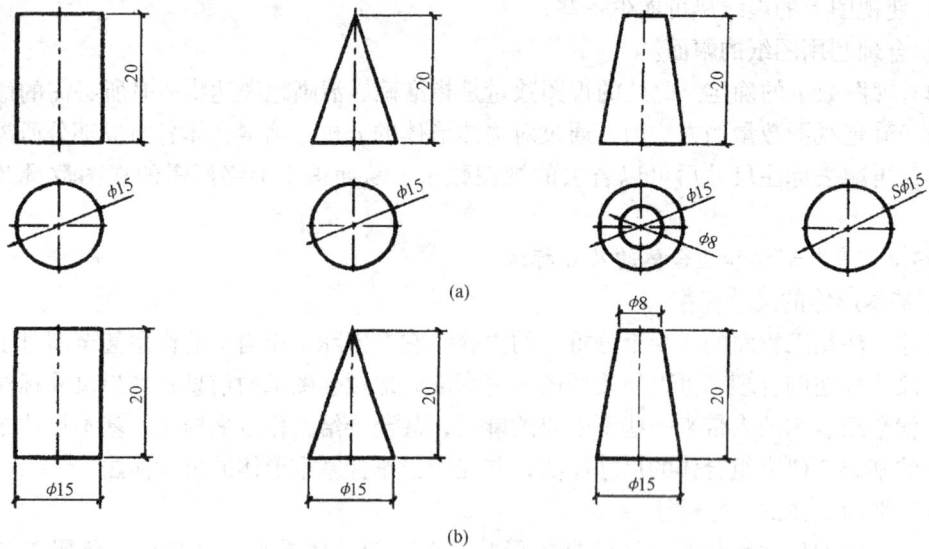

图 2-27　回转体的尺寸标注

1）除了要符合基本形体尺寸标注的基本规定外，组合体的尺寸标注还必须保证标注的尺寸要齐全。所谓尺寸齐全是指下述的三种尺寸缺一不可：

①定形尺寸：用来确定各基本形体大小形状的尺寸，如图 2-28 所示即为台阶各部分的定形尺寸；

②定位尺寸：用来确定各基本形体间相对位置的尺寸；

③总体尺寸：指组合体的总长、总宽和总高尺寸。

2）为了确保尺寸齐全，除了要借助于形体分析法外，还必须掌握合理的标注方法。下面以台阶为例说明组合体尺寸标注的方法和步骤（图 2-28）：

①标注总体尺寸：首先标注图 2-28 中（1）、（2）和（3）三个尺寸，它

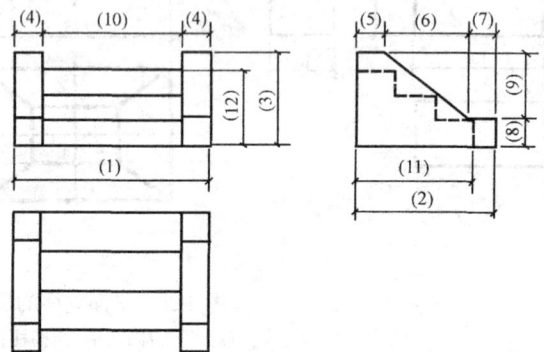

图 2-28　组合体尺寸标注的举例

们分别为台阶的总长、总宽和总高。在建筑设计中它们是确定台阶形状的最基本也是最重要的尺寸，因此要首先标出。

②标注各部分的定形尺寸：图 2-28 中（4）、（5）、（6）、（7）、（8）、（9）均为边墙的定形尺寸，（10）、（11）、（12）为踏步的定形尺寸。而尺寸（2）、（3）既是台阶的总宽、总高，同时也是边墙的宽和高，故在此不必重复标注。由于台阶踏步的踏面宽和梯面高是均匀布置的，所以其定形尺寸亦可采用踏步数×踏步宽（或踏步数×梯面高）的形式，即图中尺寸（11）可标成 $3×280=840$，（12）也可标为 $3×150=450$。

58

③标注各部分间的定位尺寸：图2-28中台阶各部分间的定位尺寸均与定形尺寸重复，不必重复标出，例如：图中尺寸（10）既是边墙的长，也是踏步的定位尺寸。

④检查和调整：由于组合体形体通常都比较复杂，且上述三种尺寸间多有重复，故此项工作尤为重要。通过检查，补其遗漏，除其重复。

(2) 有关的注意事项：

为便于读图，组合体的尺寸标注还应注意以下几点：

1）为了保证图形的清晰，尺寸应尽量标注在视图以外；

2）定形尺寸应尽量标注在形状特征明显处；

3）与两视图相关的尺寸应尽量标注在两视图之间，如图2-28中的（1）、（2）、（3），分别位于正视图和俯视图、正视图和左视图以及左视图和俯视图间；

4）为了保证尺寸的清晰，虚线上尽量不标注尺寸；

5）应合理地选择定位尺寸的尺寸基准，在标注组合体的尺寸时，常用的尺寸基准有物体的对称线、中心线、底面和一些重要端面等，如图2-28中长、宽、高的基准分别为台阶的左右对称线、后端面及底面；

6）截交线与相贯线的合理标柱，在标注带有截交线和相贯线的组合体时，对于那些可自然获得的尺寸，则不应标注。

复习思考题

1. 投影是如何分类的？各类投影有哪些特点？

2. 平面投影是如何形成的，为什么需要用三面投影来反映形体？

3. 平行投影特性有哪些特点，正投影属于哪种投影形式？

4. 点、直线、平面的投影规律有哪些？

5. 如何判断投影面平行线、投影面垂直线和一般位置直线？

6. 根据平面与投影面的位置关系，可以把平面分成几种，各自的特点是什么？

7. 在 V/H 投影体系中，两投影都是三角形，能否确定是一般位置平面？

8. 平面立体投影图的主要特点是什么？

9. 简述组合体及其组合方式，组合体的拆分方式有几种？

10. 形体分析方法画图时的具体步骤如何？

11. 组成尺寸的基本要素是什么？如何确保标注组合体尺寸时其尺寸的完整性？

单元 3 剖面图与断面图

知 识 点：剖面图的基本概念，断面图的基本概念；剖面图及断面图的应用。

教学目标：了解剖面图和断面图的形成原理、投影原则；掌握剖面图和断面图的绘图方法；准确识读剖面图和断面图。

通过正投影图的学习，我们已经对投影的原理及表示方法有了基本的了解。按照制图标准的规定：形体上可见的轮廓线用实线，不可见的轮廓线用虚线。这对于构造比较复杂（特别是内部构造比较复杂）的物体，往往使投影图中出现较多的虚线，实虚交错，内外层次不分明，使图样表达不够清晰，给绘图、读图带来困难。建筑是一种中空的形体，内部的变化十分复杂，仅靠前面讲过的投影手段已经不能够实现真实、准确反映建筑内外空间的目的。图 3-1 为工业建筑常见的双杯基础，中空的杯口是为了安装预制钢筋混凝土柱子所用，依靠三面投影来反映基础的情况，会在投影中出现许多虚线，视图不够清晰。为了清晰而简明地表达物体的形状，采用剖面图与断面图是一种有效的表示方法。

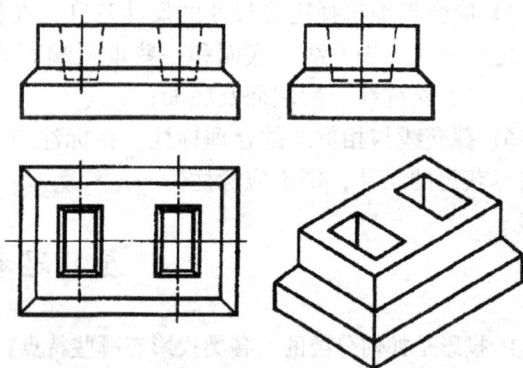

图 3-1 杯形基础的投影图

课题 1 剖　面　图

1.1 剖面图的概念

为了更加清晰的反映物体的真实状况，用假想的剖切平面（P）剖开物体，将在观察者和剖切平面之间的部分移去，而将其余部分向投影面投射所得的图形称为剖面图，如图 3-2 所示。假想用一个通过杯形基础前后对称面的平面 P 将基础剖开，把 P 平面前的部分形体移开，将剩余部分向 V 面进行投影，这样得到的投影图就称为剖面图。独立杯形基础被剖切后，其杯口原来虚线表示的部分已变成了粗实线，显得非常清晰。剖开基础的平面（P）称为剖切平面。

通常情况下，可以把与剖切平面（P）接触的物体用相应的图例表示，这样可以显得更为直观和具体。

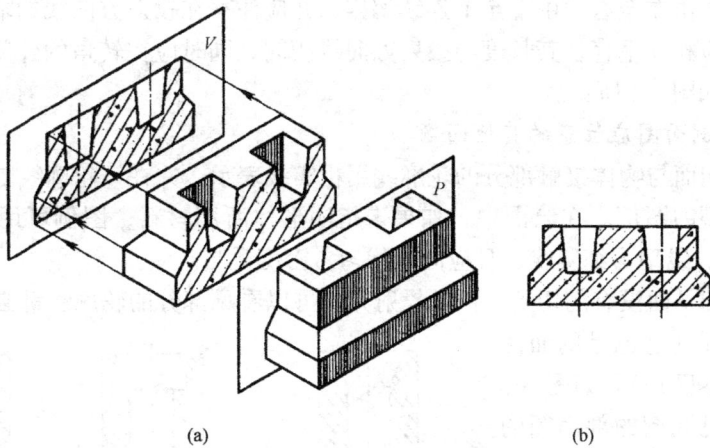

图 3-2　杯形基础剖面图

（a）假想用剖切平面 P 剖开基础并向 V 面进行投影；

（b）基础的 V 向剖面图

1.2　剖面图的画法

1.2.1　剖切位置的选择

剖切位置的选择对绘制剖面图具有重要的意义，一定要选择能够完整地反映物体内部结构的部位进行剖切。在有对称面时，一般选在对称面上或通过孔洞中心线，并且平行某一投影面，如图 3-3 所示。若将正面投影画成剖面图，应选平行于 V 面的前后对称面 P 作为剖切平面；若将侧面投影画成剖面图时，则应选平行于 W 面的左右对称面 R 作为剖切平面，其他类推。这样能使剖切后的图形完整，并能反映实形。

剖切面是假想的，并没有把物体真正的剖切开，采用剖切画法的视图与完

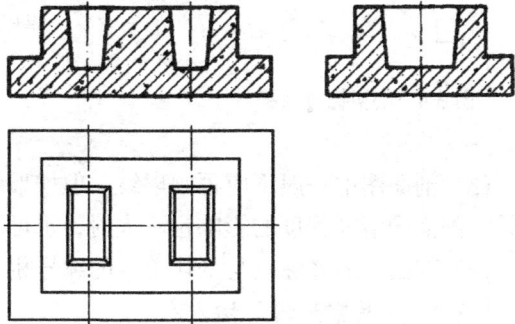

图 3-3　剖切平面的选择

整的表示视图的其他各种画法并不矛盾。同一物体若需要几个剖面图表示时，可进行几次剖切，且互不影响。在每一次剖切前，都应按整个物体进行考虑。

1.2.2　剖切符号的运用

由于剖切面的位置不同，所得到的剖面图的形状也不同。往往需要利用几个剖切面才能够完整地反映出建筑内部的全面情况，如果没有标记方式，就会发生混淆。因此，画剖面图时，必须用剖切符号标明剖切位置和投射方向，并予以编号。

剖面图的剖切符号应由剖切位置线及投射方向线组成，均应用粗实线绘制。剖切位置线的长度宜为 6~10mm；投射方向线应垂直于剖切位置线，而且长度应短于剖切位置线，一般为 4~6mm。绘制时，剖切符号不应与其他图线相接触。剖切符号的编号宜采用阿拉

伯数字，按顺序由左至右、由下至上连续编排，并应注写在投射方向线的端部。需要转折的剖切位置线应相互垂直，其长度与投射方向线相同，同时应在转角的外侧加注与该符号相同的编号，如图 3-4 所示。

1.2.3　画剖面图应注意的其他问题

（1）在剖切面与物体接触部分的轮廓线用粗实线表示，并在该轮廓线围合的图形内画上表示材料类型的图例。在绘图中，如果未指明形体所用材料，图例可用与水平方向呈 45°的斜线表示，线型为细实线，且应间隔均匀，密度适当。

（2）对剖切平面没有剖切到、但沿投射方向可以看见部分的轮廓线都必须用中粗实线画出。不得遗漏（这也是剖面图与断面图的根本区别）。如图 3-5 所示为几种常见孔槽的剖面图的画法，图中加"0"的线是初学者容易漏画的。

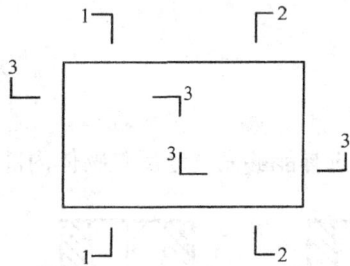

图 3-4　剖切符号及编号　　　　　　　　　图 3-5　容易漏画的部位

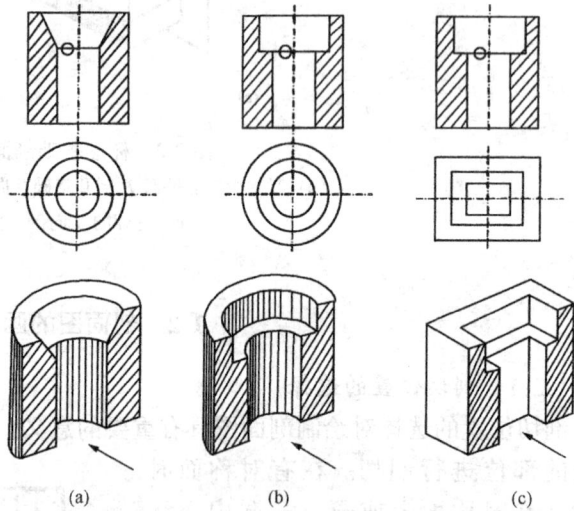

（3）剖面图中一般不应再画虚线，但如果画少量的虚线就能减少视图的数量，且所加虚线对剖面图清晰程度的影响也不大时，也可以剖面图的局部加画虚线。

（4）剖面图的名称应与剖切符号的编号相一致，如"1-1"剖面图、"2-2"剖面图。

1.2.4　几种常用的剖切方法

物体的外观和内部结构是根据工程实际需要确定的，其简繁程度差异极大，只有通过选取不同数量和位置的剖切平面来剖切物体，才能把它们内部的结构形状表达清楚。常用的剖切方法有用一个剖切面剖切、用两个或两个以上平行的剖切面剖切，用两个相交的剖切面剖切、局部剖切、分层剖切等。

1. 用一个剖切平面剖切

这是一种最简单和最常用的剖切方法，具有简洁清晰的特点。适用于一个剖切平面剖切后，就能把内部形状表示清楚的物体。

2. 用两个或两个以上互相平行的剖切平面剖切

有的物体内部结构比较复杂，用一个剖切平面剖开物体不能将物体内部全部显示出来，可用两个或两个以上相互平行的剖切平面剖切，通常称为阶梯剖面图，如图 3-6 所示。阶梯剖面图适用于在同一个剖面图中表达物体相互平行的不同层面上的内部结构，要选择正确的剖切平面位置和转折位置，避免由于位置不当造成无法完整地体现整体结构的局面。

在选择阶梯剖面时，为使转折的剖切位置线不与其他图线发生混淆，应在转折处的外侧加注与该符号相同的编号。画剖面图时，应把几个平行的剖切平面视为一个剖切平面。在图中，不能画出平行的剖切平面所剖到的两个断面在转折处的分界线。

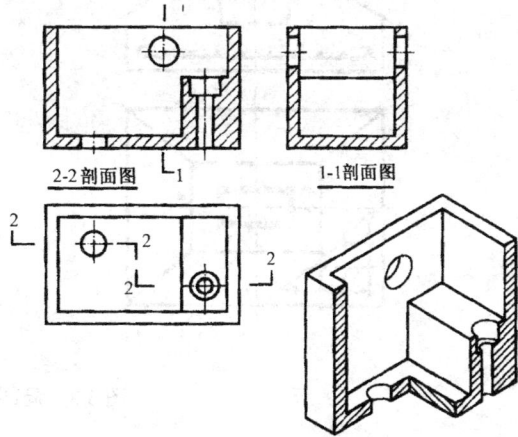

图 3-6　阶梯剖面图

3. 用两个相交剖切面的剖切

采用两个相交剖切面时，其剖切面的交线应垂直于某一投影面，其中应有一个剖切平面平行于投影面，另一个倾斜于投影面，这种剖切方式又称为旋转剖切。如图 3-7 所示的物体，左半部平行于 V 面，右半部与 V 面倾斜。采用 3-3 相交剖切平面剖切，具体位置用剖切符号标注在平面图上。画剖面图时，先将不平行投影面部分围绕两剖切平面的垂直交线，旋转至与投影面平行，然后再投影。此时剖面图的总长度应为两线段长度之和（$l_1 + l_2$）。两剖切平面的交线不必表示。用这种方法得到的剖面图，应标以"3-3 剖面图（展开）"，以示区别。

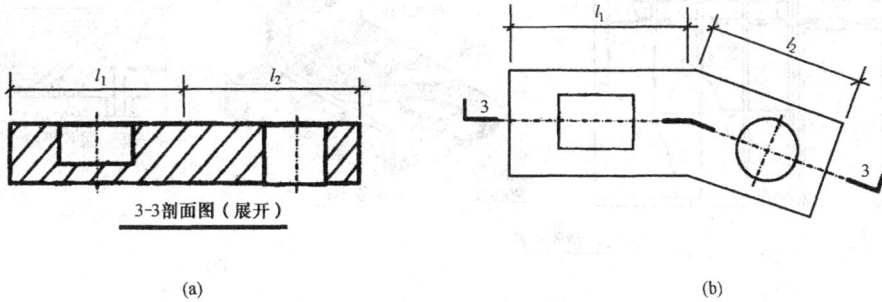

图 3-7　展开剖面图

（a）3-3 剖面图（展开）；（b）平面图

4. 局部剖面图

用剖切平面把物体局部剖开所得的剖面图称为局部剖面图，如图 3-8 所示。通常局部剖面图画在物体的视图内，且用细的波浪线将其与视图分开。波浪线表示物体断裂处的边界线的投影，因而波浪线应画在物体的实体部分，非实体部分（如孔洞处）不能画，同时也不得与轮廓线重合。局部剖面图不必标注剖切位置和视线方向。

5. 分层剖面图

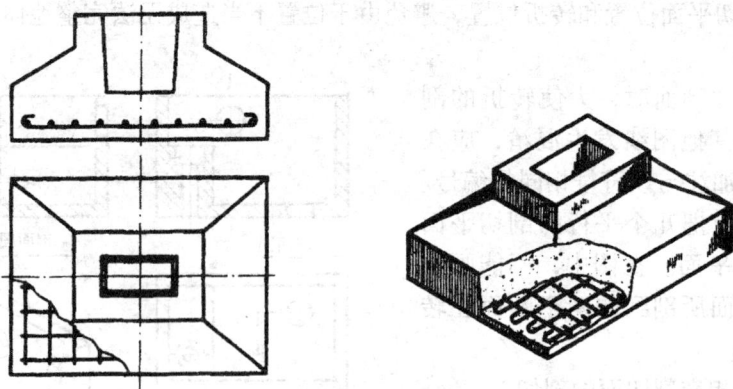

图 3-8 局部剖面图

　　用几个互相平行的剖切平面分别将物体局部剖开，把几个局部剖面图重叠画在一个投影图上，并用波浪线将各层的投影分开所得到的剖面图，称为分层剖面图。分层剖面图具有直观、形象的特点。辅助以必要的文字说明，可以清晰地表达物体的各层构造，在建筑工程和装饰工程中，常使用分层剖切法用来表达物体各层不同的构造做法。图 3-9 是分层剖面图的举例。

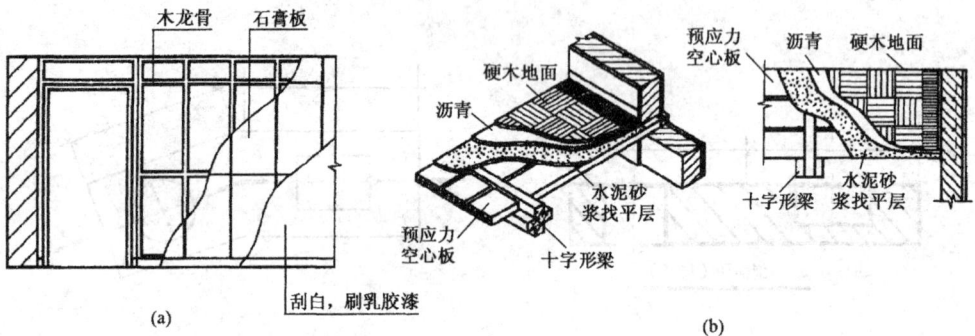

图 3-9　分层剖面图的举例

（a）墙面分层剖面图；（b）地面分层剖面图

课题 2　断　面　图

2.1　断面图的概念

　　用平行投影面的假想剖切平面将物体在预想的位置切断，仅画出该剖切面与物体接触

64

部分的图形，并在该图形内画上相应的材料图例，这样的图形称为断面图，如图 3-10 所示。通过与前面介绍的剖面图比较，我们会得出以下结论：

1. 断面图具有简洁明了的特点

断面图中只画物体被剖切之后与剖切面接触的截面投影，而剖面图除了要画出截面的投影之外，还要画出通过剖切面可以看到部分物体的投影。

2. 剖切方式简单

剖面图可以采用多种剖切形式，而断面图一般只使用单一剖切平面。

3. 剖切的目的不同

剖面图的目的是为了表达物体的内部形状和结构，而断面图则常用来表达物体中某一局部的断面形状。

如图 3-11 所示是断面图与剖面图的比较。

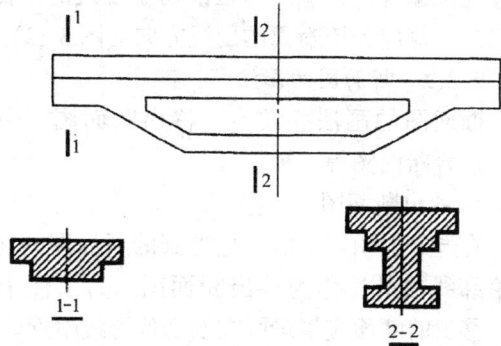

图 3-10　断面图

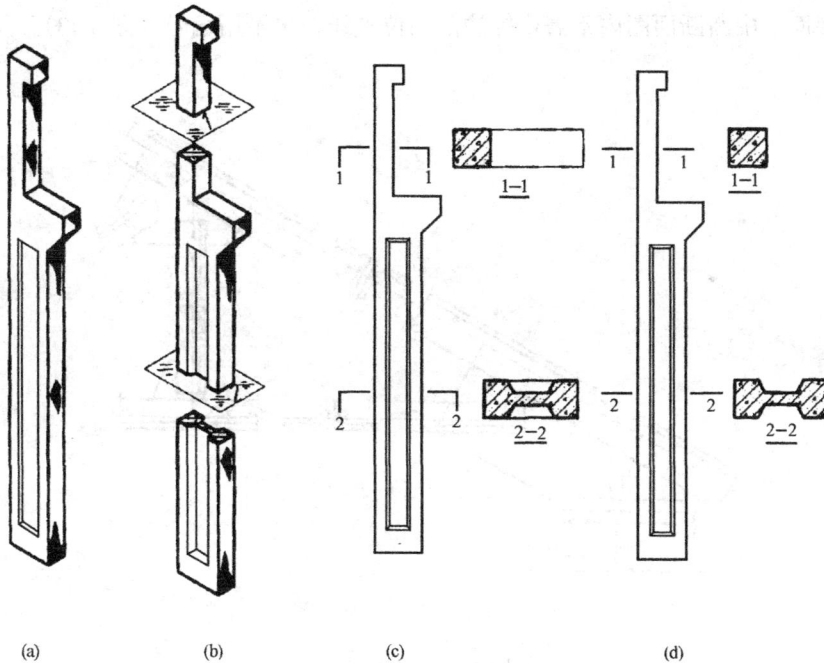

(a)　　　　　(b)　　　　　(c)　　　　　(d)

图 3-11　断面图与剖面图的比较

（a）排架柱；（b）剖开后的排架柱；（c）剖面图；（d）断面图

2.2　断面图的画法

2.2.1　剖切平面位置及剖切符号

断面图的剖切平面的位置可以根据要表达物体中某处的断面形状任意选定。

65

断面图的剖切符号用剖切位置线表示，剖切位置线仍用粗实线绘制，长度约 6 ~ 10mm。断面图剖切符号的编号宜采用阿拉伯数字，按顺序连续编排，并应注写在剖切位置线的一侧。编号所在的一侧应为该断面的剖视方向（图 3-12）。

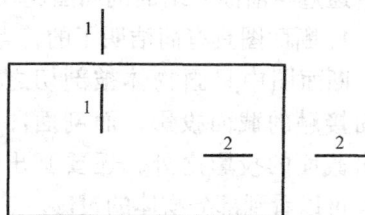

图 3-12　断面图的剖切符号

2.2.2　断面图的画法

断面图的画法主要有：移出断面图、中断断面图、重合断面图等三种。

1. 移出断面图

在选定剖切面之后，把得到的断面图画在物体投影轮廓线之外，称为移出断面图。为了便于对应查看，移出的断面应尽量画在剖切位置线附近。断面图的轮廓线用粗实线表示，并应画出相应的图例，如果未指明形体所用材料，图例可用与水平方向呈 45°的斜线表示，如图 3-11（d）所示。

2. 中断断面图

这种画法适用于外形简单、细长的杆件。在选定剖切面之后，将断面图画在同一杆件的中间断口处，称为中断断面图。中断断面图实际也是移出断面图，只不过移出的断面仍在物体的平面。中断断面图内不需要标注剖切位置线，也不用编号（图 3-13）。

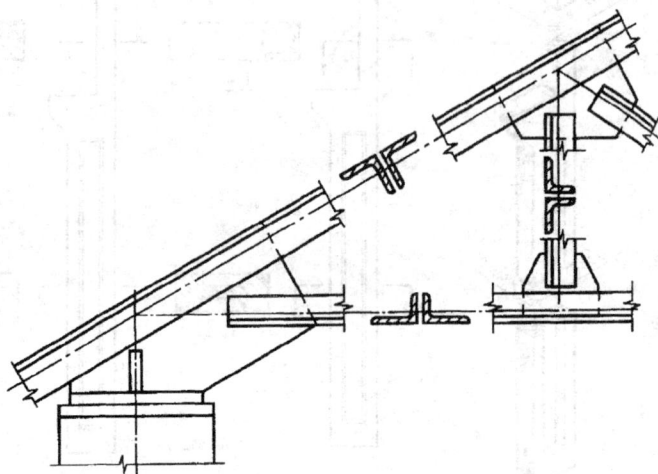

图 3-13　中断断面图

3. 重合断面图

在选定剖切面之后，把断面图直接画在形体的投影图上，称为重合断面图（图 3-14（a））。重合断面图一般不需要标注剖切位置线，也不用编号。当投影图中的轮廓线与重合断面轮廓线重合时，投影图的轮廓线应连续画出，不能中断。重合断面图常用来表示结构平面布置图中梁、板断面及屋面、墙面的形状，如图 3-14（b）所示。

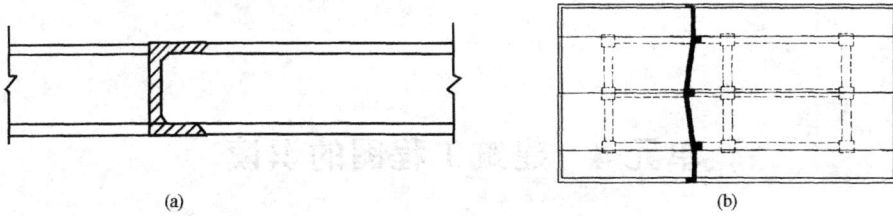

图 3-14　重合断面图
（a）槽钢断面图；（b）钢筋混凝土屋盖断面图

复习思考题

1. 剖面图是如何形成的，应该如何标注？
2. 断面图是如何形成的，应该如何标注？
3. 剖面图与断面图有何区别？
4. 剖面图的剖切位置应当如何选择？
5. 常见的断面图的种类有哪些？
6. 剖面图的剖切符号和断面图的剖切符号都是什么样的，有何区别？

单元 4　建筑工程图的识读

知　识　点：一般民用建筑和单层工业厂房的构造组成；建筑标准化和模数协调；定位轴线；建筑专业施工图的识读。

教学目标：掌握一般民用建筑和单层工业厂房的构造组成；了解建筑模数协调的意义、定义和应用方法；掌握定位轴线的基本划定原则，能够熟练地理解定位轴线在建筑工程中的作用；了解建筑专业施工图的基本概念，掌握建筑专业施工图的组成和各自的作用，熟练地识读一般难度的建筑施工图。

课题 1　民用建筑的构造组成

民用建筑作为一种工业产品，其设计、施工要经历一个相当复杂的过程。建筑是由建筑主体和建筑设备组合而成的，随着经济的发展、技术的进步和人们生活水平的提高建筑的科技含量也在不断地提升，建筑当中设备的种类和复杂程度也在不断地扩展，如空调、弱电系统、智能系统等。当然这些设备系统是依附于建筑的主体之上的，并为建筑的功能服务。建筑的主体通常是由基础、墙体或柱、楼板层、楼梯、屋顶、地坪、门窗等七个主要构造部分组成（图4-1）。这些组成部分构成了房屋的主体，它们在建筑的不同部位，发挥着不同的作用。建筑除了上述的七个主要组成部分之外，往往还有其他的构配件和设施，以保证建筑可以充分发挥其使用功能，如阳台、雨篷、台阶、散水、通风道等。

1.1　基　　础

基础是建筑物最下部的承重构件，承担建筑的全部荷载，并要把这些荷载有效地传给地基。基础作为建筑的重要组成部分，是建筑物得以立足的根基。由于基础埋置于地下，属于建筑的隐蔽部分，安全和耐久性的要求较高。因此，基础应具有足够的强度、刚度和耐久性，并能抵御地下各种不良因素的侵袭。由于基础是结构构件，又被埋在地下，因此往往不被使用者所重视。但作为专业人员，我们应当在基础的设计和施工投入极大的精力，精心设计、精心施工。

1.2　墙体和柱

墙体是建筑中面积最大的围护结构，也是划分平面空间的竖向构件，是建筑重要的构造组成部分。当建筑采用墙承重结构时，墙体承担屋顶和楼板层传来的各种荷载，并把它们传递给基础。外墙具有围护功能，负有抵御自然界各种因素对室内侵袭的责任；内墙起到划分建筑内部空间，创造适用的室内环境的作用。墙体通常是建筑中自重最大、用材料和资金最多、耗费工时最长、施工量最大的组成部分，作用非常重要。因此，墙体应具有

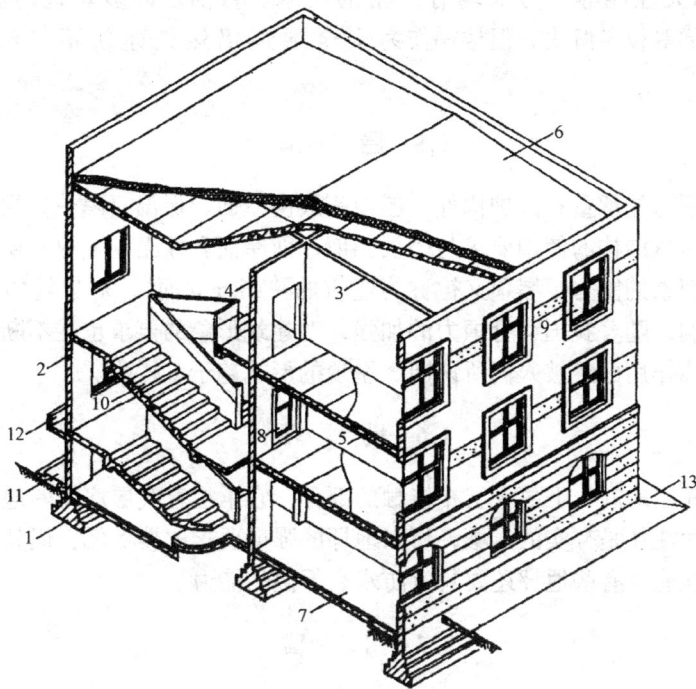

图 4-1 民用建筑的构造组成

1—基础；2—外墙；3—内横墙；4—内纵墙；5—楼板；6—屋顶；
7—地坪；8—门；9—窗；10—楼梯；11—台阶；12—雨篷；13—散水

足够的强度、刚度、稳定性、良好的热功性能及防火、隔声、防水、耐久性能。墙体也是建筑自身改革面临课题最多的一个部分，其性能和经济效应的变革将对建筑的面貌带来重要的影响。

柱是建筑物的竖向承重构件，除了不具备围护和分隔的作用之外，其他要求与墙体相差不多。随着框架结构建筑的日渐普及，柱已经成为房屋中常见的构件。

1.3 楼 板 层

楼板层是多层建筑中的水平承重构件，同时还兼有在竖向划分建筑内部空间的功能。楼板承担建筑的楼面荷载，并把这些荷载传给建筑的竖向承重构件，同时对墙体起到水平支撑的作用。楼板层既有板式楼板，也有梁板式楼板，它们均应具有足够的强度、刚度，并应具备足够的防火、防水、隔声的能力。

1.4 楼 梯

楼梯是多层建筑中联系上下各层的垂直交通设施。在平时作为使用者的竖向交通通道,遇到紧急情况时供使用者安全疏散。楼梯作为交通设施,不是建造房屋的目的所在,但由于它关系到建筑使用的舒适性和安全性,因此在宽度、坡度、数量、位置、布局形式、防火性能等诸方面均有严格的要求。目前,许多建筑的竖向交通主要靠电梯、自动扶梯等设备解决,但楼梯作为安全通道仍然是建筑不可缺少的组成部分。

1.5 屋 顶

屋顶是建筑顶部的承重和围护构件。屋顶一般由屋面、保温(隔热)层和承重结构三部分组成,其中承重结构的使用要求与楼板相似,而屋面和保温(隔热)层则应具有能够抵御自然界不良因素的能力。屋顶又被称为建筑的"第五立面",对建筑的体形和立面形象具有较大的影响,随着我国综合国力的加强,对建筑形象的要求也在不断地提高,屋顶对建筑整体的装饰作用已经被人们所认同,屋顶的形式趋于多样化。

1.6 地 坪

地坪是建筑底层房间与下部土层相接触的部分,它承担着底层房间的地面荷载。由于首层房间地坪下面往往是夯实的土壤,所以地坪的强度要求比楼板低,但其面层要具有良好的耐磨、防潮性能,有些地坪还要具有防水、保温的能力。

1.7 门 窗

门是供人们内外交通及搬运家具设备之用,同时还兼有分隔房间和围护的作用,往往还具有采光和通风的功能。由于门是人及家具设备进出建筑和房间的通道,因此,应当有足够的宽度和高度,其数量、开启方式和位置也应符合有关规范的要求。

窗的作用主要是采光和通风,是建筑围护结构的一部分,在建筑的立面形象中也占有相当重要的地位。由于制作窗的材料往往比较脆弱和单薄,造价较高,同时窗又是围护结构的薄弱环节,因此在寒冷和严寒的地区应合理地控制窗的面积。目前,我国已经把建筑节能作为必须执行的技术政策,窗作为围护结构中热工条件较差的构件,面临着重大的改革任务。

门和窗是上述建筑主要构造组成当中仅有的属于非承重结构的建筑构件。

课题 2 单层工业厂房的构造组成

工业建筑作为建筑家族中重要的成员之一,在工业生产和国民经济发展方面起到了十分重要的作用。工业厂房根据用途的不同可以分为生产用、辅助生产用、动力用、仓储用、运输用等五种;根据层数的不同可以分为单层、多层和单层多层混合等三种;根据生产状况的不同可以分为冷加工、热加工、恒温恒湿、洁净车间和有特殊介质的车间等五种;根据结构形式的不同可以分为墙承重结构和骨架承重结构等两种。

排架结构的单层工业厂房是最有代表性的工业建筑,它在结构形式、内部设备、构件的受力、空间构成方面均与一般民用建筑有较大的差异,特色鲜明。排架结构单层工业厂房的主要构造组成有以下几个部分(图4-2):

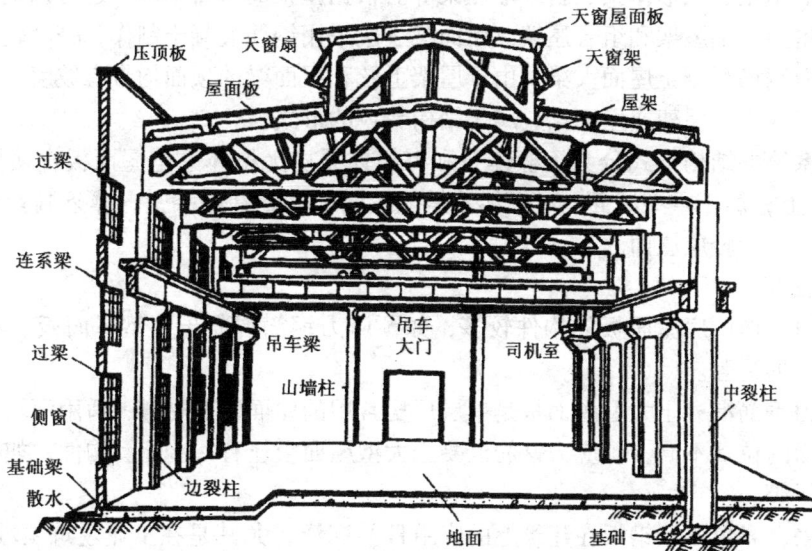

图 4-2 单层厂房的构造组成

2.1 单层工业厂房的主要构件

2.1.1 基础

基础位于厂房的最下部，承担厂房上部结构的全部荷载，并把这些荷载有效地传给地基，是厂房重要的结构构件之一。单层厂房的基础通常都是独立基础，如果厂房的钢筋混凝土柱是采用现浇施工时，基础和柱是整浇在一起的；如果厂房采用预制钢筋混凝土柱时，一般采用预制独立杯形基础。

2.1.2 排架柱

排架柱是厂房最重要的竖向结构构件，它承担屋面荷载、吊车荷载和部分墙体荷载，同时还要承担风荷载和吊车产生的水平荷载。排架柱采用钢筋混凝土或型钢制作，当厂房的高度、跨度及吊车吨位较小时，一般采用钢筋混凝土柱；当厂房的高度、跨度及吊车的吨位较大时，往往采用钢柱。当厂房设置吊车时，为了支撑吊车梁，需要在排架柱的适当部位设置牛腿。以牛腿为界，排架柱分为上柱和下柱。上柱主要承担屋盖系统荷载，一般是轴心受压的；下柱除了承担上柱传来的荷载之外，更主要的是要承担吊车荷载，通常是偏心受压的。考虑到柱子受力的合理性，下柱的截面往往设计成"工"形的。当柱子的截面高度较大时，有时会采用双肢柱的形式。由于排架柱与厂房当中许多构件有联系，而且这些构件一般都是预制的，因此排架柱的许多部位留有预埋件，以方便与这些构件的连接。

2.1.3 屋盖系统

厂房的屋盖系统主要是由屋架（屋面梁）、屋面板、屋盖支撑体系构成。

1. 屋架和屋面梁

屋架或屋面梁是排架结构的重要组成部分，也是厂房屋盖结构的主要承重构件。屋架承担全部的屋面荷载，有时还要承担单轨悬挂吊车的荷载。屋架的形式有很多，如三角形屋架、梯形屋架、拱形屋架、折线形屋架等。根据屋架的材料不同，还可以把屋架分为钢筋混凝土屋架、钢屋架和组合屋架。屋面梁一般采用钢筋混凝土制作，跨度较大时，往往采用预应力钢筋混凝土屋面大梁。由于屋架上弦和屋面梁的顶面均带有坡度，因此，厂房屋面的坡度取决于屋架或屋面梁，属于结构找坡的形式。

屋盖系统的结构形式分为无檩体系和有檩体系。无檩体系把屋面板直接搁置在屋架（屋面梁）上，属于重型屋面；有檩体系是把屋面板搁置在檩条上，檩条搁置在屋架（屋面梁）上，属于轻质屋面。

2. 屋面板

可以用来作厂房屋面板的构件较多，如预应力钢筋混凝土大型屋面板、彩色压型钢板、水泥波形瓦等。

预应力钢筋混凝土大型屋面板是单层厂房常用的屋面覆盖材料，适用面较广，根据屋面板在屋面的位置不同，预应力钢筋混凝土大型屋面板还有一些配套构件，如檐口板、天沟板、嵌板等。

近年来，彩色压型钢板在建筑上的应用日益广泛，尤其是在工业建筑领域更是常见。彩色压型钢板分为有保温层和无保温层两种，实现了屋面覆盖材料与屋面保温（隔热）层及构造层的统一，而且具有很好的装饰效果。

3. 屋盖支撑体系

在装配式单层厂房的结构体系中，支撑虽然不是主要的承重构件，但它具有把屋盖系统各主要承重构件联系在一起的任务。通过屋盖支撑的作用，把厂房的骨架组合成具有极大刚度的结构空间。为了保证厂房的整体刚度和稳定性，要按照结构的要求，合理地布置支撑系统。

屋盖支撑包括横向水平支撑、纵向水平支撑、垂直支撑和纵向水平系杆等几部分。

2.1.4 吊车梁

当厂房设有梁式吊车时，需要设置吊车梁来支撑吊车，吊车梁搁置在排架柱的牛腿上。吊车梁承受吊车起重、运行、制动时产生的各种荷载。由于吊车梁承受的是移动荷载，因此，吊车梁除了要满足承载力、刚度等要求之外，还要满足疲劳强度的要求。

吊车梁除了承担吊车荷载之外，还担负着传递厂房纵向荷载（山墙风荷载和吊车启动、制动荷载），保证厂房纵向刚度任务，是厂房中重要的结构构件。

吊车梁可以用钢筋混凝土或型钢制作。钢筋混凝土吊车梁的断面多采用"T"、"工"形或变截面的鱼腹梁；钢制吊车梁多采用"工"形截面。

2.1.5 基础梁、连系梁和圈梁

1. 基础梁

骨架承重结构单层厂房由排架或钢架承担荷载，墙体只起围护作用，为了节省造价，同时保证墙体能与骨架一起沉降，要在墙体的底部设置基础梁，以承担墙体的荷载。基础梁靠基础支撑，通常搁置在杯形基础的杯口上。基础梁的顶面的标高一般为 $-0.050 \sim -0.060$m，当基础的埋深较大时，要采取相应的构造措施，如设置垫块、采用高杯基础、采用支承牛腿等。

2. 连系梁

连系梁是厂房排架柱之间的水平联系构件，对保证厂房的纵向刚度具有重要的作用，连系梁通常设在排架柱的顶端、侧窗上部及牛腿处。连系梁分为设在墙内和不在墙内两种，前者还担负着承担上部墙体的任务，又称为墙梁。

3. 圈梁

具有保证厂房整体刚度的作用，但不承担上部的墙体荷载，因此，圈梁与连系梁和柱子的连接方式是不同的。

2.1.6 抗风柱

由于厂房山墙的面积较大，承受的风荷载也大，为了保证山墙的稳定，所以要在山墙处设置抗风柱。抗风柱的间距应当与排架柱的间距基本相当，顶端与屋盖系统弹性连接，以形成支座，改善抗风柱的受力状态。

2.1.7 墙体

墙体在骨架承重的厂房中只起围护作用，再加上厂房在热工方面的要求不高，因此，厂房的墙体不论在构造、表面装饰和细部处理，还是在承重方面都显得比较简单。目前，厂房墙体所用的材料主要有砌体（砖或其他砌块）和墙板（包括保温墙板、不保温墙板、通透墙板）等两种。

2.1.8 大门

大门是厂房的进出通道，主要是为了满足生产的需要，其位置、数量和尺度均要根据生产的工艺流程、通过车辆的种类和尺度进行选择。人员的交通一般不作为厂房大门设计的主要参考因素。厂房大门的种类有很多，如平开、推拉、上翻、折叠等开启方式，应用的材料也多种多样，要根据厂房的生产特性、气候条件进行选择。

2.1.9 侧窗和天窗

1. 侧窗

侧窗是厂房主要的天然光源，同时还兼有通风的功能。为了躲开吊车梁的遮挡，侧窗一般分为两段设置，即低侧窗和高侧窗。由于厂房侧窗的面积较大，在一个窗洞内往往设置数樘窗，这些窗的开启方式和层数可能有多种，把它们组合在一起，并用拼樘互相连接，称为组合窗。

2. 天窗

天窗是厂房的采光和通风的设施之一。当厂房为多跨或跨度较大的时候，为了解决中间跨或跨中的采光问题，一般要设置天窗。当厂房有较高的通风要求时，往往也要通过设置天窗来解决，由于天窗是依靠热压通风，通风的效果较好。天窗有上升式（包括矩形、梯形、M形）、下沉式（横向下沉、纵向下沉、点式天窗）和平天窗的多种形式。

2.2 主要结构构件之间的传力关系

单层厂房承受荷载的种类要比一般民用建筑多，构件之间的连接和传力过程也比较复杂。通过了解各构件之间的相互关系，对掌握单层厂房的整体工作状态，尤其对了解主要结构构件的组成和种类具有重要的意义。如图4-3所示是单层厂房结构承受的主要荷载示意。排架结构单层厂房的主要结构构件之间的传力关系如下：

2.2.1 竖向荷载

(1) 屋面荷载→屋架（天窗架）→排架柱→基础→地基；

(2) 墙体荷载（1）→基础梁→基础→地基；

（3）墙体荷载（2）→连系梁→排架柱→基础→地基；

（4）吊车荷载→吊车梁→排架柱→基础→地基。

2.2.2 纵向水平荷载

（1）山墙风荷载→抗风柱→基础（屋盖系统）→地基；

（2）吊车水平荷载→吊车梁→排架柱→基础→地基。

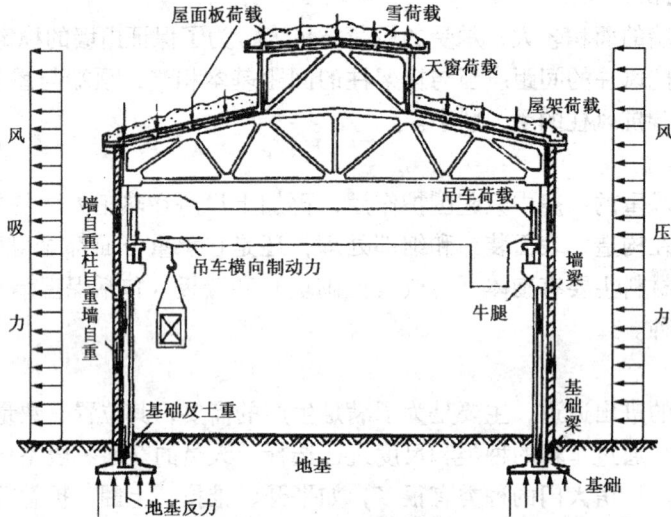

图4-3 单层厂房结构主要荷载示意

课题3 建筑标准化和模数协调

3.1 建筑标准化的意义和内容

3.1.1 建筑标准化的意义

建筑业是我国国民经济的支柱产业之一，对人力、物力、财力的需求量极大，建筑业的发展状况还会对相关行业产生相当的影响。目前，我国的建筑业整体处于比较落后的状态，从业人员的文化和技能水平还比较低，推广新技术、新材料、新工艺的任务还很繁重。提高建筑业的生产效率，逐步改变目前建筑业劳动力密集、手工作业落后的局面，最终实现建筑工业化，是我国建筑业需要迫切解决的问题。建筑工业化和标准化在大量性建筑和工业建筑的领域具有极大的应用价值。建筑工业化的内容是：设计标准化、构配件业生产工厂化、施工机械化。设计标准化是实现其余两个方面目标的前提，只有实现了设计标准化，才能够简化建筑构配件的规格类型，为工厂生产商品化的建筑构配件创造基础条件，为建筑产业化、机械化施工打下基础。

实行建筑标准化，可以有效地减少建筑构配件的规格，在不同的建筑中采用标准构配件，进而提高施工效率，保证施工质量，降低造价。

3.1.2 建筑标准化的主要内容

建筑标准化主要包括两个方面：首先是应制定各种法规、规范、标准和指标，使设计有章可循；其次是在诸如住宅等大量性建筑的设计中推行标准化设计。标准化设计可以借助国家或地区通用的标准图集来实现，设计者根据工程的具体情况选择标准构配件，避免无谓的重复劳动。构件生产厂家和施工单位也可以根据标准构配件的应用情况组织生产和施工，形成规模效益，提高生产效率。

3.2 模数协调的应用

由于建筑设计单位、施工单位、构配件生产厂家往往是各自独立的企业，所处的地区和行业各不相同。如果没有一些供各单位参照执行的规定和标准，将会给建筑生产的各个环节带来不必要的麻烦，甚至影响到建筑的造价、工期、质量和安全。为协调建筑设计、施工及构配件生产之间的尺度关系，以达到简化构件类型、降低建筑造价、保证建筑质量、提高施工效率的目的。我国制定有《建筑模数统一协调标准》（GBJ2—86），用以约束和协调建筑的尺度关系。

3.2.1 模数的概念

建筑模数是选定的标准尺度单位，作为建筑物、建筑构配件、建筑制品以及有关设备尺寸相互协调中的增值单位。

1. 基本模数

基本模数是模数协调中选用的基本单位，其数值为 100mm，符号为 M，即 1M = 100mm。基本模数是整个模数协调体系的基础数值，建筑物的整体及其一部分或建筑组合构件的模数化尺寸应为基本模数的倍数。

2. 导出模数

由于建筑中需要用模数协调的各部位尺度相差较大，仅仅靠基本模数不能满足尺度的协调要求，因此，在基本模数的基础上又发展了相互之间存在内在联系的导出模数。导出模数包括扩大模数和分模数。

（1）扩大模数：扩大模数是基本模数的整数倍数。水平扩大模数基数为 3M、6M、12M、15M、30M、60M，其相应的尺寸分别是 300、600、1200、1500、3000、6000mm。竖向扩大模数基数为 3M、6M，其相应的尺寸分别是 300、600mm。

（2）分模数：分模数是整数除基本模数的数值。分模数基数为 1/10M、1/5M、1/2M，其相应的尺寸分别是 10、20、50mm。

3.2.2 模数数列及应用

模数数列是以选定的模数基数为基础而展开的模数系统，它可以保证不同建筑及其组成部分之间尺度的统一协调，有效地减少建筑尺寸的种类，并确保尺寸具有合理的灵活性。建筑物的所有尺寸除特殊情况之外，均应满足模数数列的要求，表 4-1 为我国现行的模数数列。

常用模数数列（单位：mm） 表 4-1

模数名称	基本模数	扩大模数						分模数		
模数基数	1M	3M	6M	12M	15M	30M	60M	1/10M	1/5M	1/2M
基数数值	100	300	600	1200	1500	3000	6000	10	20	50

模数名称	基本模数	扩大模数						分模数		
	100	300					10			
	200	600	600					20	20	
	300	900						30		
	400	1200	1200	1200				40	40	
	500	1500			1500			50		50
	600	1800	1800					60	60	
	700	2100						70		
	800	2400	2400	2400				80	80	
	900	2700						90		
	1000	3000	3000		3000	3000		100	100	100
	1100	3300						110		
模	1200	3600	3600	3600				120	120	
	1300	3900						130		
	1400	4200	4200					140	140	
数	1500	4500			4500			150		150
	1600	4800	4800	4800				160	160	
	1700	5100						170		
数	1800	5400	5400					180	180	
	1900	5700						190		
列	2000	6000	6000	6000	6000	6000	6000	200	200	200
	2100	6300						220		
	2200	6600		6600				240		
	2300	6900								250
	2400	7200	7200	7200				260		
	2500	7500			7500			280		
	2600		7800					300		300
	2700		8400	8400				320		
	2800		9000		9000	9000		340		
	2900		9600	9600						350
	3000				10500			360		
	3100			10800				380		
	3200			12000	12000	12000	12000	400		400
	3300					15000				450
	3400					18000	18000			500
	3500					21000				550
	3600					24000	24000			600

模数名称	基本模数	扩大模数	分模数
应用范围	主要用于建筑物层高、门窗洞口和构配件截面	1. 主要用于建筑物的开间或柱距、进深或跨度、层高、构配件截面尺寸和门窗洞口等处。 2. 扩大模数 30M 数列按 3000mm 进级，其幅度可增至 360M；60M 数列按 6000mm 进级，其幅度可增至 360M	1. 主要用于缝隙、构造节点和构配件截面等处。 2. 分模数 1/2M 数列按 50mm 进级，其幅度可增至 10M

在确保使用要求与安全性的前提下，在建筑中采用预制构配件是实现建筑工业化的有效手段。例如：在确定建筑竖向承重构件的相互位置时，如能保证竖向承重构件之间的轴线间距符合模数数列的有关要求，就会在构件生产厂家选购到标准楼板或梁等水平构件。采用预制标准构件，对保证工程质量、提高生产效率有益。反之，如果建筑竖向承重构件之间轴线间距不符合模数数列的有关要求，就不能选购到标准水平构件，而要采用非标准构件或现场加工构件，这样往往会增加建筑造价和施工难度，使工期延长。

随着建筑向个性化、灵活化发展的进程加快，建筑抗震设防能力的提高，建筑施工工艺和技术的进步以及商品混凝土在建筑工程上的普及，目前在建筑工程中采用现浇混凝土、轻钢结构技术已经非常普遍。模数协调的权威性和应用性受到了一定的冲击，但模数协调作为建筑尺度的协调标准对建筑设计、施工和构件生产的影响，其意义是不言而喻的。

3.2.3 与建筑有关的几种尺寸

为了保证建筑物配件的安装与有关尺寸间的相互协调，我国在建筑模数协调中把尺寸分为标志尺寸、构造尺寸和实际尺寸。

1. 标志尺寸

标志尺寸是图纸上建筑尺度的控制尺寸，它应符合模数数列的规定。标志尺寸用以标注建筑物定位轴面、定位面或定位轴线、定位线之间的垂直距离（如开间或柱距、进深或跨度、层高等），以及建筑构配件、建筑组合件、建筑制品以及有关设备界限之间的尺寸。

2. 构造尺寸

构造尺寸是指建筑构配件、建筑组合件、建筑制品等的设计尺寸。构造尺寸往往与标志尺寸存在一定的差值，一般情况下，标志尺寸减去构件之间的缝隙即为构造尺寸。

3. 实际尺寸

实际尺寸是指建筑构配件、建筑组合件、建筑制品等生产制作后的实有尺寸。实际尺寸实际是构件加工精密程度的反映，它与构造尺寸之间的差数应符合该建筑制品有关公差的规定。

标志尺寸、构造尺寸及与二者之间缝隙尺寸的关系见图 4-4。

课题 4 定位轴线

定位轴线是确定建筑构配件位置及相互关系的基准线。为了实现建筑工业化，尽量减

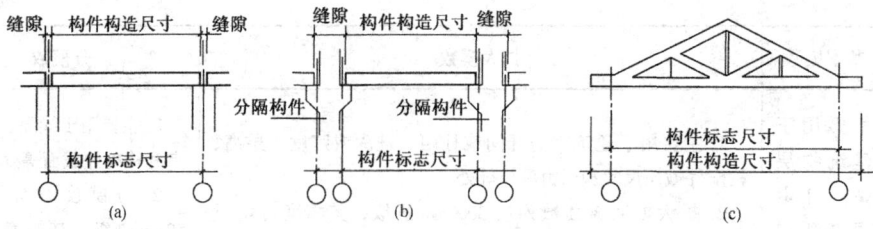

图 4-4　几种尺寸的关系

（a）标志尺寸大于构造尺寸；（b）有分隔构件连接时举例；（c）构造尺寸大于标志尺寸

少预制构件的类型，就应当合理地选择定位轴线。我国发布了相应的技术标准，分别对砖混结构建筑和大板结构建筑的定位轴线划分原则作出了具体的规定。

由于建筑是具有三维空间的立体，因此，建筑需要在水平和竖向两个方向进行定位。在一般情况下，建筑在平面的变化要远多于在竖向的变化，所以建筑的平面定位比较复杂，也是学习的重点内容。

4.1　砖混结构建筑的定位轴线

以下介绍砖混结构的定位轴线，其他结构建筑的定位轴线也可以此为参考。

4.1.1　墙体的平面定位轴线

1. 承重外墙的定位轴线

（1）当建筑底层墙体与顶层墙体厚度相同时，平面定位轴线与外墙内缘距离应为 120mm（图 4-5a）。

（2）当建筑底层墙体与顶层墙体厚度不同时，平面定位轴线与顶层外墙内缘距离应为 120mm（图4-5b）。

2. 承重内墙的定位轴线

承重内墙的平面定位轴线应与顶层内墙中线重合。为了减轻墙体自重和节省空间，承重内墙根据承载的实际情况，往往是变截面的，即下部墙体厚，上部墙厚薄。如果墙体是对称回收，则平面定位轴线中分底层墙身（图 4-6a）；如果墙体是非对称回收，则平面定位轴线偏中分底层墙身（图 4-6b）。

当内墙厚度不小于 370mm 时，为了便于圈梁或墙内竖向孔道（通风道或烟道）的通过，避免板或梁端的遮挡，往往采用双轴线形式（图 4-6c）；有时根据建筑空间的要求，也可以把平面定位轴线设在距离内墙某一外缘 120mm 处（图 4-6d）。

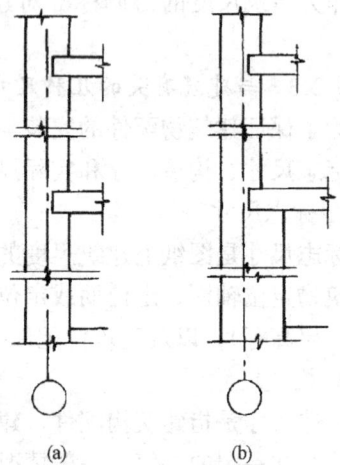

图 4-5　承重外墙定位轴线

（a）底层墙体与顶层墙体厚度相同；

（b）底层墙体与顶层墙体厚度不同

3. 非承重墙定位轴线

由于非承重墙没有支撑上部水平承重构件的功能，因此平面定位轴线的定位就比较灵活。非承重墙除了可按承重墙定位轴线的规定进行定位之外，还可以使墙身的某一表面与平面定位轴线相重合。

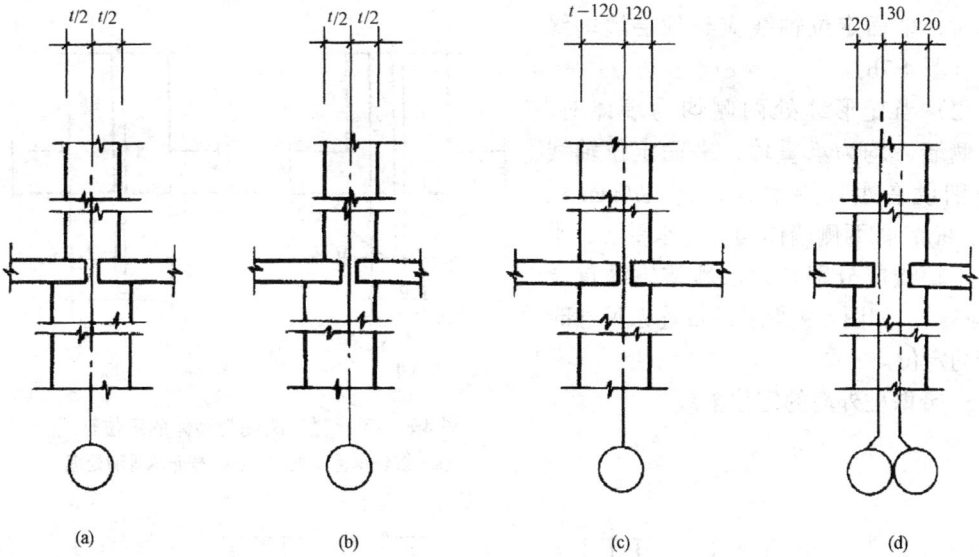

图 4-6　承重内墙定位轴线

（a）定位轴线中分底层墙身；（b）定位轴线偏分底层墙身；（c）偏轴线；（d）双轴线

注：t——顶层砖墙厚度。

4. 变形缝处定位轴线

为了保证变形缝能够正常工作，同时使构造的问题得到合理地解决，变形缝处通常设置双轴线，以使两侧的水平构件各自独立。

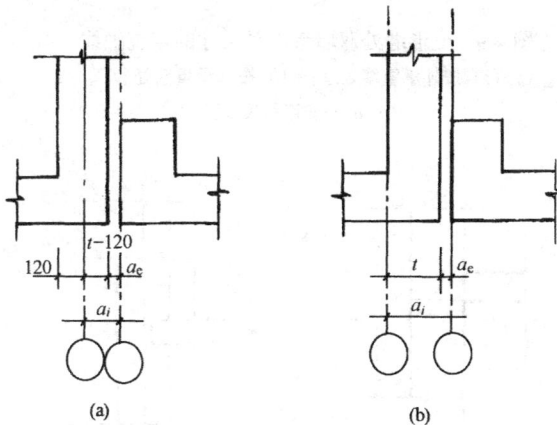

图 4-7　变形缝外墙与墙垛交界处定位轴线

（a）墙按外承重墙处理；（b）墙按非承重墙处理。

注：a_i——插入距；a_e——变形缝宽度。

（1）当变形缝处一侧为墙体，另一侧为墙垛时，墙垛的外缘应与平面定位轴线重合。

墙体如果是外承重墙时，平面定位轴线距顶层墙内缘 120mm（图4-7a）；墙体如果是非承重墙时，平面定位轴线应与顶层墙内缘重合（图4-7b）。

（2）当变形缝处两侧均为墙体时。如两侧墙体均为承重墙，平面定位轴线应分别设在距顶层墙体内缘 120mm 处（图4-8a）；如两侧墙体均为非承重墙，平面定位轴线应分别与顶层墙体内缘重合（图4-8b）；如图 4-9 所示是带连系尺寸时双墙的定位。

5. 带壁柱外墙的定位轴线

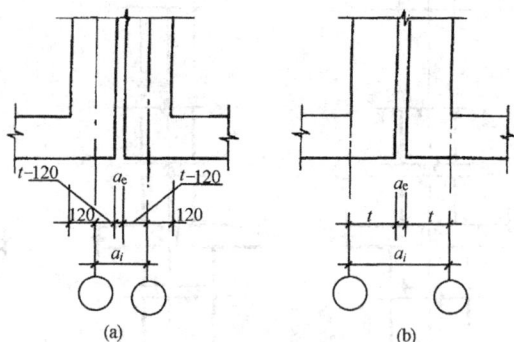

图 4-8　变形缝处两侧为墙体的定位轴线

（a）按外承重墙处理；（b）按非承重墙处理

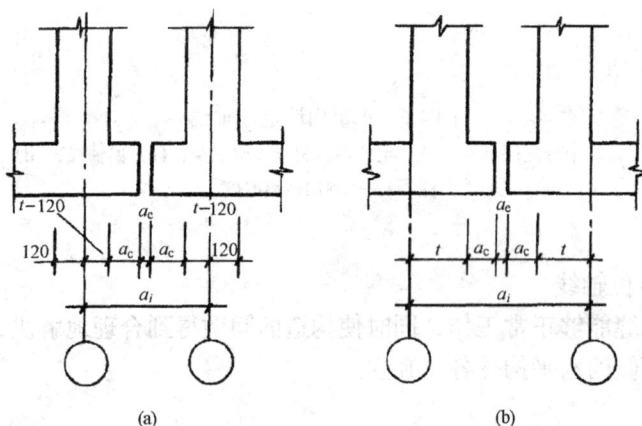

图 4-9　变形缝处双墙带连系尺寸的定位轴线

（a）按外承重墙处理；（b）按非承重墙处理

注：a_c——连系尺寸。

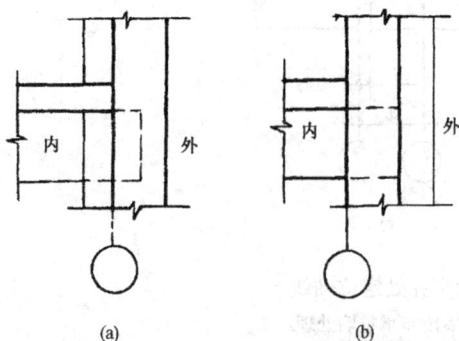

图 4-10　定位轴线与墙体内缘重合

（a）内壁柱时；（b）外壁柱时

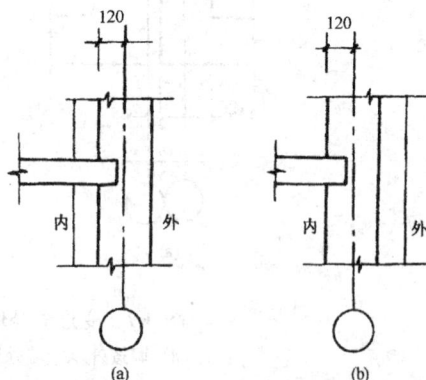

图 4-11　定位轴线距墙体内缘 120mm

（a）内壁柱时；（b）外壁柱时

墙体内缘与平面定位轴线相重合（图 4-10）或距墙体内缘 120mm 处与平面定位轴线相重合（图 4-11）。

6. 建筑高、低层分界处的墙体定位轴线

（1）建筑高、低层分界处不设变形缝时，应按高层部分承重外墙定位轴线处理，平面定位轴线应距墙体内缘 120mm 处，并与低层定位轴线重合（图 4-12）。

（2）建筑高低层分界处设变形缝时，应按变形缝处墙体平面定位处理。

7. 底层框架时定位轴线的关系

建筑底层为框架结构时，框架结构的定位轴线应与上部砖混结构平面定位轴线一致。

4.1.2 墙体的竖向定位

1. 楼地面的定位

楼地面竖向定位应与楼（地）面面层上表面重合（图 4-13）。此时的标高即所谓的"建筑标高"，它是以建筑完成面的高程为依据的。由于在施工时需要在完成楼地面结构工程之后，才能进行楼地面面层的施工，因此结构层的标高即所谓"结构标高"。在建筑楼地面的同一部位，建筑标高与结构标高是不相等的，二者的差值就是楼地面面层的构造厚度。如某建筑二层楼面的建筑标高为 3.300m，地面面层采用 20mm 厚 1:2.5 水泥砂浆，此时楼板顶面的结构标高为 3.280m。

2. 屋面的定位

屋面竖向定位应为屋面结构层上表面与距墙内缘 120mm 处的外墙定位轴线的相交处（图 4-14），这一点对坡屋顶建筑尤其重要。

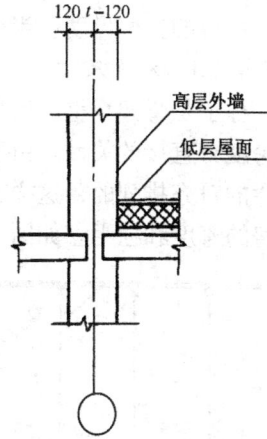

图 4-12　高低层分界处不设变形缝时定位

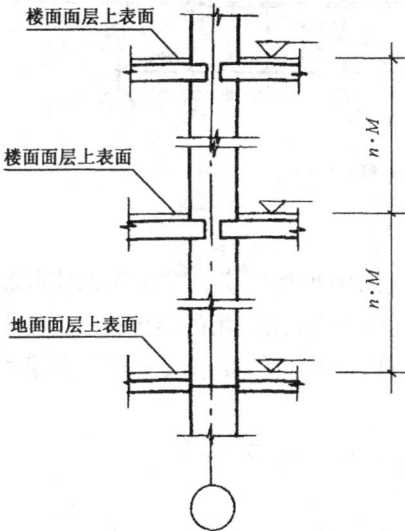

图 4-13　楼地面的竖向定位

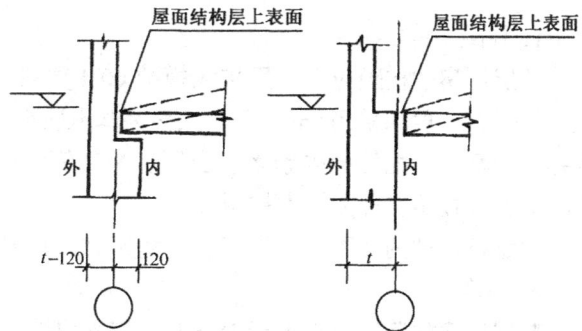

图 4-14　屋面竖向定位

4.2 排架结构单层厂房的定位轴线

厂房的定位轴线是确定厂房主要构件位置和相关定位尺寸的基准线。由于单层厂房大量采用预制构件，屋架、吊车梁和排架柱等主要结构构件的受力和结构计算远比一般民用建筑的构件复杂。如果定位轴线划分得不恰当，采用的尺度单位不符合厂房建筑对模数系列的要求，将会给厂房的施工带来不必要的麻烦，同时也会增加设计的难度和任务量。因此，厂房的空间尺度应当严格的遵守国家《厂房建筑模数协调标准》的有关规定。

4.2.1 柱网尺寸

柱子是骨架承重厂房最重要的竖向承重构件，其位置与绝大多数水平布置的结构构件的跨度有直接的关系。由于每一个柱子需要有两条轴线为其定位，而柱子在厂房内部是有规律的对齐排列的，这样轴线也就形成了齐整的网格，称为柱网。柱网尺寸实际就限定了厂房的跨度和柱距。如图4-15所示是单层厂房柱网平面的示意。

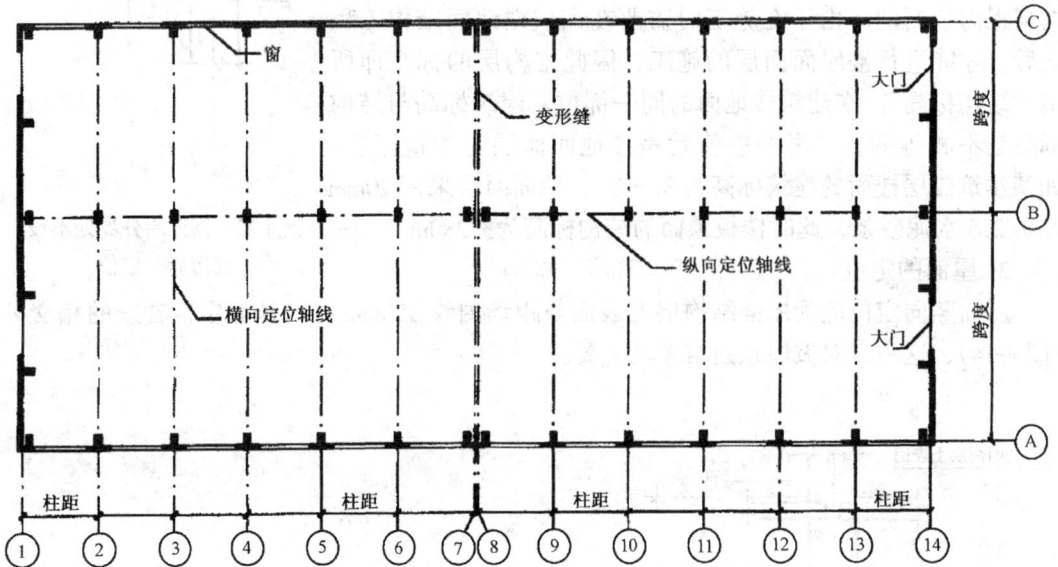

图 4-15 单层厂房柱网平面示意

1. 柱距

单层厂房的柱距应当采用扩大模数60M数列。一般的中小型厂房，在采用钢筋混凝土结构时，一般都采用6m柱距，又称为基本柱距。6m柱距在我国应用的年代较广，技术成熟，配套的构配件种类繁多。当厂房采用钢结构或对内部空间的要求较高时，多采用12m或18m柱距，称为扩大柱距。

山墙抗风柱的柱距一般采用扩大模数15M数列，如4.5、6.0、7.5m等。

2. 跨度

单层厂房的跨度小于等于18m时，应采用扩大模数30M数列，如9、12、18m；

如果单层厂房的跨度大于18m时，应采用扩大模数60M数列，如24、30、36、42、45m等。

4.2.2　定位轴线

厂房的定位轴线的确定，主要是为了满足生产工艺的要求和提高厂房设计和施工的工业化水平。排架结构厂房的平面定位主要是解决柱子的定位问题，竖向定位主要是解决柱子的顶面和牛腿顶面的标高问题，进而控制厂房的空间高度。

1. 平面定位轴线

厂房的平面定位轴线分为横向定位轴线和纵向定位轴线（图 4-15），与排架平面平行的轴线称为横向定位轴线；与排架平面垂直的轴线称为纵向定位轴线。

（1）横向定位轴线：横向定位轴线主要是控制了排架的间距，厂房中纵向水平构件的长度也受横向定位轴线的制约，如吊车梁、连系梁、基础梁、墙板、支撑及屋面板等的标志尺寸应当与横向定位轴线的间距相同。

1）一般位置柱的横向定位轴线。通常把除了靠厂房山墙和变形缝两侧柱子之外的排架柱称为一般位置柱，定位轴线通过柱子的中心线，并与屋架的中心线重合，而且通过厂房纵向预制水平构件的接缝中心，如图 4-16 所示。

2）山墙处柱子的横向定位轴线。厂房的山墙一般都不承重，定位轴线与山墙的内缘重合，并与排架端部柱子的中心线距离为 600mm，如图 4-17 所示。实际上就是把第一榀排架自山墙处移动了 600mm，此时第一榀排架和第二榀排架的中心距为：柱距尺寸 − 600mm。移动第一榀排架的目的是为了给山墙抗风柱留出与屋盖系统的连接空间，并使厂房的山墙与屋面板之间不留缝隙。由于屋架移动之后，使板与屋架之间的支撑关系发生了变化，屋面板与屋架连接的预埋件的位置要作出相应的调整。

3）变形缝处的横向定位轴线。厂房的横向变形缝一般采用双柱双轴线的方案，以解决厂房的纵向变形问题，变形缝处的定位轴线分别通过变形缝的两个边缘（也与吊车梁等纵向水平构件和屋面板的标志尺寸重合），如图 4-18 所示。此时两条定位轴线的间距就是变形缝的宽度，其数值应当符合国家标准的规定。

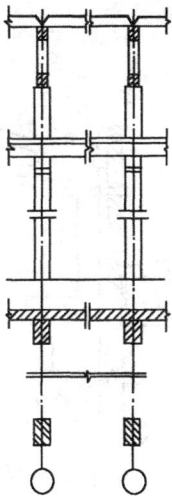

图 4-16　一般位置柱的横向
　　　　　定位轴线

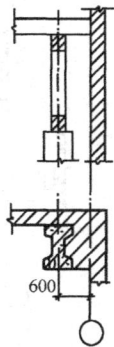

图 4-17　山墙处柱子的横向
　　　　　定位轴线

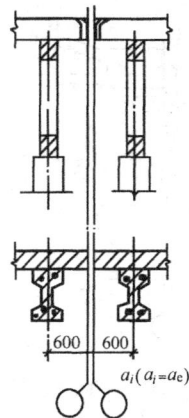

图 4-18　变形缝处的横向定位轴线
　　注：a_i—插入距；a_e—变形缝宽度

（2）纵向定位轴线：纵向定位轴线主要控制了厂房屋架（屋面梁）的跨度，同时还与吊车的跨度和屋面板的宽度有关。根据吊车的起重量、柱距的尺寸和设置吊车走道板的不同，厂房的纵向定位轴线分为"封闭结合"与"非封闭结合"两种情况。"封闭结合"可以保证厂房屋面完整地被 1.5m 宽的屋面板覆盖，具有构造简单、造价低的优点；而"非封闭结合"会在墙体与屋面板之间留有"连系尺寸"，增加了构造处理方面的难度，因此，在条件允许的情况下，尽量使厂房为"封闭结合"。

一般认为，当吊车的起重量在 20t 以上、厂房的柱距达到 12m 时，为了解决吊车桥与柱子之间的安全距离以及构造方面的问题，就应当采用"非封闭结合"。

1）边柱的纵向定位轴线，如图 4-19 所示。

2）中柱纵向定位轴线，如图 4-20、图 4-21 所示。

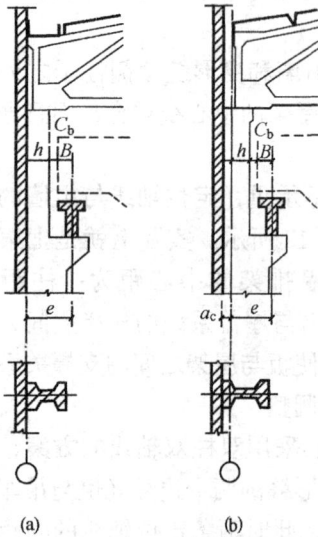

图 4-19　边柱的纵向定位轴线

（a）封闭结合；（b）非封闭结合

h—上柱截面高度；a_c—连系尺寸；

B—吊车侧方尺寸；C_b—吊车侧方安全间隙

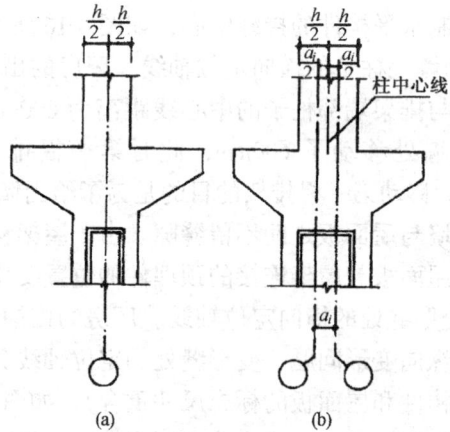

图 4-20　等高跨中柱（无纵向伸缩缝）纵向定位轴线

（a）单柱单轴线；（b）单柱双轴线

注：a_i—插入距。

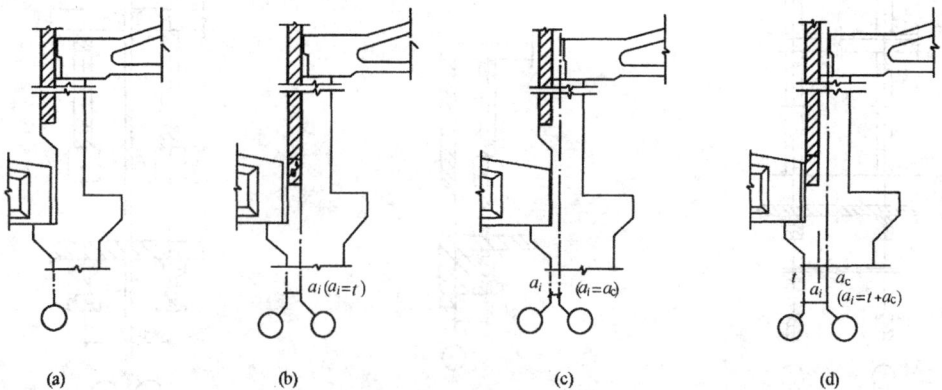

图 4-21　高低跨中柱（无纵向变形缝）纵向定位轴线

注：a_c—连系尺寸；t—封墙厚度；a_i—插入距。

厂房的纵向定位轴线还有等高跨（有纵向变形缝）、高低跨（有纵向变形缝）、高低跨双中柱以及纵横跨相交柱等情况。由于它们在厂房中出现的机会不多，在此就不一一加以叙述了，在实际工程中遇到时可以查阅有关的国家标准。

2. 厂房的竖向定位

（1）有吊车和无吊车的厂房（包括有单轨悬挂吊车的厂房），自室内地面至柱顶的高度应为扩大模数 3M 数列。

（2）有吊车的厂房，自室内地面至支撑吊车梁的牛腿顶面的高度应为扩大模数 3M 数列。

4.3　定位轴线的编号

由于建筑在平面上的变化较多，构件之间的位置关系复杂，需要水平定位的墙或柱的数量极大，处理不好就容易发生混淆的现象。为了设计及施工的便利，定位轴线通常需要编号。国家的有关标准对定位轴线编号的规定如下：

4.3.1　定位轴线的标注

定位轴线应用细点划线绘制，轴线编号应注写在轴线端部的圆内。圆应用细实线绘制，直径为 8mm，详图上可增为 10mm。定位轴线圆的圆心，应在定位轴线的延长线或延长线的折线上。

4.3.2　定位轴线的编号

1. 一般规定

平面图上定位轴线的编号，宜标注在图样的下方与左侧。横向编号应用阿拉伯数字，从左至右顺序编写，竖向编号应用大写拉丁字母，从下至上顺序编写（图 4-22）。为了避免拉丁字母中 I、O、Z 与数字 1、0、2 混淆，拉丁字母中 I、O、Z 不得用作轴线编号。如字母数量不够使用，可增用双字母或单字母加数字注脚，如：AA、BB、……YY 或 A1、B1、……Y1。

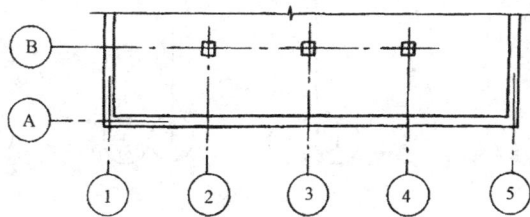

图 4-22　定位轴线编号顺序

2. 分区轴线

当建筑的规模较大，如果采用一般的标注方式，会出现数值较大的轴线编号（竖向编号就更加麻烦）。此时，定位轴线也可以采用分区编号（图 4-23）。编号的注写方式应为分区号-该区轴线号。

3. 附加轴线

在建筑设计中经常把一些次要的建筑部件用附加轴线进行编号，如非承重墙、装饰柱等。附加轴线应以分数表示，并按下列规定编写：

（1）两根轴线之间的附加轴线，应以分母表示前一轴线的编号，分子表示附加轴线的编号，编号宜用阿拉伯数字顺序编号，如：

⑴/₂　表示 2 号轴线后附加的第一根轴线；

②/B　表示 B 号轴线后附加的第二根轴线。

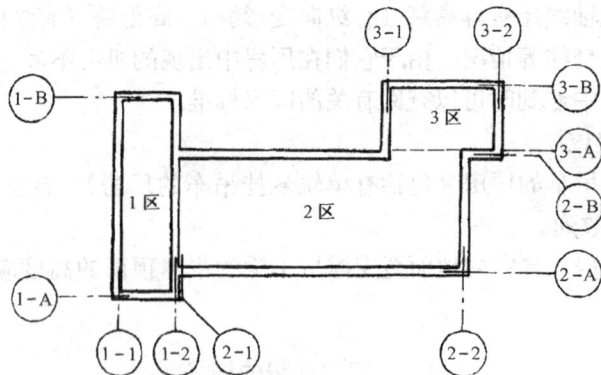

图 4-23　轴线分区编号

（2）1 号轴线或 A 号轴线之前的附加轴线应以分母 01、0A 分别表示位于 1 号轴线或 A 号轴线之前的轴线，如：

⓵/01　表示 1 号轴线之前附加的第一根轴线；

②/0A　表示 A 号轴线之前附加的第二根轴线

4．详图的通用轴线

当一个详图适用几根定位轴线时，应同时注明各有关轴线的编号（图 4-24）。通用详图的定位轴线，应只画图，不注写轴线编号。

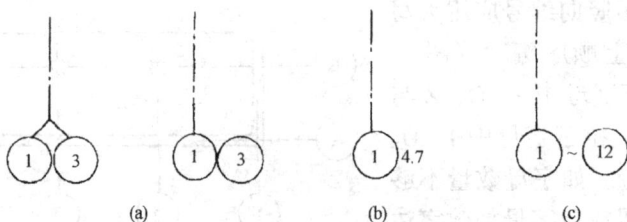

图 4-24　详图的轴线编号
(a) 用于两根轴线；(b) 用于三根或三根以上轴线；
(c) 用于三根以上连续编号的轴线

课题5　建筑专业施工图的识读

5.1　建筑工程设计的基本内容和过程

5.1.1　设计的基本内容

建造房屋是一个复杂的工程过程，通常要经过建设项目可行性论证、用地选址、建设单位编制设计任务书、工程地质勘测、工程设计、工程施工、竣工验收和交付使用之后的回访评估等多个阶段。在整个建造过程当中需要建设单位、设计单位、施工单位、监理单位、材料、构件和设备生产厂家的通力合作，还要经过建设管理部门的管理与协调。其中设计工作是建造房屋过程中的重要环节，只有在构思先进、技术合理、方案可行的设计文件的指导下，经过施工单位的实施，才能够建造出精品建筑。在建造房屋的过程当中，设计单位是施工单位最密切的合作伙伴，作为一名施工企业的技术及管理人员，了解建筑工程设计的基本程序和内容，有利于在工作当中与设计人员进行技术方面的交流，对完成施工任务具有相当重要的作用。

建筑工程设计是指建造单体或群体建筑所需的全部设计文件，它主要包括建筑专业、结构专业、设备专业的全套设计图纸和相应的文字资料。

1. 建筑设计图纸

建筑设计是建筑工程设计的主导和先行，负责解决建筑的环境、平面和空间布局、建筑的功能、建筑的体形和立面以及建筑的艺术等重要问题，对从事建筑设计的工程技术人员的综合素质和协调能力要求较高。建筑设计是一个结合实际和各种周边因素，在满足使用功能的基础上，反复进行论证、选择、判断和协调的过程，是关系到整个建筑最终效果的关键环节。

2. 结构设计图纸

结构设计是建筑工程设计的重要组成部分，主要是根据建筑设计选择安全合理、经济适用、便于实施的结构方案，并进行结构和构件的计算和设计。结构设计对房屋建筑的安全使用和经济性负有重要的责任，不能为了安全而使结构过于保守，也不能为了节省建造资金而忽视结构的安全。精益求精的治学态度和严谨科学的技术作风是从事结构设计的工程技术人员应该具备的起码素质。

3. 设备专业设计图纸

建筑设备专业设计主要包括电气照明、采暖通风、建筑给排水等主要内容。随着我国经济发展和综合国力的增强，建筑的科技含量越来越高，建筑中应用的设备种类越来越多，技术也越来越先进，如空调、火灾报警系统、智能网络系统、通讯系统、电子保安系统等。随着建筑业的发展和人民生活水平的提高，建筑设备在建筑中的应用前景广阔。

4. 其他设计文件

一套完整的工程设计除了上述三个专业的全套设计图纸之外，一般还要包括工程概算书、设计说明书和计算书等文字资料。这些文字资料有些需要与图纸一起提供给设计和监理单位，有些是供设计监督部门和设计单位内部进行设计质量监控所用。

5.1.2 设计过程

房屋建筑设计是一项涉及专业和相关因素较多的生产过程，为了准确体现建设单位的意图并为施工创造良好的基础条件，设计人员应在充分调查研究、领会有关政策和规范精神的基础上，遵循工程设计的客观规律，合理地解决建筑的功能、技术、美观、经济及环境等诸方面的问题。

设计过程一般分成以下两个阶段：

1. 设计之前的准备工作

(1) 熟悉设计任务书和有关的技术文件

设计任务书是由建设单位提出的，一般包括以下内容：建筑的建设目的和意图；建筑功能、面积指标、房间的布局规划；建筑设备及装修标准；水暖电气等外网工程的基础条件和技术要求；建筑的艺术形象和风格要求；总投资的限额；设计进程和时限的具体要求等。工程设计人员应该仔细研究设计任务书的内容，准确地领会其内涵，并根据国家有关政策、规范和标准的规定，结合工程的具体情况，对设计任务书提出合理的修改意见及补充方案。

建设工程一般需要得到有关管理部门的批准后方可着手开展各项工作。建设单位应提供的相关文件主要有：工程项目批文、土地使用许可证、建设资金证明、用地规划文件及市政、卫生、环保、交通、绿化、供电等管理部门的批准文件。

（2）搜集设计所需的资料和数据

需要搜集的资料和数据主要包括：地形和地质资料（主要有地形地貌、地基情况、地下水位、地震设防标准等）；气象资料（主要有温度、湿度、雨雪、主导风向和风速、日照等）；市政管线（主要有供电、供热、供水、排水、煤气、通讯、有线电视等基础设施的容量、分布、走向的具体情况等）；建造场地区域内原有隐蔽工程及相邻建筑的基础情况；工程所在地主要建筑材料和构件的生产及供应情况；与设计有关的指标、数据、标准和技术规定。

（3）结合设计的具体内容进行调查研究

设计人员遇到自己较为生疏的大型或特殊的建筑工程设计任务时，为了能够更多的吸取前人的经验教训，避免走弯路，同时为了掌握工程现场自然环境的具体情况，应该在工程设计之前，进行脚踏实地的调查研究，搜集第一手资料。

2．设计工作

在完成设计前的准备工作之后，就可以开展工程的设计工作。为了及时发现和协调设计中存在的问题，工程设计均应分阶段进行。设计一般分为三个阶段，即初步设计（方案设计）阶段、技术设计（扩大初步设计）阶段和施工图设计阶段。对一些规模较小、技术简单的建筑工程，也可以把初步设计和技术设计阶段合二为一。

（1）初步设计

初步设计是建筑设计的开始阶段。初步设计的中心任务是确定建筑设计方案，构建房屋的整体空间结构。建筑设计方案要得到建设单位的认可，同时要经过有关建设管理部门的批准。初步设计是个不断比较、选择和修改的过程，设计人员应当本着负责的态度，兼顾社会、经济和环境的综合效益，协调各方面的关系，确定最佳的方案。

初步设计阶段应当完成的设计文件主要有：总平面图、建筑的各层平面图、主要剖面图和立面图、建筑的外观效果图或模型；工程概算书、技术经济分析和相关的文字说明。

（2）技术设计

技术设计是把初步设计细化的阶段。这个阶段中心任务是在建筑专业的主持下，协调建筑专业与结构专业、设备专业之间的技术关系。如结构布置方案，交通系统重要部位的净空尺寸，采暖、照明、给排水、消防、通风、空调、通讯、网络、报警、音响及有线电视等系统的管线布置和设备箱（盒）的布置。要及时地发现各专业之间的矛盾并妥善处理，避免影响下个阶段的设计工作和施工进程。

（3）施工图设计

施工图设计是设计工作的最后阶段。这个阶段的中心任务是为施工单位提供施工图纸，就整个建筑工程的所有技术问题作出明确、具体的规定。施工图是施工单位进行建筑施工的技术依据，也是监理单位和建筑质量监督部门进行工程监理和监督的依据。

施工图阶段应完成的设计文件主要有：总平面图、建筑的各层平面图、必要的剖面图、所有的立面图、细部构造节点详图、结构布置图、结构详图、设备专业的系统图、布线图和详图；设计说明书、门窗和构件统计表、图纸目录；工程概算书。

设计单位应当按照设计合同的约定时间向建设单位提供施工所需的全套设计文件，一般为八套图纸，并参加图纸的会审和技术交底。还要在施工过程为建设和施工单位提供有关的技术服务，及时解决施工中遇到的与设计有关的技术问题。

5.2 建筑专业施工图的组成和常用符号

5.2.1 建筑专业施工图的组成

建筑专业施工图是建筑工程设计的基础，它描绘了建筑的造型、色彩、体量、尺度、平面和空间布局、构造的做法等重要的元素。建筑的功能和艺术主要是由建筑设计所控制，因此，建筑设计是一幢建筑能否设计和建造成功的先决条件。

建筑专业施工图主要包括以下内容：

(1) 设计说明（包括说明、门窗统计表、有关的技术经济指标等内容）；

(2) 总平面图；

(3) 平面图；

(4) 剖面图；

(5) 立面图；

(6) 建筑详图。

5.2.2 建筑施工图中常用符号

建筑施工图的内容比较繁杂，为了更加清晰地表达设计的意图和内容，就要借助一些图例和符号。建筑施工图的图例往往比较形象，也容易记忆。符号一般比较抽象，需要认真地记忆，并不断地熟悉。

1. 标高

标高是用来标注建筑各部位高程的一种表示方法，标高应以米（m）为单位。建筑标高并要标注到小数点后三位，即精确到毫米（mm）；总平面图的标高可以标注到小数点后两位。标高的基准点用 ±0.000 表示，基准点以上的高程称为正高程，标高数值前面不标"＋"号；基准点以下的高程称为负高程，标高数值前面要标"—"号。

标高分为绝对标高和相对标高两种。

(1) 绝对标高：以我国青岛黄海海平面的平均高度为零点所测定的标高称为绝对标高。

(2) 相对标高：一般把建筑一层底面的高程定为相对标高的基准点，即 ±0.000。一般应当在设计总说明中说明相对标高与绝对标高的关系，这样在施工时可以通过抄平放线得出高程的基准点，免除了每个控制高程都是琐碎的数值，不便于记忆和容易出错的缺点。

标高符号为直角等腰三角形，并用细实线绘制（图 4-25a）。如标注位置狭小，不够书写标高数值时，也可按图 4-25（b）所示形式绘制。标高符号的具体画法如图 4-25（c）、(d) 所示，其中 h 的高度根据图面情况确定，l 的长度一般为 10~15mm，一般向右，也可以向左。

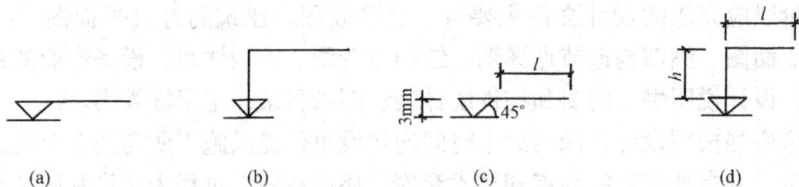

图 4-25 标高符号

总平面图中场地的标高符号，宜用涂黑的三角形表示图 4-26（a），具体画法如图 4-26（b）所示。标高符号的尖端应指至被注高度的位置。尖端一般应向下，也可向上。标高数字应注写在标高符号的左侧或右侧（图 4-27）。

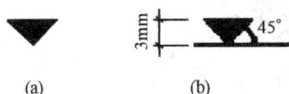

图 4-26　总平面图中场地标高的符号

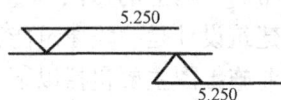

图 4-27　标高的标注

建筑图中有许多部位的做法是相同的，如在图纸的同一位置需表示几个不同标高时，标高数字可按如图 4-28 所示的形式注写。

2. 索引与详图符号

索引与详图符号是用作查找相关图纸的标识。由于建筑图中各部位的尺度差异较大，有一些细部的处理和构造做法需要放大之后才能表示清楚。另外，我国目前研发有大量的"国标"和"地标"的建筑构件及构造的标准图集，可以为工程设计提供技术成熟的通用做法。在建筑设计的过程当中，根据设计的实际选用标准构件或标准做法，可以有效地提高设计的进度和质量。在实际应用时应当在原图样中指定索引的位置，并用索引符号加以标注。然后在详图上的合适部位标明详图的索引，以供阅图的人参考。索引与详图符号的用法见表 4-2。

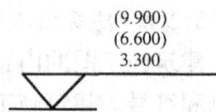

图 4-28　同一位置表示几个标高的方法

索引和详图符号的绘制与标注 　　　　　　　　　　表 4-2

项目	图　示		说　明
索引符号及其编写方法	圆及水平直径线用细实线绘制，圆直径为 10mm (a)	上半圆中用阿拉伯数字注明详图编号。下半圆内注明该详图所在图纸的图纸号 (b)	索引符号画法如图（a）所示。索引符号的编写方法如图（b）、（c）、（d）所示
	下半圆内画一水平细实线表示被索引的详图与索引部位同在一张图纸内 (c)	索引标准图册的详图，在直径延长线上注写标准图册编号 (d) 图页号	

项目	图 示	说 明
索引剖面详图的表示方法	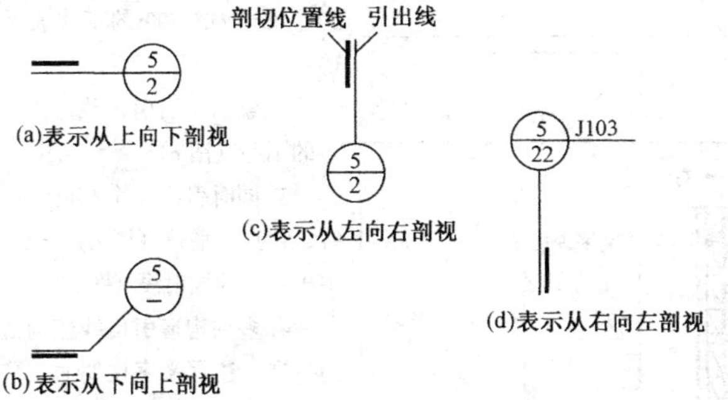 **剖切位置线　引出线** (a)表示从上向下剖视 ⑤/2　剖切位置线 引出线 (c)表示从左向右剖视 ⑤/22　J103 (d)表示从右向左剖视 (b)表示从下向上剖视	索引剖面详图时,应在被剖切部位绘制剖切位置线,并以引出线引出索引符号,引出线的一侧为剖视方向(如图a、b、c、d所示)
详图符号	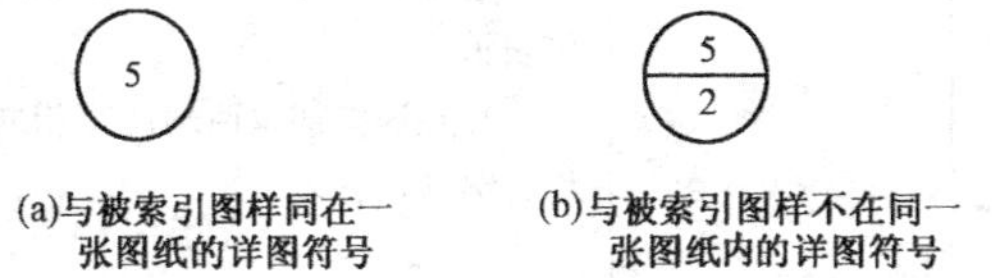 ⑤ (a)与被索引图样同在一张图纸的详图符号 ⑤/2 (b)与被索引图样不在同一张图纸内的详图符号	详图符号用 φ14 粗实线圆表示。图(a)中"5"是详图编号;图(b)中"5"是详图编号,"2"是被索引图样所在的图纸编号

3. 引出线和其他符号

引出线和其他符号也是建筑工程图中常用的标识,对绘图和识图的作用很大。

(1) 引出线

引出线主要是用于标注和说明建筑图中一些特定部位及构造层次复杂部位的细部做法,这些部位或是层次繁多,或是构造层尺寸较小,不便于用图例表示。由于构造做法对材料的配合比、操作程序、构造尺寸等要求比较精细,只有通过引出线加注文字说明才能够表示清楚。

(2) 其他符号

主要包括连接符号(剖断线)、对称符号、指北针等。这些符号在建筑工程图中应用得非常广泛,意义重大。

引出线和其他符号的绘制及标注方法见表 4-3。

项目	图　　示	说　明
引出线	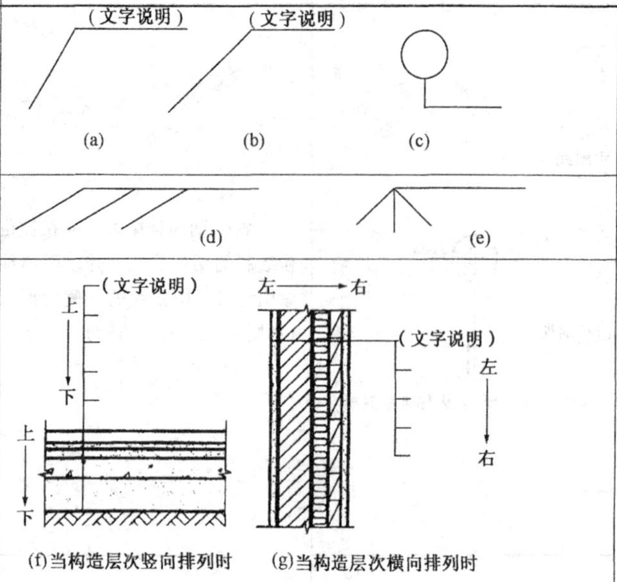 （文字说明）　　（文字说明） (a)　　(b)　　(c) (d)　　(e) （文字说明）　左——右 上　下　　　　　（文字说明） 上　下 (f)当构造层次竖向排列时　(g)当构造层次横向排列时	1.引出线应以细实线绘制，宜采用水平方向的直线及与水平方向成30°、45°、60°、90°的直线表示（图 a、b） 2.索引详图引出线应对准索引符号的圆心（图 c） 3.同时引出几个相同部分的引出线，宜互相平行（图 d），也可画成集中于一点的放射线（图 e） 4.多层构造引出线应通过被引出的各层。注写文字说明时，应与由上而下或由左而右被说明的层次顺序相一致（图 f、g）
连接符号	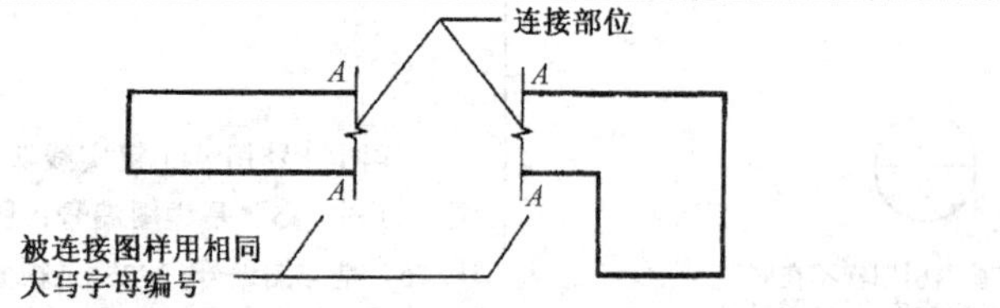 连接部位 A　　A A　　A 被连接图样用相同大写字母编号	1.连接符号用细折断线在连接部位表示 2.在连接部位两端注写相同大写拼音字母
对称符号	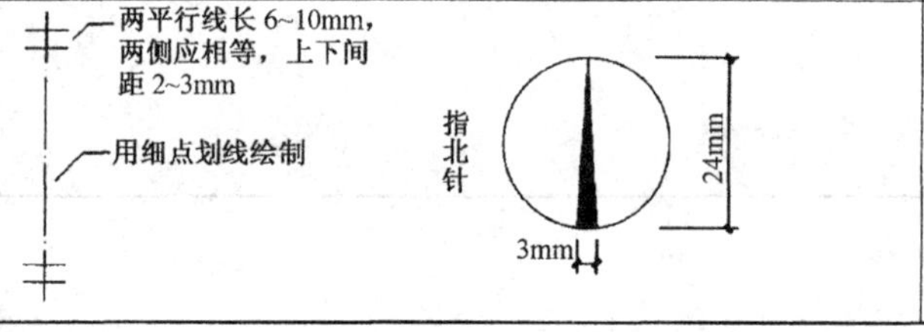 两平行线长 6~10mm，两侧应相等，上下间距 2~3mm 用细点划线绘制 指北针 24mm 3mm	指北针圆用细实线绘制、针尖指北需用较大直径绘制时，指北针尾部宽宜为直径的1/8 指北针一般画在首层平面图的一角

5.3　建筑专业施工图

建筑施工图是用来描绘建筑立面与体形、内部空间布置、细部构造以及室内外装饰效果的工程图纸，也是其他专业进行工程设计的基础，同时是施工放线、砌筑、安装门窗、室内外装修和编制施工概算及施工组织计划的主要依据。

建筑施工图主要包括：设计说明、总平面图、建筑平面图、建筑立面图、建筑剖面图以及建筑详图等。

5.3.1　设计说明

设计说明又叫建筑首页。设计说明主要是对建筑施工图上未能详细表达或不易用图形表达的内容，如设计依据、技术经济指标、工程概述、构造做法、用料选择、门窗选择和数量统计等，用文字或图表加以说明。此外，有时还包括防火专篇、环境交通论证依据等一些有关部门要求明确说明的内容。

设计说明一般放在一套施工图的首页。

5.3.2 总平面图

1.总平面图的用途

总平面图主要反映新建工程的位置、平面形状、场地及建筑入口、朝向、标高、道路等布置及与周边环境的关系。总平面图是新建房屋定位、布置施工总平面图的依据，也是室外水、暖、电管线等布置的依据。

总平面图除了要对本工程的总体布置作出规定之外，还应当符合规划、交通、环保、市政、绿化等部门对工程具体要求，并应经过相应部门的审批。

2.总平面图的内容

（1）比例

由于总平面图包括的区域较大，所以绘制时都用较小比例。通常选用的比例为1：500、1：1000、1：2000等。总图中的尺寸（如标高、距离、坐标等）宜以米为单位，并应至少取至小数点后两位，不足时以"0"补齐。

（2）规划布局

场地的规划布局是总平面图的重要内容，由于总平面图的比例较小，各种有关物体均不能按照投影关系如实反映出来，通常用图例的形式进行绘制。要读懂总平面图，就要熟悉总平面图中常用的各种图例。表4-4是总平面图常用的图例。

总平面图例 表 4-4

序号	名　称	图　例	说　明
1	新建的建筑物	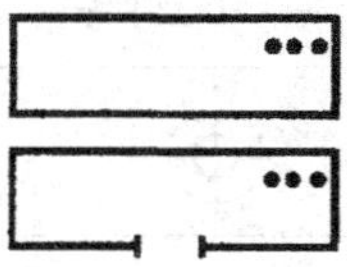	1.上图为不画出入口图例，下图为画出入口图例 2.楼层数可在图形内由上角以点数表示，高层宜用数字表示 3.用粗实线表示
2	原有的建筑物		用细实线表示
3	计划扩建的预留地或建筑物		用中虚线表示
4	拆除的建筑物	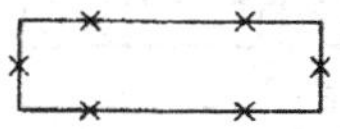	用细实线表示
5	新建的地下建筑物或构筑物		用粗虚线表示
6	建筑物下面的通道	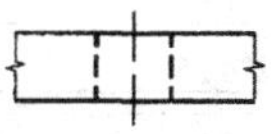	
7	散状材料露天堆场		需要时可注明名称

序号	名　　称	图　　例	说　　明
8	其他材料露天堆场或露天作业场		需要时可注明名称
9	铺砌场地	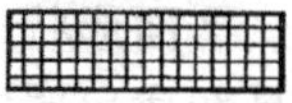	
10	敞棚或敞廊	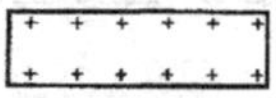	
11	室内标高	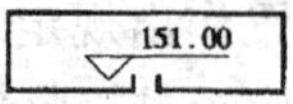 151.00	注写绝对标高数字
12	室外标高	 143.00	注写小数后二位数
13	围墙		表示砖石、混凝土或金属材料的围墙
		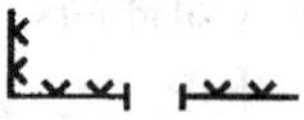	表示镀锌铁丝网、篱笆等围墙
14	原有的道路		
15	计划扩建的道路		
16	桥梁	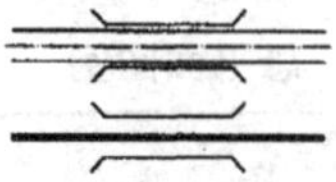	上图为公路桥,下图为铁路桥用于旱桥时应注明
17	填挖边坡护坡	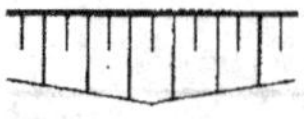	边坡较长时,可在一端或两端局部表示
18	烟囱		实线为烟囱下部直径,虚线为基础
19	水池、坑槽		
20	挡土墙		被挡土在"突出"的一侧
21	台阶	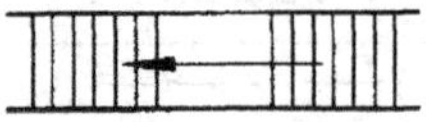	箭头指向表示向上
22	坐标	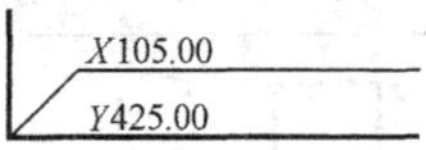 X 105.00 Y 425.00	表示测量坐标
		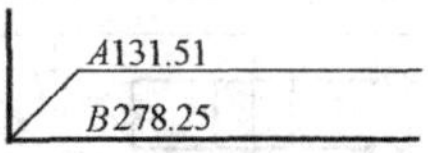 A 131.51 B 278.25	表示施工坐标
23	排水明沟	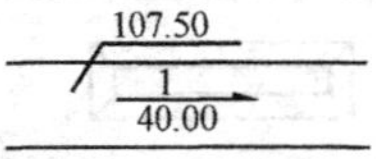 107.50 1 40.00	"1"表示沟底纵向坡度值为1%,"40.00"表示变坡点间距离,箭头表示水流方向,107.50为沟底标高

续表

序号	名　称	图　例	说　明
24	雨水井		
25	消火栓井		
26	草地		
27	花坛	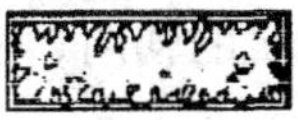	

总平面图的规划布局中还要对道路、硬地、绿化、小品、停车场地等作出布置。

(3) 新建工程的定位

给新建房屋的定位是总平面图的核心内容，定位的方式主要有两种：

1) 用新建房屋周围其他建筑物或构筑物为参照物。实际绘图时，标明新建房屋与其相邻的原有建筑物或道路中心线的相对位置尺寸。

2) 用坐标为新建房屋定位。当新建筑区域所在地形较为复杂时，为了保证施工放线准确，常用坐标定位。坐标定位分为测量坐标和施工坐标两种。测量坐标：在地形图上用细实线画成交叉十字线的坐标网，南北方向的轴线为 X，东西方向的轴线为 Y，形成测量坐标网。一般建筑物的定位宜注其三个角的坐标，如建筑物与坐标轴平行，可注其对角坐标。建筑坐标就是将建设地区的某一点定为“0”，沿建筑物主轴方向用细实线画成方格网通线。垂直方向为 A 轴，水平方向为 B 轴。这种定位方式适用于房屋朝向与测量坐标方向不一致的情况。

(4) 新建工程的高程和方位

总平面图中一般用绝对标高来标注高程。如标注的是相对标高，则应注明相对标高与绝对标高的换算关系。建筑物室内地坪 ±0.000 处的标高，作为建筑定位的基准点，并用绝对标高标注。当场地的高程变化较复杂时，应当在总平面图中加注等高线。

要在总平面图中加注指北针，明确建筑物的朝向。有些建设项目还要画上风向频率玫瑰图，来表示该地区的常年风向频率。

5.3.3 建筑平面图

1. 建筑平面图的形成

建筑平面图实际上也是剖面图，只不过与剖面图的剖切方向垂直罢了。用一个假想的水平剖切平面把建筑在门、窗洞口高度范围内水平切开，移出剖切平面以上的部分，把剖切平面以下的物体投影到水平面上，所得的水平剖面图，即为建筑平面图，简称平面图。

2. 建筑平面图的用途

建筑平面图主要表示建筑的平面形状、内部布置及坐落朝向。是施工过程中定位放线、砌筑墙体、安装门窗、室内装修及编制预算的重要依据，也是进行结构和设备专业设计的依据，是施工图中最重要的图纸。

3. 建筑平面图的内容

通常情况下，有几层建筑就应当画几层平面图，如首层平面图、二层平面图、三层平面图……顶层平面图等。但在实际建筑工程中，多层建筑往往存在许多平面布局相同的楼层，对于这些相同的楼层可用一个平面图来表达这些楼层的平面图，统称为"标准层平面图"或"×～×层平面图"。另外，还应绘制屋顶平面图。

(1) 首层平面图

首层平面图也叫一层平面图，是指室内±0.000地坪所在的楼层的平面图。它与其他层平面的不同之处在于：除了表示该层的内部形状外，还画有室外的台阶（坡道）、花池、散水形状和位置，以及剖面的剖切位置和方向，当有几个剖面时，要对其进行编号，以便与剖面图对照查阅。为了准确地标示建筑的朝向，在底层平面图上应加注指北针，其他层平面图上可以不再标出。

(2) 中间层平面图

如建筑的二层平面与其他楼层的平面不同，则二层平面应当单独画，并要画上本层室外的雨篷等构件，附属于首层平面的其他室外构件不必再画出。其他层平面如有特殊平面时需要单独画出，其余可按标准层平面处理，但雨篷不必再画。

(3) 顶层平面图

由于顶层平面楼梯的投影特殊，一般情况下顶层平面图需要单独画出，其图示内容与中间层平面图的内容基本相同。

(4) 屋顶平面图

屋顶平面图是建筑屋顶的外观俯视图。主要是用来表达屋顶形式和坡度、排水组织形式、通风道出屋面、上人孔、变形缝出屋面构造及其他设施的图样。屋顶平面一般还要附加一些必要的文字说明，如：天沟坡度；雨水管间距、位置、材料及断面尺寸；变形缝、上人孔、通风道出屋面的构造做法和控制尺寸等。

5.3.4 建筑立面图

1. 建筑立面图的形成

建筑立面图是在与建筑各个立面平行的投影面上所作的建筑的正投影图，简称立面图。

2. 建筑立面图的用途

建筑立面图主要用于表示建筑物的体形和外观，是建筑立面各个元素的展示平台，提供了立面装饰要求及控制尺寸。立面图也是建筑图中最形象的图形，它对建筑的立面形象和艺术造型具有十分重要的意义。

3. 建筑立面图的内容

建筑至少有三个立面，这些立面都在不同的程度上展示着建筑的外观风采。在一般情况下，要提供建筑的每一个立面的立面图，有一些体形简单的建筑，山墙的立面可能相同，可以用一个通用的立面替代。为便于与平面图对照阅读，每一个立面图下都应标注立面图的名称。立面图名称的标注方法为：

(1) 大多数情况下，根据建筑起止两端的定位轴线号编注立面图名称，如①～⑨轴立面图、⑨～①轴立面图等；

(2) 坐落方位比较端正的建筑，也可按建筑的朝向确定名称，如南立面图、北立面图等；

（3）临街的建筑还可以按照与街道的关系确定名称，如××街立面图。

平面形状曲折的建筑物，可绘制展开立面图。圆形或多边形平面的建筑物，可分段展开绘制立面图，但均应在图名后加注"展开"二字，如①～⑨轴立面图（展开）。

立面图的另一个重要内容是标注建筑立面的装饰做法，包括材料、铺贴方法和色彩等。

还要在立面图上标注出建筑的檐口、室外地面、主要的门窗洞口的标高，以便于与平面图和剖面图对应阅读。

5.3.5 建筑剖面图

1. 建筑剖面图的形成

用一个假想平行于投影面、垂直于地面的剖切平面，将建筑剖开，然后移去观察者与剖切平面之间的部分，作出建筑剩余部分的正投影，所得图样称为建筑剖面图，简称剖面图。剖面图可以用一个简单剖切面剖切，也可以用阶梯剖切面剖切。

2. 建筑剖面图的用途

建筑剖面图与平面图配合，可以把建筑的整个空间清晰地展示出来。剖面图主要表示房屋的内部结构、分层情况、竖向交通系统、各层高度、建筑总高度及室内外高差以及各配件在垂直方向上的相互关系等内容。在施工中，可作为进行高程控制、砌筑内墙、铺设楼板、屋盖系统和内装修等工作的依据，是与平、立面图相互配合的不可缺少的重要图样之一。

3. 建筑剖面图的内容

（1）剖切部位和剖视方向

剖切位置的选择，对剖面图的应用价值关系极大。应当选择建筑物变化较复杂的部位进行剖切，如楼梯间、门厅、入口、同层楼地面高差有变化的部位。

一般情况下，只要剖切位置选择得当，剖视方向并不影响剖面图的效果。但如果剖面位置经过楼梯间时，要使剖切位置与剖视方向相配合，以免出现投影上的矛盾。应当"剖左面，向右看；剖右面，向左看"。

（2）剖面图的数量

剖面图的数量应当满足设计和施工的需要，要完整准确地反映建筑竖向的变化。在一般规模不大的工程中，房屋的剖面图通常只有一个。当工程规模较大、平面形状及空间变化复杂时，则要根据实际需要确定剖面图的数量，也可能是两个或多个。

5.3.6 建筑详图

由于建筑的实际尺度较大，因此建筑的平、立、剖面图一般采用较小比例绘制，许多细部构造、尺寸、材料和做法等内容很难表达清楚。为了满足施工的需要，常把这些局部构造用较大比例绘制成详细的图样，这种图样称为建筑详图，有时也称为大样图或节点图。详图的比例应当根据实物的大小及内容的繁杂程度合理地选择，常用的比例有1:1、1:2、1:5、1:10、1:20、1:50几种。

详图一般是建筑平、立、剖面图中某一局部的放大图。对于某些建筑构造或构件的通用做法，可采用国家或地方制定的标准图集或通用图集中的图样，再附以结合本工程实际的说明和控制尺寸，通过索引符号加以注明，不必另画详图。

建筑详图包括外墙剖面详图（外墙大样图）和楼梯、阳台、雨篷、台阶、门窗、卫生间、厨房、内外装修节点等内容。

总之，识读建筑专业图是一个内容繁杂、综合性极强的系统工程。要从日常的生活入手，注意观察和体会，循序渐进，日积月累，逐步地提高识读图的能力。教材后面附有小型民用建筑的工程图实例，可以作为训练时的参考。

复习思考题

1. 民用建筑主要是由哪些部分组成的？
2. 排架结构单层厂房的构造组成有哪些？
3. 厂房支撑的作用是什么？
4. 什么是基本模数？什么是扩大模数和分模数？
5. 模数协调的意义是什么？应当如何应用？
6. 标志尺寸、构造尺寸和实际尺寸的相互关系是什么？
7. 承重内墙的定位轴线是如何划分的？
8. 定位轴线为什么应当编号？标注的原则是什么？
9. 分区轴线如何标注？分轴线应当如何标注？
10. 建筑施工图的作用是什么？包括哪些内容？
11. 建筑平面图是怎样形成的？其主要内容有哪些？
12. 建筑剖面图的主要内容有哪些？
13. 墙身节点详图主要是用来表达建筑物上的哪些部位？

单元 5　建筑材料的基本性能

知 识 点：本单元阐述了建筑材料的定义、分类及在建筑工程中的应用，同时也介绍了与之相关的材料的性能即材料的物理性能、力学性能和材料的耐久性。

教学目标：通过学习本单元，使学生能够掌握建筑材料的定义、分类及应用和与之相关的基本知识。

课题 1　建筑材料的定义、分类及在建筑工程中的应用

1.1　建筑材料的定义

建筑材料是指在建筑工程中所应用的各种材料的总称。

广义的建筑材料包括：

（1）构成建筑物本身的材料，如水泥、钢材、玻璃等。

（2）各种建筑器材，如给排水设备、空调、电器等。

（3）施工过程中所用材料，如模板、脚手架等。

狭义的建筑材料——构成建筑物本身的材料。

通常本书所指的建筑材料即为狭义的建筑材料。

1.2　建筑材料的分类

随着现代工业的发展和科学技术的不断进步，建筑材料的种类也在不断地增加，从不同的角度我们可以把建筑材料分成不同的类别，通常情况下我们习惯于将建筑材料按其化学成分和使用功能进行分类，见表 5-1。

建筑材料按化学成分分类　　　　　　　　　　　　　　　表 5-1

类　　别	主要化学成分	例　　子
无机材料	非金属材料	石材（天然石材、人造石材）
		烧结制品（烧结砖、陶瓷面砖等）
		熔融制品（玻璃、岩棉等）
		胶凝材料（石灰、石膏、水玻璃、水泥）
		混凝土、砂浆
		硅酸盐制品（砌块、蒸养砖等）
	金属材料	黑色金属（铁、非合金钢、合金钢等）
		有色金属（铝、锌、铜及其合金等）

类　别	主要化学成分	例　子
有机材料	植物质材料	木材、竹材及制品
	高分子材料	沥青、塑料、涂料、橡胶、胶粘剂等
复合材料	金属非金属复合	钢筋混凝土、铝塑板、涂塑钢板等
	非金属有机复合	沥青混凝土、聚合物混凝土等

1.3　建筑材料在建筑工程中的应用

建筑业的发展与建筑材料的发展密不可分，这一方面是因为建筑物无论从它的功能、形状、色彩等无一不依赖于建筑材料；另一方面建筑材料是建筑物的重要组成部分，在建筑工程中，建筑材料费用一般要占建筑总造价的 60% 左右，甚至更高一些，也就是说建筑物的各种使用功能，必须由相应的建筑材料来实现。

因此，可以说建筑材料在建筑工程中应用得非常广泛，一方面，建筑工程质量及功能的提高依赖于建筑材料；另一方面，建筑材料的种类及质量的提高也促进了建筑业的发展。

课题 2　材料的物理性能

2.1　材料的密度和孔隙率

2.1.1　材料的密度

密度是指材料的质量与体积之比。处于不同状态的材料，其密度的表示方式也有所不同，一般分为密度、体积密度和堆积密度。

1. 密度

材料在绝对密实状态下，单位体积的质量称为密度，用下式表示：

$$\rho = \frac{m}{V} \tag{5-1}$$

式中　ρ——材料的密度，g/cm^3 或 kg/m^3；

m——材料的质量，g 或 kg；

V——材料在绝对密实状态下的体积，cm^3 或 m^3。

大多数的建筑材料含有孔隙，为了测定其密度应把含孔隙的材料磨成细粉，除去内部孔隙，用李氏比重瓶测定其实体积。材料磨得越细，其测定结果越准确。

2. 体积密度、表观密度（视密度）

（1）体积密度：

材料在自然状态下，单位体积（包含所有孔隙即开口孔、闭口孔）的质量称为体积密度，用下式表示：

$$\rho_0 = \frac{m}{V_0} \tag{5-2}$$

式中 ρ_0——材料的体积密度，g/cm^3 或 kg/m^3；

　　m——在自然状态下材料的质量，g 或 kg；

　　V_0——在自然状态下材料的体积（包括开口孔和闭口孔），cm^3 或 m^3。

（2）表观密度：

材料在自然状态下，单位体积（只包括闭口孔）的质量称为表观密度也叫视密度，用

下式表示： $$\rho' = \frac{m}{V'} \tag{5-3}$$

式中 ρ'——材料的表观密度，g/cm^3 或 kg/m^3；

　　V'——在自然状态下材料的体积（只包括闭口孔），cm^3 或 m^3；

　　m——在自然状态下材料的质量，g 或 kg。

3. 堆积密度

粉状及颗粒状材料在堆积状态下，单位体积的质量称为堆积密度，用下式表示：

$$\rho_0' = \frac{m}{V_0'} \tag{5-4}$$

式中 ρ_0'——材料的堆积密度，g/cm^3 或 kg/m^3；

　　V_0'——材料的堆积体积，cm^3 或 m^3；

　　m——材料的质量，g 或 kg。

上述各有关的密度指标，在建筑工程机械配料的计算、构件自重的计算、配合比设计、测算堆放场地时会得到各自的应用。

表 5-2 为常用材料的密度、体积密度及堆积密度。

常用材料的密度、体积密度及堆积密度 表 5-2

材料名称	密度 ρ（g/cm^3）	体积密度 ρ_0（g/cm^3）	堆积密度 ρ_0'（kg/m^3）
水　泥	2.80～3.10		1000～1600
钢　材	7.85		
木　材	1.55	0.4～0.8	
普通混凝土		2.1～2.6	
普通黏土砖	2.50～2.70	1.6～1.8	
花　岗　石	2.60～2.90	2.5～2.8	
碎　石	2.60～2.80	2.6	1400～1700
砂	2.60～2.70	2.65	1450～1650
黏土空心砖	2.50	1.0～1.4	
铝　合　金	2.70	2.75	
泡沫塑料	1.04～1.07	0.02～0.05	

2.1.2　材料的孔隙率和空隙率

1. 孔隙率

孔隙率是指在材料体积内，孔隙体积所占的比例，用下式表示：

$$P = \frac{V_0 - V}{V_0} \times 100\% = \left(1 - \frac{\rho_0}{\rho}\right) \times 100\% \tag{5-5}$$

式中 P——材料的孔隙率，%；

V_0——在自然状态下材料的体积（包含所有孔隙即开口孔及闭口孔），cm^3 或 m^3；

V——材料在绝对密实状态下的体积，cm^3 或 m^3；

ρ_0——材料的体积密度，g/cm^3 或 kg/m^3；

ρ——材料的密度，g/cm^3 或 kg/m^3。

材料孔隙率的大小，反映了材料内部构造的致密程度。与材料孔隙有关的性质如强度、吸水性、抗渗性、抗冻性、导热性、吸声性等除与材料的孔隙率的大小有关外和孔隙的构造特征也密切相关。

2. 密实度

密实度是指材料的体积内，被固体物质充满的程度，用下式表示：

$$D = \frac{V}{V_0} \times 100\% = \frac{\rho_0}{\rho} \times 100\% \tag{5-6}$$

式中 D——材料的密实度；

ρ_0，ρ，V，V_0 意义同前。

由孔隙率及密实度的概念可知：

$$P + D = 1 \tag{5-7}$$

由式（5-5）和式（5-6）相加也可导出式（5-7），式（5-7）反映了材料的自然体积是由绝对密实的体积和孔隙体积构成。几种常见材料的孔隙率见表 5-3。

常见建筑材料的孔隙率 表 5-3

材料名称	P（%）	材料名称	P（%）
石灰岩	0.2 ~ 4	黏土空心砖	20 ~ 40
花岗岩	< 1	木材	55 ~ 75
普通混凝土	5 ~ 20		

3. 空隙率

空隙率是指在颗粒状材料的堆积体积内，颗粒间空隙体积所占的比例，用下式表示：

$$P' = \frac{V_0' - V_0}{V_0'} \times 100\% = \left(1 - \frac{\rho_0'}{\rho_0}\right) \times 100\% \tag{5-8}$$

式中 P'——颗粒状材料堆积时的空隙率，%；

V_0'——颗粒状材料的堆积体积，m^3；

V_0——材料所有颗粒体积之和，m^3；

ρ_0——材料颗粒的体积密度，kg/m^3；

ρ_0'——颗粒状材料的堆积密度，kg/m^3。

空隙率的大小反映了颗粒状材料堆积时，颗粒之间相互填充的致密程度，对于混凝土的粗、细骨料来说，其级配越合理，配制的混凝土就愈密实，既能满足强度方面的要求，又能在一定限度内节约水泥的用量。

4. 填充率

填充率是指颗粒状材料在其堆积体积内，被颗粒实体体积填充的程度，用下式表示：

$$D' = \frac{V_0}{V_0'} \times 100\% = \frac{\rho_0'}{\rho_0} \times 100\% \qquad (5-9)$$

式 (5-8) 和式 (5-9) 相加可得：

$$P' + D' = 1 \qquad (5-10)$$

式中　D'——颗粒状材料的填充率，%；

　　　其他符号意义同前。

2.2　材料与水有关的性质

材料在使用过程中，都会不同程度地与水接触，这些水可能来自空气，外界雨、雪或地下水等环境中，绝大多数情况下，水与材料的接触都会给材料带来危害。因此，我们有必要了解材料与水有关的性质。

2.2.1　亲水性与憎水性

为了解释材料的亲水性与憎水性，我们建立如图 5-1 所示的模型，并引入润湿角的概念。

润湿角——在水、材料与空气的液、固、气三相交接处作液滴表

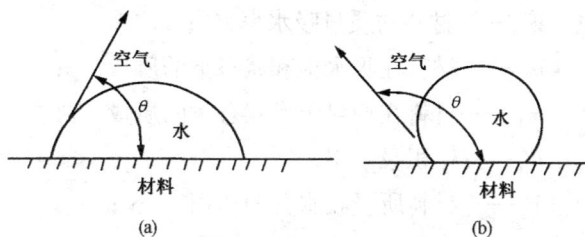

图 5-1　材料的润湿角

(a) 亲水性材料；(b) 憎水性材料

面的切线，切线经过水与材料表面的夹角称为润湿角，用 θ 表示。

1. 亲水性

图 5-1(a)中，水在材料表面易于扩展，这种与水的亲合性称为亲水性，此时 $\theta \leqslant 90°$

表面与水亲合力较强的材料称为亲水性材料，例如砖瓦、混凝土、石灰和石膏制品均为亲水性材料。

当 $\theta \leqslant 90°$时说明材料与水之间的作用力要大于水分子之间的作用力，材料可被水浸润。

2. 憎水性

图 5-1 (b) 中，材料与水接触时，不与水亲合，这种性质称为憎水性，此时 $\theta > 90°$。

表面不与水亲合的材料称为憎水性材料，例如沥青、油漆、塑料等均为憎水性材料，它们是良好的防水材料。

2.2.2　吸湿性与吸水性

1. 吸湿性

材料在环境中能吸收空气中水分的性质称为吸湿性。吸湿性通常以材料的含水率表示，即

$$W = \frac{m_s - m_1}{m_1} \times 100\% \qquad (5-11)$$

式中　W——材料的含水率，%；

m_s——材料吸湿后的质量，g；

m_1——材料在绝对干燥状态下的质量，g。

材料的吸湿性除与其本身的化学组成、结构等因素有关外，还与环境的温、湿度密切相关，这是因为材料与环境达到动态平衡时（材料向空气中挥发的水分，与从空气中吸收的水分平衡）才能得到一个稳定的、相对不变的含水率。

2. 吸水性

材料在水中能吸收水分的性质称为材料的吸水性。材料的吸水性通常用质量吸水率和体积吸水率两种表示方法，即

$$W_m = \frac{m_2 - m_1}{m_1} \times 100\% \tag{5-12}$$

$$W_v = \frac{V_w}{V_0} = \frac{m_2 - m_1}{V_0} \times \frac{1}{\rho_w} \times 100\% \tag{5-13}$$

式中　W_m——材料的质量吸水率，%；

m_2——材料在吸水饱和状态下的质量，g；

m_1——材料在绝对干燥状态下的质量，g；

W_v——体积吸水率，%；

V_w——材料所吸收水分的体积，cm^3；

ρ_w——水的密度，常温下可取 $1g/cm^3$。

对于大多数的材料，经常采用质量吸水率，但对于质量吸水量大于 100% 时的材料（如木材等）通常采用体积吸水率，二者之间的关系为：

$$W_v = \rho_0 W_m \tag{5-14}$$

式中　ρ_0——材料的干燥体积密度，g/cm^3。

影响材料吸水性的因素主要是材料本身的组成及结构特点，通常情况下，材料的亲水性越强、孔隙率越大、毛细孔（开口）越多，其吸水率就越大。

2.2.3　耐水性

材料在长期饱和水的作用下，不破坏，其强度也不显著降低的性质称为耐水性。耐水性用软化系数表示：

$$K_P = \frac{f_w}{f} \tag{5-15}$$

式中　K_P——软化系数，取值范围在 0~1 之间；

f_w——材料在吸水饱和状态下的抗压强度，MPa；

f——材料在绝对干燥状态下的抗压强度，MPa。

软化系数越小，材料的耐水性越差。浸水后的材料其内部结合力会降低，从而引起材料强度的下降。$K_P > 0.80$ 的材料，可以认为是耐水材料，对于处在潮湿环境的重要结构物，其 K_P 应大于 0.85，次要的受潮轻的情况，K_P 不宜小于 0.75。干燥环境中使用的材料可以不考虑耐水性。

2.2.4　抗渗性

材料抵抗压力水或其他液体渗透的性质称为抗渗性（或不透水性）。在建筑工程中，

地下建筑物、水工建筑物及屋面材料等都要考虑材料的抗渗性。

抗渗性可以用抗渗等级 P 表示，即在标准试验条件下，材料的最大渗水压力（MPa），如 P2、P4、P6、P8、P10 及 P12 分别表示其最大渗水压力分别为 0.2MPa、0.4MPa、0.6MPa、0.8MPa、1.0MPa 及 1.2MPa。

此外，抗渗性也可用渗透系数 K 来表示：

$$K = \frac{Qd}{AtH} \tag{5-16}$$

式中　　K——渗透系数，cm/h 或 $cm^3/cm^2 \cdot h$；

Q——渗水量，cm^3；

d——试件厚度，cm；

A——渗水面积，cm^2；

t——渗水时间，h；

H——水头差（水压力），cm。

渗透系数 K 的物理意义是：在一定的时间 t 内，通过材料的水量 Q 与试件截面面积 A 及材料两侧的水头差 H 成正比，而与试件厚度 d 成反比。

材料的抗渗性主要与材料的孔隙状况有关，材料的孔隙越大，开口孔越多，其抗渗性就越差。绝对密实的材料及仅含闭口孔的材料通常是不渗水的。

2.2.5 抗冻性

材料在吸水饱和状态下，抵抗多次冻融循环而不破坏，强度也不显著降低的性质称为材料的抗冻性。

处于自然环境下的建筑物，浸湿的部分冬季结冰，春季融化，这一过程中结冰后的水体积膨胀（9%左右），在构筑物的内部就会产生较高的（约 100MPa）内应力，从而使构筑物产生裂纹及重量损失，导致材料发生破坏，进而导致其强度降低。上述的冻融循环次数越多，产生的破坏作用就越大。

材料的抗冻性通常用抗冻等级表示。将饱水的材料按规定的方法进行冻融，材料强度下降不大于 25%，质量损失不大于 5% 的最多的冻融循环次数即为抗冻等级 F。例如 F50 表示在标准试验条件下的最多的冻融循环次数为 50 次。

2.3　材料的热工性能

2.3.1 导热性

材料传导热量的性质称为材料的导热性，材料的导热性用导热系数表示：

$$\lambda = \frac{Qd}{(T_1 - T_2) \, At} \tag{5-17}$$

式中　　λ——导热系数，W/（m·K）；

Q——传导的热量，J；

d——材料厚度，m；

$(T_1 - T_2)$——材料两测温差，K

A——材料导热面积，m^2；

t——导热时间，s。

由式（5-17）可知，在相同实验条件下（即 d、A、t、$T_1 - T_2$ 相同），不同材料的导热系数主要取决于传导的热量 Q，也就是说通过材料传导的热量少则 λ 就小，即导热系数小，材料的保温隔热性越强，用这种材料建造的房屋冬暖夏凉。一般将 $\lambda < 0.25\text{W/}(\text{m·K})$ 的材料称为绝热材料。通常建筑材料根据其使用性能的不同，其导热系数的范围跨度较大，一般在 $0.023 \sim 400\text{W/}(\text{m·K})$ 之间。

材料的导热性主要取决于材料的组成及结构状态。

一般情况下，金属材料的导热系数最大，保温隔热性能差，无机非金属材料居中，有机材料最小。从结晶的角度来看，结晶结构的导热系数最大，微晶结构的次之，玻璃体结构的最小。当材料的成分相同时，孔隙率大的材料，导热系数小；孔隙率相同时，闭口孔的材料比开口孔的材料的导热系数小。除此之外，导热系数还与温度、材料的含水率有关。多数材料在高温下的导热系数比常温下大；材料含水率增大后，导热系数也会明显增大。

2.3.2 热容量

材料受热时吸收热量，冷却时放出热量的性质称为材料的热容量，用下式表示：

$$Q = cm\ (T_2 - T_1) \tag{5-18}$$

式中　Q——材料吸收或放出的热量，J；

　　c——材料的比热容，J/（g·K）；

　　m——材料的质量，g；

　$T_2 - T_1$——材料受热或冷却前后的温度差，K。

常用建筑材料的热工性能指标见表 5-4。

2.3.3 耐热性与耐燃性

1. 耐热性

材料在高温作用下，不失去使用功能的性质称为材料的耐热性（或耐高温性、耐火性）。一般用耐受时间（h）来表示，称为耐热极限。

2. 耐燃性

材料抵抗和延缓燃烧的性质称为材料的耐燃性。按照耐火要求规定，一般将材料的耐燃性分为非燃烧材料（如钢铁、砖、砂石等）、难燃烧材料（如纸面石膏板、水泥刨花板等）和燃烧材料（如木材及大部分有机材料）。

我们要注意区分耐热性和耐燃性，耐燃的材料不一定耐热（如玻璃），而耐热的一般都耐燃。

常用建筑材料的热工性能指标

表 5-4

材 料 名 称	导热系数 λ [W/（m·K）]	比热 c [J/（g·K）]
钢　材	55	0.46
花 岗 岩	2.9	0.80
普通混凝土	1.8	0.88
黏 土 砖	0.55	0.84
泡沫塑料	0.035	1.30

材料名称	导热系数 λ [W/ (m·K)]	比热 c [J/ (g·K)]
木材（松木）	0.15	1.63
空　气	0.025	1.0
水	0.6	4.19
冰	2.20	2.05

2.4　材料的声学性能

2.4.1　吸声

声波在传播过程中，遇到材料表面，一部分声波将被材料吸收，并转变为其他形式的能，材料的这种性质用吸声系数来表示，即

$$\alpha = \frac{E_a}{E_0} \tag{5-19}$$

式中　α——吸声系数；

　　　E_a——被吸收的能量；

　　　E_0——传递给材料表面的总声能。

不同的材料其吸声程度有所不同，同一种材料对于不同频率声波的吸收能力也有所不同。通常采用频率为 125、250、500、1000、2000、4000Hz 的平均吸声系数 $\bar{\alpha}$ 来表示一种材料的吸声性能，如 $\bar{\alpha} \geqslant 0.2$，则该材料为吸声材料。$\bar{\alpha}$ 越大，表明材料的吸声能力愈强。通常情况下材料孔隙越多、越细小，其吸声效果就越好。

2.4.2　隔声

隔声是指材料阻止声波的传播。声波在建筑结构中的传播主要有两个途径：一是通过空气来实现；二是通过固体来实现。因此，隔声分为隔空气声和隔固体声。隔空气声可选用密度大的材料，这样不易产生振动；隔固体声，可在结构中（梁、板、框架等交接处）设置弹性材料或空气隔离层，如在地板上加地毯，或在楼板下做吊顶等都可有效阻止或减弱固体声波的传播。

隔声性能一般用隔声量来表示，隔声量是指入射与透过材料声能相差的分贝（dB）数。隔声量越大，隔声性能越好。

值得注意的是，吸声效果好的多孔材料隔声效果不一定好。

课题 3　材料的力学性能

3.1　强　　度

3.1.1　强度的定义与分类

材料在外力作用下抵抗破坏的能力称为材料的强度，通常用 f 表示强度，其单位为兆

帕（MPa）。

根据受力形式的不同把强度分为四类，即抗压强度、抗拉强度、抗弯（折）强度、抗剪强度，各种强度的计算公式见表5-5。

静力强度的分类和计算公式 表 5-5

强度类别	举　　例	计算公式	备　　注
抗压强度 f_c／（MPa）		$f_c = \dfrac{F}{A}$	
抗拉强度 f_t／（MPa）		$f_t = \dfrac{F}{A}$	F——破坏荷载，N A——受荷面积，mm^2 l——跨度，mm
抗剪强度 f_v／（MPa）		$f_v = \dfrac{F}{A}$	b——断面宽度，mm h——断面高度，mm
抗弯强度 f_{tm}／（MPa）		$f_{tm} = \dfrac{3Fl}{2bh^2}$	

实验证明，不同材料的各种强度是不同的，而同一种材料的不同种强度也会有所不同。例如，混凝土的抗压强度是抗拉强度的几倍到几十倍，所以它只适合于作受压构件，而钢筋混凝土则由于加入了钢筋，增加了其抗拉、抗折性能，因此可以作为承受抗拉强度的结构材料（如梁、板等）。在结构材料中表现最为优良的是钢材，这是因为其抗压、抗拉强度相等。

3.1.2　影响材料强度的因素

1. 材料的组成

不同组成的材料，其内部质点的排列方式、质点间距离及相互间结合强度各有不同，它们是影响强度的内在因素。

2. 材料的结构

材料孔隙率的大小、孔隙结构特征、内部质点间的结合方式等均影响材料的强度。对于同一种材料，其强度随孔隙率的增大而减小。

3. 含水状态

由于水分子的存在使材料内部质点间距离增大，相互间作用力减弱，导致强度有所降低。对大多数材料而言，其饱水状态下的强度低于干燥状态的强度。

4. 温度

温度升高，材料内部质点之间距离增大，导致材料强度有所下降。而对于某些材料，当温度降至零下某一温度时，其强度会突然下降。例如，钢材在其冷脆点时其强度会大幅度下降。

3.1.3 试验方法对强度测定值的影响

相同的材料，由于试验方法不同，其测定的结果会产生差异。也就是说，材料的强度是在特定的试验条件下测得的，这些条件包括试件的大小、形状、加载速度等。这些因素的改变将会使测定的结果即材料的强度值发生变化。

3.1.4 比强度

材料的强度与体积密度的比值称为比强度。比强度的大小是衡量一种材料是否轻质高强的指标。低碳钢、普通混凝土、玻璃钢的比强度分别为 0.045、0.017、0.225。

3.2 弹性和塑性

3.2.1 弹性

物体在外力作用下产生变形，当外力去除后变形能够完全恢复的性质称为弹性。这种能够完全恢复的变形称为弹性变形，具有这种性质的材料称为弹性体。图 5-2（a）为弹性材料的变形曲线，从图中可以看出，加荷和卸荷是完全重合的两条直线，说明其变形的可恢复性。这条直线与 ε 线的夹角的正切称为弹性模量，用 E 表示，即

$$E = \frac{\sigma}{\varepsilon} \tag{5-20}$$

式中　E——弹性模量，MPa；

　　σ——应力，MPa；

　　ε——应变，即单位长度产生的变形量。

当 σ 不变，E 越大，说明 ε 越小，即材料在相同外力作用下，弹性模量越大，其变形越小。

3.2.2 塑性

材料在外力作用下发生变形，当外力解除后，不能完全恢复原来形状的性质叫材料的塑性。这种变形称为塑性变形或不可恢复变形。实际上，只有单纯的弹性或塑性的材料是不存在的，各种材料在不同的应力下，表现出不同的变形性能。图 5-2（b）为某种材料的 σ-ε 变形曲线，虚线表示卸荷过程，从图中可以看出不可恢复的变形存在。

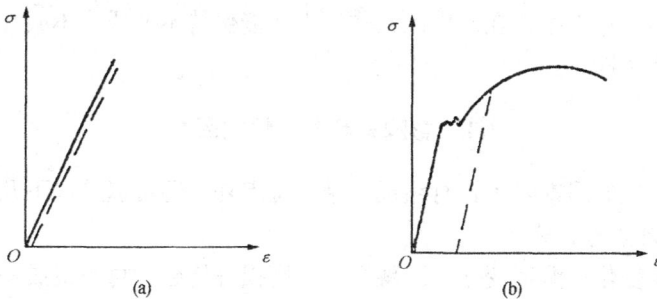

图 5-2　材料的 σ-ε 变形曲线

3.3 脆性和韧性

3.3.1 脆性

当外力达到一定限度时，材料发生无先兆的突然破坏，且破坏时无明显塑性变形的性

质称为脆性。具有这种性质的材料称为脆性材料，例如砖、石材、陶瓷、玻璃、混凝土等均是脆性材料。对于脆性材料它的抗压强度远大于抗折、抗拉强度，所以脆性材料不宜承受振动和冲击荷载，也不宜作受拉构件，而适用于作承压构件。

3.3.2 韧性

在冲击、振动荷载的作用下，材料可吸收较大的能量，产生一定的变形而不破坏的性质称为材料的韧性（或冲击韧性）。具有这种特性的材料称为韧性材料，如建筑钢材（软钢）、木材、塑料等。凡有抗震要求的结构（如路面、桥面等）均应考虑材料的韧性。

3.4 硬度和耐磨性

3.4.1 硬度

材料抵抗其他较硬的物体压入或刻划的能力叫材料的硬度。材料的硬度反映了材料的耐磨性和加工的难易程度。常用的硬度测量方法有刻划法和压入法。通常韧性材料的硬度用压入法测定，用压力除以压痕面积所得到的值为布氏硬度值。而脆性材料的硬度则采用刻划法来测定，称为英氏硬度，根据刻划材料的硬度递增分为 10 个等级，依次为滑石、石膏、方解石、萤石、磷灰石、正长石、石英、黄玉、刚玉、金刚石。

3.4.2 耐磨性

材料表面抵抗磨损的能力叫做耐磨性，用磨损率表示，即

$$N = \frac{m_1 - m_2}{A} \tag{5-21}$$

式中　　N——磨损率，g/mm^2；

　m_1、m_2——材料磨损前后的质量，g；

　　　A——材料的受磨面积，mm^2。

N 越大，材料的耐磨性越差。

课题 4　材料的耐久性

材料在长期使用过程中，在环境因素作用下，能保持不变质、不破坏、长久地保持原有性质叫材料的耐久性。

4.1 影响材料耐久性的因素

影响材料耐久性的因素除了自身组成、结构特点外，还可以从以下几个方面来理解：

4.1.1 物理因素的影响

如环境温度的变化，湿度变化、冻融循环、磨损等均会对材料造成一定的破坏，从而影响材料的长期使用。

4.1.2 化学因素的影响

如酸、碱、盐类等有害物质的侵蚀，以及日光、紫外线等对材料的化学作用会使材料变质或受损，从而影响材料的长期使用。

4.1.3 生物因素的影响

如昆虫、菌类等对材料的蛀蚀及腐朽作用也同样导致材料耐久性降低。

材料的耐久性是一项综合性能，不同材料的耐久性往往有不同的具体内容，如混凝土的耐久性主要由抗渗等级、抗冻等级、抗蚀性和抗碳化性所决定的。钢材的耐久性，主要决定于其抗锈蚀性，而沥青等高分子材料的耐久性则取决于其耐老化性能，也就是大气稳定性及对温度敏感性。

4.2 材料耐久性的测定

材料在实际使用环境中的耐久性指标需要经过长期观察或测定才能获得，这常常满足不了工程的需要，因此，常根据使用要求用强化的环境条件（即实验室测定方法）进行快速试验，其环境条件及实验的时间等虽然与实际的环境等有差异，但实验的结果仍具有一定的可比性。例如，混凝土的抗冻性实验用实验室的冻融循环（几小时一次）试验得出的抗冻等级来确定其抗冻性等。

复习思考题

1. 何谓材料的密度、体积密度、表观密度及堆积密度？
2. 材料的空隙率与孔隙率有何区别？
3. 何谓材料的耐久性？它包含哪些内容？
4. 何谓材料的强度？根据外力作用方式的不同各种强度如何计算？（标明各量含义及单位）
5. 材料的孔隙率与密实度二者有何关系？
6. 有一石材干试样 258g，把它浸水、吸水饱和排开水体积为 116cm³，将试样取出后擦干表面，再次放入水中排开水体积为 120cm³，求此石材的表观密度、体积密度、质量吸水率及体积吸水率。
7. 有尺寸为 150mm × 150mm × 150mm 的混凝土立方体试件，加压破坏时的极限荷载为530kN，试计算其抗压强度。
8. 说明影响强度的因素是什么？

单元6 胶凝材料

知识点: 本单元从气硬性胶凝材料和水硬性胶凝材料的不同角度出发详细介绍了以石灰、石膏和水玻璃为代表的气硬性胶凝材料和以水泥为代表的水硬性胶凝材料的定义组成、性能及应用。

教学目的: 通过本单元的学习,使学生掌握几种常见的胶凝材料的组成、性能及其应用。

凡经过自身的物理、化学作用,能够由可塑性浆体变成坚硬固体,并具有胶结能力,能把粒状材料或块状材料粘结为一个整体,且具有一定力学强度的物质统称为胶凝材料。

胶凝材料可以分为无机胶凝材料和有机胶凝材料两大类,而无机胶凝材料又分为气硬性胶凝材料和水硬性胶凝材料。

课题1 气硬性胶凝材料

气硬性胶凝材料是指只能在空气中凝结硬化,并且只能在空气中保持和发展强度的胶凝材料。建筑工程中常用的石灰、石膏、水玻璃等均属于气硬性胶凝材料。

1.1 石 灰

石灰是建筑上使用时间较长、应用较广泛的一种气硬性胶凝材料。由于其具有原料来源广、生产工艺简单、成本低等优点,至今仍在广泛使用。

1.1.1 石灰的品种和生产

1. 石灰的品种

生产石灰的原料是以碳酸钙为主要成分的天然矿石,如石灰石、白垩、白云质石灰石等。将原料在高温下煅烧,即可得到石灰(块状生石灰),其主要成分为氧化钙。在这一反应过程中由于原料中同时含有一定量的碳酸镁,在高温下会分解为氧化镁及二氧化碳,因此生成物中也会有氧化镁存在。

通常情况下,建筑工程中所使用的石灰有生石灰(块状生石灰、粉状生石灰),其主要成分为氧化钙;此外还有主要成分为氢氧化钙的熟石灰(消石灰)和含有过量水的熟石灰即石灰膏。

另外,也可根据石灰中氧化镁含量的不同,将生石灰分为钙质生石灰($MgO < 5\%$)和镁质生石灰(MgO 为 $5\% \sim 24\%$)。

2. 石灰的生产

石灰的生产过程就是将石灰石等矿石进行煅烧,使其分解为生石灰和二氧化碳的过程,这一反应可表示为:

$$CaCO_3 \xrightarrow{\quad 900 \sim 1100℃ \quad} CaO + CO_2 \uparrow$$

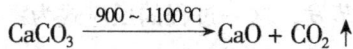

正常情况下煅烧得到的石灰具有多孔、晶粒细小、体积密度小、与水反应速度快，而实际生产过程中由于温度低或温度过高会产生欠火石灰或过火石灰。

欠火石灰是由于石灰中含有未分解完的碳酸钙，这就会降低石灰的利用率，但欠火石灰在使用时不会带来危害。

过火石灰是由于煅烧温度过高，使煅烧后得到的石灰结构致密、孔隙率小、体积密度大，晶粒粗大，易被玻璃物质包裹，因此，它与水的化学反应速度极慢，其细小颗粒在正常温度煅烧的石灰已水化，凝结硬化之后开始反应，而这一反应后的产物较反应前体积膨胀，导致硬化后的结构产生裂纹或质量损失（掉皮隆起），这对石灰的使用是非常不利的。

1.1.2　石灰的熟化和硬化

1. 石灰的熟化

石灰的熟化是指生石灰（氧化钙）与水发生水化反应生成熟石灰（氢氧化钙）的过程。这一过程也叫做石灰的消解或消化，其反应方程式为：

$$CaO + H_2O = Ca(OH)_2 + 64.8KJ$$

通过对反应式的分析，可以得出生石灰水化具有如下特点：

（1）水化放热大，水化放热速度快

这主要是由于生石灰的多孔结构及晶粒细小而决定的。其最初一小时放出的热量是硅酸盐水泥水化一天放出热量的9倍。

（2）水化过程中体积膨胀

生石灰在熟化过程中外观体积可增大1.5～2.0倍。这一性质是引起过火石灰危害的主要原因。

（3）上述反应具有可逆性

常温下反应向右进行，当温度达547℃时，$Ca(OH)_2$将会分解为CaO和H_2O，因此，要想保证反应向右进行，必须控制温度不能升得过高。

生石灰的熟化，主要通过以下过程来完成的：首先将生石灰块置于化灰池中，加入生石灰量3～4倍的水熟化成石灰乳，通过筛网过滤渣子后流入储灰池，经沉淀除去表层多余水分后得到的膏状物称为石灰膏，石灰膏含水率约50%，体积密度为1300～1400kg/m³。一般1kg生石灰可熟化成1.5～3L的石灰膏。为了消除过火石灰在使用过程中造成的危害，通常将石灰膏在储灰池中存放两周以上，使过火石灰在这段时间内充分的熟化，这一过程叫做"陈伏"。陈伏期间，石灰膏表面应敷盖一层水以隔绝空气，防止石灰浆表面碳化。

2. 石灰的硬化

石灰的硬化过程主要有结晶硬化和碳化硬化两个过程。

（1）结晶硬化

这一过程也可称为干燥硬化过程，在这一过程中，石灰浆体的水分蒸发，氢氧化钙从饱和溶液中逐渐结晶出来。干燥和结晶使氢氧化钙颗粒产生一定的强度。

（2）碳化硬化

碳化硬化过程实际上是水与空气中的二氧化碳首先生成碳酸，然后再与氢氧化钙反应生成碳酸钙，析出多余水分并蒸发，这一过程的反应式为：

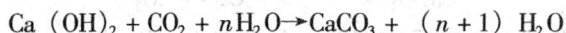

$$Ca(OH)_2 + CO_2 + nH_2O \rightarrow CaCO_3 + (n+1)H_2O$$

从结晶硬化和碳化硬化的两个过程可以看出，在石灰浆体的内部主要进行结晶硬化过程，而在浆体表面与空气接触的部分进行的是碳化硬化，正是由于外部碳化硬化形成的碳酸钙膜达一定厚度时就会阻止外界的二氧化碳向内部渗透和内部水分向外蒸发。由于空气中二氧化碳的浓度较低，所以碳化过程一般较慢。

1.1.3 石灰的性质及应用

1. 石灰的技术性质

（1）保水性、可塑性好

材料的保水性就是材料保持水分不泌出的能力。石灰和水后，由于氢氧化钙的颗粒细小，其表面吸附一层厚厚的水膜，而这种颗粒数量多，总表面积大，所以，石灰具有很好的保水性。又由于颗粒间的水膜使得颗粒间的滑行较容易，这就说明了其可塑性好。石灰的这种性质常用来改善水泥砂浆的保水性。

（2）凝结硬化慢、强度低

由于石灰是一种气硬性胶凝材料，因此它只能在空气中硬化，而空气中 CO_2 含量低，且碳化后形成的较硬的 $CaCO_3$ 薄膜阻止外界 CO_2 向内部渗透，同时又阻止了内部水分向外蒸发，结果导致 $CaCO_3$ 及 $Ca(OH)_2$ 晶体生成的量少且速度慢，使硬化体的强度较低。此外，虽然理论上生石灰消化需要约 32.13% 的水，而实际上用水量却很大，多余的水分蒸发后在硬化体内留下大量孔隙，这也是硬化后石灰强度很低的一个原因。经测定石灰砂浆（1:3）的 28d 抗压强度仅为 0.2 ~ 0.5MPa。

（3）耐水性差

在石灰浆体未硬化前，由于它是一种气硬性胶凝材料，因此它在水中不能硬化；而硬化后的浆体由于其主要成分为 $Ca(OH)_2$ 又溶于水，从而使硬化体溃散，所以说石灰硬化体的耐水性差。

（4）干燥收缩大

石灰浆体在硬化过程中因蒸发失去大量水分，从而引起体积收缩，因此，除用石灰浆做粉刷外，不宜单独使用，常掺入砂、麻刀、无机纤维等，以抵抗收缩引起的开裂。

（5）吸湿性强

生石灰吸湿性强，保水性好，是一种干燥剂。

（6）化学稳定性差

石灰是一种碱性物质，遇酸性物质时，易发生化学反应，生成新物质。

2. 石灰的应用

（1）室内粉刷

将石灰加水调制成石灰乳用于粉刷室内墙壁等。

（2）拌制建筑砂浆

将消石灰粉与砂子、水混合拌制石灰砂浆或消石灰粉与水泥、砂子、水混合拌制石灰水泥混合砂浆，用于抹灰或砌筑。

（3）配制三合土和灰土

将生石灰粉、黏土、砂土按 1:2:3 比例配合，并加水拌合得到的混合料叫做三合土，可夯实后作为路基或垫层。而将生石灰粉、黏土按 1:（2~4）的比例配合，并加水拌合得到的混合料叫做灰土，它也可以作为建筑物的基础、道路路基及垫层。

(4) 生产硅酸盐混凝土及制品

将石灰与硅质原料（石英砂、粉煤灰、矿渣等）混合磨细，经成型养护等工序后可制得人造石材，由于它主要以水化硅酸钙为主要成分，因此又叫做硅酸盐混凝土。这种人造石材可以加工成各种砖及砌块。

鉴于石灰的性质，它必须在干燥的条件下运输和贮存，且不宜久存。长时间存放必须密闭、防水、防潮。

1.2 石　膏

1.2.1 石膏的品种与生产

1. 石膏的品种

常用的石膏品种有天然石膏（生石膏）和熟石膏（建筑石膏、地板石膏、模型石膏、高强度石膏等）。在以上的石膏品种中使用比较广泛的是建筑石膏。

2. 建筑石膏的生产

将天然石膏入窑经低温煅烧后，磨细即得建筑石膏，其反应式如下：

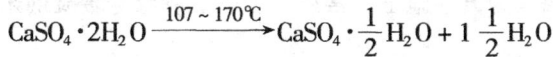

$$CaSO_4 \cdot 2H_2O \xrightarrow{107~170℃} CaSO_4 \cdot \frac{1}{2}H_2O + 1\frac{1}{2}H_2O$$

天然石膏的成分为二水硫酸钙，建筑石膏的成分为半水硫酸钙，由此可见建筑石膏是天然石膏脱去部分结晶水得到的。建筑石膏为白色粉末，松散表观密度为 800~1000kg/m³，密度为 2500~2800kg/m³。

1.2.2 建筑石膏的凝结与硬化

建筑石膏的凝结与硬化是在其水化的基础上进行的，也就是说，首先将建筑石膏与水拌合形成浆体，然后是水分逐渐蒸发，浆体失去可塑性，逐渐形成具有一定强度的固体。其反应式为：

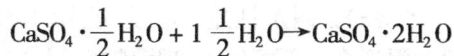

$$CaSO_4 \cdot \frac{1}{2}H_2O + 1\frac{1}{2}H_2O \rightarrow CaSO_4 \cdot 2H_2O$$

这一反应是建筑石膏生产的逆反应，其主要区别在于此反应是在常温下进行的。由于二水石膏的溶解度较半水石膏的溶解度小很多，所以二水石膏首先从过饱和溶液中不断析出晶体沉淀，这一过程要持续到全部半水石膏转化为二水石膏。建筑石膏的水化、凝结及硬化是一个连续的不可分割的过程。也就是说，水化是前提，凝结硬化是结果。

1.2.3 建筑石膏的技术要求

根据《建筑石膏》GB9776—1988 规定，建筑石膏的主要技术要求体现在细度、凝结时间和强度三个方面，分为优等品、一等品和合格品三个等级，具体指标见表 6-1。石膏容易与水发生反应，因此石膏在运输贮存的过程中应注意防水、防潮。另外，长期贮存会使石膏的强度下降很多（一般贮存三个月后，强度会下降 30% 左右），因此建筑石膏不宜长期贮存。一旦贮存时间过长应重新检验确定等级。

技术指标		优等品	一等品	合格品
强度（MPa）	抗折强度≥	2.5	2.1	1.8
	抗压强度≥	4.9	3.9	2.9
细度	0.2mm方孔筛筛余（%）≤	5.0	10.0	15.0
凝结时间（min）	初凝时间≥	6		
	终凝时间≤	30		

注：1. 本表引自《建筑石膏》（GB9776—1988）；

2. 指标中有一项不合格者，应予以降级或报废。

将浆体开始失去可塑性的状态称为浆体初凝，从加水至初凝的这段时间称为初凝时间；浆体完全失去可塑性，并开始产生强度称为浆体终凝，从加水至终凝的时间称为浆体的终凝时间。

1.2.4　石膏的性质

1. 凝结硬化块

初凝不小于6min，终凝不大于30min，在自然干燥条件下，一周左右可完全硬化。由于石膏的凝结速度太快，为方便施工，常掺加硼砂、骨胶等缓凝剂来延缓其凝结的速度。

2. 体积微膨胀

石膏硬化后的膨胀率约为 0.05% ~ 0.15%。正是由于石膏的这一特性使得它的制品表面光滑、尺寸精确，装饰性好。

3. 孔隙率大

建筑石膏的水化反应理论上需水量仅为 18.6%，但在搅拌时为了使石膏充分溶解、水化，并使得石膏浆体具有施工要求的流动度，实际加水量达 50% ~ 70%，而多余的水分蒸发后，在石膏硬化体的内部将留下大量的孔隙，其孔隙率可达 50% ~ 60%。由于这一特性使石膏制品导热系数小［仅为 0.121 ~ 0.205W/（m·K）］，保温隔热性能好，但其强度较低（一般抗压强度为 3 ~ 5MPa），耐水性差，吸湿性强。建筑石膏水化后生成的二水石膏结晶体会溶于水，长时间浸泡会使石膏制品产生破坏。

4. 具有一定的调温调湿性能

由于建筑石膏制品的比热较大，且孔隙率大，所以它具有一定的调温功能和吸附空气中水蒸气的能力，对室内温度有一定的调节功能。

5. 防火性好，耐火性差

建筑石膏制品的导热系数小，传热速度慢，且二水石膏受热脱水产生的水蒸气可以阻碍火势的蔓延。但二水石膏脱水后，强度下降，因此不耐火。

6. 装饰性好，可加工性好

石膏制品表面平整，色彩洁白，并可以进行锯、刨、钉、雕刻等加工，具有良好的装饰性和可加工性。

1.2.5　建筑石膏的应用

1. 室内抹灰及粉刷

由于建筑石膏的特性，它可被用于室内的抹灰及粉刷。建筑石膏加水、砂及缓凝剂拌合成石膏砂浆，用于室内抹灰或作为油漆打底使用，其特点是隔热保温性能好，热容量大，吸湿性大，因此可以一定限度的调节室内温、湿度，保持室温的相对稳定，此外这种抹灰墙面还具有阻火、吸声、施工方便、凝结硬化快、粘结牢固等特点，因此可称其为室内高级粉刷及抹灰材料。

2. 石膏板

随着框架轻板结构的发展，石膏板的生产和应用也发展很快。由于石膏板具有原料来源广泛、生产工艺简便、轻质、保温、隔热、吸声、不燃及可锯可钉性等，因此，它被广泛应用于建筑行业。

常用的石膏板有纸面石膏板、纤维石膏板、装饰石膏板、空心石膏板、吸声用穿孔石膏板等。

这里值得注意的是，通常装饰石膏板所用的原料是磨得更细的建筑石膏即模型石膏。

1.3 水 玻 璃

1.3.1 水玻璃的组成

水玻璃俗称泡花碱，是由碱金属氧化物和二氧化硅按不同比例化合而成的一种可溶于水的硅酸盐。常用的水玻璃有硅酸钠（$Na_2O \cdot nSiO_2$）水溶液也叫钠水玻璃和硅酸钾（$K_2O \cdot nSiO_2$）水溶液也叫钾水玻璃。水玻璃分子式中 SiO_2 与 Na_2O（或 K_2O）的分子数比值 n 叫做水玻璃的模数。水玻璃的模数越大，越难溶于水，但容易分解硬化，硬化后粘结力、强度耐热性与耐酸性越高。

建筑上常用的钠水玻璃为无色、清绿色或棕色的黏稠状液体，模数 $n = 2.5 \sim 3.5$，密度为 $1.3 \sim 1.4 \mathrm{g/cm^3}$，生产水玻璃的化学反应式可表示为：

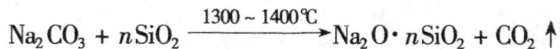

$$Na_2CO_3 + nSiO_2 \xrightarrow{1300 \sim 1400℃} Na_2O \cdot nSiO_2 + CO_2 \uparrow$$

1.3.2 水玻璃的硬化

水玻璃溶液在空气中吸收 CO_2 气体，析出无定形二氧化硅凝胶（硅胶）并逐渐干燥硬化，反应式为：

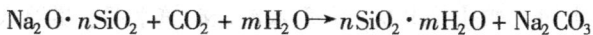

$$Na_2O \cdot nSiO_2 + CO_2 + mH_2O \rightarrow nSiO_2 \cdot mH_2O + Na_2CO_3$$

由于空气中 CO_2 浓度较低，为加速水玻璃的硬化，可加入氟硅酸钠（Na_2SiF_6）作为促硬剂，以加速硅胶的析出，反应式为：

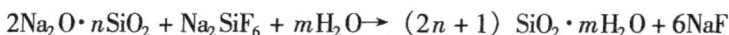

$$2Na_2O \cdot nSiO_2 + Na_2SiF_6 + mH_2O \rightarrow (2n+1)SiO_2 \cdot mH_2O + 6NaF$$

氟硅酸钠的适宜加入量为水玻璃质量的 $12\% \sim 15\%$，加入氟硅酸钠后，水玻璃的初凝时间可缩短到 $30 \sim 50 \mathrm{min}$，终凝时间可缩短到 $240 \sim 360 \mathrm{min}$，7d 基本达到最高强度。

1.3.3 水玻璃的性质（硬化后的水玻璃）

（1）粘结力强，强度较高。

（2）耐酸性好，可抵抗除氢氟酸、过热磷酸以外的几乎所有的无机和有机酸。

（3）耐热性好，硬化后形成的二氧化硅网状结构高温时强度下降不大。

1.3.4 水玻璃的应用

（1）配制耐酸混凝土、耐酸砂浆、耐酸胶泥等。

（2）配制耐热混凝土、耐热砂浆及耐热胶泥。

（3）涂刷材料表面，提高材料的抗风化能力。硅酸凝胶可填充材料的孔隙，使材料致密，提高了材料的密实度、强度、抗渗等级、抗冻等级及耐水性等，从而提高了材料的抗风化能力。

（4）配制速凝防水剂。水玻璃加两种、三种或四种矾，即可配制成二矾、三矾、四矾速凝防水剂。

（5）加固土壤。将水玻璃和氯化钙溶液交替压注到土壤中，生成硅酸凝胶和硅酸钙凝胶，可使土壤固结，从而加固地基。

课题 2　水硬性胶凝材料

2.1　水硬性胶凝材料及水泥的分类

2.1.1 水硬性胶凝材料

水硬性胶凝材料是指既能在空气中硬化又能在湿介质或水中硬化，并不断增进其强度的胶凝材料。

建筑工程中广泛使用的水泥就是水硬性胶凝材料。一般来说，水硬性胶凝材料通常指水泥。

2.1.2 水泥的分类

水泥自问世以来，以其独有的特性被广泛地应用在建筑工程中，它用量大，应用范围广，且品种繁多。

1. 按照用途与性能分类

（1）通用水泥

一般土木工程中通常使用的水泥，如硅酸盐水泥、普通硅酸盐水泥或矿渣硅酸盐水泥、火山灰质硅酸盐水泥、粉煤灰硅酸盐水泥和复合水泥。

（2）专用水泥

指有专门用途的水泥，如油井水泥、大坝水泥、砌筑水泥、道路水泥等。

（3）特性水泥

指某种性能比较突出的水泥，如快硬硅酸盐水泥、低热矿渣硅酸盐水泥、膨胀硫铝酸盐水泥等。

2. 按主要水硬性物质分类

（1）硅酸盐水泥即国外通称的波特兰水泥

（2）铝酸盐水泥

（3）硫铝酸盐水泥

（4）铁铝酸盐水泥

（5）氟铝酸盐水泥

（6）以火山灰性或潜在水硬性材料以及其他活性材料为主要组分的水泥

2.2 硅酸盐水泥

2.2.1 定义（按照国家标准《硅酸盐水泥、普通硅酸盐水泥》GB175—1999）

1. 硅酸盐水泥

凡由硅酸盐水泥熟料、0%～5%石灰石或粒化高炉矿渣、适量石膏磨细制成的水硬性胶凝材料称为硅酸盐水泥，即波特兰水泥。硅酸盐水泥分两种类型：不掺加混合材料的称Ⅰ类硅酸盐水泥，代号P·Ⅰ。在硅酸盐水泥粉磨时掺加不超过水泥质量5%石灰石或粒化高炉矿渣混合材料的称Ⅱ型硅酸盐水泥，代号P·Ⅱ。

2. 硅酸盐水泥熟料

以适当成分的生料煅烧至部分熔融，所得以硅酸钙为主要成分的产物。

2.2.2 硅酸盐水泥的原材料和生产工艺

1. 硅酸盐水泥的原材料

生产硅酸盐水泥熟料的原料主要有石灰质原料和黏土质原料，此外，为了满足配料要求，要加入校正原料。

石灰质原料主要提供CaO，常用的石灰质原料有石灰石、白垩、贝壳等；黏土质原料主要提供氧化硅（SiO_2）、氧化铝（Al_2O_3）及氧化铁（Fe_2O_3），常用的黏土质原料有黏土、黄土、页岩等。

校正质原料的作用主要是当配料中的某种氧化物的量不足时，可加入相应的校正原料，主要有硅质校正原料、铝质校正原料和铁质校正原料。如原料中Fe_2O_3含量不足时可加入铁质校正原料硫铁矿渣等。

2. 硅酸盐水泥的生产工艺

硅酸盐水泥的生产可以概括为"两磨一烧"，首先将各种原料经配比后入生料磨，粉磨成生料后再入窑进行煅烧成熟料，熟料中再加入适量石膏入水泥磨（如为P·Ⅱ型还要掺入不超过水泥质量5%的混合材），粉磨后就是P·Ⅰ类硅酸盐水泥，其流程如图6-1所示。

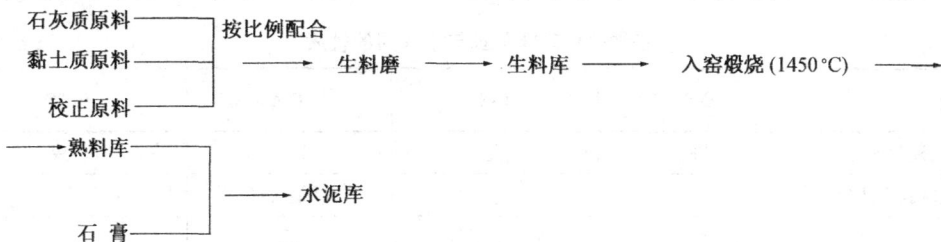

图 6-1　硅酸盐水泥生产工艺流程

硅酸盐水泥的生产也可以归结为：生料制备、熟料煅烧和水泥粉磨。在整个工艺流程中熟料煅烧是核心，所有的矿物都是在这一过程中形成的。在生料中主要会有四种氧化物CaO、SiO_2、Al_2O_3及Fe_2O_3，其含量可见表6-2。

2.2.3 硅酸盐水泥熟料的矿物组成

生料经过煅烧后，原有的氧化物在熟料中相互结合，都以矿物的形式存在。在硅酸盐水泥熟料中有四种主要矿物和少量杂质存在。四种主要矿物是硅酸三钙、硅酸二钙、铝酸三钙和铁铝酸四钙。杂质中有游离氧化钙、游离氧化镁及三氧化硫等。硅酸盐水泥熟料的主要矿物组成及含量范围见表 6-3。

生料化学成分的合适范围　　　　　　　　　　　　　　表 6-2

化学成分	含量范围（%）
CaO	62 ~ 67
SiO_2	20 ~ 24
Al_2O_3	4 ~ 7
Fe_2O_3	2.5 ~ 6.0

硅酸盐水泥熟料矿物组成及含量　　　　　　　　　　　表 6-3

化合物名称	氧化物成分	缩写符号	含量（%）
硅酸三钙	$3CaO \cdot SiO_2$	C_3S	45 ~ 65
硅酸二钙	$2CaO \cdot SiO_2$	C_2S	15 ~ 30
铝酸三钙	$3CaO \cdot Al_2O_3$	C_3A	7 ~ 15
铁铝酸四钙	$4CaO \cdot Al_2O_3 \cdot Fe_2O_3$	C_4AF	10 ~ 18

　　熟料中各种矿物含量的多少，决定了水泥的某些性能，熟料中 C_3S 和 C_2S 统称为硅酸盐矿物，占水泥熟料总量的 75% 左右，C_3A 和 C_4AF 称为溶剂性矿物，一般占水泥熟料总量的 18% ~ 25%。

2.2.4 硅酸盐水泥的水化

硅酸盐水泥与水的化学作用称为硅酸盐水泥的水化。

水泥熟料中各种矿物单独与水反应所表现出来的性质各不相同，其特性可见表 6-4。

各种熟料矿物单独与水作用的性质　　　　　　　　　　表 6-4

性　　质		C_3S	C_2S	C_3A	C_4AF
凝结硬化速度		快	慢	最快	较快
水化时放出热量		大	小	最大	中
强度	高低	高	高	早期低、后期高	低	中
	发展	快	慢	快	较快

　　水泥的水化与水泥熟料的水化区别在于水泥的水化是在石膏（$CaSO_4 \cdot 2H_2O$）存在下完成的，因此，其水化产物不同，反应的速率也有很大差异。由于水泥熟料中 C_3A 的水化速度太快，会影响水泥的使用，所以我们在水泥中加入石膏作为缓凝剂，来延缓水泥中各种矿物的水化速度，以保证水泥的正常使用。水泥加水后其水化反应如下：

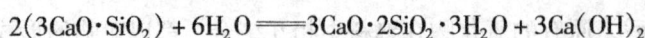

$$2(3CaO \cdot SiO_2) + 6H_2O \Longrightarrow 3CaO \cdot 2SiO_2 \cdot 3H_2O + 3Ca(OH)_2$$

$$2(2CaO \cdot SiO_2) + 4H_2O = 3CaO \cdot 2SiO_2 \cdot 3H_2O + Ca(OH)_2$$

$$3CaO \cdot Al_2O_3 + 6H_2O = 3CaO \cdot Al_2O_3 \cdot 6H_2O$$

$$4CaO \cdot Al_2O_3 \cdot Fe_2O_3 + 7H_2O = 3CaO \cdot Al_2O_3 \cdot 6H_2O + CaO \cdot Fe_2O_3 \cdot H_2O$$

$$3CaO \cdot Al_2O_3 \cdot 6H_2O + 3(CaSO_4 \cdot 2H_2O) + 20H_2O = 3CaO \cdot Al_2O_3 \cdot 3CaSO_4 \cdot 32H_2O$$

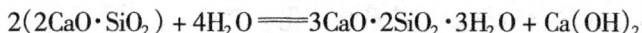

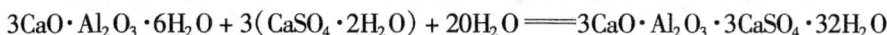

各种水化产物的名称及代号见表6-5。

硅酸盐水泥的主要水化产物名称、代号及含量范围　　　　　表 6-5

水化产物分子式	名　称	代　号	所占比例（%）
$3CaO \cdot 2SiO_2 \cdot 3H_2O$	水化硅酸钙	$C_3S_2H_3$ 或 C-S-H	70
$3Ca(OH)_2$	氢氧化钙	CH	20
$3CaO \cdot Al_2O_3 \cdot 6H_2O$	水化铝酸钙	C_3AH_6	
$CaO \cdot Fe_2O_3 \cdot H_2O$	水化铁酸一钙	CFH	
$3CaO \cdot Al_2O_3 \cdot 3CaSO_4 \cdot 32H_2O$	高硫型水化硫铝酸钙（钙矾石）	$C_3AS_3H_{32}$	

实际上硅酸盐水泥的水化是一个复杂的过程，其水化产物也不是单一组成的物质，而是一个多种组成的集合体。水泥之所以具有胶凝性就是其水化产物具有胶凝性。

2.2.5　硅酸盐水泥的凝结及硬化

随着水泥水化程度的不断加深，硅酸盐水泥开始凝结和硬化。实际上，水化、凝结及硬化是一个连续的过程，水化是前提，凝结、硬化是结果。水泥刚开始加水拌合时，浆体具有流动性和可塑性，随着时间的推移，浆体逐渐失去流动性和可塑性，变为具有一定强度的固体，这一过程称为水泥的凝结硬化。

如果人为将水泥的凝结硬化过程分开的话，我们可以简单地理解为：由加水拌合开始，至水泥浆体失去流动性和部分可塑性的过程称为凝结；由水泥浆完全失去可塑性并发展为具有一定机械强度的过程叫硬化。关于水泥的凝结硬化理论主要有 1882 年法国人鲁·查德（H·Le-Chatelier）提出的结晶理论，认为水泥浆体之所以能产生胶凝作用，是由于水化产物结晶析出，晶体互相交叉穿插，连接成整体而产生强度。1892 年迈克尔斯（德国）（W·Michaelis）提出的胶体理论，认为水泥水化以后生成大量胶体物质，再由于干燥或未水化的水泥颗粒继续水化产生"内吸作用"而失水，从而使胶体变硬产生强度。此外还有博伊科夫（А.А.Бойков）的溶解、胶化及结晶理论以及雷宾捷尔（П.А.Ребиндер）等人提出的凝聚—结晶、三维网状结构理论等。

到目前为止，比较公认的理论是将水泥的凝结硬化过程分为四个阶段，即初始反应期、诱导期、水化反应加速期和硬化期，如图6-2所示。

如图6-3所示，硬化后的水泥石中主要由水泥凝胶体（含有氢氧化钙、水化铝酸钙及钙矾石的水化硅酸钙凝胶）、未完全水化的水泥颗粒内核、毛细孔及毛细孔内水等组成的非均质结构体。

2.2.6　影响硅酸盐水泥凝结硬化的主要因素

1. 熟料的矿物组成

水泥中 C_3S 与 C_3A 的含量越多,其凝结硬化速度越快。

2. 细度

水泥颗粒细度越细,其与水接触表面积越大,会使反应速度加快,从而加快了凝结硬化速度。

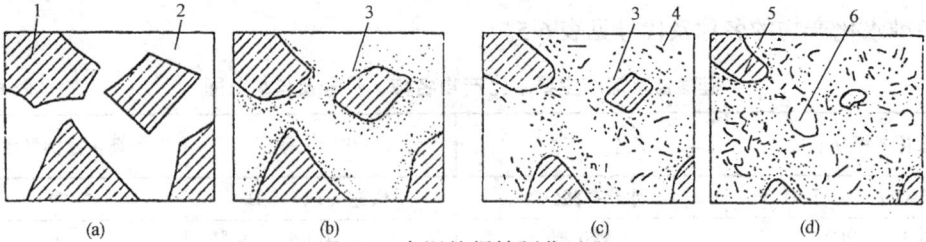

图6-2 水泥的凝结硬化过程

(a) 初始反应期;(b) 诱导期;(c) 水化反应加速期;(d) 硬化期

1—水泥颗粒;2—水分;3—胶粒;4—晶体;5—水泥颗粒的未水化内核;6—毛细孔

3. 环境、温度和湿度

温度高,水泥的水化速度加快,强度增长快,硬化也快;温度较低时,硬化速度慢,当温度降至0℃以下时,水结冰,硬化过程停止。而湿度是保障水泥硬化的必要条件,因为砂浆及混凝土要在潮湿的环境下才能够充分地水化。所以说要想使水泥能够正常的水化凝结及硬化,必须保持环境适宜的温、湿度。

4. 石膏掺量

适宜的石膏掺入量是保障水泥正常凝结硬化的条件,掺量少,起不到缓凝的作用,掺量多则有害。

5. 龄期

水泥的强度随硬化龄期的增加而提高,只要有适宜的环境(温、湿度),水泥的强度在几个月、几年甚至几十年后,还会继续增长。

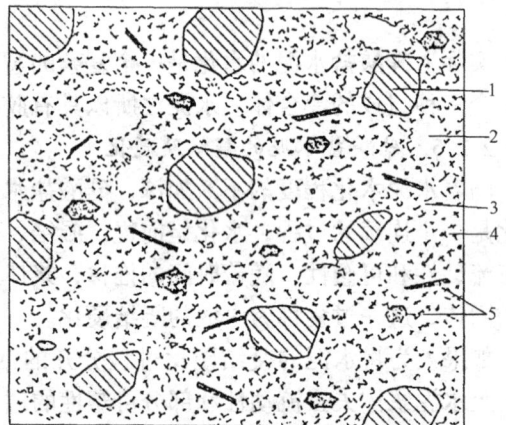

图6-3 硬化后水泥石的组成与结构

1—未硬化的水泥颗粒内核;2—毛细孔;3—水化硅酸钙等凝胶体;4—凝胶孔;5—氢氧化钙、钙矾石等晶体

6. 外加剂

实际施工过程中,为了满足某些特殊的施工要求,经常加入一些外加剂(如缓凝剂或促凝剂)来调节水泥凝结时间,促凝剂的加入可使水泥水化、硬化速度加快,早期强度提高,而缓凝剂的加入则会延缓水泥的水化硬化时间,影响水泥早期强度的发展。

7. 贮存

水泥贮存的时间长会吸收空气中的水分及二氧化碳,使部分水泥缓慢地发生水化和碳化作用,从而影响水泥正常的水化凝结硬化。

2.2.7 硅酸盐水泥的技术性质

1. 不溶物

不溶物是指水泥经过酸(盐酸)和碱(氢氧化钠溶液)处理后,不能被溶解的残余物。

《硅酸盐水泥、普通硅酸盐水泥》GB175—1999 中规定:

Ⅰ型硅酸盐水泥不溶物不得超过 0.75%;

Ⅱ型硅酸盐水泥不溶物不得超过 1.50%。

2.烧失量

烧失量是指水泥经高温灼烧以后的质量损失率。主要由水泥中未煅烧的组分产生。

《硅酸盐水泥、普通硅酸盐水泥》GB175—1999 中规定:

Ⅰ型硅酸盐水泥烧失量不得超过 3.0%;

Ⅱ型硅酸盐水泥烧失量不得超过 3.5%。

3.细度

细度是指水泥颗粒的粗细程度。

水泥的细度不仅影响水泥的水化速度、强度,而且影响水泥的生产成本。通常情况下,对强度起决定作用的水泥颗粒尺寸小于 $40\mu m$。水泥颗粒太粗,强度低;水泥颗粒太细磨耗增高,生产成本上升。一般细度用比表面表示。

比表面是指单位质量的物料所具有的表面积。单位是"m^2/kg"。通常用透气法比表面积仪测定水泥的比表面积。《硅酸盐水泥、普通硅酸盐水泥》GB175—1999 中规定硅酸盐水泥比表面积大于 $300m^2/kg$。

4.标准稠度用水量

水泥净浆标准稠度是指为测定水泥的凝结时间、体积安定性等性能,使其具有准确的可比性,水泥净浆以标准方法测试所达到统一规定的浆体可塑性程度。具体的讲,就是用维卡仪测定试杆沉入净浆并距底板(6±1)mm 时的水泥净浆的稠度(标准法),或在水泥标准稠度测定仪上,试锥下沉(28±2)mm 时的水泥净浆的稠度(代用法)。

水泥标准稠度用水量是指拌制水泥净浆时为达到标准稠度所需的加水量。它是水泥技术性质检验的一个准备性指标。水泥的细度及矿物组成是影响标准稠度用水量的两个主要因素。

5.凝结时间

凝结时间是指水泥从加水拌合开始到失去流动性,即从可塑状态发展到固体状态所需要的时间。水泥的凝结时间又分为初凝时间和终凝时间。

初凝时间是指自水泥加水时起至水泥浆开始失去可塑性和流动性所需的时间。

终凝时间是指水泥自加水时起至水泥浆完全失去可塑性、开始产生强度所需的时间。

水泥的凝结时间直接影响建筑施工。凝结时间太快,不利于正常施工,因为混凝土的搅拌、输送、浇筑等都需要足够的时间,所以要求水泥的初凝时间不能太短,而终凝时间又不能太长,否则影响施工进度。在《硅酸盐水泥、普通硅酸盐水泥》GB175—1999 中规定,硅酸盐水泥的初凝时间不得早于 45min,终凝时间不得迟于 6.5h。

6.安定性

安定性是指水泥浆体在凝结硬化过程中体积变化的稳定性,也叫做体积安定性。

水泥的安定性不良意味着水泥硬化后体积发生膨胀使已硬化的水泥石由于内应力作用而遭到破坏。引起安定性不良的因素主要有三个方面的原因:

(1)熟料中存在过量的游离氧化钙(f-CaO);

（2）熟料中存在过量的游离氧化镁（f-MgO）；

（3）水泥中存在水泥粉磨时掺入的过量石膏。

f-CaO 和 f-MgO 是在水泥煅烧过程中未与其他氧化物（如 SiO_2、Al_2O_3）结合形成矿物，而是以游离状态存在，它们相当于过火石灰，水化速度非常缓慢，在其他矿物已正常水化、硬化产生强度后才开始水化，并伴有放热和体积膨胀，引起内应力，使周围已硬化的水泥石受到破坏。而过量石膏会与水化产物中的铝酸钙、水发生反应生成具有膨胀作用的钙矾石晶体，导致水泥硬化体的破坏。

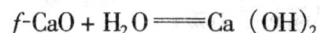

$$f\text{-CaO} + H_2O === Ca(OH)_2$$

反应后固相体积增大约 1.98 倍。

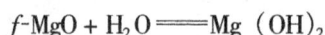

$$f\text{-MgO} + H_2O === Mg(OH)_2$$

反应后固相体积增大约 2.48 倍。

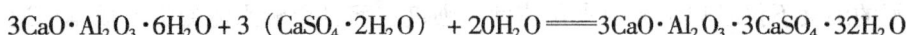

$$3CaO \cdot Al_2O_3 \cdot 6H_2O + 3(CaSO_4 \cdot 2H_2O) + 20H_2O === 3CaO \cdot Al_2O_3 \cdot 3CaSO_4 \cdot 32H_2O$$

反应后固相体积增加约 2.2 倍。

f-CaO 引起的安定性不良的检测方法国标中规定采用沸煮法（试饼法和雷氏夹法），其中雷氏夹法为标准法，试饼法为代用法。试饼法是靠观察水泥的净浆试饼沸煮后外形变化来判断水泥体积安定性的一种方法；而雷氏夹法则是根据水泥净浆在雷氏夹中沸煮后的膨胀值来判断水泥的体积安定性。前者为定性方法，后者为定量方法，如果两种试验方法出现争议，则以标准法-雷氏夹法为准。

f-MgO 与水作用的速度更慢，因此 f-MgO 引起的体积安定性不良采用压蒸法来检验，而石膏对水泥安定性的影响则要采用长时间在温水中浸泡法来检验，这两种方法操作复杂，需时长，不便检验，因此，通常情况下对其含量进行严格控制。国标中规定硅酸盐和普通硅酸盐水泥中 f-MgO 含量不得超过 5.0%。如果水泥经压蒸安定性合格，则水泥中 MgO 的含量允许放宽到 6.0%，SO_3 的含量不得超过 3.5%。

7. 强度

水泥强度是指水泥胶砂试件单位面积上所能承受的破坏荷载。

强度是水泥重要的力学性能指标，是划分水泥强度等级的依据，影响强度的因素有水泥熟料的矿物组成，混合材的品种、数量及水泥的细度等。国标中规定水泥的强度采用水泥、水及标准砂制成的试体在规定养护龄期内的抗折及抗压强度。《硅酸盐水泥、普通硅酸盐水泥》GB175—1999 中规定的硅酸盐水泥各龄期的强度值见表 6-6，通过胶砂强度试验测得的水泥各龄期的强度值均不得低于表中相对应的强度等级所要求的数值。

硅酸盐水泥各龄期的强度值　　　　单位：MPa　　　表 6-6

品　　种	强度等级	抗压强度		抗折强度	
		3 天	28 天	3 天	28 天
硅酸盐水泥	42.5	17.0	42.5	3.5	6.5
	42.5R	22.0	42.5	4.0	6.5
	52.5	23.0	52.5	4.0	7.0
	52.5R	27.0	52.5	5.0	7.0
	62.5	28.0	62.5	5.0	8.0
	62.5R	32.0	62.5	5.5	8.0

注：R—指早强型。

8. 碱含量

碱含量是指水泥中碱性氧化物的含量，用（$Na_2O + 0.658K_2O$）的量占水泥质量的百分数表示。若使用活性骨料，用户要求提供低碱水泥时，水泥中碱含量不得大于 0.60% 或由供需双方商定。

碱含量过高对于使用骨料的混凝土来说十分不利，因为，如果活性骨料能与水泥所含的碱性氧化物发生化学反应，就会生成具有膨胀性的硅酸盐凝胶类物质，对混凝土的耐久性产生很大影响，这一反应也是通常所说的碱—集料反应。

根据《硅酸盐水泥、普通硅酸盐水泥》GB175—1999 的规定，在硅酸盐水泥技术要求的指标中，凡氧化镁、三氧化硫、初凝时间、安定性中任一项不符合规定的均为废品；凡细度、终凝时间、不溶物和烧失量中的任一项不符合规定或混合材掺加量超过最大限量和强度低于商品强度等级的指标时为不合格品。水泥包装标志中水泥品种、强度等级、生产者名称和出厂编号不全的也属于不合格品。

2.2.8 水泥石的腐蚀与防止

1. 水泥石的腐蚀

正常情况下，硬化后的水泥石具有良好的耐久性，但处于腐蚀环境的水泥石会受到腐蚀介质的侵害，引起结构变化，最终导致水泥石强度降低，影响其耐久性。

常见的水泥石的腐蚀主要有如下几种：

（1）软水侵蚀（溶出性侵蚀）

一般情况下，自然界中江、河、湖水及地下水，由于含有重碳酸盐，其硬度较硬，称为硬水；而普通淡水中，重碳酸盐的浓度较低，因此称为软水。

由于硬水中的重碳酸盐 Ca（HCO_3）$_2$ 可与水泥石中的氢氧化钙反应，生成几乎不溶于水的碳酸钙，并沉淀于水泥石孔隙中，使孔隙密实后阻止了外界水的继续侵入和内部氢氧化钙的析出，所以处于硬水中的水泥石一般不会受到明显的侵蚀。

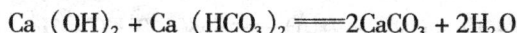

$$Ca（OH）_2 + Ca（HCO_3）_2 === 2CaCO_3 + 2H_2O$$

而处于软水中的水泥石，由于其不能进行上述反应且水化产物中的 Ca（OH）$_2$ 溶于水，易被流动的水带走，随着水泥水化产物浓度的不断降低，其他水化产物也将发生变化，从而导致水泥石结构的破坏。

一般将处于软水环境中的水泥混凝土制品事先在空气中放置一段时间，使其表面有一定的碳化后再与软水接触，可缓解软水侵蚀的程度。

（2）酸类侵蚀

由于水泥的水化产物呈碱性，且水化产物中会有较多的 Ca（OH）$_2$，因此，当水泥石处于酸性环境中时，会产生酸碱中和反应，生成溶解度更大的盐类，消耗水化产物的 Ca（OH）$_2$，最终导致水泥石破坏。

酸类侵蚀通常分为碳酸侵蚀和一般酸侵蚀，其反应如下：

碳酸侵蚀：

$$Ca（OH）_2 + CO_2 + H_2O \rightarrow CaCO_3 + 2H_2O$$

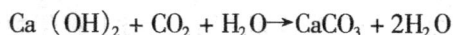

如碳酸的浓度较高，则继续反应为：

$$CaCO_3 + CO_2 + H_2O \rightarrow Ca（HCO_3）_2$$

一般酸侵蚀：

$$Ca(OH)_2 + 2HCl == CaCl_2 + 2H_2O$$

$$Ca(OH)_2 + H_2SO_4 == CaSO_4 \cdot 2H_2O$$

上述反应中 $Ca(HCO_3)_2$、$CaCl_2$ 为易溶于水的盐，而 $CaSO_4 \cdot 2H_2O$ 则结晶膨胀，均对水泥石的结构有破坏作用。

(3) 盐类侵蚀

盐类侵蚀分为硫酸盐侵蚀、氯盐侵蚀及镁盐侵蚀等。

江、河、湖、海及地下水中有时会含钠、钾等的硫酸盐，它们首先和水泥石中的 $Ca(OH)_2$ 发生反应，生成硫酸钙后又和水泥石中的水化产物 C_3A 发生反应，生成钙矾石，其反应式为：

$$K_2SO_4 + Ca(OH)_2 + 2H_2O \rightarrow CaSO_4 \cdot 2H_2O + 2KOH$$

$$3CaO \cdot Al_2O_3 \cdot 6H_2O + 3(CaSO_4 \cdot 2H_2O) + 20H_2O == 3CaO \cdot Al_2O_3 \cdot 3CaSO_4 \cdot 32H_2O$$

此反应生成的钙矾石（高硫型水化硫铝酸钙）比原来反应物的体积大 1.5 ~ 2.0 倍，这对已硬化的水泥石来说将会产生很大的内应力，而导致水泥石破坏，由于这种钙矾石是针状晶体，危害大，被称为"水泥杆菌"。实际上在上述反应中第一步生成 $CaSO_4 \cdot 2H_2O$ 过程中也会产生膨胀性的破坏作用。

氯盐主要是由外加剂、拌合水及环境中含有氯盐，它们会与水泥石中的水化产物水化铝酸钙反应，生成具有膨胀性的复盐，其反应式如下：

$$3CaO \cdot Al_2O_3 \cdot 6H_2O + CaCl_2 + 4H_2O \rightarrow 3CaO \cdot Al_2O_3 \cdot CaCl_2 \cdot 10H_2O$$

氯盐的破坏作用表现在两个方面：一是生成膨胀性复盐，二是氯盐会锈蚀混凝土中的钢筋。

镁盐主要来自海水及地下水中，主要有硫酸镁和氯化镁，它们会与水泥石中的水化产物氢氧化钙发生反应，其反应式为：

$$MgSO_4 + Ca(OH)_2 + 2H_2O == CaSO_4 \cdot 2H_2O + Mg(OH)_2$$

$$MgCl_2 + Ca(OH)_2 == CaCl_2 + Mg(OH)_2$$

在生成物中，$CaSO_4 \cdot 2H_2O$ 膨胀，$Mg(OH)_2$ 松软（絮状）无胶凝性，$CaCl_2$ 易溶于水。因此，可以说硫酸盐、氯盐的侵蚀属膨胀型侵蚀，而镁盐侵蚀则既有膨胀侵蚀，又有溶出性侵蚀，所以叫双重侵蚀。

(4) 强碱侵蚀

虽然硅酸盐的水化产物呈碱性，一般碱对其影响不大，但如 C_3A 含量高，遇强碱如 $NaOH$ 仍会发生反应，生成易溶于水的铝酸钠，其反应式如下：

$$3CaO \cdot Al_2O_3 + 6NaOH \rightarrow 3Na_2O \cdot Al_2O_3 + 3Ca(OH)_2$$

其中 $Na_2O \cdot Al_2O_3$ 溶于水后会和空气中的 CO_2 发生反应生成 Na_2CO_3，引起结晶膨胀导致水泥石破坏。

在水泥的实际使用环境中，除上述几种侵蚀外，糖类、酒精、脂肪、氨盐及一些有机酸（醋酸、乳酸等）也会对水泥石产生破坏作用。上述几种侵蚀可归结为三种类型，即溶解浸析、离子交换及形成膨胀组分。实际工程中侵蚀通常不是单一存在而是多种并存，因此，我们说水泥石的侵蚀是一个较复杂的物理化学作用。

硅酸盐水泥的水化产物中由于其 $Ca(OH)_2$ 含量较其他品种水泥多，因此，它的耐侵蚀能力相对来说较差。

2. 水泥腐蚀的防止

针对引起硅酸盐水泥腐蚀的外因（环境因素）及内因（有 $Ca(OH)_2$ 及水泥石结构特点即孔隙存在），可以采取以下措施来防止腐蚀：

（1）针对侵蚀种类的不同，可选择抗蚀能力好的水泥，如在硫酸盐环境中选择含 C_3A 较低的抗硫酸盐水泥等。

（2）提高水泥的密实度。水泥石的密实度提高了，会使内部的水化产物不易散失，外界的水分及各种侵蚀性介质进不来，这样就保护了水泥石不受到侵蚀。

（3）表面加保护层。在水泥石的表面加各种保护层（如沥青、玻璃、陶瓷等材料，可以防止水泥不受到侵蚀）。

2.2.9 硅酸盐水泥的特性及应用

1. 强度高

硅酸盐水泥凝结硬化快、强度高、且强度增长率大，因此，适合于早期强度要求高的工程，如高强混凝土结构和预应力混凝土结构。

2. 水化热高

硅酸盐水泥中 C_3S、C_3A 含量高，放热快，早期放热量大，这对于大体积混凝土施工不利，不适于做大坝等大体积混凝土。但这种现象对冬期施工较为有利。

3. 抗冻性好

硅酸盐水泥拌合物不易发生泌水现象，硬化后的水泥石较密实，所以抗冻性好，适合于高寒地区的混凝土工程。

4. 碱度高、抗碳化能力强

硅酸盐水泥硬化后水泥石呈碱性，而处于碱性环境中的钢筋可在其表面形成一层钝化膜，保护钢筋不锈蚀。而空气中的 CO_2 会与水化产物中的 $Ca(OH)_2$ 发生反应，生成 $CaCO_3$，从而消耗 $Ca(OH)_2$ 的量，最终使水化产物内碱性变为中性，使钢筋没有碱性环境的保护而发生锈蚀，造成混凝土结构的破坏。硅酸盐水泥中由于 $Ca(OH)_2$ 的含量高所以其抗碳化能力强。

5. 耐腐蚀性差

由于硅酸盐水泥中有大量的 $Ca(OH)_2$ 及水化铝酸钙，容易受到软水、酸类和一些盐类的侵蚀，因此，不适于用在受流动水、压力水、酸类及硫酸盐侵蚀的工程。

6. 耐热性差

硅酸盐水泥石在温度为 250℃ 时水化物开始脱水，水泥石强度下降，当受热温度达 700℃ 以上时会遭到破坏。因此，硅酸盐水泥不宜单独用于耐热混凝土。

7. 湿热养护效果差

硅酸盐水泥在常规养护条件下硬化快、强度高，但经过蒸汽养护后，再经自然养护至 28d 测得的抗压强度常低于未经蒸养的 28d 抗压强度。

2.2.10 水泥的储运与验收

水泥的储运方式分为散装和袋装两种，发展散装水泥是国家的一项国策。因为，水泥散装无论从环保角度，还是从节约木材、降低能耗、降低成本的角度都是有益的。袋装水泥的比例越来越少，目前袋装采用50kg包装袋的形式。

水泥在运输与贮存时不得受潮和混入杂物，不同品种和强度等级的水泥应分别贮运，不得混杂袋装，堆置高度不超过10袋，先存先用。存放期一般不应超过3个月，因为，水泥会吸收空气中的水分缓慢水化而降低强度。经测定，袋装水泥储存3个月后，强度约降低10%~20%，6个月后，约降低15%~30%，1年后约降低25%~40%。

水泥进场后，应遵循先检验后使用的原则立即检验，水泥的检验周期较长，一般要1个月。

2.3　其他品种水泥

2.3.1　掺混合材料的硅酸盐水泥

1. 混合材料

在水泥生产过程中，为改善水泥性能，调节水泥强度等级而加到水泥中的矿物质原料称为水泥混合材料，分为活性混合材料和非活性混合材料。

（1）活性混合材料

具有火山灰性或潜在水硬性或兼有火山灰性和水硬性的矿物质材料。

火山灰性是指一种材料磨成细粉，单独不具有水硬性，但在常温下与石灰一起和水后能形成具有水硬性的化合物的性能。

活性混合材之所以具有活性，是因为它们本身存在着化学潜能，这种潜能在外界环境的作用下（如常温下与石灰和水一起拌合）就可以释放出来，其释放能量的表现形式就是使混合材料从不具有水硬性到具有水硬性。

硅酸盐类水泥常用的混合材有以下几类：

1）粒化高炉矿渣：是高炉炼铁的溶融矿渣，是经水或水蒸气急速冷却后得到的质地疏松多孔的粒状物，即水淬矿渣，由于它冷却快，来不及结晶形成玻璃态物质而具有化学潜能。组成玻璃态的物质主要是活性氧化硅及活性氧化铝。这里应该说明的是，经自然冷却的矿渣，由于其呈结晶态，基本不具有活性，属非活性混合材料。

2）火山灰质混合材料：具有火山灰性的天然的或人工的矿物质材料，泛指以活性氧化硅及活性氧化铝为主要成分的活性混合材料，其应用从火山灰开始，故得名。主要有天然的硅藻土、硅藻石、蛋白石、火山灰、凝灰岩、烧结黏土及工业废渣中的煅烧煤矸石、粉煤灰、煤渣、沸腾炉渣及钢渣等。

3）粉煤灰：粉煤灰实际是火山灰质混合材料的一种。它是从煤粉炉烟道中收集的粉末，以氧化硅和氧化铝为主要成分，含少量氧化钙，具有火山灰性。由于粉煤灰从结构上与火山灰质混合材存在一定差异，又是一种工业废料，所以将其单列。

（2）活性混合材料的作用机理

在碱性物质的作用下，活性混合材将发生如下反应：

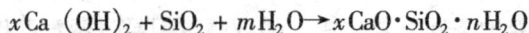

$$x\,Ca\,(OH)_2 + SiO_2 + m\,H_2O \longrightarrow x\,CaO \cdot SiO_2 \cdot n\,H_2O$$

$$y\,Ca\,(OH)_2 + Al_2O_3 + m\,H_2O \longrightarrow y\,CaO \cdot Al_2O_3 \cdot n\,H_2O$$

由上述反应可以看出，活性混合材料在碱性物质存在的情况下会水化生成水化硅酸钙和水化铝酸钙这两种产物，与水泥的水化产物类似也具有水硬性和一定的强度。

（3）非活性混合材

在水泥中主要起填充作用而又不损害水泥性能的矿物材料。

常用的非活性混合材主要有石灰石、石英砂、自然冷却的矿渣等。

（4）混合材料的作用

归纳起来，混合材料主要有如下作用：增加水泥产量、降低成本、调节水泥强度、改善水泥的某些性能等。

2. 普通硅酸盐水泥

根据《硅酸盐水泥、普通硅酸盐水泥》GB175—1999普通硅酸盐水泥的定义为：凡由硅酸盐水泥熟料、6%～15%混合材料、适量石膏磨细制成的水硬性胶凝材料，称为普通硅酸盐水泥（简称普通水泥）代号P·O。

掺活性混合材料时，最大掺量不得超过15%，其中允许用不超过水泥质量5%的窑灰或不超过水泥质量10%的非活性混合材料来代替。掺非活性混合材料时，最大掺量不得超过水泥质量10%。

普通硅酸盐水泥的强度等级分为32.5、32.5R、42.5、42.5R、52.5、52.5R共6个强度等级。

《硅酸盐水泥、普通硅酸盐水泥》GB175—1999中对普通硅酸盐水泥的技术要求为：

（1）细度：80μm方孔筛筛余不得超过10.0%。

（2）凝结时间：初凝不得早于45min，终凝不得迟于10h。

（3）强度：分为3d、28d龄期的抗折、抗压强度，各强度等级各龄期的强度不得低于表6-7的数值。

（4）烧失量：普通水泥中烧失量不得大于5.0%。

普通硅酸盐水泥各强度等级、各龄期强度值 MPa　　　　表6-7

强度等级	抗压强度		抗折强度	
	3d	28d	3d	28d
32.5	11.0	32.5	2.5	5.5
32.5R	16.0	32.5	3.5	5.5
42.5	16.0	42.5	3.5	6.5
42.5R	21.0	42.5	4.0	6.5
52.5	22.0	52.5	4.0	7.0
52.5R	26.0	52.5	5.0	7.0

注：1. 本表引自《硅酸盐水泥、普通硅酸盐水泥》GB175—1999；

　　2. R—早强型。

普通硅酸盐水泥的体积安定性及氧化镁、三氧化硫、碱含量等技术要求与硅酸盐水泥相同，虽然普通硅酸盐水泥中掺入的混合材料的量较硅酸盐水泥稍多，但与其他种类的掺混合材料的硅酸盐类水泥相比，混合材料的掺加量仍然较少，从性质上看接近于硅酸盐水泥，早期硬化速度稍慢、强度稍低，抗冻等级稍低，耐磨性及抗碳化性稍差；但耐腐蚀性较好，水化热有所降低。

3. 矿渣硅酸盐水泥、火山灰质硅酸盐水泥、粉煤灰硅酸盐水泥和复合硅酸盐水泥

（1）定义

凡由硅酸盐水泥熟料和粒化高炉矿渣、适量石膏磨细制成的水硬性胶凝材料称为矿渣硅酸盐水泥（简称矿渣水泥），代号 P·S。水泥中粒化高炉矿渣掺加量按质量百分比计为 20%~70%。允许用石灰石、窑灰、粉煤灰和火山灰质混合材料中的一种材料代替矿渣，代替数量不得超过水泥质量的 8%，替代后水泥中粒化高炉矿渣不得少于 20%。

凡由硅酸盐水泥熟料和火山灰混合材料、适量石膏磨细制成的水硬性胶凝材料称为火山灰质硅酸盐水泥（简称为火山灰水泥），代号 P·P。水泥中火山灰质混合材料掺量百分比计为 20%~50%。

凡由硅酸盐水泥熟料和粉煤灰、适量石膏磨细制成的水硬性胶凝材料称为粉煤灰硅酸盐水泥（简称粉煤灰水泥），代号 P·F。水泥中粉煤灰掺量按质量百分比计为 20%~40%。

凡由硅酸盐水泥熟料、两种或两种以上规定的混合材料、适量石膏磨细制成的水硬性胶凝材料称为复合硅酸盐水泥（简称复合水泥），代号 P·C。水泥中混合材料总掺加量按质量百分比计应大于 15%，但不超过 50%。水泥中允许用不超过 8% 的窑灰代替部分混合材料；掺矿渣时混合材料掺量不得与矿渣硅酸盐水泥重复。

（2）技术要求

1）细度、凝结时间及体积安定性：这三项指标要求与普通硅酸盐水泥相同。

2）氧化镁：熟料中氧化镁的含量不宜超过 5.0%。如果水泥经压蒸安定性试验合格，则熟料中氧化镁的含量允许放宽到 6.0%。

注：熟料中氧化镁的含量为 5.0%~6.0% 时，如矿渣水泥中混合材料总掺量大于 40% 或火山灰水泥和粉煤灰水泥中混合材料掺加量大于 30%，制成的水泥可不做压蒸试验。

3）三氧化硫：矿渣水泥中三氧化硫的含量不得超过 4.0%，火山灰水泥和粉煤灰水泥中三氧化硫的含量不得超过 3.5%

4）强度：矿渣水泥、火山灰水泥、粉煤灰水泥按 3d、28d 龄期抗压及抗折强度分为 32.5、32.5R、42.5、42.5R、52.5、52.5R 共 6 个强度等级。各强度等级各龄期的强度值不得低于表 6-8 中的数值。

矿渣水泥、火山灰水泥、粉煤灰水泥各强度等级、各龄期强度值

单位：MPa 表 6-8

强度等级	抗压强度		抗折强度	
	3d	28d	3d	28d
32.5	10.0	32.5	2.5	5.5
32.5R	15.0	32.5	3.5	5.5
42.5	15.0	42.5	3.5	6.5
42.5R	19.0	42.5	4.0	6.5
52.5	21.0	52.5	4.0	7.0
52.5R	23.0	52.5	4.5	7.0

注：本表引自《矿渣硅酸盐水泥、火山灰质硅酸盐水泥及粉煤灰硅酸盐水泥》（GB1344—1999）。

5）碱：水泥中的碱含量按 $Na_2O + 0.658K_2O$ 计算值来表示，若使用活性骨料要限制水泥中的碱含量时，由供需双方商定。

（3）性能与应用

矿渣水泥、火山灰水泥、粉煤灰水泥及复合硅酸盐水泥在组成上具有共性（均是硅酸盐水泥熟料、加较多的活性混合材料，再加上适量石膏磨细制成的），所以，它们在性能上也存在着共性。

1）共性：

与硅酸盐水泥和普通硅酸盐水泥相比，密度较小，早期强度比较低，后期强度增长较快；对养护温湿度敏感，适合蒸气养护；水化热小，耐腐蚀性较好；抗冻等级、耐磨性不及硅酸盐水泥或普通水泥。

2）个性：

矿渣水泥：保水性差、泌水性大，由矿渣水泥制成的混凝土的抗渗等级、抗冻等级及耐磨性会受到影响，但矿渣水泥的耐热性较好。

火山灰水泥：易吸水、易反应，具有较高的抗渗等级和耐水性。干燥环境下易失水产生体积收缩而出现裂缝。不宜用于长期处于干燥环境和水位变化区的混凝土工程。抗硫酸盐能力随成分而不同。

粉煤灰水泥：需水量较低、抗裂性较好，适合大体积水工混凝土及地下和海港工程等。

复合水泥：在几种混合材中，哪种混合材料的掺加量大其性质就接近哪种水泥（如掺两种混合材料矿渣和火山灰，矿渣含量占大多数则该复合水泥的性能就接近矿渣水泥）。

硅酸盐水泥、普通水泥、矿渣水泥、火山灰水泥和复合水泥的性能、组成及应用见表6-9。

2.3.2 铝酸盐水泥（GB201—2000）

凡以铝酸钙为主的铝酸盐水泥熟料，磨细制成的水硬性胶凝材料称为铝酸盐水泥，代号 CA。

根据需要也可在磨制 Al_2O_3 含量大于 68% 的水泥时掺加适量的 α-Al_2O_3 粉。生产铝酸盐水泥的原料主要有矾土（主要提供 Al_2O_3）和石灰石（提供 CaO）。

1. 铝酸盐水泥的矿物组成及分类

铝酸一钙 $CaO \cdot Al_2O_3$ 简写为 CA。

二铝酸一钙 $CaO \cdot 2Al_2O_3$ 简写为 CA_2。

硅铝酸二钙 $2CaO \cdot Al_2O_3 \cdot SiO_2$ 简写为 C_2AS。

七铝酸十二钙 $12CaO \cdot 7Al_2O_3$，简写为 $C_{12}A_7$。

铝酸盐水泥按 Al_2O_3 含量百分数分为四类，见表6-10。

硅酸盐类水泥的技术性质比较及适用范围　　　　　　　　　　表6-9

项　　目	P·Ⅰ、P·Ⅱ	P·O	P·S	P·P	P·F	P·C
MgO 含量	不得超过 5.0%					
SO₃ 含量	不得超过 3.5%	不得超过 4.0%	不得超过 3.5%			
细　　度	比表面积 >300m²/kg	0.080mm方孔筛筛余百分率≤10.0%				
初凝时间	不得早于 45min					

项　目	P·I、P·II	P·O	P·S	P·P	P·F	P·C
终凝时间	不得迟于6.5h	不得迟于10.0h				
强度等级	42.5、42.5R 52.5、52.5R 62.5、62.5R	32.5、32.5R、42.5、42.5R、52.5、52.5R				
主要成分	硅酸盐水泥熟料，混合材料不超过5%	硅酸盐水泥熟料，混合材料掺量5%～15%	硅酸盐水泥熟料，矿渣掺量20%～70%	硅酸盐水泥熟料，火山灰质混合材料20%～50%	硅酸盐水泥熟料，粉煤灰掺量20%～40%	硅酸盐水泥熟料，混合材料掺量16%～50%
特性		（1）早期强度较高； （2）水化热大； （3）抗冻性较好； （4）耐热性较差； （5）耐腐蚀性较差	（1）早期强度低，后期强度增长较快； （2）水化热较低； （3）抗冻性差，易碳化； （4）耐热性较好； （5）耐腐蚀性好	抗渗性较好，耐热性不及矿渣水泥，其他同矿渣水泥	干缩性较小，抗裂性较好，其他同矿渣水泥	3d龄期强度高于矿渣水泥，其他同矿渣水泥
适用范围		要求快硬、高强的混凝土，冬期施工的工程，有耐磨性要求的混凝土	一般气候环境以及干燥环境中的混凝土，寒冷地区水位变化部位，有抗冻、抗渗及耐磨要求的部位，要求快硬、高强的混凝土	潮湿环境或处于水中的混凝土、厚大体积混凝土、受侵蚀性介质作用的混凝土以及一般气候环境中的混凝土		
不宜使用		厚大体积混凝土、受侵蚀性介质作用的混凝土	有抗渗要求的混凝土、要求快硬、高强的混凝土、寒冷地区水位变化部位的混凝土	干燥环境中的混凝土、寒冷地区水位变化部位的混凝土有耐磨要求的混凝土、要求快硬、高强的混凝土		

铝酸盐水泥的类型及 Al₂O₃ 含量范围　　　　　表 6-10

类　型	Al$_2$O$_3$ 含量范围（%）
CA-50	$50 \leqslant$ Al$_2$O$_3 < 60$
CA-60	$60 \leqslant$ Al$_2$O$_3 < 68$
CA-70	$68 \leqslant$ Al$_2$O$_3 < 77$
CA-80	$77 \leqslant$ Al$_2$O$_3$

2. 铝酸盐水泥的水化

铝酸盐水泥的水化主要是铝酸一钙的水化，其反应式为：

当温度低于 20℃时：

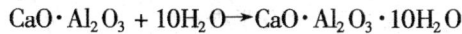
$$CaO \cdot Al_2O_3 + 10H_2O \rightarrow CaO \cdot Al_2O_3 \cdot 10H_2O$$

当温度为 20~30℃时

$$2（CaO \cdot Al_2O_3）+ 11H_2O \rightarrow 2CaO \cdot Al_2O_3 \cdot 8H_2O + \cdot Al_2O_3 \cdot 3H_2O$$

当温度高于 30℃时：

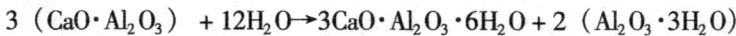
$$3（CaO \cdot Al_2O_3）+ 12H_2O \rightarrow 3CaO \cdot Al_2O_3 \cdot 6H_2O + 2（Al_2O_3 \cdot 3H_2O）$$

水化产物分别为 $CaO \cdot Al_2O_3 \cdot 10H_2O$（简写为 CAH_{10}）、$2CaO \cdot Al_2O_3 \cdot 8H_2O$（简写为 C_2AH_8）、$Al_2O_3 \cdot 3H_2O$（简写为 AH_3）及 $3CaO \cdot Al_2O_3 \cdot 6H_2O$（简写为 C_3AH_6）。

其中 CAH_{10} 及 C_2AH_8 为针状或板状结晶，能形成晶体骨架，而析出的 AH_3 凝胶体难溶于水，填充于晶体骨架的空隙中，形成较密实的水泥石结构。当温度升高或随着时间的增长，处于亚稳定晶体状态的 CAH_{10} 和 C_2AH_8 会转化为强度较低的 C_3AH_6，使水泥石内析出游离水，增大了孔隙体积，使水泥石强度明显降低。

3. 铝酸盐水泥的技术性质

（1）细度

比表面积不小于 300m^2/kg 或 0.045mm 筛余不大于 20%，由供需双方商订，在无约定的情况下发生争议时以比表面积为准。

（2）凝结时间

凝结时间应符合表 6-11 的要求。

凝 结 时 间　　　　　表 6-11

水泥类型	初凝时间不得早于（min）	终凝时间不得迟于（h）
CA-50，CA-70，CA-80	30	6
CA-60	60	18

（3）强度

各类型水泥各龄期强度值不得低于表 6-12 的要求。

水泥类型	抗压强度（MPa）				抗折强度（MPa）			
	6h	1d	3d	28d	6h	1d	3d	28d
CA-50	$20^{1)}$	40	50	—	$3.0^{1)}$	5.5	6.5	—
CA-60	—	20	45	85	—	2.5	5.0	10.0
CA-70	—	30	40		—	5.0	6.0	
CA-80	—	25	30		—	4.0	5.0	

1）当用户需要时，生产厂应提供结果。

（4）化学成分

化学成分见表 6-13。

类型	Al_2O_3	SiO_2	Fe_2O_3	R_2O $Na_2O + 0.658K_2O$	$S^{1)}$ 全硫	$Cl^{1)}$
CA-50	≥50，<60	≤8.0	≤2.5			
CA-60	≥60，<68	≤5.0	≤2.0			
CA-70	≥68，<77	≤1.0	≤0.7	≤0.40	≤0.1	≤0.1
CA-80	≥77	≤0.5	≤0.5			

1）当用户需要时，生产厂应提供结果和测定方法。

4．铝酸盐水泥的特性与应用

（1）凝结速度快，早期强度高

1d 强度可达最高强度的 80% 以上，所以一般用于抢修工程和早强要求高的工程，不适合高于 30℃ 的湿热环境。因其后期强度在湿热环境中下降较快，会引起结构破坏，一般结构工程中应慎用高铝水泥。

（2）水化热大，且放热量集中

1d 的放热量约为总放热量的 70% ~ 80%，适合冬期施工，不适合大体积混凝土的工程及高温潮湿环境中的工程。

（3）抗硫酸盐腐蚀性较强

因其水化产物中无 Ca（OH）$_2$，所以其抗硫酸盐腐蚀性较强。

（4）耐碱性差

与含碱物质接触即会引起铝酸盐水泥的侵蚀。

（5）耐热性好

可承受 1300 ~ 1400℃ 的高温。

关于铝酸盐水泥用于土建工程的注意事项可见《铝酸盐水泥》GB201—2000 附录 B。

2.3.3　砌筑水泥（GB/T3183—2003）

1．定义

凡由一种或一种以上的水泥混合材料，加入适量硅酸盐水泥熟料和石膏，经磨细制成的工作性较好的水硬性胶凝材料，称为砌筑水泥，代号 M。

砌筑水泥主要用于砌筑和抹面砂浆、垫层混凝土等，不应用于结构混凝土。

2. 强度等级

砌筑水泥分 12.5 和 22.5 两个强度等级。

3. 技术要求

（1）三氧化硫：水泥中三氧化硫含量应不大于 4.0%。

（2）细度：80μm 方孔筛筛余不大于 10.0%。

（3）凝结时间：初凝时间不早于 60min，终凝不迟于 12h。

（4）安定性：用沸煮法检验，应合格。

（5）保水率：保水率不低于 80%。

（6）强度：强度满足表 6-14 要求。

砌筑水泥的强度要求　　　　　　　单位：MPa　　表 6-14

水泥等级	抗 压 强 度		抗 折 强 度	
	7d	28d	7d	28d
12.5	7.0	12.5	1.5	3.0
22.5	10.0	22.5	2.0	4.0

2.3.4 白色硅酸盐水泥

由白色硅酸盐水泥熟料加入适量石膏，磨细制成的水硬性胶凝材料称为白色硅酸盐水泥（简称白水泥），磨制水泥时，允许加入不超过水泥重量 5% 的石灰石或窑灰作为外加物，水泥粉磨时允许加入不损害水泥性能的助磨剂，加入量不得超过水泥重量的 1%。

白色硅酸盐水泥熟料是指以适当成分的生料烧至部分熔融，所得以硅酸钙为主要成分，氧化铁含量少的熟料。

要想使水泥变白，主要控制其中氧化铁（Fe_2O_3）的含量，当 Fe_2O_3 的含量小于 0.5% 时，则水泥接近白色。烧制白色硅酸盐水泥要在整个生产过程中控制氧化铁的含量。

白色硅酸盐水泥主要用于建筑装饰，如在粉磨时加入碱性颜料，可制成彩色水泥；也可将白水泥中加颜料使其变成彩色水泥，可用于彩色路面等。

2.3.5 道路硅酸盐水泥

由道路硅酸盐水泥熟料、0% ~ 10% 活性混合材料和适量石膏磨细制成的水硬性胶凝材料，称为道路硅酸盐水泥（简称道路水泥）。

道路硅酸盐水泥熟料是指以适当成分的生料烧至部分熔融，所得以硅酸钙为主要成分和较多量的铁铝酸钙的硅酸盐水泥熟料称为道路硅酸盐水泥熟料。

技术要求：

（1）氧化镁：道路水泥中氧化镁含量不得超过 5.0%。

（2）三氧化硫：道路水泥中三氧化硫含量不得超过 3.5%。

（3）烧失量：道路水泥中的烧失量不得大于 3.0%。

（4）游离氧化钙：道路水泥熟料中的游离氧化钙，旋窑生产不得大于 1.0%，立窑生产不得大于 1.8%。

（5）碱含量：如用户提出要求时，由供需双方商定。

（6）铝酸三钙：道路水泥熟料中铝酸三钙的含量不得大于 5.0%。

（7）铁铝酸四钙：道路水泥熟料中铁铝酸四钙的含量不得小于 16.0%。

（8）细度：$80\mu m$ 筛筛余不得超过 10%。

（9）凝结时间：初凝不得早于 1h，终凝不得迟于 10h。

（10）安定性：安定性用沸煮法检验必须合格。

（11）干缩率：28d 干缩率不得大于 0.10%。

（12）耐磨性：以磨损量表示，不得大于 $3.60kg/m^2$。

（13）强度：不得低于《道路硅酸盐水泥》GB13693—92 的指标要求。

2.3.6　快硬硅酸盐水泥

凡以硅酸盐水泥熟料和适量石膏磨细制成的以 3d 抗压强度表示标号的水硬性胶凝材料，称为快硬硅酸盐水泥（简称快硬水泥）。

技术指标参见《快硬硅酸盐水泥》GB199—1990。

2.3.7　自应力硅酸盐水泥

以适当比例的硅酸盐水泥或普通硅酸盐水泥、高铝水泥和天然二水石膏磨制而成的膨胀性的水硬性胶凝材料。

自应力水泥主要用于自应力钢筋混凝土压力管及其配件。

复习思考题

1. 什么是胶凝材料？

2. 什么是气硬性胶凝材料？什么是水硬性胶凝材料？

3. 什么是石灰的熟化？

4. 石灰的硬化包含几个过程？

5. 简述建筑石膏的硬化过程。

6. 简述建筑石膏的应用。

7. 什么是硅酸盐水泥？什么是硅酸盐水泥熟料？

8. 生产硅酸盐水泥的原料有哪些？

9. 硅酸盐水泥原料中的四种主要氧化物和熟料中的四种矿物是什么？

10. 硅酸盐水泥的水化产物有哪些？

11. 试述硅酸盐五大类水泥的异同点。

单元7 墙体材料

知识点： 本章阐述墙体材料的技术性质及应用。

教学目标： 通过本章学习，要求学生掌握各种墙体材料的性质及应用，并能在实际工作中正确选用墙体材料。

墙体材料是指用来砌筑、拼装或用其他方法构成承重墙、非承重墙的材料。在建筑工程中墙体材料具有承重、围护和分隔作用，墙体材料的重量约占建筑物自重的1/2，用工量及造价约占1/3。因此，合理选用墙体材料对建筑物的结构形式、高度、跨度、安全、使用功能及工程造价等均有重要意义。

墙体材料的品种很多，根据外形和尺寸大小分为砌墙砖、砌块和板材三大类。

自古以来，我国就有"秦砖汉瓦"之说，我国的墙体材料发展比较缓慢。长期使用的普通黏土砖，由于存在着机械化程度低、劳动强度大、自重大、破坏耕地、不节能、不能作高层建筑墙体等众多缺点而被国家限用，今后将逐步退出墙体材料。而近年来，我国的新型墙体材料发展较快，其总的发展趋势朝着空心、大块、轻质、高强、抗震、节能等多功能的方面发展。生产墙体材料的原料应立足天然材料，充分利用工业废料、有效节约优质农田是新型墙体材料的发展方向。

课题1 砌 墙 砖

凡是用黏土、工业废料或其他地方资源为主要原料，以不同工艺制成的在建筑工程中用于砌筑墙体的砖统称砌墙砖。砌墙砖可分成实心和空心两种形式，也可分为烧结和非烧结砖。

1.1 烧 结 砖

凡以黏土、页岩、煤矸石、粉煤灰等为原料，经成型、干燥及焙烧所得的用于砌筑承重或非承重墙体的砖统称为烧结砖。

按烧结砖有无穿孔可分为：

（1）烧结普通砖；

（2）烧结多孔砖；

（3）烧结空心砖；

按烧结砖的主要成分分为：

（1）烧结黏土砖（N）；

（2）烧结页岩砖（Y）；

（3）烧结煤矸石砖（M）；

(4) 烧结粉煤灰砖（F）；

1.1.1 烧结普通砖

以黏土、页岩、煤矸石或粉煤灰为原料制得的没有孔洞或孔洞率（砖面上孔洞总面积占砖面积的百分率）小于15%的烧结砖，称为烧结普通砖。

根据《烧结普通砖》GB/T5101—1998规定，烧结普通砖的外形为240mm×115mm×53mm的直角六面体，根据抗压强度分为MU30、MU25、MU20、MU15、MU10五个强度等级。根据技术指标分为优等品（A）、一等品（B）和合格品（C）三个质量等级。砖的产品标记按产品名称、规格、品种、强度等级、质量等级和标准编号顺序编写，如

烧结普通砖 NMU15 B GB/T5101 表示：黏土砖，其强度等级为MU15，一等品。

1. 技术要求（GB/T5101—1998）

（1）尺寸允许偏差：符合表7-1的规定。

（2）外观质量：符合表7-2的规定。

（3）强度等级：抗压强度测定时，取10块砖进行试验，根据试验结果，按平均值—标准差（变异系数 $\delta \leqslant 0.21$ 时）或平均值—最小值方法（变异系数 $\delta > 0.21$ 时）评定砖的强度等级，见表7-3。

烧结普通砖尺寸允许偏差（mm） 表 7-1

公称尺寸	优等品		一等品		合格品	
	样本平均偏差	样本极差≤	样本平均偏差	样本极差≤	样本平均偏差	样本极差≤
240	±2.0	8	±2.5	8	±3.0	8
115	±1.5	6	±2.0	6	±2.5	7
53	±1.5	4	±1.6	5	±2.0	6

烧结普通砖外观质量要求（mm） 表 7-2

项　　目		优等品	一等品	合格品
两条面高度差	≤	2	3	5
弯曲	≤	2	3	5
杂质凸出高度	≤	2	3	5
缺棱掉角的三个破坏尺寸	不得同时大于			
裂纹长度	≤	15	20	30
（1）大面上宽度方向及其延伸至条面的长度		70	70	110
（2）大面上长度方向及其延伸至顶面的长度				
或条顶面上水平裂纹的长度		100	100	150
完整面不得少于		一条面和一顶面	一条面和一顶面	—
颜色		基本一致	—	—

138

强度等级	抗压强度平均值 $\bar{f}\geqslant$	变异系数 $\delta\leqslant0.21$	变异系数 $\delta>0.21$
		强度标准值 $f_k\geqslant$	单块最小抗压强度值 $f_{min}\geqslant$
MU30	30.0	22.0	25.0
MU25	25.0	18.0	22.0
MU20	20.0	14.0	16.0
MU15	15.0	10.0	12.0
MU10	10.0	6.5	7.5

（4）泛霜：泛霜是指黏土原料中的可溶性盐类（如硫酸钠等）随着砖内水分蒸发而在砖表面产生的盐析现象，一般为白色粉末（白霜）。这些结晶的白色粉状物不仅有损于建筑物的外观，而且结晶的体积膨胀也会引起砖表层的酥松，同时破坏砖与砂浆之间的粘结，泛霜应符合表 7-4 的要求。

（5）石灰爆裂：当原料土或掺入的内燃料中夹杂有石灰质成分，则在烧砖时被烧成过火石灰留在砖中。这些过火石灰在砖体内吸收水分消化时产生体积膨胀，导致砖发生胀裂破坏，这种现象称为石灰爆裂。烧结普通砖石灰爆裂指标应符合表 7-4 的要求。

烧结普通砖泛霜、石灰爆裂规定　　表 7-4

项　目	优等品	一等品	合格品
泛　霜	无泛霜	不允许出现中等泛霜	不允许出现严重泛霜
石灰爆裂	不允许出现最大破坏尺寸大于 2mm 的爆裂区域	①最大破坏尺寸大于 2mm，且不大于 10mm 的爆裂区域每组样砖不得多于 15 处 ②不允许出现最大破坏尺寸大于 10mm 的爆裂区域	①最大破坏尺寸大于 2mm，且不大于 15mm 的爆裂区域，每组样砖不得多于 15 处，其中大于 10mm 的不得多于 7 处 ②不允许出现最大破坏尺寸大于 15mm 的爆裂区域

（6）抗风化性能：抗风化性能是指在干湿变化、温度变化、冻融变化等物理因素作用下，材料不破坏并长期保持其原有性质的能力。

风化指数是指日气温从正温降低至负温或负温升至正温的每年平均天数与每年从霜冻之日起至消失霜冻之日止这一期间降雨量（以"mm"计）的平均值的乘积。当风化指数不小于 12700 为严重风化区，风化指数小于 12700 为非严重风化区，风化区的划分见表 7-5。砖的抗风化性能见表 7-6。

严重风化区中 1、2、3、4、5 地区的砖，必须进行冻融试验，其余地区的砖的抗风化性能符合表 7-6 规定时可不做冻融试验，否则，必须进行冻融试验。15 次冻融试验后，每块砖样不允许出现裂纹、分层、掉皮、缺棱、掉角等冻坏现象，质量损失不得大于 2%。

（7）产品不允许有欠火砖、酥砖和螺旋纹砖。

严重风化区		非严重风化区	
1. 黑龙江省	11. 河北省	1. 山东省	11. 福建省
2. 吉林省	12. 北京市	2. 河南省	12. 台湾省
3. 辽宁省	13. 天津市	3. 安徽省	13. 广东省
4. 内蒙古自治区		4. 江苏省	14. 广西壮族自治区
5. 新疆维吾尔自治区		5. 湖北省	15. 海南省
6. 宁夏回族自治区		6. 江西省	16. 云南省
7. 甘肃省		7. 浙江省	17. 西藏自治区
8. 青海省		8. 四川省	18. 上海市
9. 陕西省		9. 贵州省	19. 重庆市
10. 山西省		10. 湖南省	

砖抗风化性能　　　　　　　　表7-6

项目 砖种类	严重风化区				非严重风化区			
	5h沸煮吸水率（%）≤		饱和系数≤		5h沸煮吸水率（%）≤		饱和系数≤	
	平均值	单块最大值	平均值	单块最大值	平均值	单块最大值	平均值	单块最大值
黏土砖	21	23	0.85	0.87	23	25	0.88	0.90
粉煤灰砖	23	25			30	32		
页岩砖	16	18	0.74	0.77	18	20	0.78	0.80
煤矸石砖	19	21			21	23		

注：粉煤灰掺入量（体积比）小于30%时，抗风化性能指标按黏土砖规定。

2. 烧结普通砖的应用

在建筑工程中，烧结普通砖是使用时间较久的一种传统的墙体材料，由于它具有较高的强度、较好的耐久性和绝热性等优点而被广泛的应用于砌筑建筑物的内墙、外墙、柱、拱、烟囱、沟道等其他构筑物。一般优等品用于砌筑清水墙和墙体装饰，一等品、合格品用于混水墙。中等泛霜的砖不能用于潮湿部位。

虽然烧结普通砖具有很多优点，但其中的烧结普通黏土砖，由于毁田取土、块体小、施工效率低、砌体自重大、抗震性差等缺点，国家已在主要大中城市及地区禁止使用。随着我国墙体材料发展，一些新型墙体材料将逐步取代普通黏土砖。

1.1.2　烧结多孔砖

烧结多孔砖是以黏土、页岩、煤矸石为主要原料，经焙烧而成的多孔砖。孔洞率大于或等于15%，孔的尺寸小而数量多，主要用于承重结构，根据《烧结多孔砖》GB13544—2000的规定，多孔砖的外形为直角六面体，其长度、宽度、高度尺寸应符合下列要求：290、240、190、180、175、140、115、90mm。其他规格尺寸由供需双方协商确定，如图7-1所示。

烧结多孔砖按抗压强度分为MU30、MU25、MU20、MU15、MU10五个强度等级，见表

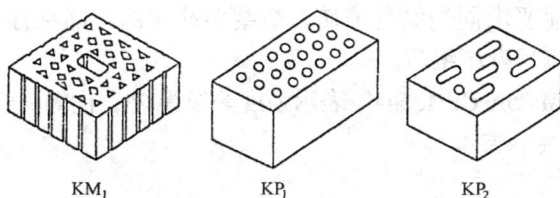

图 7-1 烧结多孔砖

7-7。

根据尺寸偏差、外观质量、孔形及孔洞排列、泛霜、石灰爆裂分为优等品（A）、一等品（B）和合格品（C）。

烧结多孔砖强度等级 表 7-7

强度等级	抗压强度平均值 $f \geqslant$	变异系数 $\delta \leqslant 0.21$ 强度标准值 $f_K \geqslant$	变异系数 $\delta > 0.21$ 单块最小抗压强度值 $f_{min} \geqslant$
MU30	30.0	22.0	25.0
MU25	25.0	18.0	22.0
MU20	20.0	14.0	16.0
MU15	15.0	10.0	12.0
MU10	10.0	6.5	7.5

注：本表引自《烧结多孔砖》（GB13544—2000）。

利用烧结多孔砖可代替烧结普通砖，一般用于砌筑 6 层以下建筑物的承重墙，并具有自重较轻、节约黏土、降低能耗，提高施工效率，改善砖的隔热、隔声性能。但在有冻胀环境和条件的地区，地面以下或防潮层以下的砌体，不宜采用烧结多孔砖，否则多孔砖的耐久性会降低较大。另外，多孔砖在使用时孔洞应垂直于受压面，这样可有较大的有效受压面积，有利于砂浆结合层进入上下砖块的孔洞中产生"销键"作用，提高砌体的抗剪强度和砌体的整体性。

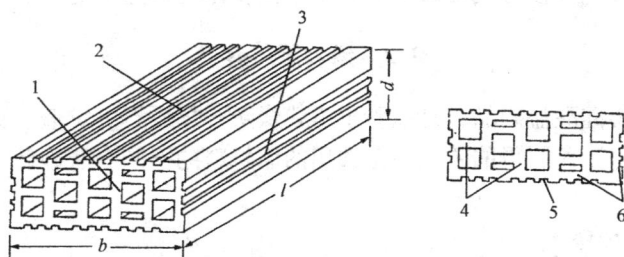

图 7-2 烧结空心砖

1—顶面；2—大面；3—条面；4—肋；5—凹线槽；6—外壁

l—长度；b—宽度；d—高度

烧结多孔砖的其他要求同烧结普通砖，烧结多孔砖的产品标注按产品名称、规格代号、强度等级和标准编号顺序编写。

如"烧结多孔砖 M-25A-GB/13544"表示强度等级为 25，优等品煤矸石砖。

1.1.3 烧结空心砖和空心砌块

1. 定义

烧结空心砖和空心砌块是以黏土、页岩、煤矸石为主要原料，经培烧而成的多孔砖。孔洞率不小于 35%，孔的尺寸大而数量小，主要用于非承重结构。

根据《烧结空心砖和空心砌块》GB13545—2003 的规定，烧结空心砖和空心砌块外形为直角六面体，其长度、宽度、高度应符合下列要求：390、290、240、190、180（175）、140、115、90mm。注：其他规格尺寸由供需双方协商确定，烧结空心砖外形图如图 7-2 所示。

烧结空心砖和砌块根据其大面和条面的抗压强度分为 MU10.0、MU7.5、MU5.0、MU3.5、MU2.5 五个等级，按体积密度分为 800、900、1000、1100 四个密度等级，每个密度级别根据孔洞及其排数、尺寸偏差、外观质量、强度等级和物理性能分为优等品（A）、一等品（B）和合格品（C）三个等级，强度等级指标要求见表 7-8。

烧结空心砖和空心砌块强度等级　　　　　　　表 7-8

强度等级	抗压强度（MPa）			密度等级范围（kg/m³）
	抗压强度平均值 $\bar{f}\geqslant$	变异系数 $\delta\leqslant0.21$	变异系数 $\delta>0.21$	
		强度标准值 $f_k\geqslant$	单块最小抗压强度值 $f_{min}\geqslant$	
MU10.0	10.0	7.0	8.0	≤1100
MU7.5	7.5	5.0	5.8	
MU5.0	5.0	3.5	4.0	
MU3.5	3.5	2.5	2.8	
MU2.5	2.5	1.6	1.8	≤800

注：本表引自《烧结空心砖和空心砌块》GB13545—2003。

2. 烧结空心砖的应用

烧结空心砖主要用于非承重的填充墙和隔墙。在运输、装卸过程中，严禁抛掷和倾倒。进场后应按品种、规格分别堆放整齐，堆置高度不宜超过 2m。

1.2 蒸 压 砖

蒸压（养）砖属硅酸盐制品，是以砂子、粉煤灰、煤矸石、炉渣、页岩和石灰加水拌合成型，经蒸压（养）而制得的砖。根据选用的原材料的不同有灰砂砖、粉煤灰砖和煤渣砖等。

1.2.1 蒸压灰砂砖

蒸压灰砂砖（简称灰砂砖）是以石灰和砂为主要原料，经坯料制备、压制成型、蒸压养护而成的实心砖。

根据国家标准《蒸压灰砂砖》（GB11945—1999）规定，蒸压灰砂砖根据灰砂砖的颜色分为彩色的（Co）和本色的（N），根据抗压强度和抗折强度分为 MU25、MU20、MU15、

MU10 四级，根据尺寸偏差和外观质量分为优等品（A）、一等品（B）和合格品（C）。尺寸为 240mm×115mm×53mm，砖的产品标记按产品名称、颜色、强度级别、产品等级、标准编号的顺序编写，如："LSB-Co-20-A-GB11945"表示强度级别为 20，优等品的彩色灰砂砖。

1. 灰砂砖的技术性质

（1）尺寸偏差和外观

尺寸偏差和外观应符合表 7-9 规定。

灰砂砖尺寸偏差和外观质量　　　　　　　　　表 7-9

项　　　目			指标		
			优等品	一等品	合格品
尺寸允许偏差（mm）	长　度	L	±2	±2	±3
	宽　度	B	±2		
	高　度	H	±1		
缺棱掉角	个数，不多于（个）		1	1	2
	最大尺寸不得大于（mm）		10	15	20
	最小尺寸不得大于（mm）		5	10	10
	对应高度差不得大于（mm）		1	2	3
裂纹	条数，不多于（条）		1	1	2
	大面上宽度方向及其延伸到条面的长度不得大于（mm）		20	50	70
	大面上长度方向及其延伸到顶面上的长度或条、顶面水平裂纹的长度不得大于（mm）		30	70	100

（2）抗折强度和抗压强度

抗折强度和抗压强度应符合表 7-10 的规定。

灰砂砖力学性能　　　　　　　　　表 7-10

强度级别	抗压强度（MPa）		抗折强度（MPa）	
	平均值≥	单块值≥	平均值≥	单块值≥
MU25	25.0	20.0	5.0	4.0
MU20	20.0	16.0	4.0	3.2
MU15	15.0	12.0	3.3	2.6
MU10	10.0	8.0	2.5	2.0

（3）抗冻性

抗冻性应符合表 7-11 的规定。

2. 灰砂砖的应用

（1）MU15、MU20、MU25 的灰砂砖可用于基础及其他建筑；MU10 的砖仅可用于防潮层以上的建筑。灰砂砖不得用于长期受热 200℃以上，受急冷急热和有酸性介质侵蚀的建筑部位。

灰砂砖的抗冻性指标

表 7-11

强度级别	冻后抗压强度（MPa），平均值≥	单块砖的干质量损失（%），≤
MU25	20.0	2.0
MU20	16.0	2.0
MU15	12.0	2.0
MU10	8.0	2.0

（2）灰砂砖的耐水性良好，在长期潮湿环境中，其强度变化不显著，但其抗流水冲刷的能力较弱，因此，不能用于流水冲刷部位，如落水管出水处和水龙头下面等。灰砂砖的表面光滑平整，因此，使用时注意提高砖和砂浆间的粘结力。

1.2.2 蒸压粉煤灰砖

蒸压（养）粉煤灰砖是以粉煤灰为主要原料，石灰、石膏和水泥为胶结材料，再掺入集料、适量的外加剂、颜料，经制坯、高压或常压蒸汽养护而成的实心粉煤灰砖。砖的外形、公称尺寸同烧结普通砖。

1. 技术性质

根据建材行业标准《粉煤灰砖》（JC239—2001）规定：粉煤灰砖有本色（N）和彩色（Co）两种；按抗压强度和抗折强度划分为 MU30、MU25、MU20、MU15 和 MU10 五个强度等级；按尺寸偏差、外观质量、强度和干燥收缩值的不同将粉煤灰砖的质量分为优等品（A）、一等品（B）与合格品（C）三个等级，其中，优等品和一等品的干燥收缩率应不大于 0.65mm/m，合格品不大于 0.75mm/m；碳化系数 $k_C \geqslant 0.8$，色差不显著。

2. 粉煤灰砖的应用

（1）粉煤灰砖一般用于建筑物的基础和墙体，但用于干湿交替作用和易受冻融部位的砖，其强度等级必须大于 MU15。

（2）粉煤灰砖不准用于长期受热 200℃以上，受急冷、急热和有酸性侵蚀的建筑部位。

（3）用粉煤灰砖砌筑的建筑物，应适当增设圈梁及伸缩缝或采取其他措施，以避免或减少收缩裂缝的产生。

1.2.3 煤渣砖

煤渣砖是以煤燃烧后的残渣为主要原料，配以一定数量的石灰和少量石膏，经加水搅拌混合，压制成型、蒸养或蒸压养护而制成的实心砖。

1. 技术性质

煤渣砖为直角六面体，外形尺寸为 240mm×115mm×53mm，根据抗压强度及抗折强度将其分为 MU25、MU20、MU15、MU10 四个强度等级，根据外观质量、尺寸偏差、强度及抗冻性分为优等品（A）、一等品（B）和合格品（C）三个质量等级。

2. 煤渣砖的应用

煤渣砖可用于一般建筑的墙体和基础。但用于基础或易受冻融和干湿交替作用的建筑部位必须使用 MU15 及以上的砖；煤渣砖不得用于长期受热 200℃以上、或受急冷急热、或有侵蚀性介质侵蚀的建筑部位。

课题 2 砌 块

砌块是砌筑用的人造块材，外形多为直角六面体，也有各种异型的。

按照砌块系列中主规格高度的大小，砌块可分为小型砌块、中型砌块和大型砌块；砌块按有无孔洞分为实心砌块与空心砌块；按原材料不同分为水泥混凝土砌块、粉煤灰砌块、加气混凝土砌块、轻骨料混凝土砌块等。

由于砌块具有原料来源广泛、能够保护耕地、利用工业废料、砌筑方便灵活、施工效率高、自重轻、造价低等优点而得以推广和使用。

2.1 加气混凝土砌块

蒸压加气混凝土砌块（简称加气混凝土砌块）是以钙质材料（水泥、石灰等）和硅质材料（矿渣、砂、粉煤灰等）以及加气剂（铝粉），经配料、搅拌、浇筑、发气、切割和蒸压养护等工艺制成的一种轻质、多孔墙体材料。

2.1.1 加气混凝土砌块的技术要求（GB/T11968—1997）

1. 规格

加气混凝土砌块的规格尺寸见表 7-12。

砌块的规格尺寸（mm）　　　　　　　　　　　　　　表 7-12

砌块公称尺寸			砌块制作尺寸		
长度 L	宽度 B	高度 H	长度 L_1	宽度 B_1	高度 H_1
600	100 125 150 200 250 300	200	L-10	B	H-10
		250			
	120 180 240	300			

2. 强度等级与密度等级

加气混凝土砌块抗压强度为 A1.0、A2.0、A2.5、A3.5、A5.0、A7.5、A10.0 七个等级，见表 7-13。按干体积密度可分为 B03、B04、B05、B06、B07、B08 六个级别，见表 7-14。按外观质量、尺寸偏差、体积密度、抗压强度分为优等品（A）、一等品（B）和合格品（C）。砌块的强度等级见表 7-15。

砌块的抗压强度（MPa） 表 7-13

强度等级	立方体抗压强度		强度等级	立方体抗压强度	
	平均值≥	单块最小值≥		平均值≥	单块最小值≥
A1.0	1.0	0.8	A5.0	5.0	4.0
A2.0	2.0	1.6	A7.5	7.5	6.0
A2.5	2.5	2.0	A10.0	10.0	8.0
A3.5	3.5	2.8			

砌块的干体积密度（kg/m³） 表 7-14

体积密度级别		B03	B04	B05	B06	B07	B08
体积密度	优等品（A）≤	300	400	500	600	700	800
	一等品（B）≤	330	430	530	630	730	830
	合格品（C）≤	350	450	550	650	750	850

砌块的强度等级 表 7-15

体积密度等级		B03	B04	B05	B06	B07	B08
强度等级	优等品（A）			A3.5	A5.0	A7.5	A10.0
	一等品（B）	A1.0	A2.0	A3.5	A5.0	A7.5	A10.0
	合格品（C）			A2.5	A3.5	A5.0	A7.5

2.1.2 加气混凝土砌块的应用

加气混凝土砌块具有体积密度小，保温及耐火性好、抗震性能强、易于加工、施工方便等特点。它适用于低层建筑的承重墙、多层建筑的隔墙及高层框架结构的填充墙，也可用于复合墙板和屋面结构中。但在无可靠的防护措施时，不得用于风中或高湿度及有侵蚀介质的环境中，也不得用于建筑物的基础和温度长期高于80℃的建筑部位。

2.2 粉煤灰砌块

粉煤灰砌块又称粉煤灰硅酸盐砌块。它是以粉煤灰为主要原料，一般都以炉渣作为粗骨料，以石灰、石膏作胶结材料，经加水拌合、振动成型、蒸汽养护而成的密实砌块。根据建材行业标准《粉煤灰砌块》（JC-238—1991）规定，其主要技术要求为：

1. 技术要求

（1）规格：砌块的规格尺寸为 880mm×380mm×240mm 和 880mm×430mm×240mm 两种。砌块端面应设灌浆槽，坐浆面（又叫铺浆面）宜设抗切槽，形状如图 7-3 所示。

（2）外观质量及尺寸允许偏差：外观质量及尺寸允许偏差见表 7-16。

（3）等级划分：按立方体抗压强度分为 MU10、MU13 两个强度等级；按外观质量、尺寸偏差分为一等品（B）和合格品（C）两个质量等级，各等级的抗压强度、碳化后的强度、抗冻性能、密度应满足表7-17的要求。

2．粉煤灰砌块的应用

粉煤灰砌块适用于工业和民用建筑的墙体和基础，但不适用于具有酸性侵蚀的、密封性要求高的及受较大振动影响的建筑物（如锻造车间），也不适用于受高温的承重墙砌筑（如炼钢车间，锅炉房等墙体）和经常受潮湿的承重墙（如厕所、浴室、卫生间等墙体）。

粉煤灰小型空心砌块是一种新型材料，其性能应符合《粉煤灰砌块》JC—238—1991的规定，适用于非承重墙和填充墙砌筑。

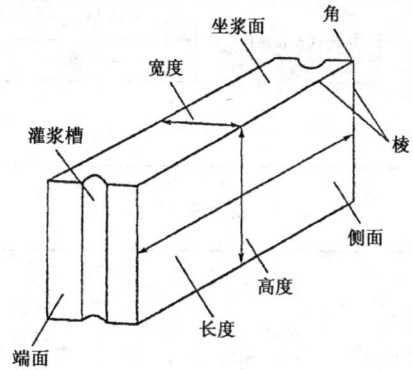

图7-3　粉煤灰砌块形状示意

砌块的外观质量和尺寸允许偏差（mm）　　　　　　表7-16

项　　目			指　　标	
			一等品（B）	合格品（C）
外观质量	表面疏松		不允许	
	贯穿面棱的裂缝		不允许	
	任一面上的裂缝长度		不得大于裂缝方向砌块尺寸的1/3	
	石灰团、石膏团		直径大于5mm的，不允许	
	粉煤灰团、空洞和爆裂		直径大于30mm的不允许	直径大于50mm的不允许
	局部突起高度	≤	10	15
	翘突	≤	6	8
	缺棱掉角在长、宽、高三个方向上投影的最大值	≤	30	50
	高低差	长度方向	6	8
		宽度方向	4	6
尺寸允许偏差		长度	+4，-6	+5，-10
		高度	+4，-6	+5，-10
		宽度	±3	±6

粉煤灰砌块的立方体抗压强度、碳化后强度、抗冻性能、密度及干缩性能　　表7-17

项　　目		MU10	MU13
立方体抗压强度（MPa）	三块平均值	≥10.0	≥13.0
	单块最小值	≥8.0	≥10.5
碳化后强度（MPa）		≥6.0	≥7.5

项　　目		MU10	MU13
干缩值（mm/m）	合格品	≤0.90	
	一等品	≤0.75	
密度		不超过设计值的10%	
抗冻性		冻融循环后无明显疏松、剥落、裂缝，强度损失不大于20%	

2.3　混凝土小型空心砌块

混凝土小型空心砌块是以水泥、砂石等普通混凝土材料制成。空洞率为25%～50%。常用的混凝土砌块外形如图7-4所示。

2.3.1　技术要求（GB8289—1997）

1. 规格

混凝土小型空心砌块规格尺寸一般为390mm×190mm×190mm，其他规格尺寸可由供需双方协商。

2. 强度等级与质量等级

混凝土小型空心砌块按抗压强度分为MU3.5、MU5.0、MU7.5、MU10.0、MU15.0、MU20.0六个强度等级，见表7-18。按其尺寸偏差和外观质量分为优等品（A）、一等品（B）和合格品（C）三个质量等级。

2.3.2　应用

普通混凝土小型空心砌块具有强度较高、自重较轻、耐久性好、外表尺寸规整等优点，部分类型的混凝土砌块还具有美观的饰面以及良好的保温隔热性能。适用于建造抗震设防烈度为8度及8度以下地区的各种建筑墙体，包括高层与大跨度的建筑，也可用于围墙、桥梁、挡土墙、花坛等市政设施，应用十分广泛。

使用注意事项：小砌块采用自然养护时，必须养护28d方可使用；出厂时小砌块的相对含水率必须严格控制在标准规定范围内。小砌块在施工现场堆放时，必须采取防雨措施，砌筑前，小砌块不允许浇水预湿。

我国混凝土小型空心砌块由于发展较晚，目前存在的缺点是强度不高、块体较重、易产

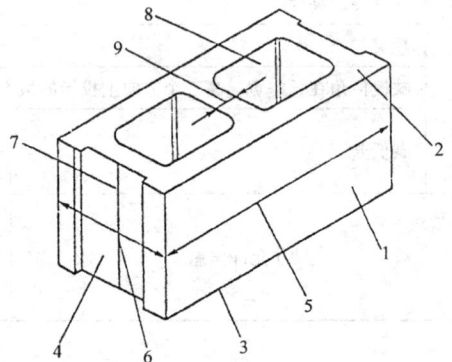

图7-4　小型空心砌块示意
1—条面；2—坐浆面（肋厚较小的面）；
3—铺浆面（肋厚较大的面）；4—顶面；
5—长度；6—宽度；7—高度；8—壁；9—肋

生收缩变形，大部分保温性能差，易破损，不便砍削加工，这些问题亟待解决。

强度等级	砌块抗压强度	
	平均值不小于	单块最小值不小于
MU3.5	3.5	2.8
MU5.0	5.0	4.0
MU7.5	7.5	6.0
MU10.0	10.0	8.0
MU15.0	15.0	12.0
MU20.0	20.0	16.0

课题 3　墙　　板

墙用板材是一种复合材料，其特点有质轻、节能、施工方便、快捷、使用面积大、开间布置灵活等，其发展前景广阔。墙用板材常用的品种有水泥类墙用板材、石膏类墙用板材、植物纤维类墙用板材、复合墙板等。

3.1　水泥类墙板

3.1.1　蒸压加气混凝土板

蒸压加气混凝土板是由钙质材料（水泥＋石灰或水泥＋矿渣）、硅质原料（石英砂或粉煤灰）、石膏、铝粉、水和钢筋等制成的轻质墙体材料。

在蒸压养护过程中生成以托勃莫来石为主的水热合成产物，对制品的物理力学性能起关键作用；石膏作为掺和料可改善料浆的流动性与制品的物理性能；铝粉是发气剂，与Ca(OH)$_2$反应起发泡作用；钢筋起增强作用，提高板材的弯曲强度。蒸压加气混凝土板分为屋面板、外墙板和隔墙板。根据《蒸压加气混凝土板》GB15762—1995 的规定，屋面板的公称长度为 1800～6000mm，宽度为 500 或 600mm，厚度为 150、170、180、200、240、250mm；外墙板长度为 1500～6000mm，宽度为 500 或 600mm，厚度为 150、170、180、200、240、250mm；隔墙板的长度按设计要求，宽度为 500 或 600mm，厚度为 75、100、120mm。

蒸压加气混凝土板含有大量微小的、非连通的气孔，孔隙率达 70%～80%。因此，具有自重轻、绝热性好、隔声、吸声、耐火等特性，并具有一定的承载能力，可用于单层或多层工业厂房的外墙，也可用于公共建筑及居住建筑的内隔墙和外墙。

3.1.2　轻集料混凝土配筋墙板

轻集料混凝土配筋墙板是以水泥为胶结材料，陶粒或天然浮石等为粗集料，陶砂、膨胀珍珠岩、浮石砂等为细集料，经搅拌、成型、养护而成的一种轻质墙板。其品种分为浮石全轻混凝土墙板、页岩陶粒炉下灰混凝土墙板及粉煤灰陶粒珍珠岩砂混凝土墙板。其规格分别为：3300mm×2900mm×32mm，3300mm×2900mm×30mm 及 4480mm×2430mm×22mm。

3.1.3　玻璃纤维增强水泥轻质多孔隔墙条板（GRC 板）

玻璃纤维增强水泥轻质多孔隔墙条板是以耐碱玻璃纤维为增强材料，以低碱度水泥（硫铝酸盐水泥）、轻骨料及水为基材，通过一定的工艺过程制成的具有若干孔洞的条形板材。根据《玻璃纤维增强水泥轻质多孔隔墙条板》JC666—1997的规定，其规格见表7-19。

产品型号及规格尺寸（mm）   表7-19

型号	L（长）	B（宽）	T（厚）	a（接缝槽深）	b（接缝槽宽）
60	2500～2800	600	60	2～3	20～30
90	2500～3000	600	90	2～3	20～30
120	2500～3500	600	120	2～3	20～30

注：其他规格尺寸可由供需双方协商解决。

GRC多孔板性能较好，安装方便，适用于工业与民用建筑的分室、分户、厨房、厕浴间、阳台等非承重的内外墙体部位；若抗压强度大于10MPa的板材也可用于建筑加层和两层以下建筑的内外承重墙体部位。

3.1.4 水泥刨花板

以水泥为胶凝材料，木质材料（木材加工剩余物、小茎材、树桠材或植物纤维中的蔗渣、棉秆、秸秆、棕榈、亚麻秆等）的刨花碎料为增强材料，外加适量的化学助凝剂和水，采用半干法生产工艺，在受压状态下完成水泥与木质材料的固结而形成的板材，称为水泥刨花板。其规格尺寸为长度2600～3200mm，宽度为1250mm，厚度8～40mm，其特性是轻质、隔声、隔热、防火、防水、抗虫蛀及可锯、可钉可胶合、可装饰等，适用于建筑物的隔墙板、吊顶板、地板、门芯等。

3.2 石膏类墙板

石膏类板材具有轻质、绝热、吸声、防火、尺寸稳定及施工方便等性能，在建筑工程中得以广泛应用，是一种发展前景广阔的新型建筑材料。

3.2.1 纸面石膏板

纸面石膏板是以建筑石膏（半水石膏）为胶凝材料，掺入适量添加剂和纤维作为板芯，以特制的护面纸作为面层的一种轻质板材。按其特性分为普通纸面石膏板、耐水纸面石膏板、耐火纸面石膏板，其规格尺寸见表7-20。

纸面石膏板的规格尺寸与允许偏差   表7-20

项　　目	公称尺寸	允许偏差
长度（mm）	1800、2100、2400、2700、3000、3300、3600	0，-6
宽度（mm）	900、1200	0，-5
厚度（mm）	9.5	±0.5
	12.0、15.0、18.0、21.0、25.0	±0.6

纸面石膏板主要用于隔墙、内墙及室内吊顶，使用时须安装龙骨以固定石膏板。

3.2.2 纤维石膏板

纤维石膏板是由建筑石膏、纤维材料（废纸纤维或有机纤维）、多种添加剂和水经特殊工艺制成的石膏板，可分为单层均质板、三层板和轻质石膏纤维板。其规格尺寸与纸面石膏板基本相同，强度高于纸面石膏板。其特性为尺寸稳定性好、防火、防潮、隔声、可锯、可钉、可装饰的二次加工，此外它还对室内空气的湿度有一定的调节作用，且不产生有害挥发物，可用于工业与民用建筑中的隔墙、吊顶及一定程度代替木材。

3.2.3 石膏空心条板

石膏空心条板是以建筑石膏为胶凝材料，适量加入各种轻质骨料（膨胀珍珠岩、膨胀蛭石等）和改性材料（粉煤灰、矿渣、石灰、外加剂等）经拌合、浇筑、振捣成型、抽芯、脱膜、干燥而成，孔数 7～9，孔洞率 30%～40%。

按原材料可将石膏空心条板分为石膏珍珠岩空心条板、石膏粉煤灰硅酸盐空心条板和石膏空心条板；按防水性能分为普通空心条板和耐水空心条板；按强度分为普通型空心条板和增强型空心条板；按材料结构和用途分素板、网板、钢埋件网板。其规格为长 2100～3300mm，宽度 250～600mm，厚度 60～80mm。石膏空心条板适用于工业与民用建筑的非承重内隔墙。其特性为生产时不用纸、不用胶，安装时不用龙骨。

3.2.4 复合墙板

复合墙板是用两种或两种以上具有完全不同性能的材料，经过一定的工艺过程制造而成的建筑预制品。复合墙板有复合外墙板和复合内墙板，复合外墙板一般为整开间板或条式板，复合内墙板一般为条式板，复合墙板可以将不同类型的板材的优点结合到一起，从而满足墙体的多功能要求（既能满足建筑节能要求又能满足防水、强度要求）。

1. 钢丝网架水泥夹心板

钢丝网架水泥夹心板是以两片钢丝网将聚氨酯、聚苯乙烯、脲醛树脂等泡沫塑料、轻质岩棉或玻璃棉等芯材夹在中间，两片钢丝网间以斜穿过芯材的之字形钢丝相互连接，形成稳定的三维结构，经施工现场喷抹水泥砂浆而成，如图 7-5 所示。

钢丝网架水泥夹芯板按照保温芯材的种类可分为钢丝网架水泥聚苯乙烯夹芯板和钢丝网架水泥岩棉夹芯板；按照厚度和构造不同可分为隔墙板、外墙板、楼板和屋面板；按照钢丝的直径不同可分为承重板材和非承重板材，钢丝直径全部为 2mm 时，一般作非承重用；网架钢丝直径在 2～4mm 之间，插筋直径在 4～6mm 之间，可作承重墙板。其规格尺寸见表 7-21。

钢丝网架水泥夹心板具有质量轻、保温、隔声、抗冻融性能好、抗震能力强和能耗低等优点。如以矿棉代替泡沫塑料，制成纯无机材料的复合板，可使其耐火极限达 2.5h 以上。钢丝网架水泥夹心板可用于做墙板、屋面板、各种保温板材，适当加筋后具有一定的承载能力，用于屋面，是集保温、防水和自承重为一体的多功能材料。

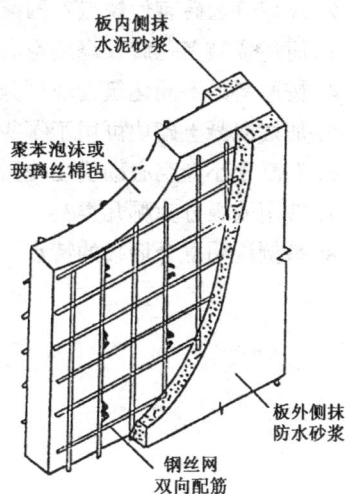

图 7-5　钢丝网架水泥夹心板

2. 金属夹心板材

金属夹心板材是以厚度为 0.5～0.8mm 的金属板为面材，以硬质聚氨酯泡沫塑料或聚苯乙烯泡沫塑料或岩棉等绝热材料为芯材，经过粘接复合而成的夹芯式板材。其特点是质量轻、强度高、具有高效绝热性、施工方便快捷、可多次拆卸、重复安装使用、有较高的

钢丝网架夹心板规格

表 7-21

品　　种		规格尺寸（mm）		
		长度	宽度	厚度
钢丝网架泡沫塑料夹心板		2140 2440 2740 2950	1220	76（50）
钢丝网架岩棉夹心板	GY2.0-40	3000 以内	1200, 900	65（40）
	GY2.5-50			75（50）
	GY2.5-60			85（60）
	GY2.8-60			85（60）

　　注：厚度为钢丝框架名义厚度，不是抹灰厚度（如 76mm 厚框架抹灰后的厚度为 102mm 或以上），括号内尺寸为保温芯材厚度。

耐久性。它可用于冷库、仓库、工厂车间、仓储式超市、商场、办公楼、旧楼房加层、活动房、战地医院、展览场馆、体育场馆及候机楼等建筑。其使用的金属面材主要有彩色喷涂钢板、彩色喷涂镀铝锌板、镀锌钢板、不锈钢板、铝板、钢板。目前较为流行的金属面材为彩色喷涂钢板。

复习思考题

1．简述墙体材料的类型。
2．烧结普通砖有何缺点？国家为何要将其逐渐淘汰？
3．简述烧结多孔砖及烧结空心砖的区别。
4．按原料的不同建筑砌块可分为哪几种类型？
5．加气混凝土砌块可用于哪些结构中？
6．混凝土小型空心砌块在使用时应注意哪些事项？
7．常用墙板分为哪几类？
8．举例说明复合墙板的特点。

单元 8　建筑钢材与玻璃

知 识 点：本单元主要阐述建筑钢材及建筑玻璃的分类、性质及应用。

教学目标：通过本单元的学习，使学生能够掌握钢材的分类、主要技术性能及钢材的选用；掌握建筑玻璃的基本性能及分类。

课题 1　建 筑 钢 材

建筑钢材是指用于工程建设的各种钢材，包括钢结构用的各种型钢（圆钢、角钢、槽钢和工字钢），钢板，钢筋混凝土用的各种钢筋、钢丝和钢绞线。除此之外，还包括用作门窗和建筑五金等钢材。

建筑钢材强度高、品质均匀，有良好的塑性和韧性，能承受冲击和振动荷载，易于加工装配，施工方便，因此，建筑钢材被广泛用于建筑工程中。

钢材的缺点是容易生锈，维护费用大，耐火性差。

1.1　钢材的分类

1.1.1　按冶炼方法分类

钢和铁的主要区别在于含碳量的多少，含碳量大于 2.06% 的为生铁，0.02% ~ 2.06% 的为钢，低于 0.02% 称为纯铁。炼钢的目的就是通过冶炼将生铁中的含碳量降至 2.06% 以下，其他杂质含量降至一定的范围内，以显著改善其技术性能，提高质量。根据钢的冶炼方法将钢分为转炉钢、平炉钢和电炉钢三种。

1.1.2　按脱氧方法分类

钢在熔炼过程中会产生部分氧化铁并残留在钢水中，如不去除将会影响钢的质量。一般在铸锭时要进行脱氧处理。脱氧程度不同，钢材的性能就有差别，因此，按冶炼时脱氧程度将钢分为：

（1）沸腾钢：是脱氧不完全的钢，其代号为"F"。沸腾钢内部杂质多、材质不均匀、强度低、冲击韧性和可焊性差，但生产成本低，可用于一般建筑工程。

（2）镇静钢：是脱氧完全的钢，其代号为"Z"。镇静钢组织致密、成分均匀、性能稳定、质量好，但成本高，适用于预应力混凝土等重要结构工程。

（3）半镇静钢：脱氧程度介于沸腾钢与镇静钢之间，其代号为"b"，质量较好。

（4）特殊镇静钢：比镇静钢脱氧程度还要充分的钢，其代号为"TZ"。特殊镇静钢质量最好，适用于特别重要的结构工程。

建筑工程中，主要使用沸腾钢、半镇静钢和镇静钢。

1.1.3　按化学成分分类

按合金元素含量将钢分为非合金钢、低合金钢和合金钢三类。

合金钢是在碳素钢中加入合金元素（锰、硅、钒、钛等）用于改善钢的性能或使其获得某些特殊性能。而非合金钢中的合金主要是炼钢过程中残留物含量较低，对钢的性能影响不大，对钢的性能影响较大的是碳的含量，因此，非合金钢又称为碳素钢。碳素钢又分为低碳钢（碳含量小于0.25%）、中碳钢（碳含量0.25%~0.6%）和高碳钢（碳含量大于0.6%）。建筑工程中，钢结构和钢筋混凝土结构用钢主要使用碳素钢和低合金钢加工成的产品，而合金钢使用较少。

1.1.4 按有害杂质含量分类

根据钢材中硫、磷的含量，将钢材分为：

（1）普通钢：磷含量不大于0.045%，硫含量不大于0.050%。

（2）优质钢：磷含量不大于0.035%，硫含量不大于0.035%。

（3）高级优质钢：磷含量不大于0.025%，硫含量不大于0.025%。

（4）特级优质钢：磷含量不大于0.025%，硫含量不大于0.015%。

1.1.5 按用途分类

按用途可将钢材分为：

（1）结构钢：主要用作工程结构及机械零件的钢。

（2）工具钢：主要用于各种刀具、量具及模具的钢。

（3）特殊钢：具有特殊物理、化学或机械性能的钢，如不锈钢、耐热钢、耐酸钢和耐磨钢等。

目前，建筑工程中常用的钢种是普通碳素结构钢和普通低合金结构钢。

1.2 钢材的主要技术性能

建筑钢材的技术性能主要有力学性能（抗拉性能、抗冲击性能、耐疲劳性能和硬度）和工艺性能（冷弯性能和可焊接性能）。

1.2.1 力学性能

1. 抗拉性能

抗拉性能是建筑钢材最主要的技术性能。通过拉伸试验可以测得钢材的屈服程度、抗拉强度和伸长率这三个重要技术性能指标。

关于钢材的抗拉性能，可以用低碳钢受拉时的应力-应变（σ-ε）图（图8-1）来表述。

从图8-1中可能看出，低碳钢从受拉至拉断，可分为以下四个阶段：

（1）弹性阶段（OA）

在OA范围内，随着荷载的增加，应力和应变成正比增加，如果卸去荷载，试件将恢复原状，表现为弹性变形，与A点相对应的应力σ_p为弹性极限。在这一范围内，应力与应变的比值为一常量，称为弹性模量，用E表示，即$E=\sigma/\varepsilon$。弹性模量反映钢材抵抗变形的能力，是计算结构受力变形的重要指标。

（2）屈服阶段（AB）

在AB曲线范围内，应力与应变不成比例，开始产生塑性变形，应变增加的速度大于应力增长速度，钢材抵抗外力的能力发生"屈服"了。图中$B_上$点是这一阶段应力最高点，称为屈服上限，$B_下$点为屈服下限。因$B_下$比较稳定、易测，所以，一般以$B_下$点对应的应力作为屈服点，用σ_s表示。

该阶段在材料万能试验机上表现为指针不动（即使加大送油）或来回窄幅摇动。

钢材受力达屈服点后，变形即迅速发展，且不可恢复，尽管其尚未破坏但已不能满足使用要求，所以，设计中一般以屈服点作为强度取值依据。

（3）强化阶段（BC）

过 B 点后，抵抗塑性变形的能力又重新提高，变形发展速度比较快，随着应力的提高而增强。对应于最高点 C 的应力，称为抗拉强度，用 σ_b 表示。

抗拉强度虽然不能直接作为计算的依据，但屈服强度和抗拉强度的比值即屈强比，用 σ_s/σ_b 表示，却能反映钢材的安全可靠程度和利用率。屈强比越小，表明材料的安全性和可靠性越高，结构越安全。但屈强比过小，则钢材有效利用率太低，造成浪费。常用碳素钢的屈强比为 0.58～0.63，合金钢为 0.65～0.75。

图 8-1　低碳钢受拉时应力-应变图

（4）颈缩阶段（CD）

过 C 点后，材料变形迅速增大，而应力下降。试件在拉断前，于薄弱处截面显著缩小，产生"颈缩现象"，直至断裂。

伸长率是指试件拉断后，标距长度的增量与原标距长度成正比，用 δ 表示。见下式：

$$\delta = \frac{L_1 - L_0}{L_0} \times 100\% \tag{8-1}$$

式中　δ——伸长率，%；

L_0——试件拉伸前的标距；

L_1——试件拉断后重新测定的标距距离。

伸长率表征了钢材的塑性变形能力，由于在塑性变形时颈缩处的变形最大，所以原标距与试件的直径之比愈大，则颈缩处伸长值在整个伸长值中所占的比例愈小，因此，计算所得的伸长率会较小。如以 δ_5 和 δ_{10} 分别表示 $L_0 = 5d_0$ 和 $L_0 = 10d_0$ 时的伸长率，d_0 为试件直径，则对同一种钢材，$\delta_5 > \delta_{10}$。

钢材的塑性变形能力也可用断面收缩率（即试件拉断后颈缩处横截面积的减缩量占原横截面积的百分率）来表示。

由于高碳钢材质硬脆，抗拉强度高，塑性变形小，没有明显的屈服现象，难以直接测定屈服强度，所以规范中规定以产生残余变形为原标距长的 0.2% 时所对应的应力值作为屈服强度，用 $\sigma_{0.2}$ 表示，称条件屈服点（或名义屈服点）。

2. 冲击韧性

冲击韧性是指钢材抵抗冲击荷载而不破坏的能力。冲击韧性指标是通过标准试件的弯曲冲击韧性试验确定的。如图 8-2 所示，以摆锤冲击试件刻槽的背面，使试件承受冲击弯曲而断裂。将试件冲断的缺口处单位截面积上所消耗的功作为钢材的冲击韧性指标，用 a_k 表示。a_k 值愈大，钢板的冲击韧性愈好。

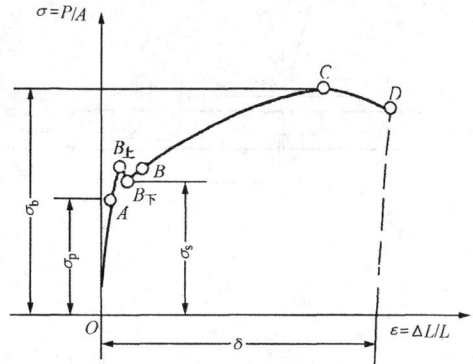

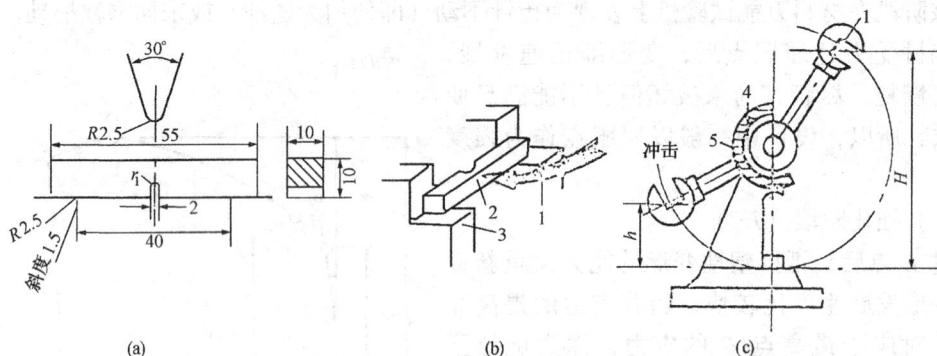

图 8-2　冲击韧性试验示意图
(a) 试件尺寸；(b) 试验装置；(c) 试验机
1—摆锤；2—试件；3—试验台；4—刻度盘；5—指针

影响钢材冲击韧性的因素很多,如钢材的化学成分、内在缺陷、加工工艺及环境温度都会影响钢材的冲击韧性。试验表明,冲击韧性随温度的降低而下降,其规律是开始时下降较平缓,当达到一定温度范围时,冲击韧性会突然下降很多而呈脆性,这种脆性称为钢材的冷脆性。这时的温度称为脆性转变温度,如图 8-3 所示。其数值愈低,说明钢材的低温冲击性能愈好,因此,在负温下使用的结构,应当选用脆性转变温度低于使用温度的钢材。

冷加工时效处理也会使钢材的冲击韧性下降。钢材的时效是指钢材随时间的延长,钢材强度逐渐提高而塑性、韧性下降的现象。完成时效的过程可达数十年,但钢材如经过冷加工或使用中受振动和反复荷载作用,时效可迅速发展。因时效而导致性能改变的程度称为时效敏感性。对于承受动荷载的结构应该选用时效敏感性小的钢材。另外,对于直接承受动荷载而且可能在负温下工作的重要结构必须进行钢材的冲击韧性检验。

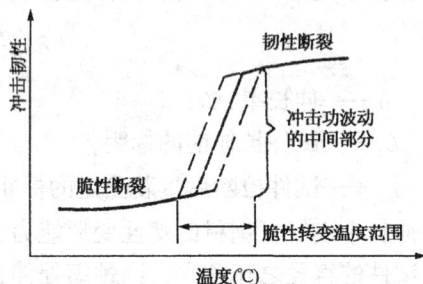

图 8-3　钢材的冲击韧性与温度的关系

3. 疲劳强度

钢材在交变荷载反复作用下,可在远小于抗拉强度的情况下突然破坏,这种破坏称为疲劳破坏。钢材的疲劳破坏指标用疲劳强度（或称疲劳极限）来表示,它是指试件在交变应力条件下,作用 10^7 周次,不发生疲劳破坏的最大应力值。

钢材的疲劳破坏是由拉应力引起,首先在局部开始形成微细裂纹,其后由于裂纹尖端处产生应力集中而使裂纹扩展直至钢材断裂。钢材的化学成分、杂质含量、表面光洁度、加工损伤等均影响钢材疲劳强度。

疲劳破坏经常突然发生,因而有很大的危险性,往往造成严重事故,在设计承受反复荷载且须进行疲劳验算的结构时,应当了解所用钢材的疲劳强度。

4. 硬度

钢材的硬度是指其表面抵抗重物压入产生塑性变形的能力。测定硬度的方法有布氏法和洛氏法以及维氏法等。

建筑钢材常用布氏法表示，如图 8-4 所示，其硬度指标为布氏硬度值（HB）。

布氏法是利用直径为 D（mm）的淬火钢球，以一定的荷载 F_p（N）将其压入试件表面，得到直径为 d（mm）的压痕，以压痕表面积 S 除荷载 F_p，所得的应力值即为试件的布氏硬度值 HB，以不带单位的数字表示。

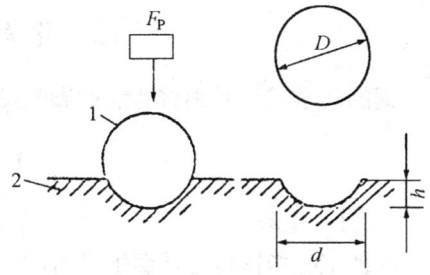

图 8-4　布氏硬度测定示意图
1—钢球；2—试件

1.2.2　工艺性能

钢材应具有良好的工艺性能，以满足施工工艺的要求。冷弯、冷拉、冷拔及焊接性能是建筑钢材的重要工艺性能。

1. 冷弯性能

冷弯性能是指钢材在常温下承受弯曲变形的能力。钢材的冷弯性能是以试验时的弯曲角度 α 和弯心直径 d 为衡量指标，如图 8-5 所示。钢材冷弯试验时，用直径（或厚度）为 a 的试件，选用弯心直径 $d = na$ 的弯头（n 为自然数，其大小由技术标准或试验方法来规定），弯曲到规定的角度（90°或 180°）后，检查弯曲处若无裂纹、断裂及起层等现象，即认为冷弯试验合格。

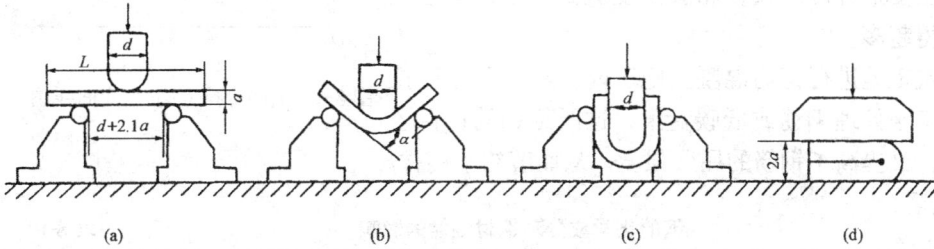

图 8-5　钢材冷弯试验示意图
（a）安装试件；（b）弯曲 90°；（c）弯曲 180°；（d）弯曲至两面重合

钢材的冷弯性能与伸长率一样，也是反映钢材在静荷载作用下的塑性，但冷弯试验条件更苛刻，更有助于暴露钢材的内部组织是否均匀，是否存在内应力、微裂纹、表面未熔合及夹杂物等缺陷。

2. 焊接性能

建筑工程中，钢材间的连接绝大多数采用焊接方式。焊接是一种采用加热或加热同时加压的方法使两个分离件连接在一起。焊接的质量取决于钢材与焊接材料的可焊性及焊接工艺。

可焊性是指在一定的焊接工艺条件下，在焊缝及附近过热区不产生裂缝及硬脆倾向，焊接后的力学性能，特别是强度不得低于原钢材的性能。

钢材的化学成分、冶炼质量、冷加工、焊接工艺及焊条材料等都会影响焊接性能。含碳量小于 0.25% 的碳素钢具有良好的可焊性；含碳量大于 0.3% 时可焊性变差；硫、磷及气体杂质会使可焊性降低；加入过多的合金元素，也会降低可焊性。对于高碳钢，为改善焊接质量，一般需要采用预热和焊后处理，以保证质量。

1.3　化学成分对钢材性能的影响

钢的化学成分对钢材性能的影响见表 8-1。

1.4　钢材的加工

1.4.1　冷加工

冷加工是指钢材在常温下进行的加工。常见的冷加工方式有：冷拉、冷拔、冷轧、冷扭、刻痕等。钢材经冷加工产生塑性变形，从而提高其屈服强度，这一过程称为冷加工强化处理。

冷拉——将热轧钢筋用冷拉设备进行张拉，拉伸至产生一定的塑性变形后，卸去荷载。

冷拔——将光圆钢筋通过硬质合金拔丝模孔强行拉拔。每次拉拔断面缩小应在 10% 以内。

冷加工强化过程如图 8-6 所示。钢材的应力-应变曲线为 $OABCD$，若钢材被拉伸至超过屈服强度的任意一点 K 时，放松拉力，则钢材将恢复到 O' 点。如此时立即再拉伸，其应力-应变曲线将为 $O'KCD$，新的屈服点 K 比原屈服点 B 提高，但伸长率降低。这表明：在一定范围内，冷加工变形程度越大，屈服强度提高越多，塑性和韧性降低得越多。

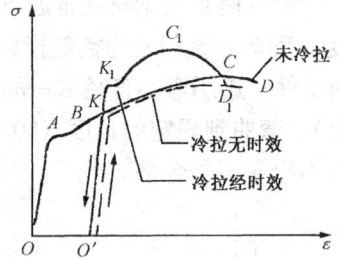

在建筑工地进行钢筋混凝土施工时，经常采用冷拉或冷拔加工来处理钢筋或低碳盘条，这既给钢筋进行了调直除锈，又提高了钢筋的屈服强度，从而节约了钢材。

图 8-6　钢筋冷拉应力-应变曲线图

钢的化学成分对钢材性能的影响　　　　　　　　　表 8-1

化学成分	化学成分对钢材性能的影响	备　注
碳（C）	含碳量在 0.8% 以下时，随含碳量的增加，钢的强度和硬度提高，塑性和韧性降低；但当含量大于 1.0% 时，随含碳量增加，钢的强度反而下降。含碳量增加，钢的焊接性能变差，尤其当含碳量大于 0.3% 时，钢的可焊接性显著降低	建筑钢材的含碳量不可过高，但在用途上允许时，可用含碳量较高的钢，最高可达 0.6%
硅（Si）	硅含量在 1.0% 以下时，可提高钢的强度、疲劳极限、耐腐蚀性及抗氧化性，对塑性和韧性影响不大，但可焊性和冷加工性能有所影响。硅可作为合金元素，用以提高合金钢的强度	硅是有益元素，通常碳素钢中硅含量小于 0.3%，低合金钢含硅量小于 1.8%
锰（Mn）	锰可提高钢材的强度、硬度及耐磨性。能消减硫和氧引起的热脆性，改善钢材的热工性能。锰可作为合金元素，提高钢材的强度	锰是有益元素，通常锰含量在 1% ~ 2%
硫（S）	硫引起钢材的"热脆性"，会降低钢材的各种机械性能，使钢材的可焊性、冲击韧性、耐疲劳性和抗腐蚀性等均降低	硫是有害元素，建筑钢材的含硫量应尽可能减少，一般要求含硫量小于 0.045%

化学成分	化学成分对钢材性能的影响	备　注
磷（P）	磷引起钢材的"冷脆性"，磷含量提高，钢材的强度、硬度、耐磨性和耐蚀性提高，塑性、韧性和可焊性显著下降	磷是有害元素，建筑用钢要求含磷量小于0.045%
氧（O）	含氧量增加，使钢材的机械强度降低、塑性和韧性降低，促进时效，还能使焊接性能变差	氧是有害元素，建筑钢材的含氧量应尽可能减少，一般要求含氧量小于0.03%
氮（N）	氮使钢材的强度提高，塑性特别是韧性显著下降。氮会加剧钢的时效敏感性和冷脆性，使可焊性变差。但在铝、铌、钒等元素的配合下，可细化晶粒，改善钢的性能，故可作为合金元素	建筑钢材的含氮量应尽可能减少，一般要求含氮量小于0.008%

1.4.2　时效

将经过冷拉的钢筋于常温下存放 15～20d，或加热到 100～200℃并保持 2h 左右，这个过程称为时效处理。前者称为自然时效，后者称为人工时效。

钢筋冷拉以后再经过时效处理，其屈服点、抗拉强度及硬度进一步提高，塑性及韧性继续降低。如图 8-6 所示，经冷加工和时效后，其应力-应变曲线为 $O'K_1C_1D_1$，此时屈服强度点 K_1 和抗拉强度点 C_1 均较时效前有所提高。一般强度较低的钢材采用自然时效，而强度较高的钢材则采用人工时效。

因时效而导致钢材性能改变的程度称为时效敏感性。时效敏感性大的钢材，经时效后其韧性、塑性改变较大。因此，对重要结构应选用时效敏感性小的钢材。

1.4.3　热处理

热处理是指将钢材加热到一定温度，并保持一定时间，再以一定方式进行冷却，使钢材内部晶体组织和显微结构按要求改变，或清除钢中的应力，从而获得所需的力学性能，这一过程叫做热处理。热处理的方式有：淬火、回火、退火和正火。建筑工程所用钢材一般只在生产厂进行热处理，并以热处理状态供应。在施工现场，有时需对焊接钢材进行热处理。

1.5　钢材的防护措施

1.5.1　钢材的锈蚀

钢材的锈蚀是指钢材表面与周围介质发生作用而引起破坏的现象。锈蚀不仅使其截面减小，降低承载力，而且由于局部腐蚀造成应力集中，易导致结构破坏。如果受到冲击荷载或循环交变荷载的作用，将产生锈蚀疲劳现象，使钢材疲劳强度大为降低，甚至出现脆性断裂。根据钢材与环境介质作用的机理，腐蚀可分为化学锈蚀和电化学锈蚀。

1. 化学锈蚀

化学锈蚀是指钢材与周围介质（如氧气、二氧化碳、二氧化硫和水等）发生化学反应，生成疏松的氧化物而产生的锈蚀。在干燥环境中化学锈蚀的速度缓慢，但在干湿交替的情况下，锈蚀速度大大加快。

2. 电化学锈蚀

电化学锈蚀是指钢材与电解质溶液接触而产生电流，形成微电池从而引起锈蚀。钢材本身含有铁、碳等多种成分，在电解质存在时，由于成分的电极电位不同，而形成许多微电池，钢中的铁元素失去电子成为 Fe^{2+} 离子进入介质溶液，与溶液中的 OH^- 离子结合生成 $Fe(OH)_2$，使钢材遭到锈蚀。

实际上，钢材在大气中的锈蚀是化学锈蚀和电化学锈蚀共同作用的结果。

1.5.2 钢材锈蚀的防止

1. 保护膜法

利用保护膜使钢材与周围介质隔离，从而避免或减缓外界腐蚀性介质对钢材的破坏作用。例如，在钢材表面刷漆、喷涂料、搪瓷、塑料或以金属镀层为保护膜如镀锌、镀锡、镀铬等。

2. 采用耐候钢

耐候钢即耐大气腐蚀钢。耐候钢是在碳素钢和低合金钢中加入少量的铜、铬、镍、钼等合金元素而制成。耐候钢既有致密的表面防腐保护，又有良好的焊接性能，其强度级别与常用碳素钢和低合金钢一致，技术指标接近。

混凝土中钢筋的防锈方法虽然可以采用以上两种方法，但最经济有效的方法是提高混凝土的密实度和碱度。因为提高混凝土的密实度可以阻止或延缓外部有害介质的侵入，而提高混凝土的碱度是由于其中的 $Ca(OH)_2$ 可在钢筋表面形成碱性氧化膜（pH > 12 时）对钢筋起保护作用。如果空气中 CO_2 浓度增加使混凝土不断碳化，则 pH < 12 后，起保护作用的碱性氧化膜可能遭到破坏，从而钢筋锈蚀。

Cl^- 离子也会破坏保护膜，所以在配制钢筋混凝土时应该限制氯盐的使用量。而在预应力混凝土中应禁止含氯盐的骨料及外加剂的使用。

1.5.3 钢材的防火保护

钢尽管不燃，但并不能抵抗火灾。以失去支持能力为标准，无保护层时钢柱和钢屋架的耐火极限只有 15min，而裸露钢梁的耐火极限仅为 9min。温度在 200℃ 以内，可以认为钢材的性能基本不变；超过 300℃ 以后，钢材的弹性模量、屈服点和极限强度均显著下降，应变急剧增大；到达 600℃ 时钢材已失去承载能力。

在钢材表面包裹或覆盖绝热或吸热材料阻隔火焰和热量，推迟钢结构的升温速度，可有效地对钢材起到防火保护作用。防火方法以包裹为主，用防火涂料、不燃板材（如石膏板、硅酸钙板、蛭石板、珍珠岩板、矿棉板、岩棉板等）、混凝土和砂浆等将钢结构件包裹起来。

1.6 钢材的标准、选用与保管

建筑工程用钢有钢结构用钢和钢筋混凝土用钢两类，前者主要包括型钢、钢板和钢管，后者主要包括钢筋、钢丝和钢绞线。

1.6.1 钢结构用钢

1. 碳素结构钢

国家标准《碳素结构钢》（GB700—1988）中对碳素结构钢的牌号表示方法、代号和符号、技术要求、试验方法、检验规则等做了具体规定。

（1）牌号及表示方法

钢的牌号由代表屈服点的字母（Q）、屈服点的数值、质量等级符号、脱氧方法等四部分按顺序组成。按屈服点的数值（MPa）分为 Q195、Q215、Q235、Q255、Q275 五种；按硫、磷杂质的含量由多到少分为 A、B、C、D 四个等级；按脱氧程度不同分为特殊镇静钢（TZ）、镇静钢（Z）、半镇静钢（b）和沸腾钢（F）。对于特殊镇静钢和镇静钢，在钢的牌号中予以省略。如 Q235—A·F，表示屈服强度为 235MPa 的 A 级沸腾钢。

（2）技术要求

碳素结构钢的技术要求包括化学成分、力学性能、冶炼方法、交货状态、表面质量五个方面，应分别符合表 8-2、表 8-3 及表 8-4 的要求。

（3）碳素结构钢的应用

碳素结构钢随牌号的增大，含碳量增高，屈服强度、抗拉强度提高，但塑性与韧性降低，冷弯性能变差，同时可焊性也降低。

建筑工程中应用最广泛的是 Q235 号钢，它的特点是既具有较高的强度，又具有较好的塑性、韧性，同时还具有较好的可焊性，其综合性能好，能满足一般钢结构和钢筋混凝土用钢要求，且成本较低。可用于轧制型钢、钢板、钢管与钢筋。

Q195、Q215 钢强度较低，塑性、韧性、加工性能及可焊性较好；而 Q255、Q275 钢强度较高，塑性韧性较差，耐磨性较好，可焊性较差。

2. 低合金高强度结构钢

低合金高强度结构钢是在碳素结构钢的基础上，添加少量的一种或几种合金元素（合金总量小于 5%）的一种结构钢。加入合金元素的目的是为了提高钢的屈服强度、耐磨性、耐蚀性及耐低温性能，而且与使用碳素钢相比，可节约钢材 20%～30%，成本并不很高，所以是一种综合性能较好的建筑钢材。

碳素结构钢的化学成分　　　　　　　　　　　　表 8-2

牌号	质量等级	化学成分					脱氧方法
		C	Mn	Si	S	P	
					≤		
Q195	—	0.06~0.12	0.25~0.50	0.30	0.050	0.045	F, b, Z
Q215	A	0.09~0.15	0.25~0.55	0.30	0.050	0.045	F, b, Z
	B				0.045		
Q235	A	0.14~0.22	0.30~0.65	0.30	0.050	0.045	F, b, Z
	B	0.12~0.20	0.30~0.70		0.045		
	C	≤0.18	0.35~0.80		0.040	0.040	Z
	D	≤0.17			0.035	0.350	T, Z
Q255	A	0.18~0.28	0.40~0.70	0.30	0.050	0.045	F, b, Z
	B				0.045		
Q275	—	0.20~0.38	0.50~0.80	0.35	0.050	0.045	b, Z

注：Q235A、Q235B 级沸腾钢锰含量上限为 0.60%。

牌号	等级	拉伸试验													冲击试验	
		屈服点（MPa）						抗拉强度/MPa	伸长率 δ（%）						温度（℃）	V形冲击功（纵向）（J）
		钢材厚度（直径）（mm）							钢材厚度（直径）（mm）							
		≤16	>16~40	>40~60	>60~100	>100~150	>150		≤16	>16~40	>40~60	>60~100	>100~150	>150		
		≥							≥							≥
Q195	—	(195)	(185)	—	—	—	—	315~430	33	32	—	—	—	—	—	—
Q215	A	215	205	195	185	175	165	335~450	31	30	29	28	27	26	—	—
	B														20	27
Q235	A	235	225	215	205	195	185	375~500	26	25	24	23	22	21	—	—
	B														20	27
	C														0	
	D														-20	
Q255	A	255	245	235	225	215	205	410~550	24	23	22	21	20	19	—	—
	B														20	27
Q275	—	275	265	255	245	235	225	490~630	20	19	18	17	16	15	—	—

牌号	试样方向	冷弯试验（试样宽度 = 2a，180º）		
		钢材厚度（直径）a（mm）		
		60	>60~100	>100~200
		弯心直径 d		
Q195	纵	0	—	—
	横	0.5a		
Q215	纵	0.5a	1.5a	2a
	横	a	2a	2.5a
Q235	纵	a	2a	2.5a
	横	1.5a	2.5a	a
Q255	—	2a	3a	3.5a
Q275	—	3a	2a	4.5a

（1）牌号及表示方法

根据《低合金高强度结构钢》GB/T1591—1994 的规定，低合金高强度结构钢牌号由代表屈服点的汉语拼音字母（Q）、屈服点数值、质量等级符号三个部分按顺序组成。如 Q390A，表示屈服强度为 390MPa、质量等级为 A 级的低合金高强度结构钢。

（2）技术要求及选用

低合金高强度结构钢的化学成分、力学性能见表 8-5 和表 8-6。

低合金高强度结构钢的化学成分　　表 8-5

牌号	质量等级	化学成分（%）										
		C≤	Mn	Si≤	P≤	S≤	V	Nb	Ti	Al≥	Cr≤	Ni≤
Q295	A	0.16	0.80~1.50	0.55	0.045	0.045	0.02~0.15	0.015~0.060	0.020~0.20	—		
	B	0.16	0.80~1.50	0.55	0.040	0.040	0.02~0.15	0.015~0.060	0.02~0.20	—		
Q345	A	0.20	1.00~1.60	0.55	0.045	0.045	0.02~0.15	0.015~0.060	0.02~0.20	—		
	B	0.20	1.00~1.60	0.55	0.040	0.040	0.02~0.15	0.015~0.060	0.02~0.20	—		
	C	0.20	1.00~1.60	0.55	0.035	0.035	0.02~0.15	0.015~0.060	0.02~0.20	0.015		
	D	0.18	1.00~1.60	0.55	0.030	0.030	0.02~0.15	0.015~0.060	0.02~0.20	0.015		
	E	0.18	1.00~1.60	0.55	0.025	0.025	0.02~0.15	0.015~0.060	0.02~0.20	0.015		
Q390	A	0.20	1.00~1.60	0.55	0.045	0.045	0.02~0.20	0.015~0.060	0.02~0.20	—	0.30	0.70
	B	0.20	1.00~1.60	0.55	0.040	0.040	0.02~0.20	0.015~0.060	0.02~0.20	—	0.30	0.70
	C	0.20	1.00~1.60	0.55	0.035	0.035	0.02~0.20	0.015~0.060	0.02~0.20	0.015	0.30	0.70
	D	0.20	1.00~1.60	0.55	0.030	0.030	0.02~0.20	0.015~0.060	0.02~0.20	0.015	0.30	0.70
	E	0.20	1.00~1.60	0.55	0.025	0.025	0.02~0.20	0.015~0.060	0.02~0.20	0.015	0.30	0.70
Q420	A	0.20	1.00~1.70	0.55	0.045	0.045	0.02~0.20	0.015~0.060	0.02~0.20	—	0.40	0.70
	B	0.20	1.00~1.70	0.55	0.040	0.040	0.02~0.20	0.015~0.060	0.02~0.20	—	0.40	0.70
	C	0.20	1.00~1.70	0.55	0.035	0.035	0.02~0.20	0.015~0.060	0.02~0.20	0.015	0.40	0.70
	D	0.20	1.00~1.70	0.55	0.030	0.030	0.02~0.20	0.015~0.060	0.02~0.20	0.015	0.40	0.70
	E	0.20	1.00~1.70	0.55	0.025	0.025	0.02~0.20	0.015~0.060	0.02~0.20	0.015	0.40	0.70
Q460	C	0.20	1.00~1.70	0.55	0.035	0.035	0.02~0.20	0.015~0.060	0.02~0.20	0.015	0.70	0.70
	D	0.20	1.00~1.70	0.55	0.030	0.030	0.02~0.20	0.015~0.060	0.02~0.20	0.015	0.70	0.70
	E	0.20	1.00~1.70	0.55	0.025	0.025	0.02~0.20	0.015~0.060	0.02~0.20	0.015	0.70	0.70

低合金高强度结构钢的力学性能　　表 8-6

牌号	质量等级	屈服点 σ_s（MPa）				抗拉强度 σ_b（MPa）	伸长率 δ_5（%）	冲击功 A_{kv}（纵向）（J）				180°弯曲试验 d = 弯心直径；a = 试样厚度（直径）	
		厚度（直径，边长）(mm)						+20℃	0℃	−20℃	−40℃	钢材厚度（直径）(mm)	
		≤16	>16~35	>35~50	>50~100			≥				≤16	>16~100
		≥											
Q295	A	295	275	255	235	390~570	23					$d=2a$	$d=3a$
	B	295	275	255	235	390~570	23	34				$d=2a$	$d=3a$
Q345	A	345	325	295	275	470~630	21					$d=2a$	$d=3a$
	B	345	325	295	275	470~630	21	34				$d=2a$	$d=3a$
	C	345	325	295	275	470~630	21		34			$d=2a$	$d=3a$
	D	345	325	295	275	470~630	21			34		$d=2a$	$d=3a$
	E	345	325	295	275	470~630	21				27	$d=2a$	$d=3a$

牌号	质量等级	屈服点 σ_s（MPa）				抗拉强度 σ_b（MPa）	伸长率 δ_5（%）	冲击功 A_{kv}（纵向）（J）				180°弯曲试验 $d=$弯心直径；$a=$试样厚度（直径）	
		厚度（直径，边长）(mm)						+20℃	0℃	-20℃	-40℃	钢材厚度（直径）(mm)	
		≤16	>16~35	>35~50	>50~100			$\geqslant$				≤16	>16~100
		$\geqslant$											
Q390	A	390	370	350	330	490~650	19					$d=2a$	$d=3a$
	B	390	370	350	330	490~650	19	34				$d=2a$	$d=3a$
	C	390	370	350	330	490~650	20		34			$d=2a$	$d=3a$
	D	390	370	350	330	490~650	20			34		$d=2a$	$d=3a$
	E	390	370	350	330	490~650	20				27	$d=2a$	$d=3a$
Q420	A	420	400	380	360	520~680	18					$d=2a$	$d=3a$
	B	420	400	380	360	520~680	18	34				$d=2a$	$d=3a$
	C	420	400	380	360	520~680	19		34			$d=2a$	$d=3a$
	D	420	400	380	360	520~680	19			34		$d=2a$	$d=3a$
	E	420	400	380	360	520~680	19				27	$d=2a$	$d=3a$
Q460	C	460	440	420	400	550~720	17		34			$d=2a$	$d=3a$
	D	460	440	420	400	550~720	17			34		$d=2a$	$d=3a$
	E	460	440	420	400	550~720	17				27	$d=2a$	$d=3a$

在钢结构中，常采用低合金高强度结构钢轧制型钢、钢板，用于建造桥梁、高层及大跨度建筑。

1.6.2 钢筋混凝土结构用钢材

混凝土中加入钢筋可很好地改善混凝土脆性，扩展混凝土的应用范围。混凝土结构用钢主要有：热轧钢筋、冷轧带肋钢筋、冷轧扭钢筋、热处理钢筋及预应力混凝土用钢丝及钢绞线等。

1. 热轧钢筋

混凝土用热轧钢筋，根据其表面形状分为光圆钢筋和带肋钢筋两类。根据《钢筋混凝土用热轧光圆钢筋》GB13013—1991、《钢筋混凝土用热轧带肋钢筋》GB1499—1998 和《钢筋混凝土用余热处理钢筋》GB13014—1991 规定，热轧钢筋分为 HPB235（Q235）、HRB335、HRB400、HRB500、RRB400（KL400）五个牌号，其中 HPB 代表热轧钢筋，HRB 代表热轧带肋钢筋，RRB 表示余热处理钢筋，各牌号钢筋的力学与工艺性能见表 8-7。

钢筋混凝土用热轧钢筋的力学与工艺性能　　　　　表 8-7

牌号	表面形状	公称直径 a（mm）	屈服点（MPa）	抗拉强度（MPa）	伸长率 δ_5（%）	冷弯	
			$\geqslant$			弯曲角度（°）	弯心直径 d
HPB235	光圆	8~20	235	370	25	180	a

牌号	表面形状	公称直径 a（mm）	屈服点（MPa）	抗拉强度（MPa）	伸长率 δ₅（%）	冷弯	
			≥			弯曲角度（°）	弯心直径 d
HRB335	月牙肋	6~25	335	490	16	180	3 a
		28~50				180	4 a
HRB400	月牙肋	6~25	400	570	14	180	4 a
		28~50				180	5 a
HRB500	月牙肋	6~25	500	630	12	180	6 a
		28~50				180	7 a
RRB400	月牙肋	8~25	440	600	14	90	3 a
		28~40				90	4 a

从表 8-7 中可以看出，热轧钢筋的牌号越高，其强度越高，但韧性、塑性及可焊性降低。HPB235 级钢筋，强度低，塑性及可焊性好，主要用于普通混凝土；HRB335、HRB400 级钢筋强度较高，塑性及可焊性好，主要用于钢筋混凝土结构中的受力筋；HRB500 钢筋强度高，但塑性及可焊性较差，适宜用作预应力钢筋。

2. 冷轧带肋钢筋

冷轧带肋钢筋是热轧圆盘条经冷轧后，在其表面带有沿长度方向均匀分布的三面或二面横肋的钢筋。在《冷轧带肋钢筋》GB13788—2000 中规定，冷轧带肋钢筋牌号 CRB 和钢筋的抗拉强度最小值构成，分为 CRB550、CRB650、CRB800、CRB970、CRB1170 五个牌号。

CRB550 钢筋的直径范围为 4~12mm；CRB650 以上牌号钢筋的公称直径为 4、5、6mm。冷轧带肋钢筋的力学、工艺性能见表 8-8 和表 8-9。

和冷拉、冷拔钢筋相比，冷轧带肋钢筋既具有较高的握裹力，又具有与冷拉、冷拔相近的强度，一般用于中、小型预应力混凝土结构构件和普通混凝土结构构件中。CRB550 为钢筋混凝土用钢筋，其他牌号为预应力混凝土用钢筋。

3. 冷轧扭钢筋

冷轧扭钢筋由低碳钢热轧圆盘条经专用钢筋冷轧扭机调直、冷轧并冷扭一次成型，具有规定截面形状和节距的连续螺旋状钢筋，其技术要求见《冷轧扭钢筋》JG3046—1998。

4. 预应力混凝土用热处理钢筋

预应力混凝土用热处理钢筋是用热轧带肋钢筋经淬火和回火调质处理而成，代号为 RB150，成盘供应，每盘长约 200m，其技术要求见《预应力混凝土用热处理钢筋》GB4463—1984。

预应力混凝土用热处理钢筋具有强度高、配筋少、锚固性好、施工简便等优点。主要用于预应力混凝土梁、板结构等。

5. 预应力混凝土用钢丝和钢绞线

预应力混凝土用钢丝是用优质碳素结构钢制成；预应力混凝土钢绞线是以数根优质碳素结构钢钢丝经绞捻和消除内应力的热处理而制成。它们的技术要求应分别满足《预应力混凝土用钢丝》GB/T5223—1995 和《预应力混凝土用钢绞线》GB/T5224—1995 中规定。

冷轧带肋钢筋的力学、工艺性能   表 8-8

牌号	σ_b (MPa) ≥	伸长率（%）≥		弯曲试验 180°	反复弯曲次数	松弛率初始应力 $\sigma_{con} = 0.7\sigma_b$	
		δ_{10}	δ_{100}			1000h（%）≤	10h（%）≤
CRB550	550	8.0	—	$D = 3d$	—	—	—
CRB650	650	—	4.0		3	8	5
CRB800	800	—	4.0		3	8	5
CRB970	970	—	4.0		3	8	5
CRB1170	1170	—	4.0		3	8	5

反复弯曲试验的弯曲半径   表 8-9

钢筋公称直径（mm）	4	5	6
弯曲半径（mm）	10	15	15

1.6.3 钢材的选用原则

建筑钢材的选用可根据钢材的荷载性质、使用环境（温度）、连接方式、钢材的尺寸（厚度）及结构等几个方面并结合每种钢材的性质及用途加以选用。

1.6.4 钢材的保管

钢材经验收合格后，应按批分别堆放整齐，避免锈蚀及油污，并设置标示牌标明品种、规格及数量等。

课题2 建筑玻璃

传统玻璃主要用于采光兼具装饰功能，随着现代建筑技术的不断发展，玻璃制品的品种、功能也在不断发展，现代的建筑玻璃品种中，除传统的采光、装饰外又增加了许多功能，如玻璃门窗、玻璃幕墙及玻璃构件等。

2.1 玻璃的基本性能

2.1.1 玻璃的组成

玻璃是用石英砂、纯碱、长石和石灰石为主要原料，在 1550～1600℃高温下熔融、成型，并经急冷而制成的固体材料。

2.1.2 玻璃的分类

（1）按化学成分分为：钠玻璃、钾玻璃、铝镁玻璃、硼硅玻璃、铅玻璃和石英玻璃。

（2）按用途分为：平板玻璃、安全玻璃、特种玻璃及玻璃制品。

2.1.3 玻璃的性质

（1）玻璃具有各向同性的特点。

（2）玻璃抗压强度高（600～1200MPa）、抗拉强度小（40～80MPa）、易碎，为典型脆性材料。

（3）玻璃具有优良的光学性质。

（4）普通玻璃耐急冷、急热性质差。

（5）化学稳定性好，但碱及金属碳酸盐等可将其溶蚀。

2.2 普 通 玻 璃

普通玻璃也可叫平板玻璃，是建筑玻璃中用量最大的一种，它主要包括以下几种：

2.2.1 窗用平板玻璃

是未经加工的平板玻璃，主要用于装配门窗，起透光、遮风挡雨、保温、隔声等作用，也是进一步加工其他技术玻璃的基础材料。

根据《普通平板玻璃》GB4781—1995 中规定，普通平板玻璃的厚度为 2、3、4、5mm，分为优等品、一等品和合格品；而《浮法玻璃》GB11614—1999 中规定厚度为 2、3、4、5、6、8、10、12、15、19mm。普通窗用玻璃无色透明，有多种规格，计量单位为标准箱（以厚度为 2mm 的平板玻璃，每 $10m^2$ 为一标准箱）。

2.2.2 磨砂玻璃

磨砂玻璃又称毛玻璃，是用机械喷砂、手工研磨或使用氢氟酸溶液等方法，将普通平板玻璃表面处理为均匀毛面而得，其特点为表面粗糙，使光线产生漫反射，具有透光不透视的特点，使光线变得柔和。除透明度外，其规格质量等同于窗用玻璃。常应用于卫生间、浴室、厕所、办公室及走廊隔断处，也可作黑板。

2.2.3 彩色玻璃

彩色玻璃也称有色玻璃，是在原料中加入着色剂使玻璃产生透明的彩色效果或在无色平板玻璃表面镀膜处理后形成彩色玻璃，彩色玻璃可用于建筑的内外墙面、门窗装饰及有特殊要求的采光部位。

2.2.4 彩绘玻璃

在平板玻璃上做出各种透明度的色调和图案，且彩绘涂膜附着力强、耐久性好、可擦洗、易清洁，主要用于家庭及其他各种场所的装饰。

2.3 安 全 玻 璃

安全玻璃通常是对普通玻璃进行增强处理，或者和其他材料复合或采用特殊成分制成的。常用的安全玻璃有以下几种：

2.3.1 钢化玻璃

将平板玻璃加热到接近软化温度（600～650℃）后，迅速冷却使其骤冷，即成钢化玻璃。其特点是机械强度高（比普通玻璃大 5～6 倍，可达125MPa以上），韧性提高约 5 倍；弹性好；热稳定性高，安全工作温度可达 288℃，能承受 204℃ 的温差变化；破碎时形成无数小颗粒，无尖角，不易伤人，因此称为安全玻璃。主要用于汽车工业、建筑工程的门窗、幕墙、军舰及轮船舷窗、桌面玻璃等。钢化玻璃不能切割、磨削、边角不能碰击板压，使用时按现成规格尺寸选用或按设计加工定制。

2.3.2 夹丝玻璃

夹丝玻璃是安全玻璃的一种，是将普通平板玻璃加热到红热软化状态后，再将预先编织好的经预热处理的钢丝网压入玻璃中制成。其特点是抗弯强度及耐温度剧变性提高，破碎时出现许多裂缝，起不易伤人等作用。主要用于工业厂房门窗、防火门、电梯井等。

2.3.3 夹层玻璃

夹层玻璃是将两片或多片平板玻璃之间嵌夹透明塑料薄衬片，经加热、加压、粘合而成的平面或曲面的复合玻璃制品（夹层有 3、5、7、9 层）。其特点是透明度好，抗冲击性能高，破碎时不分离成碎片而粘在薄衬片上。可用于汽车、飞机等挡风玻璃、防弹玻璃及有特殊安全要求的建筑门窗、隔墙及水下工程等。

2.4 节能玻璃

节能玻璃是兼具采光、调节光线、调节热量进入或散失、防止噪声、改善居住环境、降低空调能耗等多种功能的建筑玻璃。主要有吸热玻璃、热反射玻璃、中空玻璃等。

2.4.1 吸热玻璃

吸热玻璃是指能大量吸收红外线辐射，又能使可见光透过并保持良好的透视性的玻璃，吸热玻璃主要适用于既需要采光，又需要隔热之处（如炎热地区等）。

2.4.2 热反射玻璃

热反射玻璃是既具有较高的热反射能力，又保持平板玻璃良好透光性能的玻璃，又称镀膜平板玻璃或镜面玻璃。主要用于避免由于太阳辐射而增热及设置空调的建筑。

2.4.3 中空玻璃

中空玻璃是由两片或多片平板玻璃，其周边用间隔框分开，四周边缘部分用胶接、焊接或熔接的办法密封，中间充填干燥空气或其他惰性气体，整体拼装构件在工厂完成的产品。其特点是具有良好的保温、隔热、隔声等性能。主要用于需要采暖、空调、防止噪声、防结露及需要直接阳光和特殊光的建筑物门窗。

复习思考题

1. 普通碳素钢有几个型号？其含义如何？试举例说明。
2. 建筑工程中主要使用哪些钢材？
3. 化学成分对钢材的性能有何影响？
4. 什么叫钢材的冷加工和时效？
5. 建筑钢材的锈蚀原因有哪些？如何防止钢材的锈蚀？
6. 为什么 Q235 能在建筑工程中广泛使用？
7. 试述玻璃的分类。
8. 中空玻璃的主要用途是什么？

单元 9　建筑的通用构造

知 识 点：楼梯的类型、尺度和基本构造，电梯和自动扶梯的一般知识；变形缝的工作原理及构造；其他通用构造的有关知识。

教学目标：通过教学使学生对与结构形式关系不大的建筑通用构造产生清晰的认识。掌握楼梯、变形缝、常见通用构造的工作原理和常见做法；了解电梯和自动扶梯的一般知识。

课题 1　楼梯与电梯

楼梯是联系建筑上下层的垂直交通设施。楼梯应满足人们正常时垂直交通，紧急时安全疏散的要求。电梯和自动扶梯是现代多层、高层建筑中常用的可以机动运行的垂直交通设施。在高层建筑和人流集中的公共建筑中，电梯和自动扶梯是解决垂直交通的主要设备，但由于它们的运行需要电力能源，在停电、检修及紧急情况下需要停止运行，因此，电梯和自动扶梯一般不能作为紧急情况下的疏散通道，所以，楼梯是多层和高层建筑中必备的建筑构件。

根据使用功能的要求，有时要在建筑中设置坡道和爬梯，它们也是建筑的垂直交通设施。

1.1　楼梯的类型和设计要求

1.1.1　楼梯的类型
楼梯的形式多种多样，应当根据建筑布局和空间的不同进行选择。楼梯的分类一般按以下原则进行：

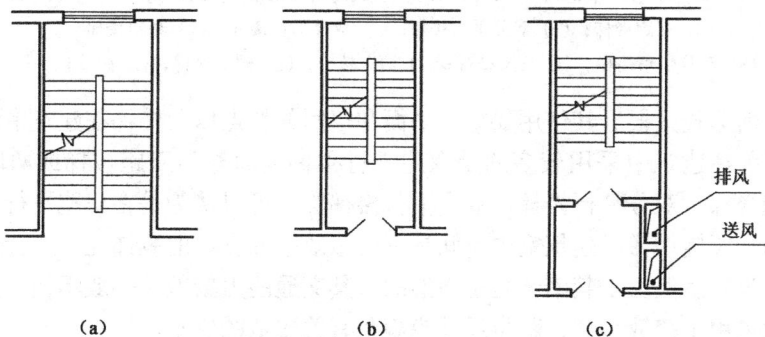

图 9-1　楼梯间平面形式

(a) 开敞楼梯间；　　(b) 封闭楼梯间；　　(c) 防烟楼梯间

（1）按照楼梯的材料分类：可分为钢筋混凝土楼梯、钢楼梯、木楼梯及组合材料楼梯；

（2）按照楼梯的位置分类：可分为室内楼梯和室外楼梯；

（3）按照楼梯的使用性质分类：可分为主要楼梯、辅助楼梯、疏散楼梯及消防楼梯；

（4）按照楼梯间的平面形式分类：可分为开敞楼梯间、封闭楼梯间及防烟楼梯间（图9-1）；

（5）按照楼梯的平面形式分类：主要可分成单跑直楼梯、双跑直楼梯、双跑平行楼梯、三跑楼梯、双分平行楼梯、双合平行楼梯、转角楼梯、双分转角楼梯、交叉楼梯、剪刀楼梯、螺旋楼梯等（图9-2）。

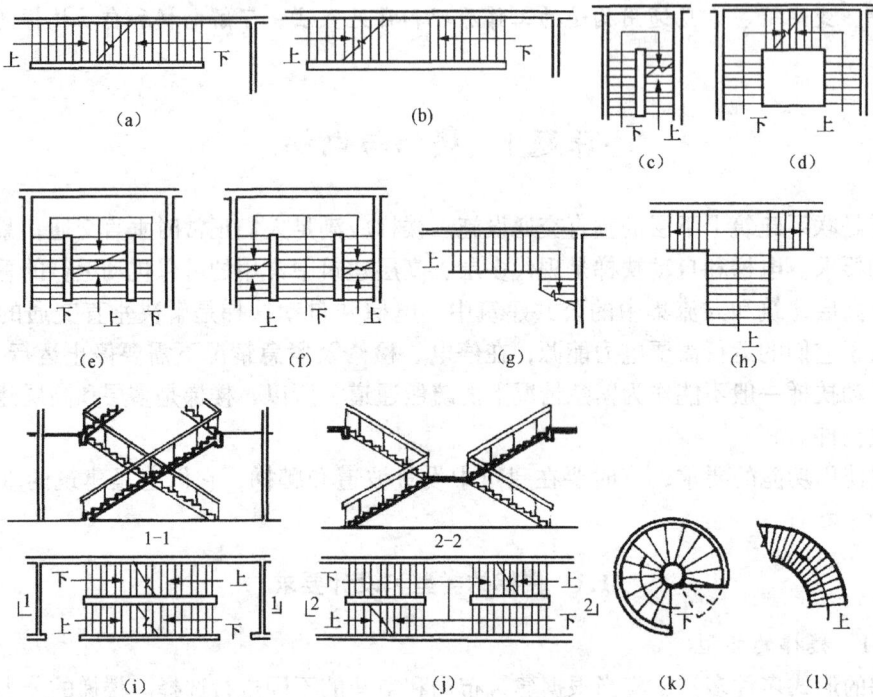

图 9-2　楼梯平面形式

(a) 单跑直楼梯；(b) 双跑直楼梯；(c) 双跑平行楼梯；

(d) 三跑楼梯；(e) 双分平行楼梯；(f) 双合平行楼梯；(g) 转角楼梯；

(h) 双分转角楼梯；(i) 交叉楼梯；(j) 剪刀楼梯；(k) 螺旋楼梯；(l) 弧线楼梯

楼梯的平面形式是根据其使用要求、平面和空间的特点以及楼梯在建筑中的位置等因素确定的。目前在建筑中采用较多的是双跑平行楼梯（简称为双跑楼梯或两段式楼梯），其他诸如三跑楼梯、双分平行楼梯、双合平行楼梯等，可以认为是在双跑平行楼梯的基础上变化而成的。螺旋楼梯对建筑室内空间具有动感效果和良好的装饰性，适合于在公共建筑的门厅等处设置。但由于其踏步是扇面形的，其交通能力较差，一般不作为主要的疏散楼梯使用，如果用于疏散目的，踏步尺寸应满足有关规范的要求。

1.1.2　楼梯的设计要求

由于楼梯是建筑中重要的垂直交通设施，对建筑的正常使用和安全性负有不可替代的责任。因此，不论是建设管理部门、消防部门还是设计者均应对楼梯的设计给予足够的重视。我国《建筑设计防火规范》（GBJ16—87 修订本）、《高层民用建筑设计防火规范》（GB50045—95）、《民用建筑设计通则》（JGJ37—87）及其他一些单项建筑的设计规范对楼梯设计的问题作出了明确的、严格的规定。

1. 基本要求

（1）楼梯在建筑中位置应当标志明显、交通便利、方便使用；

（2）楼梯应与建筑的出口关系紧密、连接方便，楼梯间的底层一般均应设置直接对外出口；

（3）当建筑中设置数部楼梯时，其分布应符合建筑内部人流的通行要求。

2. 楼梯的数量和总宽度

（1）除个别的高层住宅之外，高层建筑中至少要设两个或两个以上的楼梯。

（2）普通公共建筑一般至少要设两个或两个以上的楼梯。如果符合表 9-1 的规定，也可以只设一个楼梯。

设置一个疏散楼梯的条件 表 9-1

耐火等级	层 数	每层最大建筑面积（m²）	人 数
一、二级	二、三层	500	第二、三层人数之和不超过 100 人
三级	二、三层	200	第二、三层人数之和不超过 50 人
四级	二层	200	第二层人数之和不超过 30 人

注：本表不适用于医院、疗养院、托儿所、幼儿园。

（3）设有不少于两个疏散楼梯的一、二级耐火等级的公共建筑，如顶层局部升高时，其高出部分的层数不超两层，每层建筑面积不超过 $200m^2$，人数之和不超过 50 人时，可设一个楼梯，但应另设一个直通平屋面的安全出口。

（4）人流集中的公共建筑中楼梯的总宽度按照每 100 人应占有的楼梯宽度计算（俗称百人指标）。

3. 对楼梯间的要求

（1）开敞楼梯间的设置要求

开敞楼梯间是建筑中较常见的楼梯间形式，但由于这种楼梯间与楼层是连通的，在火灾发生时，烟气在短时间内就能通过开敞楼梯间向上扩散，对人流的疏散及隔阻火灾蔓延不利。因此，当建筑的层数较多或对防火要求较高时，就应当采用封闭楼梯间或防烟楼梯间。

（2）封闭楼梯间的设置要求

1）设置条件：

医院、疗养院的病房楼，设有空气调节系统的多层旅馆和超过五层的其他公共建筑的室内疏散楼梯均应设置封闭楼梯间。部分高层建筑，只要符合相关要求也应设置封闭楼梯间。

2）设置要求：

楼梯间门应向疏散方向开启。

封闭楼梯间的内墙上，除在同层开设通向公共走道的疏散门外，不应开设其他房间的门窗，也不能布置可燃气体管道和有关液体管道。

（3）防烟楼梯间的设置要求

1）设置条件：

一类高层建筑和除单元式及通廊式住宅外的建筑高度超过 32m 的二类高层建筑以及塔式住宅，均应设置防烟楼梯间。

2）设置要求：

楼梯间入口处应设置前室、阳台或凹廊。前室的面积：公共建筑不应小于 $6.0m^2$，居住建筑不应小于 $4.5m^2$。

楼梯间及前室应设置乙级防火门，并向疏散方向开启。

楼梯间前室的内墙上，除在同层开设通向公共走道的疏散门外，不应开设其他房间的门窗，也不能布置可燃气体管道和有关液体管道。

楼梯间前室应有良好的通风条件。开窗面积不应小于 $2.0m^2$，无开窗条件的前室，应设置机械送风、排风设施。

（4）其他要求

1）封闭楼梯间和防烟楼梯间一般均应通至屋顶。

2）超过六层的组合式单元住宅和宿舍，各单元的楼梯间均应通至平屋顶。当住宅的进户门采用乙级防火门时，可以不通至屋顶。

4．楼梯间的间距和位置

多层建筑楼梯间的间距和位置应符合表 9-2 的要求。

安全疏散距离　　　　　　　　　　　　　　　　表 9-2

名　称	房间门至外部出口或封闭楼梯间的最大距离（m）					
	位于两个外部出口或封闭楼梯间之间的房间 ①			位于袋形走廊两侧或尽端的房间 ②		
	耐火等级			耐火等级		
	一、二级	三级	四级	一、二级	三级	四级
托儿所、幼儿园	25	20	—	20	15	—
医院、疗养院	35	30	—	20	15	—
学校	35	30	—	22	20	—
其他民用建筑	40	35	25	22	20	15

注：①为非封闭楼梯间时，按本表减 5.0m；　②为非封闭楼梯间时，按本表减 2.0m。

高层建筑楼梯间的间距和位置应符合表 9-3 的规定。

安 全 疏 散 距 离　　　　　　　　　　　　　　表 9-3

高 层 建 筑		房间门或住宅户门至最近的外部出口或楼梯间的最大距离（m）	
		位于两个安全出口之间的房间	位于袋形走廊两侧或尽端的房间
医院	病房部分	24	12
	其他部分	30	15
旅馆、展览馆、教学楼		30	15
其他		40	20

1.2 楼梯的组成和尺度

1.2.1 楼梯的组成

楼梯一般是由楼梯段和楼梯平台组成的（图9-3）。

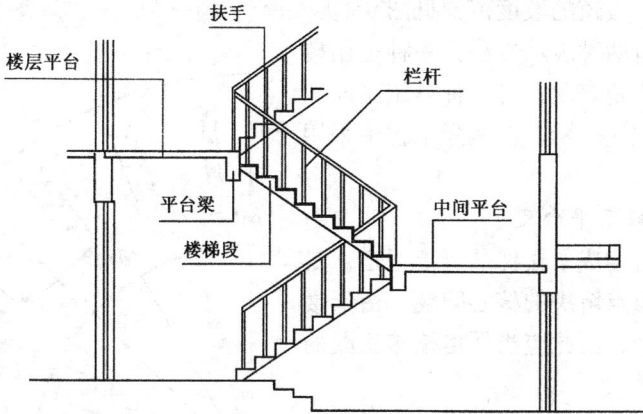

图 9-3　楼梯的组成

1. 楼梯段

楼梯段是由若干个踏步构成的。每个踏步一般由两个相互垂直的平面组成，供人们行走时踏脚的水平面称为踏面，与踏面垂直的平面称为踢面。踏面和踢面之间的尺寸关系决定了楼梯的坡度。为了使人们上下楼梯时不至过度疲劳及保证每段楼梯均有明显的高度感，我国规定每段楼梯的踏步数量应在 3～18 步。

大多数楼梯段至少有一侧是临空面。为了确保使用安全，应在楼梯段的临空面的边缘设置栏杆或栏板。当楼梯宽度较大时，还应当根据有关规定的要求在楼梯段的中部加设栏杆或栏板。在栏杆、栏板上部供人们用手扶持的连续斜向的构件，称为扶手。

2. 楼梯平台

楼梯平台是联系两个楼梯段的水平构件。设置平台主要是为了解决楼梯段的转折，同时也使人们在上下楼时能在此处稍做休息。楼梯平台一般分成两类：与楼层标高一致的平台通常称为楼层平台，位于两个楼层之间的平台通常称为中间平台。

1.2.2 楼梯的坡度

楼梯的坡度是指楼梯段沿水平面倾斜的角度。一般认为，楼梯的坡度小，踏步就平缓、行走就较舒适。反之，行走就较吃力。但楼梯段的坡度越小，它的水平投影面积就越大，即楼梯占地面大。因此，应当兼顾使用性和经济性二者的要求，根据具体情况合理地进行选择。人流集中或交通大的建筑，楼梯的坡度适于小些，如医院、影剧院等。使用人数较少或交通量小的建筑，楼梯的坡度可以略大些，如住宅、别墅等。

楼梯的允许坡度范围在 23°～45° 之间。正常情况下应当把楼梯坡度控制在 38° 以内，一般认为 30° 是楼梯的适宜坡度。楼梯坡度大于 45° 时，由于坡度较陡，人们已经不容易自如的上下，需要借助扶手的助力扶持，此时称为爬梯。由于爬梯对使用者的体力等有较多的限制，因此，在民用建筑中并不多见，一般只是在通往屋顶、电梯机房等非公共区域时采用。当坡度小于23°时，由于坡度较缓，把其处理成斜面就可以解决通行的问题，此时称为坡道。坡道占面积较大，过去在医院建筑中应用得较多，主要是为了解决病床车的交通问题。现在电梯在建筑中已经大量采用，坡道在建筑内部已经很少见了，而在市政工程中应用得较多。

楼梯、爬梯、坡道的坡度范围见图9-4。

楼梯的坡度有两种表示方法：一种是用楼梯段和水平面的夹角表示；另一种是用踏面和踢面的投影长度之比表示。在实际工程中采用后者的居多。

1.2.3 楼梯段及平台尺寸

楼梯段和平台构成了楼梯的行走通道，是楼梯设计时需要重点解决的核心问题。由于楼梯的尺度比较精细，因此应当严格按施工图的规定进行施工。

楼梯段的宽度是根据通行人数的多少（设计人流股数）和建筑的防火要求确定的。通常情况下，作为主要通行用的楼梯，其梯段宽度应至少满足两个人相对通行（即梯段宽度不小于两股人流）。我国规定，在计算通行量时每股人流按$0.55 + (0 \sim 0.15)$m计算，其中$0 \sim 0.15$m为人在行进中的摆幅。非主要通行的楼梯，应满足单人携带物品通过的需要，此时，梯段的净宽一般不应小于900mm（图9-5）。住宅套内楼梯的梯段净宽应满足以下规定：当梯段一边临空时，不应小于0.75m；当梯段两侧有墙时，不应小于0.9m。

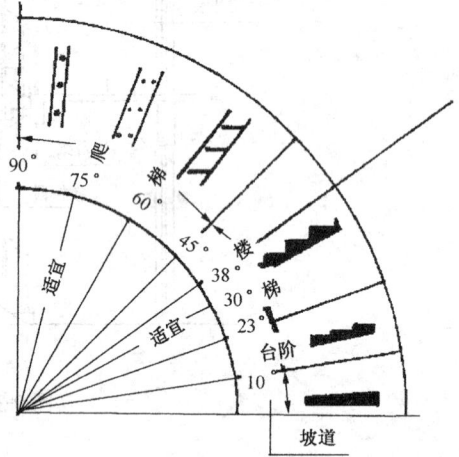

图9-4 楼梯、爬梯、坡道的坡度

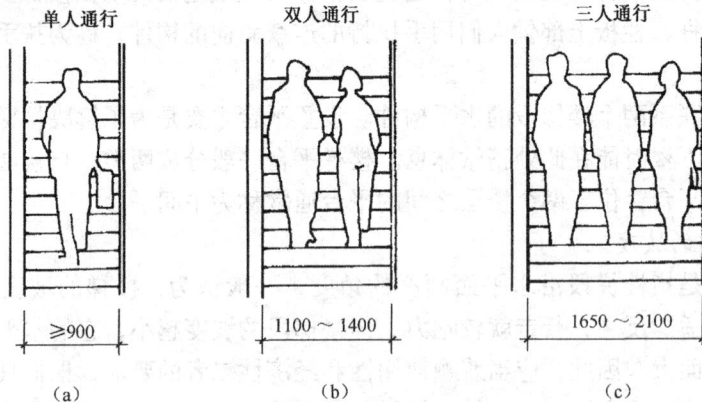

图9-5 楼梯段的宽度
(a) 单人通行；(b) 双人通行；(c) 三人通行

综上所述，作为主要通行用的楼梯，其供人通行的有效宽度（即楼梯段净宽）不应小于2×0.55m $= 1.1$m。但层数不超过六层的单元式住宅，一边设有栏杆的疏散楼梯，其梯段的最小净宽可以不小于1.0m。梯段的净宽是指扶手中心线至楼梯间横墙表面的水平距离。在实际工程中往往根据护栏的构造，通过在设计时控制楼梯段宽度来保证梯段的净宽度。

为了搬运家具设备的方便和通行的顺畅，楼梯平台的深度不应小于楼梯段的净宽，并且不小于1.1m。平台的净进深是指扶手处平台的宽度。双跑直楼梯对中间平台的深度也作出了具体的规定。图9-6是梯段宽度与平台深度关系的示意图。

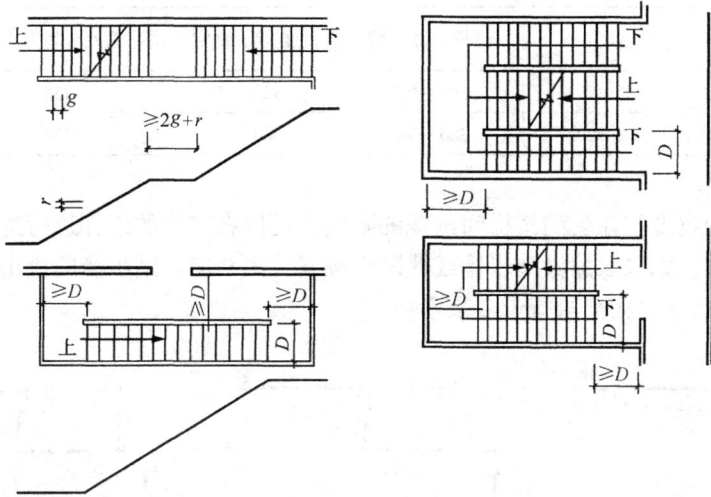

图9-6　楼梯段和平台的尺寸关系
D—梯段净宽度；g—踏面尺寸；r—踢面尺寸

两段楼梯之间的空隙，称为楼梯井。楼梯井一般是为楼梯施工方便和安置栏杆扶手而设置的，其宽度一般在100mm左右。但公共建筑楼梯井的净宽一般不应小于150mm。有儿童经常使用建筑的楼梯，当楼梯井净宽大于200mm时，应采取安全措施，以防止儿童坠落。

1.2.4　踏步尺寸

踏步是由踏面和踢面组成，二者投影长度之比决定了楼梯的坡度。由于踏步是楼梯中与人体接触的部位之一，因此其尺度是否合适就显得十分重要。一般认为，踏面的宽度应大于成年男子脚的长度，使人们在上下楼梯时脚可以全部落在踏面上，以保证行走时的舒适。踢面的高度取决于踏面的宽度，因为二者之和应与人的正常跨步长度相近，过大或过小，行走时均会感到不方便。计算踏步宽度和高度可以利用下面的经验公式（图9-7）：

$$2r + g = S \approx 600mm$$

式中　r——踏步高度；

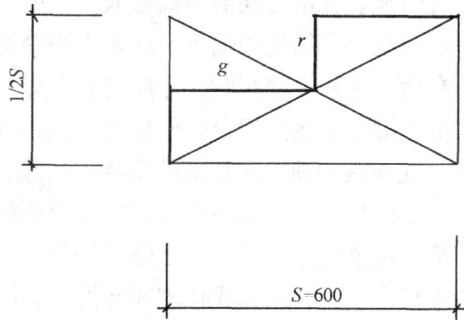

图9-7　踏步尺寸和跨步长度的关系

175

g——踏步宽度；

S——跨步长度。

600 为妇女及儿童跨步长度。

踏步的尺寸应根据建筑的功能、楼梯的通行量及使用者的情况进行选择，具体规定见表 9-4。

常用适宜踏步尺寸　　　　　　　　　　　　　　　表 9-4

名　　称	住宅	学校、办公楼	剧院、食堂	医院（病人用）	幼儿园
踏步高（mm）	156~175	140~160	120~150	150	120~150
踏步宽（mm）	250~300	280~340	300~350	300	260~300

由于踏步的宽度往往受到楼梯间进深的限制，可以在踏步的细部进行适当变化来增加踏面的有效尺寸，如采取加做踏步檐或使踢面倾斜（图 9-8）。踏步檐的挑出尺寸一般不大于 20mm，这个尺寸过大会给行走带来不便。

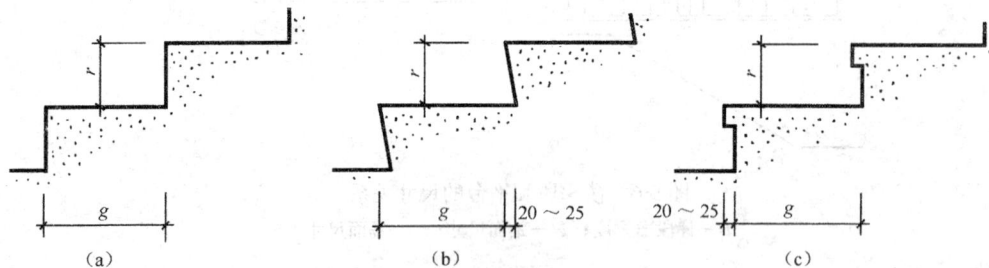

图 9-8　踏步尺寸

(a) 正常处理的踏步；(b) 踢面倾斜；(c) 加做踏步檐

1.2.5　楼梯的净空高度

楼梯的净空高度包括楼梯段之间的净高和平台过道处的净高。

楼梯段之间的净高是指梯段空间的最小高度，即下段楼梯踏步前缘至上方梯段下表面的垂直距离。梯段之间的净高与人体尺度、楼梯的坡度有关。平台过道处的净高是指平台过道地面至上部结构最低点（通常为平台梁）的垂直距离。平台过道处净高与人体尺度有关。在确定这两个净高时，还应充分考虑人们肩扛物品对空间的实际需要，避免由于碰头而产生压抑感。我国规定，楼梯段之间的净高不应小于 2.2m，平台过道处净高不应小于2.0m。起止踏步前缘与顶部凸出物内边缘线的水平距离不应小于 0.3m（图 9-9）。

通常楼梯段之间的净高与房间的净高相差不大，一般可以满足不小于 2.2m 的要求。

平台过道处净高不小于 2.0m 的要求，往往不容易自然实现，必须要经过仔细设计和调整才行。例如，单元式住宅通常把单元门设在楼梯间首层，作为人行通道，其入口处平台过道净高应不小于 2.0m。假如住宅的首层层高为 3.0m，正常情况下，第一个休息平台的标高应为 1.5m，此时平台下过道净高约为 1.2m，距 2.0m 要求相差较远。为了使平台过道处净高满足不小于 2.0m 的要求，主要采用两个办法：（1）在建筑室内外高差较大的

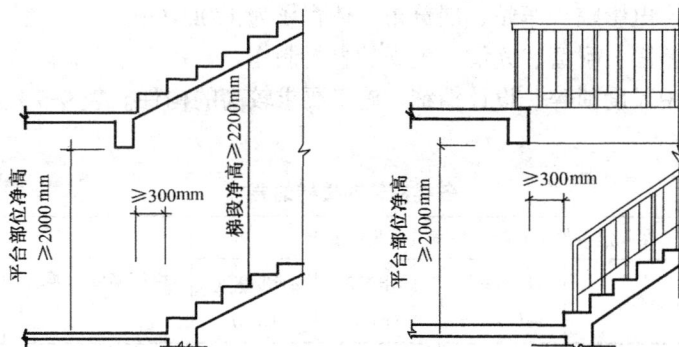

图 9-9　梯段及平台部位净高要求

前提下，降低平台下过道处地面的标高；（2）增加第一段楼梯的踏步数（而不是改变楼梯的坡度），使第一个休息平台位置上移。在采用办法（2）时，要注意的问题是：①此时第一段楼梯是整部楼梯中最长的一段，仍然要保证梯段宽度和平台深度之间的相互关系；②当层高较小时，应验算第一、三楼梯段之间的净高是否满足不小于 2.2m 的要求。

图 9-10 是楼梯间入口处净空尺寸调整的示意图。

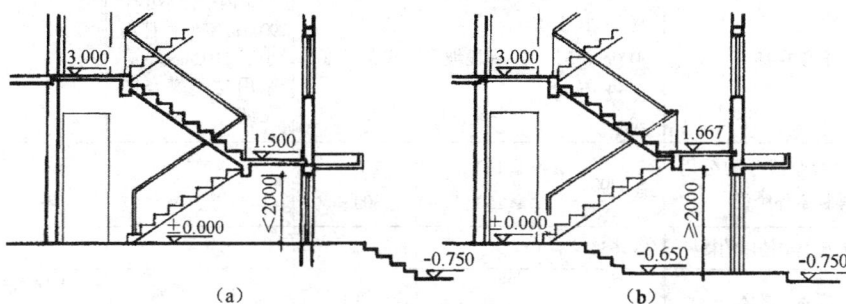

图 9-10　楼梯间入口处净空尺寸的调整
（a）调整前；（b）调整后

1.2.6　栏杆和扶手

楼梯栏杆是楼梯的安全设施。一般情况下，当楼梯段的垂直高度大于 1.0m 时，就应当在梯段的临空一侧设置栏杆。楼梯至少应在梯段临空一侧设置扶手，梯段净宽达三股人流时应两侧设扶手，四股人流时应加设中间扶手。

楼梯的栏杆和扶手是与人体尺度关系密切的建筑构件，应合理地确定栏杆高度。栏杆高度是指踏步前缘至上方扶手中心线的垂直距离。一般室内楼梯栏杆高度不应小于 0.9m；室外楼梯栏杆高度不应小于 1.05m；高层建筑室外楼梯栏杆高度不应小于 1.1m。当靠楼梯井一侧水平栏杆长度超过 0.5m 时，其高度不应小于 1.0m。有一些建筑根据使用要求对楼.梯栏杆高度作出了具体的规定，应参照单项建筑设计规范的规定执行。

楼梯栏杆应用坚固、耐久的材料制作，并应具有一定的强度和抵抗侧向推力的能力。同时，还应充分考虑到栏杆对建筑室内空间的装饰效果，应具有美观的形象。栏杆顶部的侧向推力可按下面取值：住宅、宿舍、办公楼、旅馆、医院、托儿所、幼儿园为 0.5kN/m；

学校、食堂、剧场、电影院、车站、展览馆、体育场为 1.0kN/m。

扶手应选用坚固、耐磨、光滑、美观的材料制作。

楼梯是建筑中尺度琐碎、设计精细、施工要求较高的构件。表 9-5 是各类建筑对楼梯的要求。

各类建筑对楼梯的要求　　　　　　表 9-5

建筑类别	在限定条件下对梯段净宽及踏步的要求				栏杆高度与要求	中间平台深度要求
	限定条件	梯段净宽（mm）	踏步高度（mm）	踏步宽度（mm）		
住宅	共用楼梯：七层以上六层及六层以下 户内楼梯：一边临空时两边为墙面时	≥1100 ≥1000 ≥750 ≥900	≤180 ≤200	≥250 ≥220	不宜小于900mm，栏杆垂直杆件间净空不应大于110mm	深度不小于梯段净宽，平台结构下缘至人行走道的垂直高度不小于2000mm
托儿所幼儿园	幼儿用楼梯		≤150	≥260	幼儿扶手不应高于600mm，栏杆垂直线饰间净距不大于110mm	
中小学	教学楼梯	梯段净宽不小于3000mm时宜设中间扶手	梯段坡度不应大于30°		室内栏杆不小于900mm 室外栏杆不小于1100mm 不应采用易于攀登的花饰	
商店	营业部分的公用楼梯室外阶梯	≥1400	≤160 ≤150	≥280 ≥300		
疗养院	人流集中使用的楼梯	≥1650				
综合医院	门诊、急诊、病房楼	≥1650	≤160	≥280		主楼梯和疏散楼梯的平台深度不宜小于2000mm
公路汽车客运站	二楼设置候车厅时疏散楼梯通向地面候车厅	≥1400				
	疏散楼梯直接通向室外	≥3000				
电影院	室内楼梯 室外疏散楼梯	≥1400 ≥1100				
剧场	主要疏散楼梯	≥1100	≤160	≥280	高度不应小于900mm，应设置坚固、连续的扶手	深度不小于梯段宽度并不小于1100mm
	舞台至天桥、棚顶、光桥、耳光室的金属梯或钢筋混凝土楼梯	Q≥600	坡度不应大于60°，不应采用垂直爬梯			

注：表列有关要求引自规范：GBJ96-86，JGJ39-87，GBJ99-86，JGJ48-88，JGJ40-87，JGJ49-88，JGJ60-89，JGJ58-88，JGJ57-8。

1.3 钢筋混凝土楼梯构造

由于钢筋混凝土具有良好的力学、耐火和耐久性能，因此，在民用建筑中大量的采用钢筋混凝土楼梯。根据施工方式的不同，钢筋混凝土楼梯分为现浇和预制装配式两大类。

现浇钢筋混凝土楼梯的楼梯段和平台是整体浇筑在一起的，其整体性好、刚度大，施工时不需要大型起重设备，但支模比较复杂，耗费的模板多，施工进度慢，施工程序较复杂。预制装配钢筋混凝土楼梯施工进度快、受气候影响小、构件由工厂生产、质量容易保证，但施工时需要配套的起重设备、投资较多、灵活性差。

由于建筑的层高、楼梯间的开间、进深及建筑的功能均对楼梯的尺寸有直接的影响，而且楼梯的平面形式多种多样。因此目前除了成片建设的大量性建筑（如住宅小区）之外，建筑中较多采用的是现浇钢筋混凝土楼梯。

1.3.1 现浇钢筋混凝土楼梯构造

现浇钢筋混凝土楼梯可以根据楼梯段的传力过程与结构形式的不同，分成板式和梁式楼梯两种。

1. 板式楼梯

板式楼梯的梯段分别与上下两端的平台梁整浇在一起，并由平台梁支承梯段的全部荷载。此时，梯段相当于是一块斜放的现浇板，平台梁是这块现浇板的支座（图 9-11a）。梯段内的受力钢筋沿梯段的长向布置，平台梁的间距即为梯段的结构跨度（约等于梯段踏面之和）。从力学和结构角度看，梯段板的跨度大或梯段上使用荷载大，都将导致梯段板的截面高度加大。所以板式楼梯适用于荷载较小或层高较小（建筑层高对梯段长度有直接影响）的建筑，如住宅、宿舍等。

有时为了保证平台过道处的净空高度，可以在板式楼梯的局部位置取消平台梁，这种楼梯称之为折板式楼梯（图 9-11b）。此时板的跨度为梯段水平投影长度与平台深度尺寸之和。

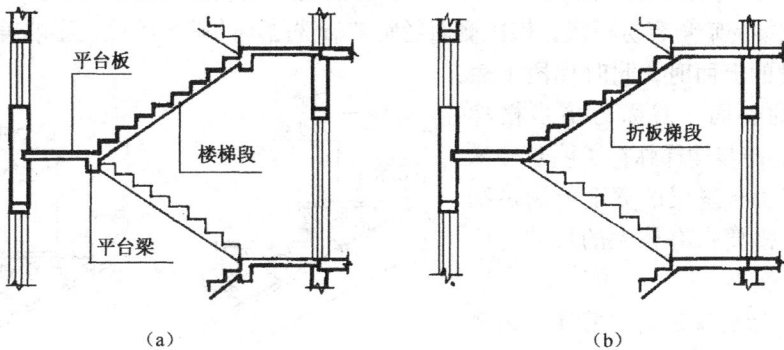

图 9-11 板式楼梯
(a) 板式；(b) 折板式

2. 梁式楼梯

梁式楼梯的踏步板搁置在斜梁上，斜梁又由上下两端的平台梁支承（图 9-12a）。梁式楼梯段的宽度相当于踏步板的跨度，平台梁的间距即为斜梁的跨度（约等于斜梁的水平投影长度）。由于通常梯段的宽度要小于梯段的水平投影，因此踏步板的跨度就比较小，梯段的荷载主要由斜梁承担，并传递给平台梁。梁式楼梯适用于荷载较大，建筑层高较大的情况，如商场、教学楼等公共建筑。

梁式楼梯的斜梁一般设置在梯段的两侧。当楼梯间侧墙具备承重能力时，为了节省材料，往往在梯段靠承重墙一侧不设斜梁，而由墙体支承楼梯段。此时踏步板一端搁置在斜梁上，另一端搁置在墙上（图 9-12b）。个别楼梯的斜梁设置在梯段的中部，形成踏步板向两侧悬挑的受力形式（图 9-12c）。

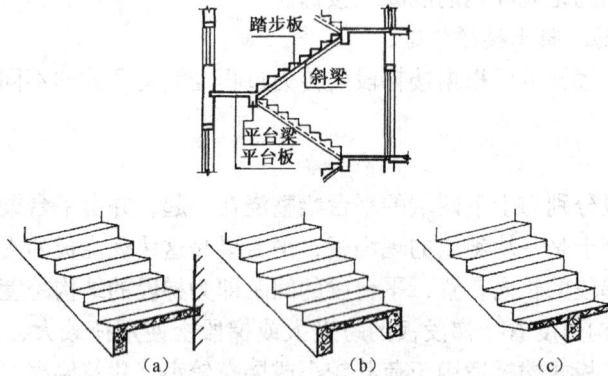

图 9-12 梁式楼梯

(a) 梯段一侧设斜梁；

(b) 梯段两侧设斜梁；(c) 梯段中间设斜梁

梁式楼梯的斜梁既可以设置在梯段的下面，也可以设置在梯段的上面。当斜梁设置在梯段的下面时，从梯段侧面就能够看见踏步，俗称为明步楼梯（图 9-13a）。明步楼梯在梯段下部形成梁的暗角容易积灰，梯段侧面经常被清洗踏步的脏水污染，影响美观。当斜梁设置在梯段的上面时，此时梯段下表面是平整的斜面，俗称为暗步楼梯（图 9-13b）。暗步楼梯弥补了明步楼梯的缺陷，但由于斜梁的宽度要满足结构的要求，需要占有较大的尺寸，使梯段的净宽变小。

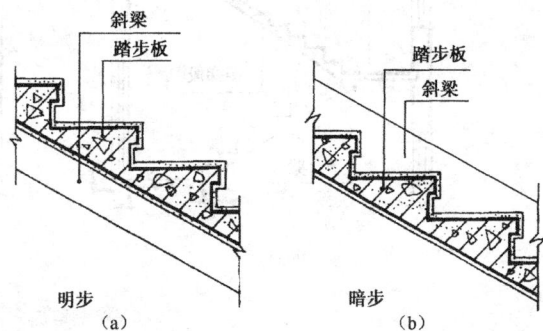

图 9-13 明步楼梯和暗步楼梯

(a) 明步楼梯；(b) 暗步楼梯

1.3.2 预制装配式钢筋混凝土楼梯

预制装配式钢筋混凝土楼梯的构造形式较多。根据组成楼梯的构件尺寸及装配的程度，可以分成小型构件装配式和中、大型构件装配式两类。

1. 小型构件装配式楼梯

小型构件装配式楼梯的构件尺寸小、重量轻、数量多，一般把踏步板作为基本构件。具有构件生产、运输、安装方便的优点，但也存在着施工难度大、施工进度慢、往往需要现场湿作业配合的不足。

小型构件装配式楼梯主要有墙承式、悬挑式和梁承式三种。

（1）墙承式楼梯

墙承式楼梯是把预制的踏步板搁置在楼梯间两侧的墙上，并按设计好的布置方案，依次升降、移动，最后形成楼梯段。此时踏步板相当于一块简支板，摆脱了对平台梁的依赖。由于墙承式楼梯要依靠两侧的墙体作为支座，与通常至少一侧临空的楼梯段在空间感觉上有较大的不同。墙承式楼梯较适用于二层建筑的直跑楼梯或中间设有电梯井道的三跑楼梯。双跑平行楼梯如果采用墙承式，必须在原楼梯井处设置承重墙，作为踏步板的支座（图9-14）。但楼梯间中部设置墙体之后，使楼梯间的空间感觉发生了很大的变化。阻挡了视线、光线，空间变得狭窄，在搬运大件家具和设备时会感到不方便。为了解决梯段直接通视的问题，可以在楼梯井处墙体的适当部位开设洞口，以便瞭望。由于墙承式楼梯的踏步板与平台之间没有传力的关系，因此可以不设平台梁，平台下面的净高要比一般楼梯的大。为了确保行人的通行安全，应在楼梯间侧墙上设置扶手。

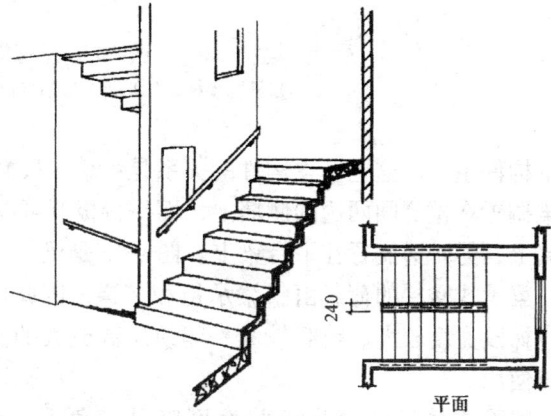

图 9-14　墙承式楼梯

墙承式楼梯的踏步板可以做成L形，也可以做成三角形。平台板可以采用实心板，也可以采用空心板和槽形板。

（2）悬臂楼梯

悬臂楼梯又称为悬臂踏板楼梯，悬臂楼梯与墙承式楼梯有许多相似之处。它是由单个踏步板组成楼梯段，并由楼梯段侧面墙体承担楼梯的荷载，梯段与平台之间没有传力关系，因此可以取消平台梁。所不同的是，悬臂楼梯的踏步板一端嵌入墙内，另一端形成悬臂（图9-15a）。悬臂楼梯是把预制的踏步板，根据设计依次砌入楼梯间侧墙，组成楼梯段。踏步板的截面形式有一字形、正L形（图9-15b）、反L形（图9-15c），以正L形最多见。为了施工方便，踏步板砌入墙体部分均为矩形。

悬臂楼梯的悬臂长度一般不超过1.5m，可以满足大部分民用建筑对楼梯的要求。但在具有冲击荷载的建筑或地震区不宜采用。楼梯的平台板可以采用钢筋混凝土实心板、空心板和槽形板，搁置在楼梯间两侧墙体上。

（3）梁承式楼梯

梁承式楼梯是装配而成的梁式楼梯。梁承式楼梯由踏步板、斜梁、平台梁和平台板等

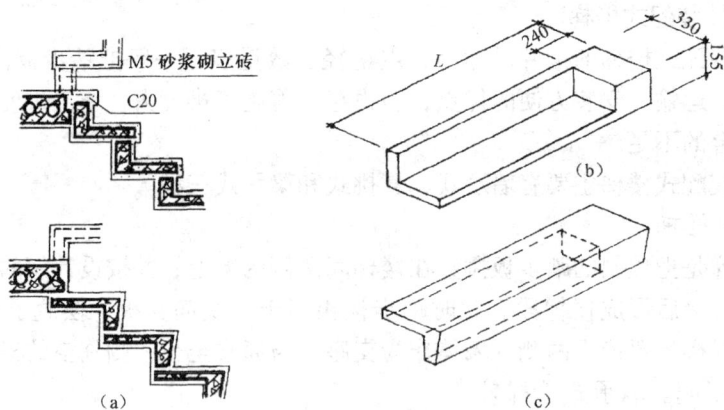

图 9-15 悬臂楼梯

(a) 悬臂楼梯；(b) 正 L 形踏步板；(c) 反 L 形踏步板

基本构件组成。这些基本构件的关系是：踏步板搁置在斜梁上，斜梁搁置在平台梁上，平台梁搁置在楼梯间两边的侧墙上，而平台板既可以搁置在两边的侧墙上，也可以一边搁置在墙上，另一边搁置在平台梁上。图 9-16 是梁承式楼梯的平面举例。

梁承式楼梯的荷载由斜梁承担和传递，因此可以适应梯段宽度较大、荷载较大、建筑层高较大的公共建筑使用。

梁承式楼梯的踏步板截面可以是三角形、正 L 形、反 L 形和一字形。斜梁分矩形、L 形、锯齿形三种。三角形踏步板配合矩形斜梁，拼装之后形成明步楼梯（图 9-17a），三角形踏步板配合 L 形斜梁，拼装之后形成暗步楼梯（图 9-17b）。采用三角形踏步板的梁承式楼梯具有梯段底面平整的优点。L 形和一字形踏步板应与锯齿形斜梁配合使用，当采用一字形踏步板时，一般用侧砌墙作为踏步的踢面（图 9-17c）。如采用 L 形踏步板时，要求斜梁锯齿的尺寸和踏步板尺寸应相互配合、协调，避免出现踏步架空和倾斜的现象（图 5-17d）。

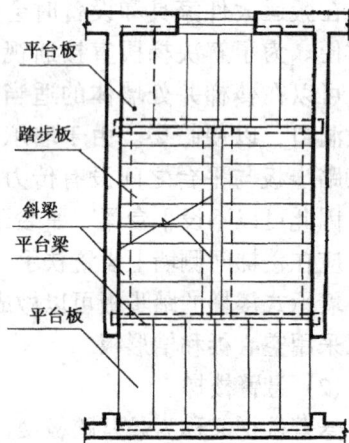

图 9-16　梁承式楼梯平面

预制踏步板与斜梁之间应由水泥砂浆铺垫，逐个叠置。锯齿形斜梁应预设插铁并与一字形及 L 形踏步板的预留孔插接。

为了使平台梁下能留有足够的净高，平台梁一般做成 L 形截面。斜梁搁置在平台梁挑出的翼缘部分。为确保二者的连接牢固，可以用插铁插接，也可以利用预埋件焊接（图 9-18）。

为了节省楼梯所占空间，上行和下行梯段最好在同一位置起步和止步。由于现浇钢筋混凝土楼梯是在现场绑扎钢筋的，因此可以顺利地做到这一点（图 9-19a）。预制装配式楼梯为了减少构件的类型，往往要求上行和下行梯段应在同一高度进入平台梁，容易形成上

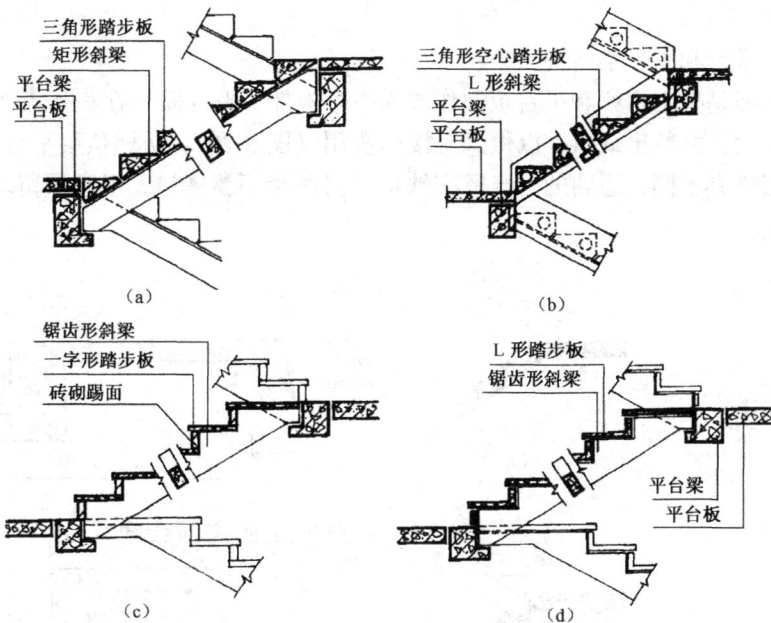

图 9-17　梁承式楼梯

(a) 三角形踏步板矩形斜梁；(b) 三角形踏步板 L 形斜梁；
(c) 一字形踏步板锯齿形斜梁；(d) L 形踏步板锯齿形斜梁

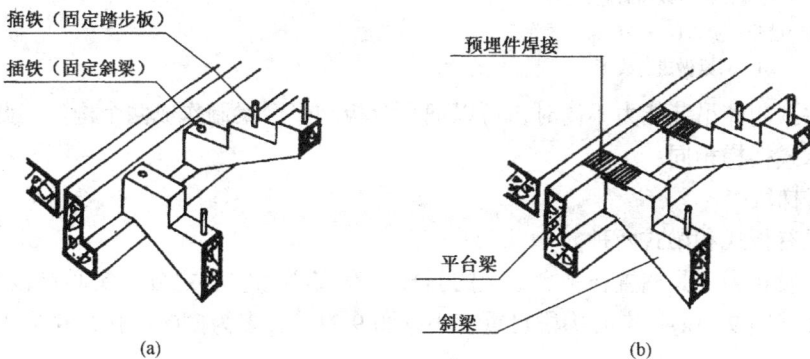

图 9-18　斜梁与平台梁的连接

(a) 插铁连接；(b) 预埋铁件焊接

下梯段错开一步或半步起止步的局面（图 9-19b），对节省面积不利。为了解决这个问题，可以把平台梁降低（图 9-19c）或把斜梁做成折线形（图 9-19d）。在处理此处构造时，应根据工程实际选择合适的方案，并与结构专业搞好配合。

2. 中型、大型构件装配式楼梯

中型、大型构件装配式楼梯一般是把楼梯段和平台板作为基本构件。构件的规格和数量少，装配容易、施工速度快。但需要有相当的吊装设备进行配合，适于在成片建设的大量建筑中使用。

（1）平台板

平台板有带梁和不带梁两种。

带梁平台板是把平台梁和平台板制作成为一个构件。平台板一般采用槽形板，其中一个边肋截面加大，并留出缺口，以供搁置楼梯段用（图9-20）。楼梯顶层平台板的细部处理与其他各层略有不同，边肋的一半留有缺口，另一半不留缺口，但应预留埋件或插孔，供安装栏杆用。

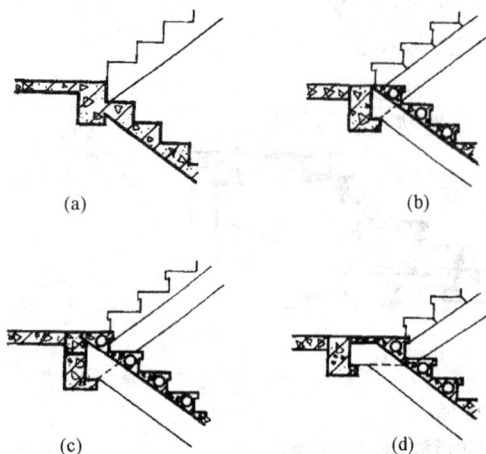

图 9-19 楼梯起止步的处理
(a) 现浇楼梯可以同时起止步；
(b) 踏步错开一步；(c) 平台梁位置降低；
(d) 斜梁做成折线形。

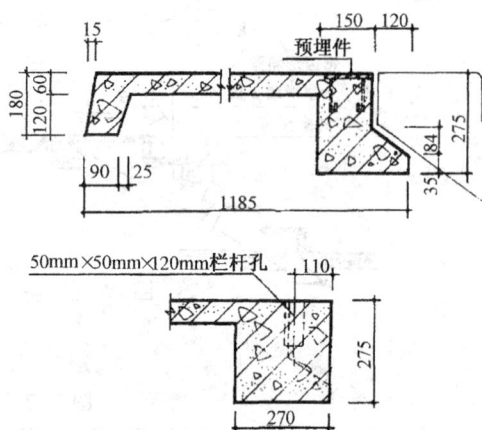

图 9-20 带梁平台板

当构件预制和吊装能力不高时，可以把平台板和平台梁制作成两个构件。此时平台的构件与梁承式楼梯相同。

（2）楼梯段

楼梯段有板式和梁式两种。

板式梯段相当于是搁置在平台板上的斜板，有实心和空心之分。实心梯段加工简单，但自重较大（图9-21a）。空心梯段自重较小（图9-21b），多为横向留孔，孔形可为圆形或三角形。

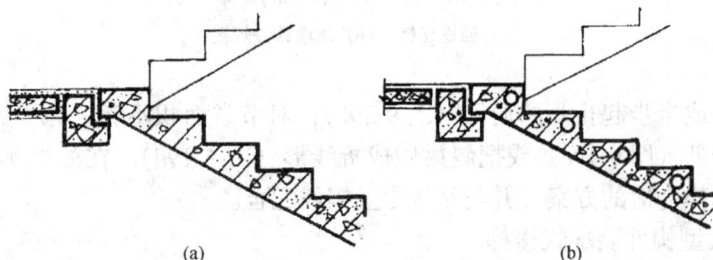

图 9-21 板式梯段
(a) 实心梯段；(b) 空心梯段

板式梯段相当于是明步楼梯，底面平整，适于在住宅、宿舍建筑中使用。

梁式梯段是把踏步板和边梁组合成一个构件，多为槽板式（图 9-22）。梁式楼梯是梁板合一的构件，一般比板式梯段节省材料。为了进一步节省材料、减轻构件自重，一般设法对踏步截面进行改造，主要有以下几种办法：

1）踏步板内留孔；

2）把踏步板踏面和踢面相交处的凹角处理成小斜面，此时，梯段的底面可以提高约 10 ~ 20mm（图 9-23a）；

3）折板式踏步（图 9-23b），这种方法节约材料效果最明显，但加工梯段时比较麻烦，梯段底面凹角多，容易积灰。

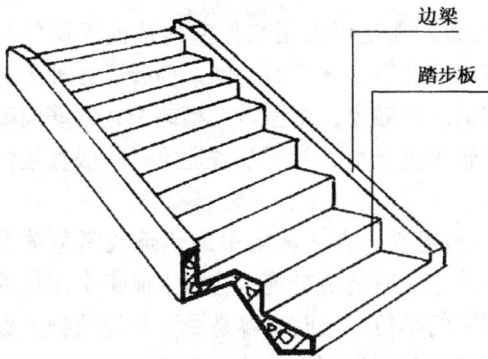

图 9-22　槽板式楼梯

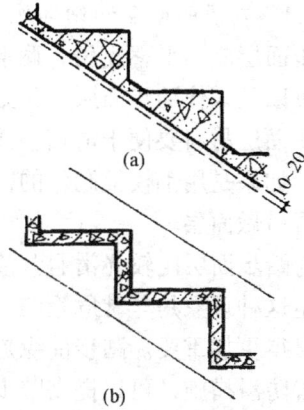

图 9-23　槽板式梯段的节约方法
（a）处理凹角；（b）折板式踏步

（3）楼梯段与平台板及基础的连接

大部分楼梯段的两端搁置在平台板的边梁上，只有首层楼梯段的下端搁置在楼梯基础上。为保证梯段的平稳，并与平台板接触良好，应当先在平台边梁上用水泥砂浆坐浆，然后再安装楼梯段。梯段和平台板之间的缝隙要用水泥砂浆填塞密实。梯段和边梁的对应部位应事先预留埋件并焊牢，以确保梯段和平台板能形成一个整体。楼梯基础的顶部一般设置钢筋混凝土基础梁，并留有缺口，以便于同首层楼梯段连接。

图 9-24　是楼梯段与平台板连接的构造举例。

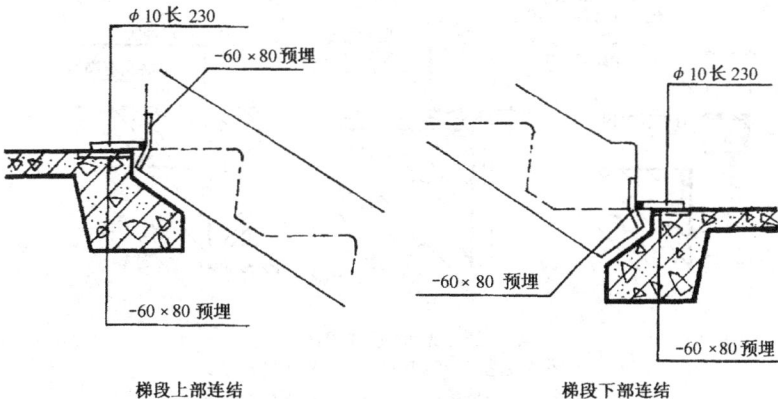

梯段上部连结　　　　　　梯段下部连结

图 9-24　楼梯段与平台板的连接

把楼梯段和平台板制作成为一个构件，就形成了梯段带平台预制楼梯。一个梯段可以带一个平台，也可以一个梯段带两个平台。每层楼梯由两个相同的构件组成，施工速度快。但构件制作和运输比较麻烦，施工现场需要有大型吊装设备，以满足安装的要求。这种楼梯常用于大型预制装配式建筑。

1.4 楼梯的细部构造

楼梯是建筑中与人体接触频繁的构件，在使用过程中磨损得比较厉害，容易受到人为因素的破坏。应当对楼梯的踏步面层、踏步细部、栏杆和扶手进行适当的构造处理，这对保证楼梯的正常使用和保持建筑的美观非常重要。

1.4.1 踏步的面层和细部处理

踏步面层应当平整光滑，耐磨性好。一般认为，凡是可以用来作室内地面面层的材料，均可以用来作踏步面层。常见的踏步面层有水泥砂浆、水磨石、铺地面砖、各种天然石材等。面层材料要便于清扫，并应当具有相当的装饰效果。中型、大型装配式钢筋混凝土楼梯，如果是用钢模板制作的，由于其表面比较平整光滑，为了节省造价，一般直接使用，不再另做面层。

因为踏步面层比较光滑且尺度较小，行人容易滑跌，在人流集中的建筑或紧急情况下，发生这种现象是非常危险的，因此，在踏步前缘应有防滑措施，这对人流集中建筑的楼梯就显得更加重要。踏步前缘是踏步磨损最厉害的部位，同时也容易受到其他硬物的破坏。设置防滑措施，可以提高踏步前缘的耐磨程度，起到局部保护的作用。

图 9-25 是常见的踏步防滑构造。

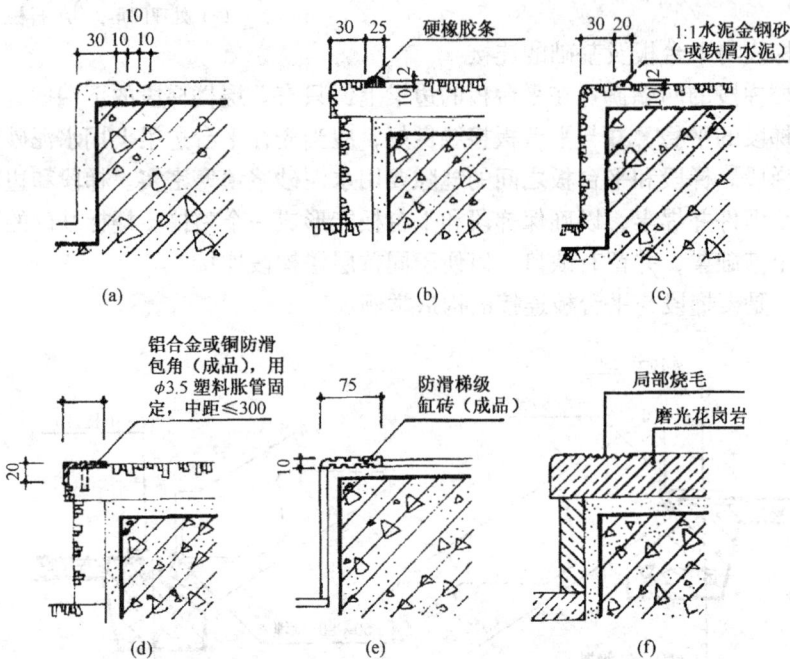

图 9-25 踏步防滑构造
(a) 水泥砂浆踏步留防滑槽；(b) 橡胶防滑条；
(c) 水泥金刚砂防滑条；(d) 铝合金或铜防滑包角；
(e) 缸砖面踏步防滑砖；(f) 花岗岩踏步烧毛防滑条

1.4.2 栏杆和扶手

为了保证楼梯的使用安全，应在楼梯段的临空面一侧设置栏杆或栏板，并在其上部设置扶手。当楼梯的宽度较大时，还应在梯段的另一侧及中间增设扶手。栏杆、栏板和扶手也是具有较强装饰作用的建筑构件，对材料、格式、色彩、质感均有较高的要求。

栏杆在楼梯中采用较多。栏杆多采用金属材料制作，如钢材、铝材、铸铁花饰等。用相同或不同规格的金属型材拼接，组合成不同的图案，使之在确保安全的同时，又能起到装饰作用（图 9-26）。栏杆应有足够的强度，能够保证在人多拥挤时楼梯的使用安全。栏杆的垂直构件之间的净间距不应大于 110mm，经常有儿童活动的建筑，栏杆应设计成不易儿童攀登的分格形式，以确保安全。

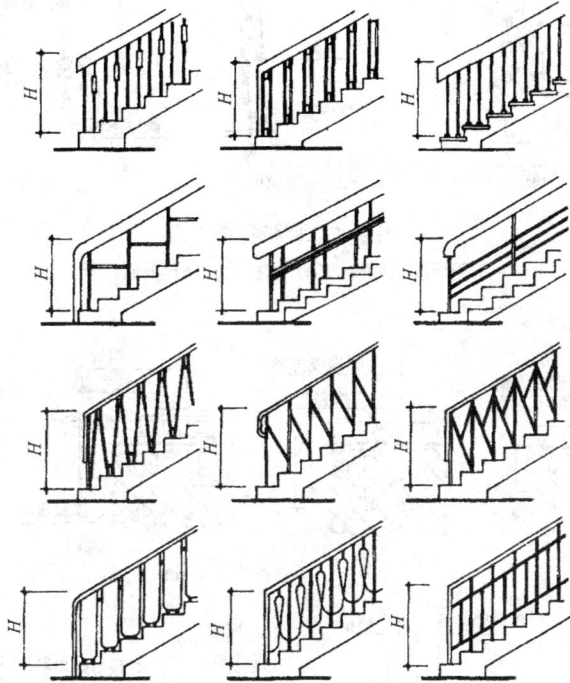

图 9-26 栏杆形式

栏板是用实体材料制作的。常用的材料有钢筋混凝土，加设钢筋网的砌体、木材、玻璃等。栏板的表面应平整光滑，便于清洗。栏板可以与楼梯段直接相连，也可以安装在垂直构件上。图 9-27 是栏板的构造举例。

栏杆的垂直构件必须要与楼梯段有牢固、可靠的连接。应当根据工程实际情况和施工能力合理选择连接方式。图 9-28 是栏杆与楼梯段连接构造的举例。

扶手可以用优质硬木、金属型材（铁管、不锈钢、铝合金等）、工程塑料及水泥砂浆抹灰、水磨石、天然石材等材料制作。室外楼梯不宜使用木扶手，以免淋雨后变形和开裂。不论何种材料的扶手，其表面必须要光滑、圆顺，便于使用者扶持。绝大多数扶手是连续设置的，接头处应当仔细处理，使之平滑过渡。金属扶手通常与栏杆焊接，抹灰类扶手系在栏板上端直接饰面。木及塑料扶手在安装之前应事先在栏杆顶部设置通长的斜倾扁铁、扁铁上预留安装钉孔，然后把扶手安放在扁铁上，并固定好。

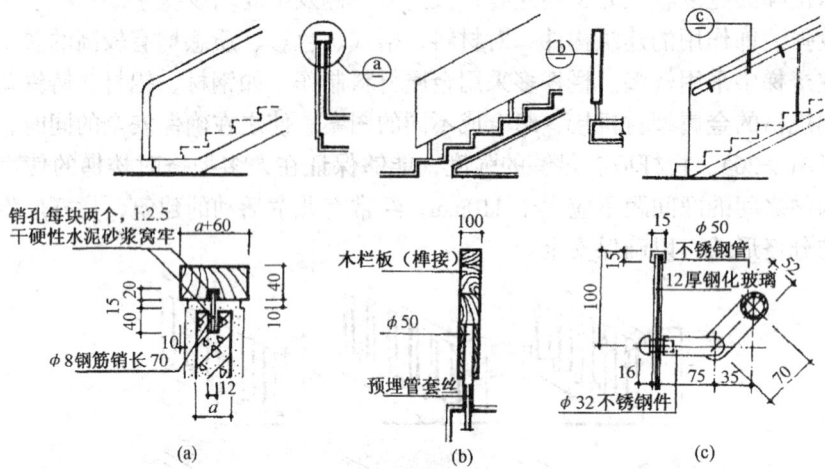

图 9-27 栏板构造
(a) 钢筋混凝土栏板；(b) 木栏板；(c) 玻璃栏板

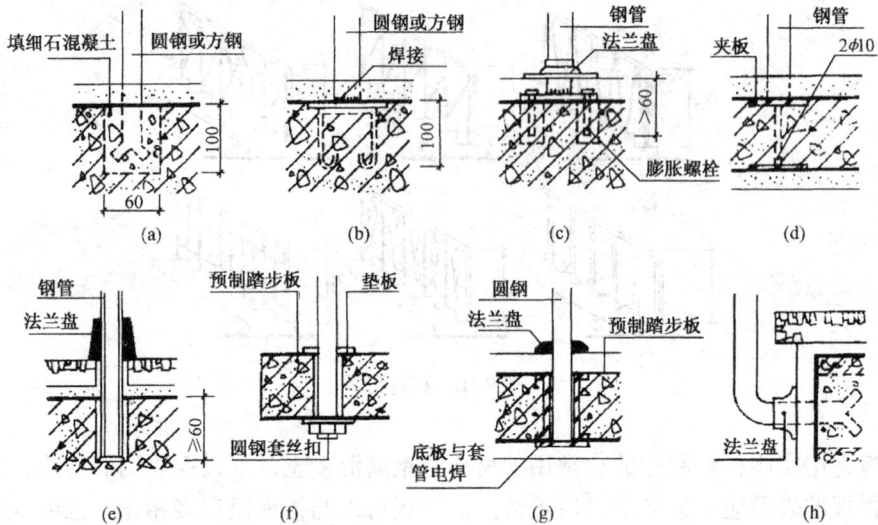

图 9-28 栏杆与楼梯段的连接

图 9-29 是常见扶手的举例。

上行和下行梯段的扶手在平台转弯处往往存在高差，应进行调整和处理。当上行和下行梯段在同一位置点起步时，可以把楼梯井处的横向扶手倾斜设置，并连接上下两段扶手（图 9-30a），如果把平台处栏杆外伸约 1/2 踏步（图 9-30b）或将上下梯段错开一个踏步（图 9-30c），就可以使扶手顺利连接。但这种做法栏杆占用平台尺寸较多，楼梯的占用面积也要增加。

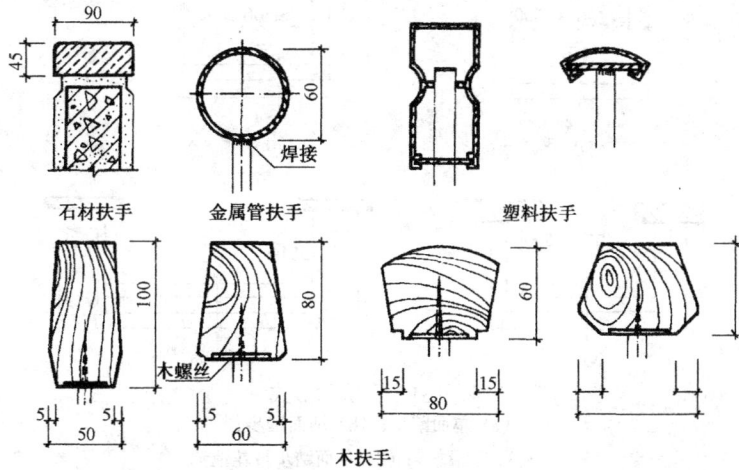

石材扶手　　　　金属管扶手　　　　　塑料扶手

木扶手

图 9-29　扶手类型

1.5　台阶与坡道

大部分台阶和坡道设在室外，是建筑入口与室外地面的过渡。设置台阶是为人们进出建筑提供方便，坡道是为车辆及残疾人通行而设置的，有时会把台阶和坡道合并在一起。从规划要求看，台阶和坡道视为建筑主体的一部分，不允许进入道路红线。

为了防止雨水灌入，保证室内干燥，建筑首层室内地面与室外地面均设有高差。台阶和坡道的基本功能就是解决室内外高差带来的垂直交通问题，因此在一般情况下台阶的踏步数不多，坡道长度不大。有些建筑由于使用功能或精神功能的需要，有时设有较大的室内外高差，此时就需要大型的台阶和

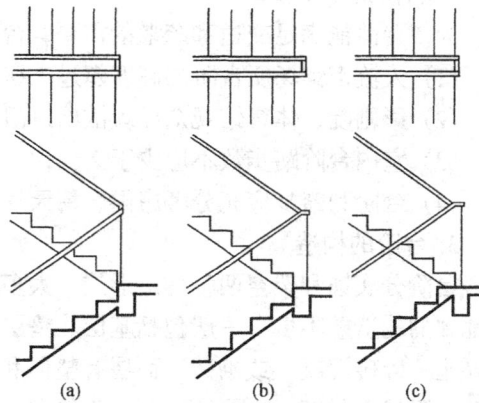

　　(a)　　　　　(b)　　　　　(c)

图 9-30　楼梯转弯处扶手高差的处理
(a) 设横向倾斜扶手；
(b) 栏杆外伸；(c) 上下梯段错开一个踏步

坡道与其配合。台阶和坡道与建筑入口关系密切，具有相当的装饰作用，美观要求较高。

1.5.1　台阶

1. 台阶的形式和尺寸

台阶的平面形式多种多样，应当根据建筑功能及周围基地的情况进行选择。较常见的台阶形式有：单面踏步、两面踏步、三面踏步、单面踏步带花池（花台）等。有的台阶还附带花池和方形石、栏杆等。部分大型公共建筑经常把行车坡道与台阶合并成为一个构件，车辆可以驶近建筑入口，为使用者提供了更大的方便，也使安全得到了进一步的保证，强调了建筑入口的重要性。图 9-31 是常见台阶的举例。

台阶的宽度应大于所连通的门洞口宽度，一般至少每边应宽出 500mm。室外台阶的深度不应小于 1.0m。由于室外台阶受雨、雪的影响较大，因此坡度宜平缓些。踏步的踏面宽

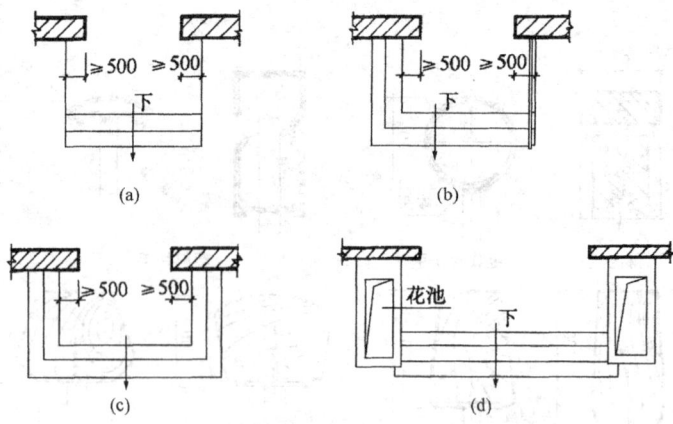

图 9-31 台阶的形式

(a) 单面踏步；(b) 两面踏步；

(c) 三面踏步；(d) 单面踏步带花池

度不应小于 300mm，踢面高度不应大于 150mm。

2. 台阶的基本要求

为使台阶能满足交通和疏散的需要，台阶的设置应满足如下要求：

（1）人流密集场所台阶的高度超过 1.0m 时，宜有护栏设施；

（2）影剧院、体育馆观众厅疏散出口门内外 1.40m 范围内不能设台阶踏步；

（3）室内台阶踏步数不应少于 2 步；

（4）台阶和踏步应充分考虑雨、雪天气时的通行安全，宜用防滑性能好的面层材料。

3. 台阶的构造

台阶分实铺和架空两种构造形式，大多数台阶采用实铺的构造。实铺台阶的构造与室内地坪的构造差不多，一般包括基层、垫层和面层（图 9-32a）。基层是夯实土；垫层多为混凝土、碎砖混凝土或砌砖；面层有整体和铺贴两大类，如水泥砂浆、水磨石、剁斧石、缸砖、天然石材等。在严寒地区，为保证台阶不受土壤冻涨影响，应把台阶下部一定深度范围内的原土换掉，并设置砂垫层（图 9-32b）。

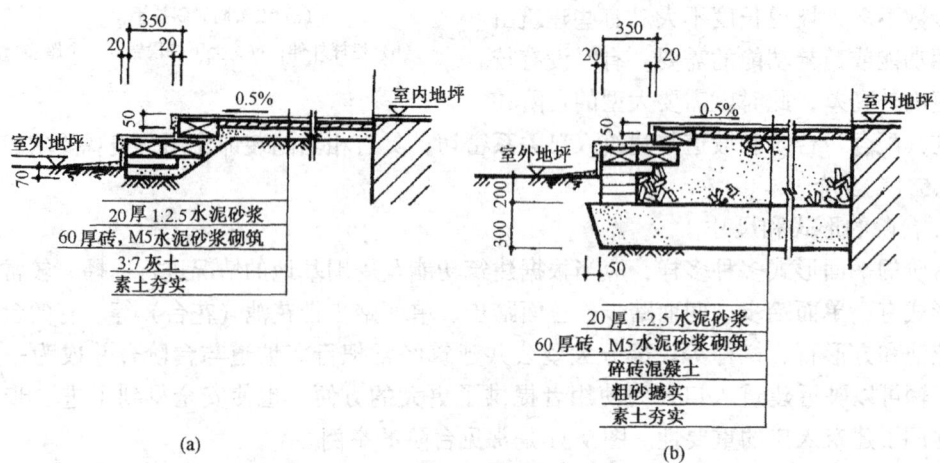

图 9-32 实铺台阶

(a) 不受冻涨影响的台阶；(b) 考虑冻涨影响的台阶

190

当台阶尺度较大或土壤冻涨严重时，为了保证台阶不开裂、不隆起或塌陷，往往选用架空台阶的构造。架空台阶的平台板和踏步板通常为预制钢筋混凝土板，分别搁置在地梁上或砖砌地垄墙上。图9-33是设有砖砌地垄墙的架空台阶构造举例。

由于台阶与建筑主体在自重、承载力及构造方面差异较大，因此，大多数台阶在结构上和建筑主体是分开的，一般是在建筑主体工程完成之后，再进行台阶的施工。台阶与建筑主体之间要注意解决好两个问题：首先，处理好台阶与建筑之间的沉降缝，常见的做法是在接缝处嵌入一根 10 mm 厚防腐木条；其次，为防止台阶上积水向室内流淌，台阶应向外侧做 0.5% ~ 1% 找坡，而且台阶面层标高应比首层室内地面标高低10mm左右。

1.5.2 坡道

1. 坡道的分类

坡道按照其用途的不同，可以分成行车坡道和轮椅坡道两类。

图 9-33 架空台阶

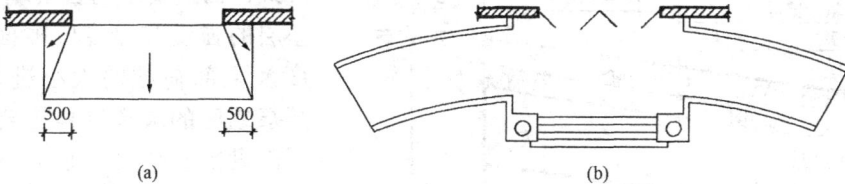

行车坡道分为普通行车坡道（图 9-34a）与回车坡道（图 9-34b）两种。普通行车坡道布置在有车辆进出的建筑入口处，如车库、库房等。回车坡道与台阶踏步组合在一起，可以减少使用者下车之后的行走距离。回车坡道一般布置在某些大型公共建筑的入口处，如重要办公楼、旅馆、医院等。

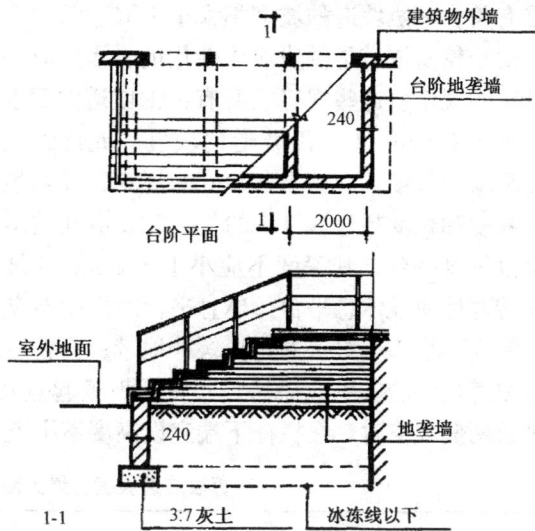

图 9-34 行车坡道
（a）普通行车坡道；（b）回车坡道

轮椅坡道是专供残疾人使用的。随着我国社会文明程度的提高，为使残疾人能平等地参与社会活动，应在为公众服务的建筑中设置方便残疾人使用的设施，轮椅坡道是其中之一。我国专门制定了《方便残疾人使用的城市道路和建筑物设计规范》（JGJ50—88），对有关问题作出了明确的规定。

2. 坡道的尺寸和坡度

普通行车坡道的宽度应大于所连通的门洞口宽度，每边至少在 500mm 以上。坡道的坡度与建筑的室内外高差及坡道的面层处理方法有关。光滑材料面层坡道的坡度不大于1:12；粗糙材料面层的坡道（包括设置防滑条的坡道）的坡度不大于1:6；带防滑齿坡道的坡度不大于1:4。

回车坡道的宽度与坡道的半径及通行车辆的规格有关，一般坡道的坡度不大于1:10。

由于轮椅坡道是供残疾人使用的，因此有一些特殊的规定。这些规定主要有：①坡道的宽度不应小于0.9m；②每段坡道的坡度、允许最大高度和水平长度，应符合表9-6的规定；③当坡道的高度和长度超过表9-6的规定时，应在坡道中部设休息平台，其深度不应小于1.20m；④坡

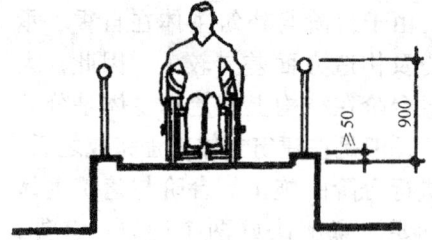

图9-35 坡道扶手和安全挡台

道在转弯处应设休息平台，休息平台的深度不应小于1.50m；⑤在坡道的起点及终点，应留有深度不小于1.50m的轮椅缓冲地带；⑥坡道两侧应在0.9m高度处设扶手（图9-35），两段坡道之间的扶手应保持连贯；⑦坡道起点及终点处的扶手，应水平延伸0.3m以上；⑧坡道两侧凌空时，在栏杆下端宜设高度不小于50mm的安全挡台（图9-35）。

每段坡道坡度、最大高度和水平长度 表9-6

坡道坡度（高/长）	* 1/8	* 1/10	1/12
每段坡道允许高度（m）	0.35	0.60	0.75
每段坡道允许水平长度（m）	2.80	6.00	9.00

注：加 * 者只适用于受场地限制的改造，扩建的建筑物。

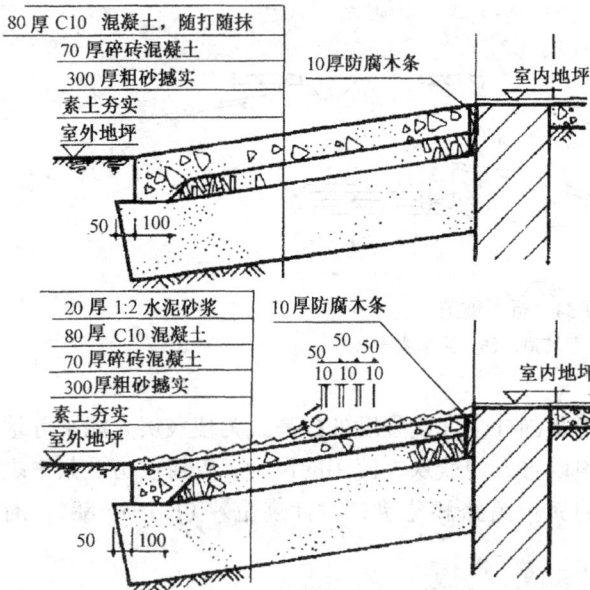

图9-36 坡道构造

3. 坡道的构造

坡道一般均采用实铺的构造形式，构造要求与台阶基本相同。垫层的强度和厚度应根据坡道长度及上部荷载的大小进行选择，严寒地区的坡道同样需要在垫层下部设置砂垫层。图9-36是坡道的构造举例。

1.6 电梯及自动扶梯

电梯是多层及高层建筑中常用的建筑设备，主要是为了解决人们在上下楼时的体力及时间的消耗问题。我国一些建筑设计规范对电梯的设置作出了明确的规定，如：七层及七层以上或顶层入口层楼面距室外设计地面的高

度超过 16m 以上的住宅；四层及四层以上的门诊楼或病房楼等建筑。有些建筑虽然层数不多，但由于建筑级别较高或使用的特殊需要，往往也设置电梯，如：高级宾馆、多层仓库等。部分高层及超高层建筑，为了满足疏散和救火的需要，还要设置消防电梯。

自动扶梯是人流集中的大型公共建筑常用的建筑设备。在大型商场、展览馆、火车站、航空港等建筑设置自动扶梯，会对方便使用者、疏导人流起到很大的作用。有些占地面积大，交通量大的建筑还要设置自动人行道，以解决建筑内部的长距离水平交通，如大型航空港等建筑。

电梯及自动扶梯的安装及调试一般由生产厂家或专业公司负责。不同厂家提供的设备尺寸、规格和安装要求均有所不同，土建专业应按照厂家的要求预留出足够的安装空间和设备的基础设施。

1.6.1 电梯

1. 电梯的分类和规格

(1) 按照电梯的用途分类

电梯根据用途的不同可以分为：乘客电梯、住宅电梯、病床电梯、客货电梯、载货电梯、杂物电梯。

(2) 按照电梯的拖动方式分类

电梯根据动力拖动的方式不同可以分为：交流拖动（包括单速、双速、调速）电梯、直流拖动电梯、液压电梯。

(3) 按照消防要求分类

电梯根据消防要求可以分为：普通乘客电梯和消防电梯。

目前多采用载重量作为划分电梯的规格标准（如400kg、1000kg、2000kg），而不用载客人数来划分电梯规格。电梯的载重量和运行速度等技术指标，在生产厂家的产品说明书中均有详细指示。

2. 电梯的组成

电梯由井道、机房和轿厢三部分组成（图 9-37）。其中轿厢是由电梯厂生产的，并由专业公司负责安装，但其规格、尺寸等指标是确定机房和井道布局、尺寸和构造的决定因素。

图 9-37 电梯的组成示意图

(1) 井道

电梯井道是电梯轿厢运行的通道。井道内部设置电梯导轨、平衡配重等电梯运行配件，并设有电梯出入口。电梯井道可以用砖砌筑，也可以采用现浇钢筋混凝土井道，这方面电梯生产厂家会有明确的规定。砖砌井道在竖向一般每隔一段距离应设置钢筋混凝土圈梁，供固定导轨等设备用。井道的净宽、净深尺寸应当满足生产厂家提出的安装要求。

电梯井道应只供电梯使用，不允许布置无关的管线。速度超过 2m/s 的载客电梯，应在井道顶部和底部设置不小于 600mm×600mm 带百页窗的通风孔。

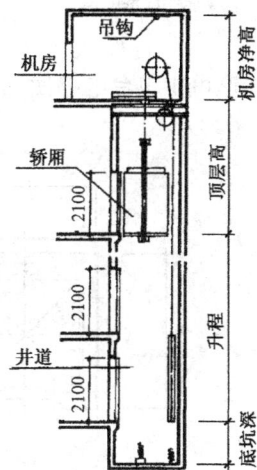

为了便于电梯的检修、安装和设置缓冲器，井道的顶部和底部应当留有足够的空间（图9-40）。其尺寸与电梯运行速度有关，具体规定见表9-7，也可查电梯说明书。

电梯井道底坑深度及顶层高度表　　　　　　　　　　　　　　表 9-7

速度 （m/s）	底坑深度 P 顶层高度 Q	乘客电梯载重量（kg）					住宅电梯载重量（kg）		
		630	800	1000	1250	1600	400	630	1000
0.63	P（mm）	1500	1500	1700	1900	1900		1400	
	Q（mm）	3800	3800	4200	4400	4400		3700	
1.00	P（mm）	1500	1500	1700	1900	1900		1500	
	Q（mm）	3800	3800	4200	4400	4400		3800	
1.60	P（mm）	1700	1700	1700	1900	1900		1700	
	Q（mm）	4000	4000	4200	4400	4400		4000	
2.50	P（mm）	*	2800	2800	2800	2800	*	2800	2800
	Q（mm）	*	5000	5200	5400	5400	*	5000	5000

注：1. P、Q尺寸系由《电梯及其井道、机房的型式基本参数与尺寸》（JB1435—74）列出；
　　2. *属非标准电梯。

井道可供单台电梯使用，也可供两台电梯共用。图9-38是住宅电梯井道平面的举例。

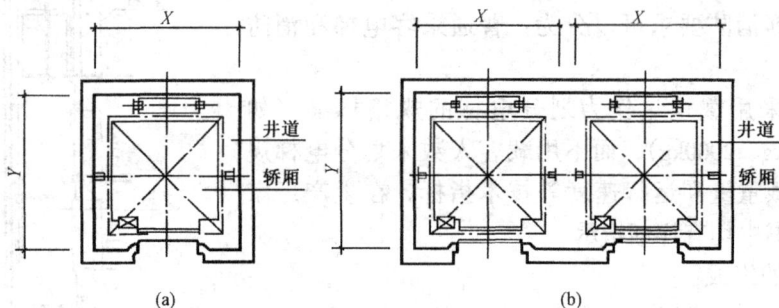

图9-38　电梯井道
（a）单台电梯井道；（b）两台电梯井道

(2) 机房

电梯机房一般设在电梯井道的顶部，少数电梯把机房设在井道底层的侧面（如液压电梯）。机房的平面及剖面尺寸均应满足布置机械及电控设备的需要，并留有足够的管理、维护空间，同时，要把室内温度控制在设备运行的允许范围之内。由于机房的面积要大于井道的面积，因此，允许机房平面位置任意向井道平面相邻两个方向伸出（图9-39）。通往机房的通道、楼梯和门的宽度不应小于1.20m。电梯机房的平面、剖面尺寸及内部设备布置、孔洞位置和尺寸均由电梯生产厂家给出，图9-40是电梯机房平面的举例。

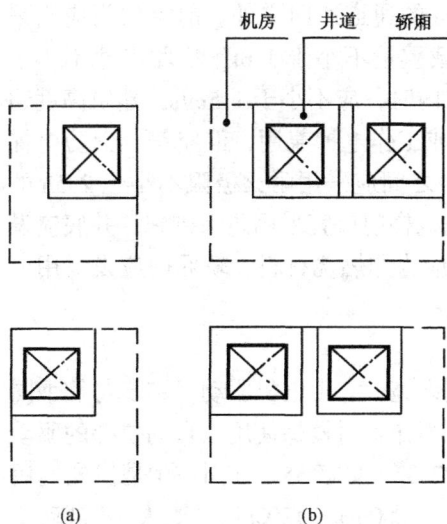

图 9-39　电梯机房与井道的关系
(a)单台电梯机房；　(b)双台电梯机房

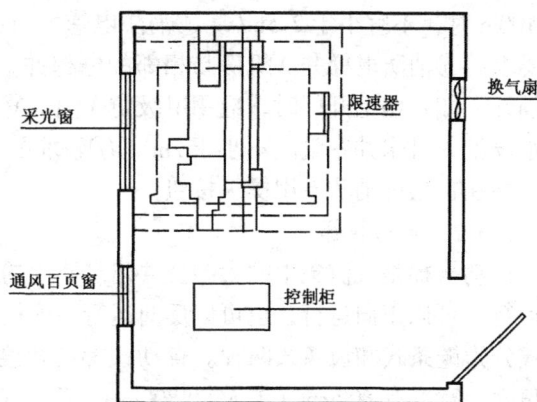

图 9-40　电梯机房平面

　　由于电梯运行时设备噪声较大，会对井道周边房间产生影响。为了减少噪声，有时在机房下部设置隔声层（图 9-41）。

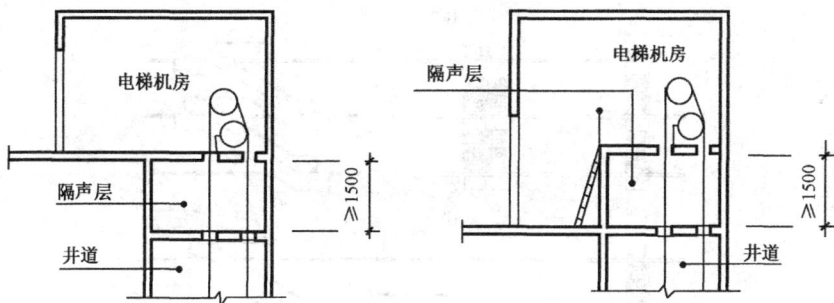

图 9-41　机房隔声层

　　（3）消防电梯

　　消防电梯是在火灾发生时供运送消防人员及消防设备，抢救受伤人员用的垂直交通工具。建筑符合下列条件之一时，应设置消防电梯：①一类高层建筑；②塔式住宅；③12层及 12 层以上的组合式单元住宅、宿舍和通廊式住宅；④高度超过 32m 的其他二层建筑。

　　消防电梯的数量与建筑主体每层建筑面积有关，多台消防电梯在建筑中应设置在不同的防火分区之内。

　　消防电梯的布置、动力系统、运行速度和装修及通讯等均有特殊的要求。主要有以下几项：①消防电梯应设前室。前室面积：住宅不小于 $4.5m^2$，公共建筑不小于 $6.0m^2$。与防烟楼梯间共用前室时，住宅不小于 $6.0m^2$，公共建筑不小于 $10.0m^2$。②前室宜靠外墙设置，在首层应设置直通室外的出口或经过不超过 30m 的通道通向室外。前室的门应当采用乙级防火门或具有停滞功能的防火卷帘。③电梯载重量不小于 1.0t，轿厢尺寸不小于 1000mm×1500mm。行驶速度为：建筑高度在 100m 之内时，应不小于 1.5m/s。建筑高度超过 100m 时，不宜小于 2.5m/s。④消防电梯可与客梯或工作电梯兼用，但应符合消防电梯的要求。⑤消防电梯井、机房与相邻的电梯井、机房之间应采用耐火极限不小于 2.5h 的墙隔开，如在墙上开门时，应用甲级防火门。⑥消防电梯门口宜采用防水措施，井底应设排水设施，排水井容量应不小于 2m³。⑦轿厢的装饰应为非燃烧材料，轿厢内应设专用电话，并在首层设消防专用操纵按钮。

1.6.2 自动扶梯

自动扶梯是人流集中的大型公共建筑使用的交通设施。它由电机驱动，踏步与扶手同步运行，可以正向运行，也可以反向运行，停机时可当作临时楼梯使用。自动扶梯的驱动方式分为链条式和齿条式两种。自动扶梯的角度有 27.3°、30°、35°，其中 30° 是优先选用的角度。宽度有 600mm（单人）、800mm（单人携物）、1000mm、1200mm（双人）。自动扶梯的载客能力很高，一般为 4000~10000 人/小时。

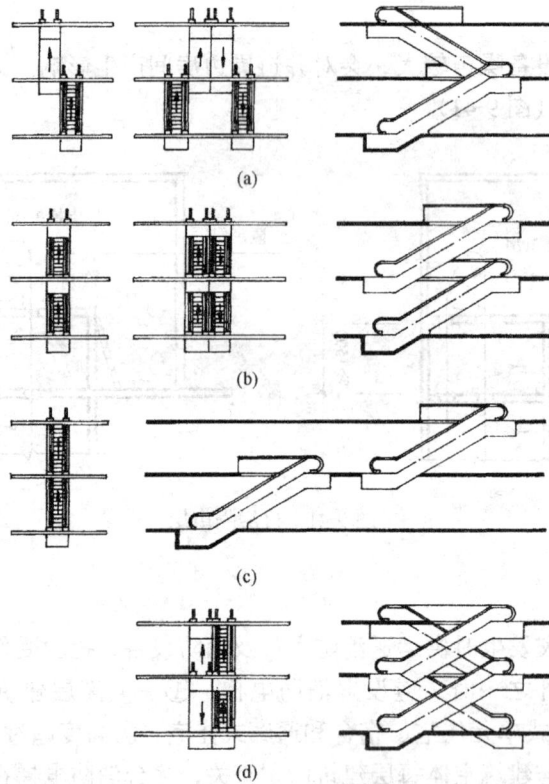

图 9-42　自动扶梯的布置形式
(a) 并联排列式；(b) 平行排列式；(c) 串联排列式；(d) 交叉排列式

自动扶梯一般设在室内，也可以设在室外。根据自动扶梯在建筑中的位置及建筑平面布局，自动扶梯的布置方式主要有以下几种：

（1）并联排列式（图9-42a）：楼层交通乘客流动可以连续，升降两个方向交通均分离清楚，外观豪华，但安装面积大；

（2）平行排列式（图9-42b）：安装面积小，但楼层交通不连续；

（3）串联排列式（图9-42c）：楼层交通乘客流动可以连续；

（4）交叉排列式（图9-42d）：乘客流动升降两方向均为连续，且搭乘场相距较远，升降客流不发生混乱，安装面积小。

自动扶梯的电动机械装置设置在楼板下面，需占用较大的空间。底层应设置地坑，供安放机械装置用，并做防水处理。自动扶梯在楼板上应预留足够的安装洞，图9-43是自动扶梯的基本尺寸。具体尺寸应查阅电梯生产厂家的产品说明书。不同的生产厂家，自动扶梯的规格尺寸也不相同。表9-8是部分生产厂家的自动扶梯规格尺寸。

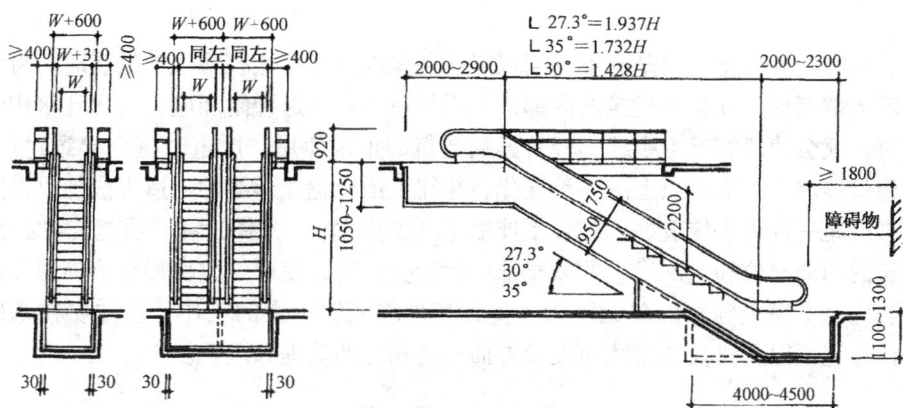

图9-43　自动扶梯的基本尺寸

自动扶梯的主要规格尺寸（mm）　　　　　　　　表9-8

公司名称	中国迅达电梯公司南方公司		上海三菱电梯有限公司		天津奥的斯电梯有限公司		广州市电梯工业公司	
梯型	600	1000	800	1200	600	1000	800	1200
梯级宽 W	600	1000	610	1010	600	1000	604	1004
倾斜角	27.3°、30°、35°		30°、35°					
运转形式	单速上下可逆转							
运行速度	一般为 0.5m/s、0.65m/s							
扶手形式	全透明、半透明、不透明							
最大提升高度（H）	600（800）型一般为 3000～11000　提升高度超过标准产品时，1000（1200）型一般为 3000～7000　可增加驱动级数							
输送能力	5000 人/h（梯级宽600、速度 0.5m/s）8000 人/h（梯级宽1000、速度 0.5m/s）							

公司名称	中国迅达电梯 公司南方公司	上海三菱电梯 有限公司	天津奥的斯 电梯有限公司	广州市电梯 工业公司
电　源	动力：380V（50Hz）、功率一般为 7.5～15kW， 照明：220V（50Hz）			

　　自动扶梯对建筑室内具有较强的装饰作用,扶手采用特制的耐磨胶带制作,有多种颜色。栏板分为玻璃、不锈钢板、装饰面板等几种,有时还辅助以灯具照明,以突出它的装饰作用。

　　由于自动扶梯在安装及运行时，需要在楼板上开洞，此时在该位置上，楼板已经不能起到分隔防火分区的作用。如果上下两层建筑面积总和超过防火分区面积要求时，应按照防火要求用防火卷帘封闭自动扶梯井。

课题 2　变　形　缝

　　建筑物在气温变化、地基有不均匀沉降的现象以及发生比较强烈的地震时，将导致建筑产生较大的变形，并会在建筑的内部产生附加应力。当这种附加应力大于建筑构件的抵抗能力时，就会使建筑产生裂缝，轻者影响建筑的正常使用，严重时将会导致建筑破坏。为了使建筑能够从容应对以上的各种变化，往往采用设置变形缝的构造方法加以设防。

　　变形缝是一种人工构造缝，它包括伸缩缝（温度缝）、沉降缝和防震缝三种缝型。通过在建筑的薄弱部位和变形发生的敏感部位设置变形缝，使建筑以变形缝为界划分成若干在结构和构造上完全独立的单元。为了保证变形缝能够正常的工作，往往要在基础、墙体、楼板、屋顶以及梁柱和管线布设等方面进行相应的处理和调整。

2.1　伸　缩　缝

2.1.1　伸缩缝的作用和设置原则

　　伸缩缝又叫温度缝，是为了防止因环境温度变化影响引起建筑破坏而设置的。建筑是暴露在自然环境当中的，温度的变化对建筑会产生直接的影响，即所谓的热胀冷缩现象。一般来说，建筑的长度越大，温差越大，积累的变形就越多。变形是产生内力的主要原因，当变形引起的内力超过建筑某些部位（如建筑的中段或设置门窗的部位）构件能够抵抗内力的能力时，将会在这些部位产生不规则的裂缝，这将影响建筑的正常使用。为了避免这种现象的发生，往往通过设置伸缩缝的办法来设防。

　　伸缩缝的设置原则主要有以下几点：

　　（1）为了使伸缩缝两侧建筑的变形相对均衡，伸缩缝一般应设置在建筑的中段。

　　（2）以伸缩缝为界，把建筑分成在结构和构造上完全独立的两个单元。屋顶、楼板、墙体和梁柱要完全断开。由于基础埋置在地下,基本不受气温变化的影响,因此不必断开。

　　（3）伸缩缝应设置在横墙对位的部位，并采用双横墙双轴线的布置方案，这样可以较好地解决伸缩缝处的构造问题，并把伸缩缝对建筑内部空间影响削减到最小。

　　伸缩缝的设置可以参照以下表格的规定。砌体结构房屋伸缩缝的最大间距参见表9-9；钢筋混凝土结构房屋伸缩缝最大间距参见表9-10。

砌体房屋伸缩缝的最大间距（m） 表 9-9

砌体类别	屋顶或楼板层的类别		间距（m）
各种砌体	整体式或装配整体式钢筋混凝土结构	有保温层或隔热层的屋顶、楼板层	50
		无保温层或隔热层的屋顶	40
	装配式无檩体系钢筋混凝土结构	有保温层或隔热层的屋顶	60
		无保温层或隔热层的屋顶	50
	装配式有檩体系钢筋混凝土结构	有保温层或隔热层的屋顶	75
		无保温层或隔热层的屋顶	60
普通黏土、空心砖砌体	黏土瓦或石棉水泥瓦屋顶 木屋顶或楼板层 砖石屋顶或楼板层		100
石砌体			80
硅酸盐、硅酸盐砌块和混凝土砌块砌体			75

注：1. 层高大于 5m 的混合结构单层房屋，其伸缩缝间距可按表中数值乘以 1.3 采用，但当墙体采用硅酸盐砖、硅酸盐砌块和混凝土砌块砌筑时，不得大于 75m；

2. 温差较大且变化频繁地区和严寒地区不采暖的房屋及构筑物墙体的伸缩缝最大间距，应按表中数值予以适当减少后采用。

钢筋混凝土结构房屋伸缩缝的最大间距 表 9-10

项 次	结 构 类 型		室内或土中	露 天
1	排架结构	装配式	100	70
2	框架结构	装配式	75	50
		现浇式	55	35
3	剪力墙结构	装配式	65	40
		现浇式	45	30
4	挡土墙及地下室墙壁等结构	装配式	40	30
		现浇式	30	20

注：1. 如有充分依据或可靠措施，表中数值可以增减；

2. 当屋面板上部无保温或隔热措施时，框架、剪力墙结构的伸缩缝间距，可按表中露天栏的数值选用，排架结构可按适当低于室内栏的数值选用；

3. 排架结构的柱顶面（从基础顶面算起）低于 8m 时，宜适当减少伸缩缝间距；

4. 外墙装配内墙现浇的剪力墙结构，其伸缩缝最大间距按现浇式一栏的数值选用，滑模施工的剪力墙结构，宜适当减小伸缩缝间距。现浇墙体在施工中应采取措施减少混凝土收缩应力。

从上面的表格中可以看出，伸缩缝的间距主要与以下几个因素有关：

（1）建筑的结构形式：由于整体性好的建筑在发生变形时容易在局部形成集中的应力，因此，伸缩缝的间距较小；整体性较差的建筑在发生变形时可以把变形及应力分散到各个构件之中，不易形成集中应力，因此，伸缩缝的间距反而较大；

（2）建筑的保温及采暖情况：采暖建筑在寒冷季节只有外围护结构能够明显地感受到温度的变化，而内部的构件在一年四季感受的温差变化较小，因此，伸缩缝的间距较大；不采暖建筑地上部分的全部构件均要受到温度变化的影响，因此，伸缩缝的间距较小。

应当说，在目前的技术条件下，我们对建筑的温度变形问题研究得还不够精细，在许多方面理论模型与实际情况之间还存在一定的差异。应当根据建筑所在地的气候以及建筑的具体情况，在充分调查研究的基础上对伸缩缝的设置问题作出正确的选择。

2.1.2 伸缩缝的构造

为了使伸缩缝能够正常的工作，并为解决建筑的构造问题留有较好的基础条件，伸缩缝的宽度一般为 20~30mm。

1. 伸缩缝在墙体部位的构造

伸缩缝在墙体部位的构造主要是解决伸缩缝部位的密闭和热工问题，对防水的要求不高。根据墙体厚度、砌墙材料、气候条件和施工工艺的不同，伸缩缝的缝型主要有平缝、错口缝和企口缝三种（图9-44）。平缝比较适应四季温差不大的地区，错口缝和企口缝比较适应四季温差较大的地区。

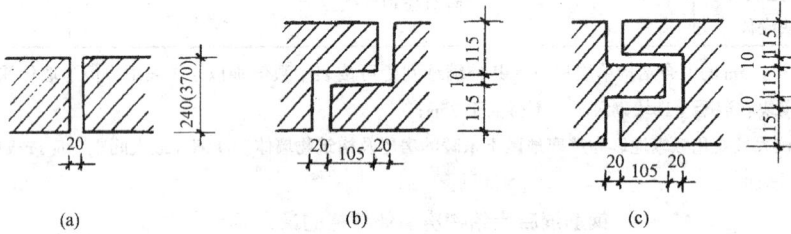

图9-44 伸缩缝的缝型

(a) 平缝；(b) 错口缝；(c) 企口缝

为了提高伸缩缝的密闭和美观程度，通常在缝口处填塞保温、防水的弹性材料，如沥青麻丝、木丝板、橡胶条、聚苯板和油膏等。外墙外表面的缝口一般要用薄金属板或油膏进行盖缝处理，内腔的缝口一般要用装饰效果较好的木条或金属条盖缝。图9-45是墙体伸缩缝构造的举例。

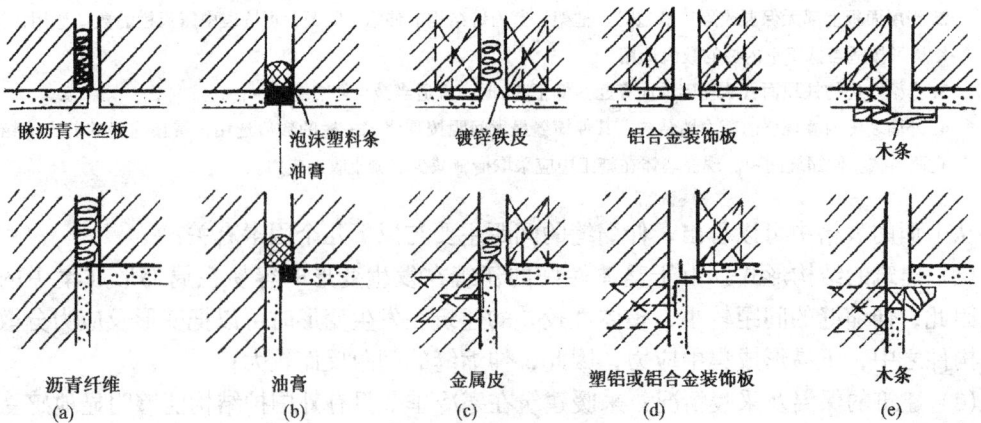

图9-45 墙体伸缩缝构造

(a)、(b)、(c) 外墙伸缩缝构造；(d)、(e) 内墙伸缩缝构造

2. 伸缩缝在楼地面处的构造

伸缩缝在楼地面处的构造主要是解决地面防水和顶棚的装饰问题。缝内也要采用弹性材料作嵌固处理，并要解决好地面防水和防尘的问题。地面的缝口一般应当用金属、橡胶或塑料压条盖缝，顶棚的缝口一般要用木条、金属压条或塑料压条盖缝。图9-46是楼地面和顶棚伸缩缝构造的举例。

由于伸缩缝处的楼地面也要保证平整、顺畅，因此，伸缩缝应当尽量避开在使用时地面可能有水的房间。

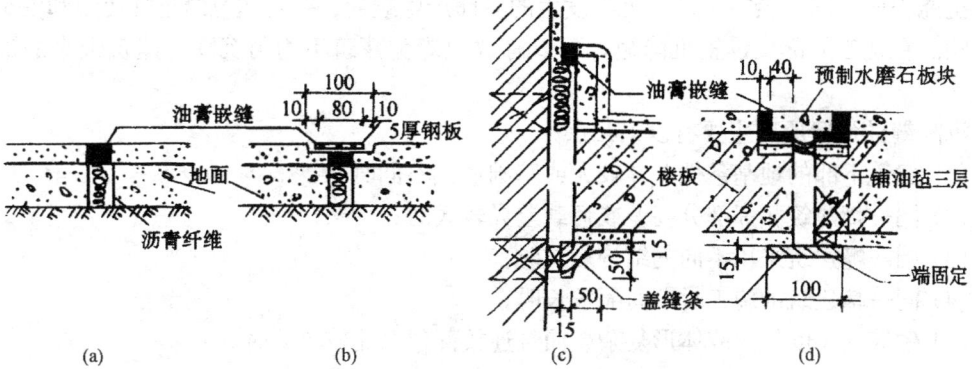

图9-46 楼地面和顶棚伸缩缝的构造

（a）、（b）楼地面构造；（c）、（d）顶棚构造

3. 伸缩缝在屋面的构造

伸缩缝在屋面的构造主要是解决防水和保温的问题，基本没有美观的要求。屋面的伸缩缝宜设在屋面标高相同的部位或建筑的高低错层之处，以便于防水的处理。如为上人屋面，伸缩缝应当尽量设置在边缘部位，而不应通过屋面的中部，以免增加防水的难度。伸缩缝在屋面的构造重点要解决好防水和泛水，其构造与屋面的防水构造类似，但由于伸缩缝在不同的季节其宽度也要发生相应的变化，盖缝的构造就显得比较复杂。图9-47是屋面伸缩缝构造的举例。

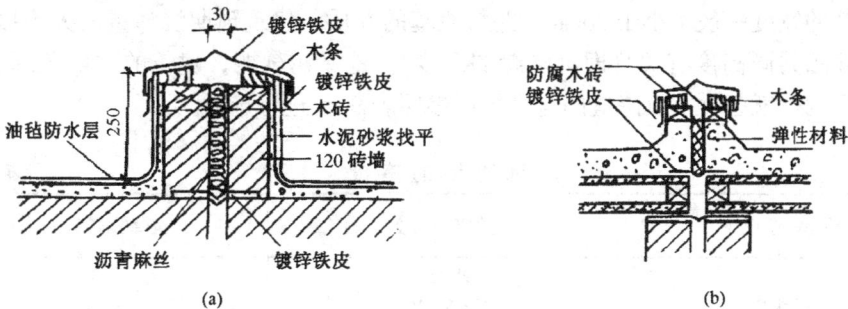

图9-47 屋面伸缩缝的构造

（a）柔性屋面伸缩缝的构造；（b）刚性屋面伸缩缝的构造

2.2 沉 降 缝

2.2.1 沉降缝作用和设置原则

沉降缝是为了防止由于建筑不均匀沉降对建筑带来的破坏作用而设置的。导致建筑发生不均匀沉降的因素有许多，如地基的土质及承载力不均匀、建筑的层数相差较大、建筑各部位的荷载差异较大、建筑的结构形式不同以及同一幢建筑的施工时间相隔较长等。当不均匀沉降存在时，就会在建筑构件的内部产生剪切应力，当这种剪切应力大于建筑构件的抵抗能力时，同样会在不均匀沉降发生的界面产生裂缝，并对建筑的正常使用和安全带来影响。在适当的部位设置沉降缝，可以有效地避免建筑不均匀沉降对建筑带来的破坏作用。

沉降缝的设置原则主要有以下几点：

（1）建筑下部的地基条件差异较大或基础形式不同时；

（2）同一幢建筑相邻部分高差或荷载差异较大时；

（3）同一幢建筑采用不同的结构形式时；

（4）同一幢建筑的施工时期间隔较长时；

（5）建筑的长度较大或体形复杂、而且连接部位又比较单薄时。

由于沉降缝主要是为了解决建筑的竖向沉降问题，因此，除了要以沉降缝为界，把建筑分成在结构和构造上完全独立的两个单元，屋顶、楼板、墙体和梁柱要完全断开之外，基础也要完全断开，这也是沉降缝与伸缩缝在构造上最根本的区别之一。由于沉降缝在构造上已经完全具备了伸缩缝的特点，因此，沉降缝可以代替伸缩缝发挥作用，反之则不行。

在目前的条件下，我们还不能对设置沉降缝的条件作出十分明确和具体的规定，许多情况下还是依据以往工程实际经验来作出选择。但由于一旦发生沉降破坏就很难加以补救，因此，在设置沉降缝的问题上一定要非常慎重，不能贸然行事。有时通过不同的施工方式可以在一定程度上使不均匀沉降对建筑的影响得到减小或消除，如采用摩擦桩、基础的后浇带、低区建筑待高区建筑施工完成之后再进行施工等。

2.2.2 沉降缝的构造

沉降缝的宽度一般不小于30mm，并与地基的性质、建筑预期沉降量的大小以及建筑高低分界处的共同高度有关（即沉降缝的高度）。地基越软弱，建筑的预期沉降量越大，沉降缝的宽度也就越大。沉降缝的宽度可以参照表9-11进行选择。

沉 降 缝 的 宽 度　　　　　　　　　　　　　表 9-11

地 基 情 况	建筑物高度	沉降缝宽度（mm）
一般地基	$H < 5\text{m}$	30
	$H = 5 \sim 10\text{m}$	50
	$H = 10 \sim 15\text{m}$	70
软弱地基	2~3 层	50 ~ 80
	4~5 层	80 ~ 120
	5 层以上	> 120
湿陷性黄土地基		≥ 30 ~ 70

1. 沉降缝的盖缝及嵌缝构造

沉降缝嵌缝材料的选择及施工方式与伸缩缝的构造基本相同，盖缝材料也与伸缩缝相同。但由于沉降缝主要是为了解决建筑的竖向变形问题，因此，在盖缝材料的固定方面与沉降缝有较大的不同，要为沉降缝两侧建筑的沉降留有足够的自由度，还要考虑维修的需要。图 9-48 是沉降缝构造的举例。

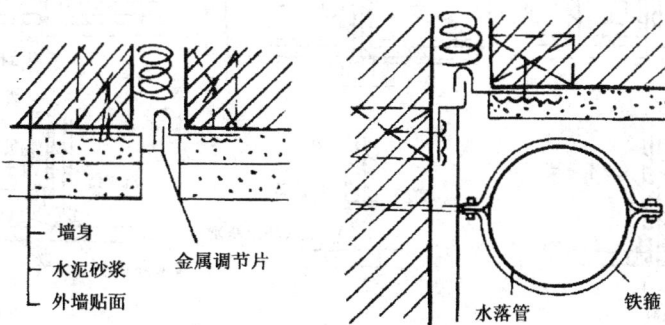

图 9-48　沉降缝的构造

2. 基础沉降缝的处理

由于沉降缝的基础必须要断开，如何处理好基础的构造是沉降缝重点要解决的技术问题。在工程上常见的处理方式有以下三种：

（1）双墙偏心基础（图 9-49a）：把沉降缝两侧双墙下的基础大放脚断开并留缝，以解决建筑的沉降问题。这种做法施工简单，但此时基础处于偏心受压的状态，地基的受力不均匀，可能会发生偏心倾斜的现象，对建筑的正常使用不利。这种基础只适用于低层、质量等级较低或地基情况较好的建筑。

（2）双墙交叉排列基础（图 9-49b）：在沉降缝两侧双墙底部设置基础墙梁，墙下基础断续布置，并把大放脚分别伸入另侧墙体的基础墙梁下面，可以保证两侧墙下的基础独立沉降，互不干扰。这种做法可以保证基础是轴心受压，地基的受力比较均衡，但施工难度大、造价高。

（3）挑梁基础（图 9-49c）：把沉降缝一侧的基础按正常的方法设计和施工，而另一侧墙体由基础墙梁支撑，基础墙梁由纵向的挑梁支撑，挑梁由纵墙下面的基础承担。这种做法不但可以应用于沉降缝，而且可以应用于在原有建筑毗邻建造新建筑的情况，具有较强的工程实用性。为了减轻挑梁的负担，应当尽量减轻挑梁一侧墙体的自重。还要把纵墙基础端部的断面放大，以保证纵墙的稳定性。建筑的平面布局要为沉降缝的设置提供良好的技术条件，要尽量使挑梁一侧纵墙的间距不要过大，这样可以使基础墙梁的跨度小一些，有利于承担墙体的荷载。

2.3　防　震　缝

地震是对建筑产生极大破坏作用的主要自然因素之一，我国有许多地域属于地震活动

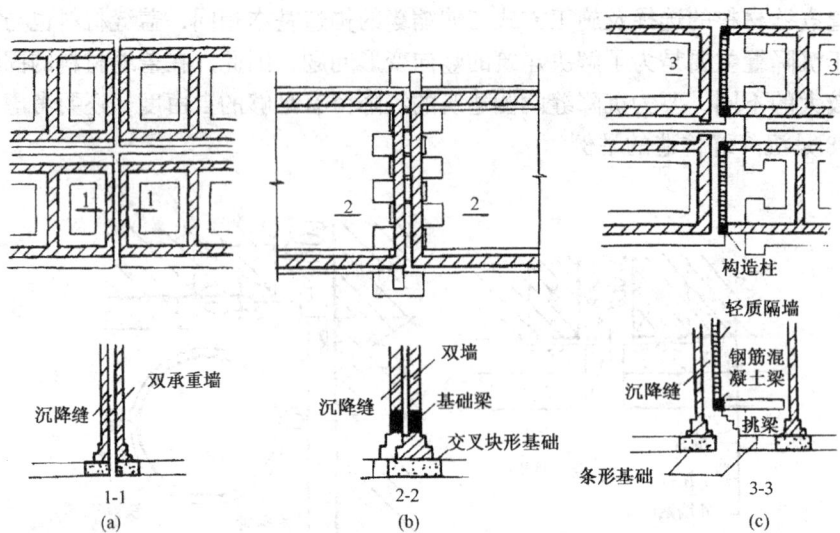

图 9-49　基础沉降缝的处理方案

(a) 双墙基础方案；(b) 双墙交叉排列基础方案；(c) 挑梁基础方案

活跃的地质构造，因此，建筑的防震就显得十分必要，随着我国综合国力的增强，建筑抗震的问题越来越被人们所重视。地震对建筑产生直接影响的是地震的烈度，我国把地震的设防烈度分成 1～12 度，其中设防烈度为 1～5 度地区的建筑不必考虑地震的影响，6～9 度地区的建筑要有相应的防震措施，10 度以上地区不适宜建造建筑或在制定专门的抗震方案之后才能进行建筑的设计和施工。

2.3.1　防震缝的作用和设置原则

防震缝是为了提高建筑的抗震能力，避免或减少地震对建筑的破坏作用而设置的，是目前行之有效的防震措施之一。抗震设防烈度为 7～9 度的地区，有下列情况之一时建筑要设置防震缝，防震缝的设置原则主要有以下几点：

(1) 同一幢或毗邻建筑的立面高差在 6m 以上时；

(2) 建筑的内部有错层而且错层的楼板高差较大时；

(3) 建筑相邻各部分的结构刚度、质量差异较大时。

由于设置防震缝会给建筑的造价、构造和使用带来相当的麻烦，因此，应当通过对建筑的布局和结构方案的调整和选择，使建筑的各个部位形成形体简单、质量和刚度相对均匀的独立单元，提高建筑的抗震能力，尽量不设置防震缝。

2.3.2　防震缝的构造

由于建筑的顶部受地震的影响较大，建筑的基础部分受地震的影响较小，因此，防震缝的基础一般不需要断开。在实际工程中，往往把防震缝与沉降缝、伸缩缝统一布置，以使结构和构造的问题一并解决。防震缝的宽度与地震烈度、场地类别、建筑的功能等因素有关，表 9-12 是钢筋混凝土结构建筑设置防震缝的条件和缝的宽度的规定。

204

各类房屋设置防震缝的条件和宽度　　　　　　　　　表 9-12

序号	房屋类别		设缝条件	防震缝宽度
1	多层和高层钢筋混凝土房屋		1. 房屋平面局部突出部分的长度大于宽度及总长的30% 2. 房屋立面局部收进的尺寸大于该方向总尺寸的30% 3. 房屋有较大错层时 4. 各部分结构的刚度或荷载相差悬殊时 5. 地基不均匀，各部分的沉降差过大时	1. 框架结构房屋，当高度 $H \le 15\text{m}$ 时，采用70mm；当 $H > 15\text{m}$ 时，6、7、8、9度相应每增加高度5m、4m、3m和2m，宜加宽20mm 2. 框架-抗震墙结构房屋防震缝宽度，可采用第一款数值的70%，且不宜小于70mm 3. 抗震墙结构房屋防震缝宽度，可采用第一款数值的50%，且不宜小于70mm
2	单层工业厂房	钢筋混凝土柱	厂房体型复杂或有贴建房屋和构筑物	1. 在厂房纵横跨交接处、大柱网厂房或不设柱间支撑的厂房可采用：100～150mm 2. 其他情况可采用 50～90mm
		砖柱		1. 轻型屋盖（指木屋盖和轻钢屋架、瓦楞铁、石棉瓦屋面的屋盖），可不设防震缝 2. 钢筋混凝土屋盖厂房与贴建的建（构）筑物间可采用：50～70mm

由于防震缝的缝宽较大，构造处理相当复杂，要充分考虑各种不利因素，确保盖缝条的牢固性以及对变形适应能力。图 9-50 是墙体部位防震缝构造的举例。

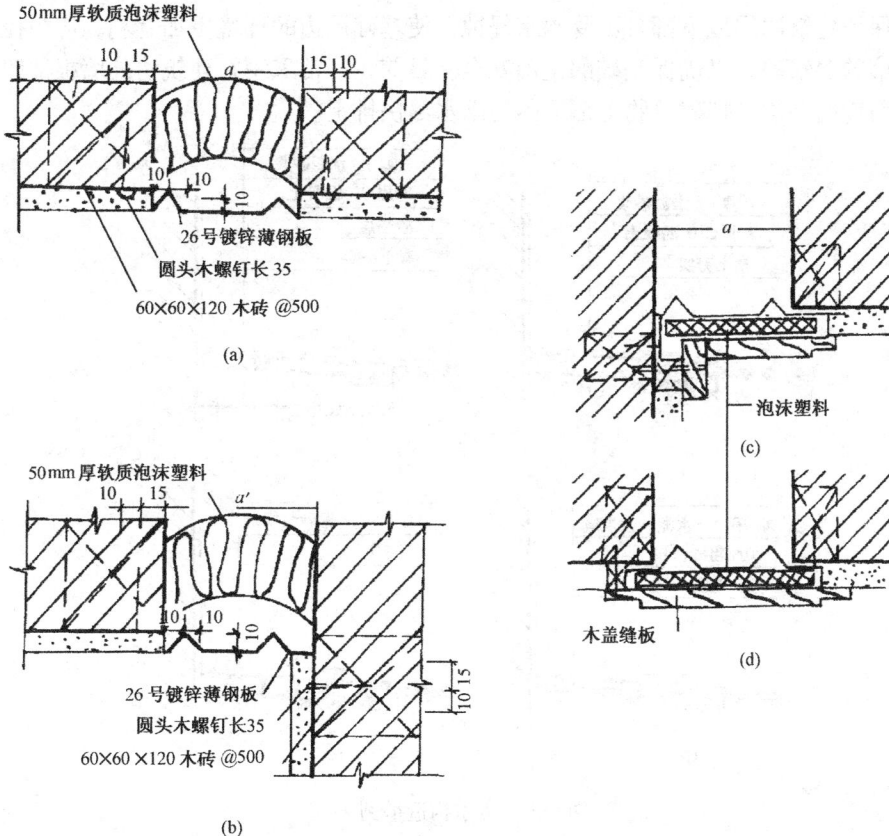

图 9-50　墙体防震缝的构造举例

（a）外墙平缝处；（b）外墙转角处；（c）内墙转角处；（d）内墙平缝处

课题 3　其他常见构造

房屋中有许多构造与建筑的结构形式关系不大，虽然有时构造做法会根据结构或材料的不同略有差异，但构造的原理是相同的。在这里仍然以普通砖墙为载体来介绍有关的通用构造，以掌握基本原理和常见做法，举一反三。

3.1　勒　脚

勒脚是外墙接近室外地面的部分。由于勒脚位于建筑墙体的底部，承担的上部荷载多，而且容易受到雨、雪的侵蚀和人为因素的破坏，因此需要对这部分墙体加以特殊的保护。另外，勒脚也是建筑立面的组成部分之一，而且与人的活动空间接近，对美观的要求比较高，往往需要进行特殊的处理。

为了达到保护墙体的目的，勒脚的高度一般应在 500mm 以上，有时为了建筑立面形象的要求，经常把勒脚顶部提高至首层窗台处。

目前，勒脚通常用饰面的办法，即采用密实度大的材料来处理勒脚部分的墙体。常见的做法有水泥砂浆抹灰，水刷石、斩假石、贴面砖、贴天然石材等。

3.2　散水和明沟

为了保证建筑四周地下部分不受雨水侵蚀，使基础周边的环境更加有利，应当控制基础周围土壤的含水率，以确保基础的使用安全。目前，经常采用在建筑物外墙根部四周设置散水或明沟的办法，把建筑物上部下落的雨水尽快排走。

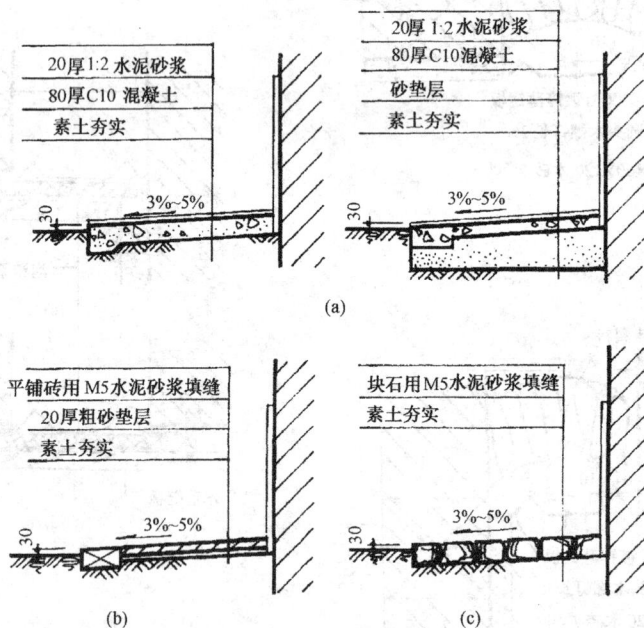

图 9-51　散水构造举例
(a) 混凝土散水；(b) 砖散水；(c) 块石散水

3.2.1 散水

散水是沿建筑物外墙四周设置的向外倾斜的坡面，又称散水坡或护坡。散水的作用是把屋面下落的雨水排到远处，进而保护建筑四周的土壤不受雨水冲刷，降低基础周围土壤的含水率。在降雨量较大的地区，散水是建筑物的必备构件。

散水的宽度一般为 600~1000mm。为保证屋面雨水能够落在散水上，当屋面采用无组织排水方式时，散水的宽度应比屋檐的挑出宽度大 200mm 左右。为了加快雨水的流速，散水表面应向外侧倾斜，坡度一般为 3%~5%。

散水通常采用不透水的材料做面层，如混凝土、水泥砂浆等。散水一般采用混凝土或碎砖混凝土做垫层，土壤冻深在 600mm 以上的地区，宜在散水垫层下面设置砂垫层，以免散水被土壤冻涨破坏。砂垫层的厚度与土壤的冻涨程度有关，通常砂垫层的厚度在 300mm 左右。在降水量较少的地区或临时建筑也可以采用铺设砖、块石，然后用水泥砂浆勾缝做散水。

散水垫层为刚性材料时，每隔 6~15m 需要设置伸缩缝，伸缩缝及散水与建筑外墙交界处应用沥青或防腐木条填充。图 9-51 是几种常见散水构造的举例。

3.2.2 明沟

明沟又称阳沟、排水沟。明沟的排水速度较快，一般在降水量较大的地区采用，并布置在建筑物的四周。明沟的作用是把屋面下落的雨水引导至集水井，并排入地下排水管道。明沟通常采用混凝土浇筑，也可以用砖、石砌筑，并用水泥砂浆抹面。明沟的断面尺寸一般不少于宽 180mm，深 150mm，沟底应有不小于 1% 的纵向坡度。为了防止堵塞及确保行人的安全，许多明沟的上部覆盖有透空铁箅子。图 9-52 是明沟的构造举例。

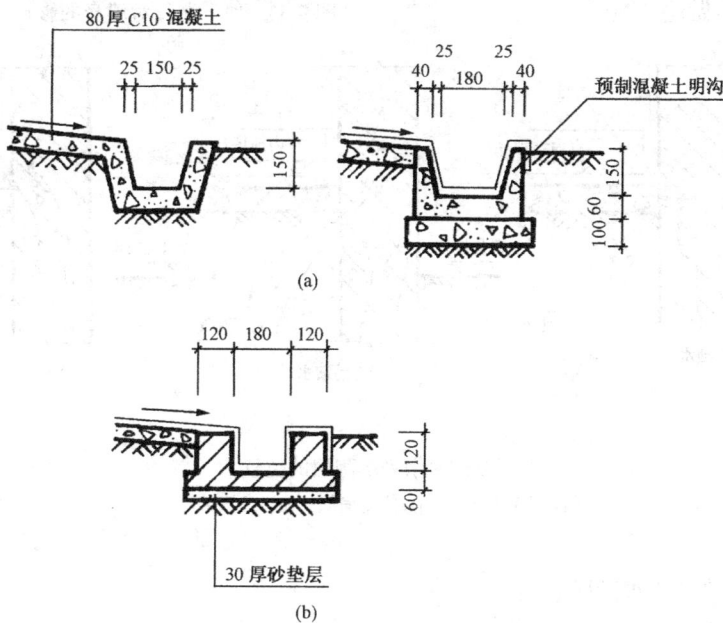

(a)

(b)

图 9-52　明沟构造举例

（a）混凝土明沟；（b）砖砌明沟

3.3 墙身防潮层

建筑被埋置在地下部分的墙体和基础会受到土壤中潮气、地下水和地表水的影响，这些水汽进入地下部分的墙体和基础材料的孔隙内形成毛细水，毛细水沿墙体上升，逐渐使地上部分墙体潮湿，影响建筑的正常使用和安全（图9-53）。为了隔阻毛细水的上升，需要在墙体中的适当部位设置防潮层，防潮层分为水平防潮层和垂直防潮层两种，以水平防潮层为常见。

3.3.1 水平防潮层

1. 防潮层的位置

防潮层应设在所有墙体的根部。为了防止地表水反渗的影响，防潮层应设置在距室外地面150mm以上的墙体内，同时，防潮层应设置在首层地面结构层（如混凝土垫层）厚度范围之内的墙体的砖缝之中，当首层地面为实铺时，防潮层的位置通常选择在$-0.060m$处，以保证隔潮的效果（图9-54a）。防潮层的位置设置不当，就不能完全的隔阻地下的潮气（图9-54 b、c）。

2. 防潮层的做法

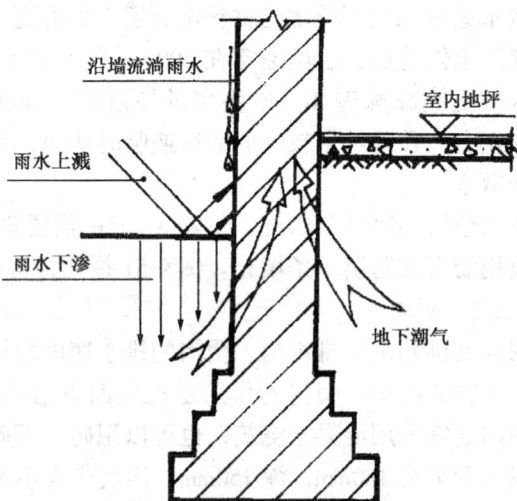

图9-53 地下潮气对墙身的影响示意

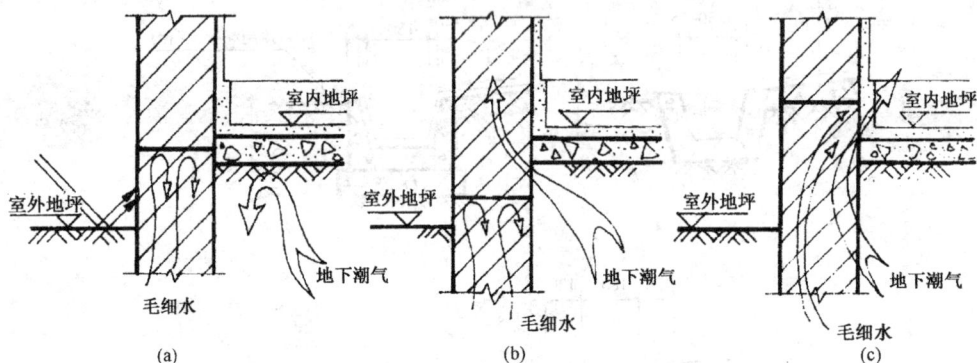

图9-54 水平防潮层的位置
(a) 位置适当；(b) 位置偏低；(c) 位置偏高

防潮层有以下几种常见做法：

（1）油毡防潮层

油毡防潮层是一种传统的防潮做法，油毡是典型的防水材料，并具有相当的韧性，因此，防潮的性能较好。由于油毡防潮层会把上下墙体分隔开，破坏了建筑的整体性，对抗震不利，同时，油毡的使用寿命往往低于建筑的耐久年限，失效后将无法起到防潮的作用，再加上采用热作法施工时熬制沥青胶对环境的污染较为严重，因此，目前油毡防潮层在城市建筑中使用得较少。

油毡防潮层分为干铺和粘贴两种做法。干铺是在防潮层部位的墙体上用 20mm 厚 1:3 水泥砂浆找平，然后干铺一层油毡；粘贴是在找平层上做一毡二油防潮层。油毡的宽度应比墙体宽 20mm 左右，搭接长度不小于 100mm。

（2）防水砂浆防潮层

防水砂浆防潮层克服了油毡防潮层的缺点，因此，目前在实际工程中应用较多。但由于砂浆属刚性材料，易产生裂缝，在基础沉降量大或有较大振动的建筑中应慎重使用。

防水砂浆防潮层是在防潮层部位的砌体灰缝中抹 25mm 厚掺入防水剂的 1:2 水泥砂浆，防水剂的掺入量一般为水泥重量的 5%。也可以在防潮层部位用防水砂浆砌 2~3 皮砖，同样可以达到防潮的目的。

（3）细石混凝土防潮层

细石混凝土防潮层一般结合基础圈梁进行设置，它不破坏建筑的整体性，抗裂性能好，防潮效果也好，但施工略显复杂。

细石混凝土防潮层是在防潮层部位设置高度不小于 60mm，宽度与墙体宽度相同的细石混凝土带，内配 3φ6 或 3φ8 钢筋。

3.3.2 竖向防潮层

当室内地面出现高差或室内地面低于室外地面时。由于地面较低一侧房间下部一定范围内的墙体另侧为潮湿土壤。为了保证这部分墙的干燥，除了要分别按高差不同在墙内设置两道水平防潮层之外，还要对两道水平防潮层之间的墙体做防潮处理，即竖向防潮层。由于竖向防潮层承受的渗透压力小于水平防潮层，因此构造可以略为简单一些。具体做法是：在墙体靠回填土一侧用 20mm 厚 1:2 水泥砂浆抹灰，涂冷底子油一道，再刷两遍热沥青防潮；也可以抹 25mm 厚防水砂浆。这时在另外一侧墙面，最好用水泥砂浆抹灰。

3.4 窗 台

窗台是设在窗洞口下部的构件，分内窗台和外窗台两种。外窗台的作用主要是排除窗面下落的雨水，保证窗户下部墙体的干燥，同时也对建筑的立面起到装饰作用。采暖地区的建筑通常把散热片设在窗下，当墙体厚度在 370mm 以上时，为了节省散热片占地面积，一般将窗下墙体内凹 120mm，形成暖汽卧，此时就应设内窗台，以遮挡住暖气卧上部的缺口。

外窗台有悬挑和不悬挑两种。悬挑窗台常用砖砌或采用预制钢筋混凝土，其挑出的尺寸应不小于 60mm。砖砌外窗台有平砌和侧砌两种，窗台的坡度可以利用斜砌的砖形成，也可以由砖面抹灰形成。悬挑外窗台应在下边缘做滴水，一般为半圆形凹槽，以免排水时雨水沿窗台底面流至下部墙体。

设置外窗台的目的本来是为了保护窗台下部墙体，但由于窗台下部的滴水构造在施工时质量不易保证，往往使部分雨水仍可流淌至窗下墙面，导致墙面产生脏水流淌的痕迹，反而影响建筑立面的美观。由于目前建筑外墙装饰材料的档次不断提高（如外墙釉面砖的大量采用），因此不少建筑取消了悬挑窗台，而用不悬挑窗台代替，即只在窗洞口下部用不透水材料做成斜坡。窗上淌下的雨水沿墙面下流，由于流水量大，前面的脏水会被后面较清洁的雨水冲刷干净，反而不易在墙面上留下污痕。

在寒冷和严寒地区，一般在窗下墙体预留暖汽卧，此时应设置内窗台。内窗台一般采用预制水磨石板或预制钢筋混凝土板，装修标准较高的房间也可以采用天然石材，窗台板不宜采用木材等防水性能差的材料制作，否则容易受到冷凝水的侵害。窗台板一般依靠窗间墙支承，两端伸入墙内 60mm，沿内墙面挑出约 40mm。为了使暖汽热量向上扩散，在窗洞口处形成热汽幕，经常在窗台板上开设长形散热孔。图 9-55 是几种常见窗台的举例。

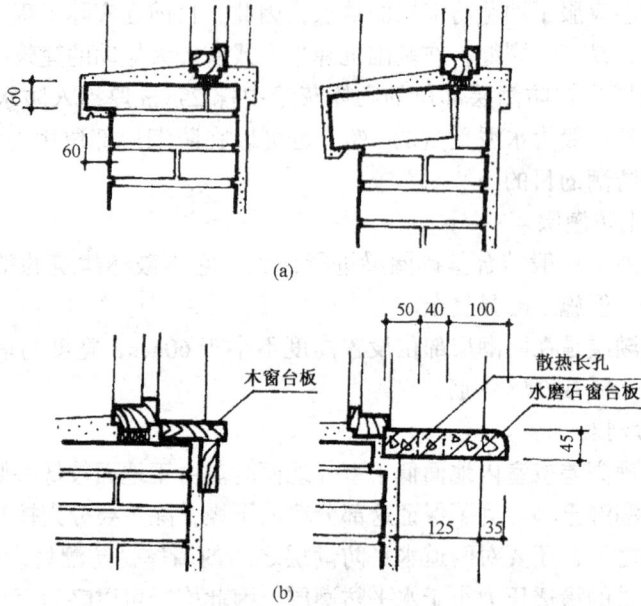

图 9-55　窗台构造

（a）外窗台；（b）内窗台

3.5　通　风　道

设置通风道的目的是为了排除房间内部的污浊空气和不良气味。虽然房间的通风换气主要是依靠窗来进行，但对一些无法设窗的房间或受气候条件限制在冬季无法开窗换气地区，就应当在人流集中、易产生烟气或不良气味的房间（如教室、礼堂、厕所、灶间、住宅的厨房、卫生间等）设置通风道。通风道的截面尺寸与房间的容积及空气流通的速度有关，并应满足有关卫生标准对房间换气次数的规定。

通风道在设置时应符合的主要条件是：

（1）同层房间不应共用同一个通风道；

（2）通风道应设在内墙中，如必须设在外墙，通风道的边缘距外墙外边缘应大于370mm；

（3）通风道的墙上开口应距顶棚较近，一般为 300mm；通风道出屋面部分应高于女儿墙或屋脊，以利于排风。

通风道的组织方式较多。主要有每层独用、隔层共用、子母式三种。

（1）每层独用式通风道：在每层房间均设置一个直通屋顶的通风道，优点是通风效果好，缺点是当建筑的层数较多时，墙内的通风道的数量随层数增加而增加，大部分通风道的位置不够理想，尤其是对布置排油烟机影响较大，而且对墙体的强度有较大的削弱；

（2）隔层共用式通风道：在墙体内设置两个通风道，上下重叠的房间隔层使用其中的一个通风道，优点是通风道的位置容易保证，墙内孔道少，缺点是通风道中开口较多，通风效果差，容易串味，目前较少采用；

（3）子母式通风道：由一大一小两个孔道组成，大孔道（母通风道）直通屋面，小孔道（子通风道）一端与大孔道相通，一端在墙上开口，子母式通风道综合了其他两种通风道的优点，目前在建筑中广泛采用。

砖砌子母式通风道中母通风道的最小截面尺寸是 260mm×135mm（相当于一块砖加灰缝），子通风道的最小截面尺寸是 135mm×135mm（相当于半块砖加灰缝）。

砖砌子母式通风道的构造见图 9-56。按照构造要求，设置子母式通风道处的墙体厚度应不小于 370mm，当墙体的承重要求不高或不承重时，可以只把通风道所占区域内的墙体加厚至 370mm，以节省室内面积。

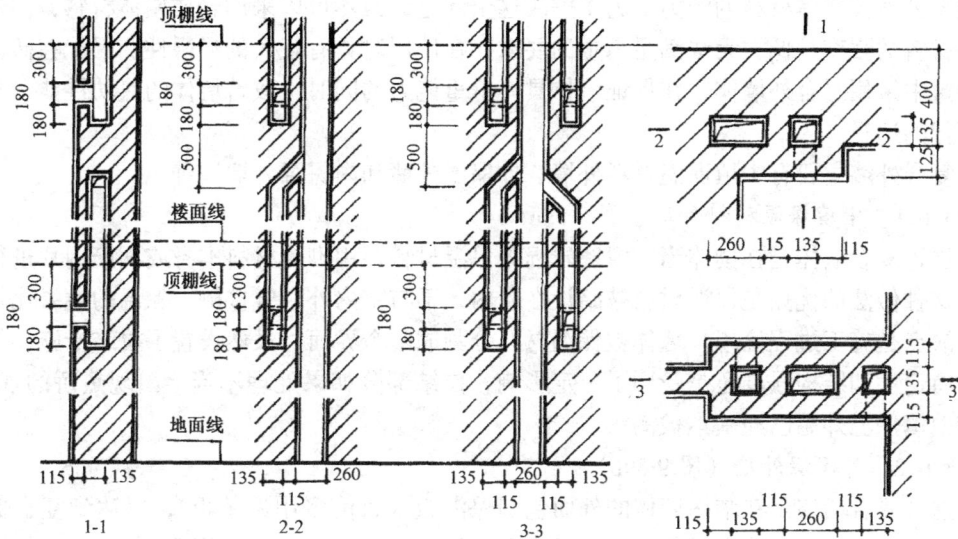

图 9-56　砖砌子母式通风道

由于砖砌通风道占用面积较多，施工复杂，而且极易在施工过程当中被堵塞影响使用。目前，在工程当中还经常采用预制钢筋混凝土通风道（图 9-57）和预制浮石混凝土通风道（图 9-58）。

墙体中设置的竖向孔道还有烟道。烟道的布置原则与通风道类似，但截面积要大于通风道。随着社会的进步，人民生活水平的提高，烟道在城市建筑中已经非常少见。

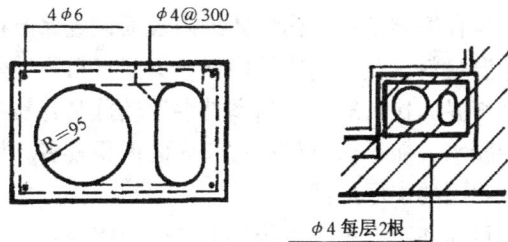

图 9-57　预制钢筋混凝土通风道

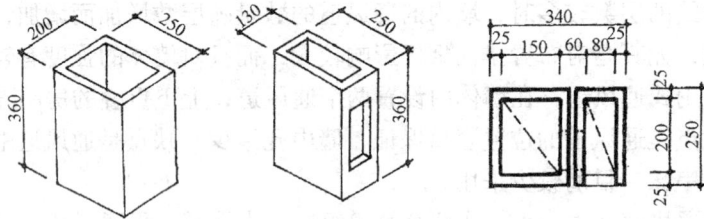

图 9-58　预制浮石通风道

3.6　复合墙体

由于普通黏土砖的热工性能差、自重大，导致建筑的墙体厚度大、自重也大、建筑的有效使用面积被墙体占用得较多，施工时机械化程度低，耗费能源较多。我国严寒地区民用建筑的砖砌外墙厚度可达 490mm 或 620mm，往往大大超过了强度对墙体厚度的要求，不能充分发挥墙体材料的潜力。为了解决这个问题，虽然可以采用轻质墙体材料，但通常这些材料的强度较低，无法满足承重的要求，在使用时具有较大的局限性。因此在砖混结构建筑中采用复合外墙体，在保证墙体具有承重能力的同时，改善墙体的热功性能，是一条可行的途径。

复合外墙主要有中填保温材料外墙、外保温外墙和内保温外墙三种。

3.6.1　中填保温材料外墙（图 9-59a）

这种复合墙体是在砌体当中填塞岩棉等保温材料，用砌体材料本身或钢筋网片进行拉结。这种做法的优点是保温材料被暗设在墙内，不与室内外空气接触，保温的效果比较稳定；缺点是施工过程繁琐，墙体被保温材料分割成两个界面，虽然设置了拉结措施，但墙体的稳定性和结构强度还是受到了一定影响，拉结部分如果处理不当会出现热桥的现象。目前中填保温外墙已经基本被淘汰。

3.6.2　外保温外墙（图 9-59b）

这种复合墙体是在结构墙体的外面包围保温板（目前多用聚苯板），以达到复合保温的目的。这种做法的优点是保温材料设置在墙体的外侧，冷热平衡界面比较靠外，保温的效果好；缺点是保温材料是设置在外墙的外表面，如果罩面材料选择不当或施工工艺存在问题，将会使保温的效果大打折扣，甚至会引起墙面发生龟裂或脱落。目前外保温外墙是采用比较普遍的复合墙形式，尤其适应寒冷及严寒地区。

3.6.3　内保温外墙（图 9-59c）

这种墙体是在结构墙体的内表面设置保温板，进而达到保温的目的。这种做法的好处是保温材料设置在墙体的内侧，保温材料不受外界因素的影响，保温效果可靠；缺点是冷热平衡界面比较靠内，当室外温度较低时容易在结构墙体内表面与保温材料外表面之间形成冷凝水，而且保温材料占室内的面积较多。目前这种保温方式采用的也比较广泛，尤其是在我国的中原地区。

目前在工程中应用较多的复合墙体保温材料有：岩棉、聚苯板、泡沫混凝土或加气混凝土砌块等。

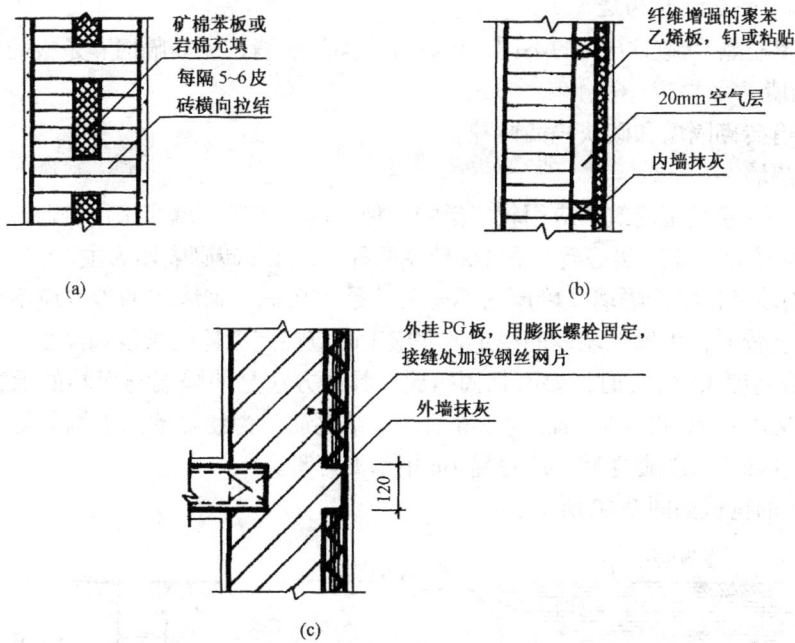

图 9-59　复合墙体示意

(a) 中填保温材料外墙；(b) 内保温外墙；(c) 外保温外墙

3.7　隔　　墙

在墙承重体系的建筑中，一般情况下只有一个方向的墙体为承重墙，另外一个方向的墙体并不承重；而且建筑的使用年限较长，改变建筑的室内空间布局的情况时常发生，因此隔墙在建筑中大量存在。隔墙不起承重作用，只是把建筑内部划分成不同的空间。隔墙虽然不是构成建筑主体的构造，但对建筑的使用却有着重要的影响。

3.7.1　隔墙的构造要求

1. 自重轻

隔墙为了划分室内空间，需要根据使用功能及空间的要求进行布置，要求位置灵活多变，往往不像承重墙那样上下贯通，位置重叠。隔墙通常依靠承墙梁或楼板支承，因此自重轻是隔墙应首先满足的构造要求。

2. 厚度薄

为了增加室内的有效使用面积，在满足稳定的其他功能要求的前提下。隔墙的厚度应当尽量薄些。

3. 物理性能好

隔墙还应具有良好的隔声能力及相当的耐火能力。对潮湿、多水的房间，隔墙应具有良好的防潮、防水性能。

4. 施工方便

由于建筑在使用过程中可能会对室内空间进行调整和重新划分。隔墙应具有良好的装配性能，尽量减少湿作业，提高施工效率。

3.7.2 隔墙的类型和构造

隔墙根据其材料和施工方式的不同，可以分成砌筑隔墙、立筋隔墙和条板隔墙。

1．砌筑隔墙

砌筑隔墙有砖砌隔墙和砌块隔墙两种。

（1）砖砌隔墙

砖砌隔墙是普通民用建筑中应用较广泛的一种隔墙。砖砌隔墙多采用普通砖或空心砖砌筑，分成1/4砖厚（需用实心砖）和1/2砖厚两种，以1/2砖砌隔墙为主。

1/2砖砌隔墙又称半砖隔墙，墙厚的标志尺寸是120mm，砌墙用的砂浆应不低于M5。由于墙体的厚度较薄，为确保墙体的稳定，在施工时应控制墙体的长度和高度。当墙体的长度超过5m或高度超过3m时，要有加固措施。具体方法是使隔墙与两端的承重墙或柱固结，同时在墙内每隔500～800mm设2φ6通长拉结钢筋。为使隔墙的上端与楼板之间结合紧密。隔墙顶部采用斜砌立砖，或每隔1m用木楔打紧。

1/2砌隔墙的构造如图9-60所示。

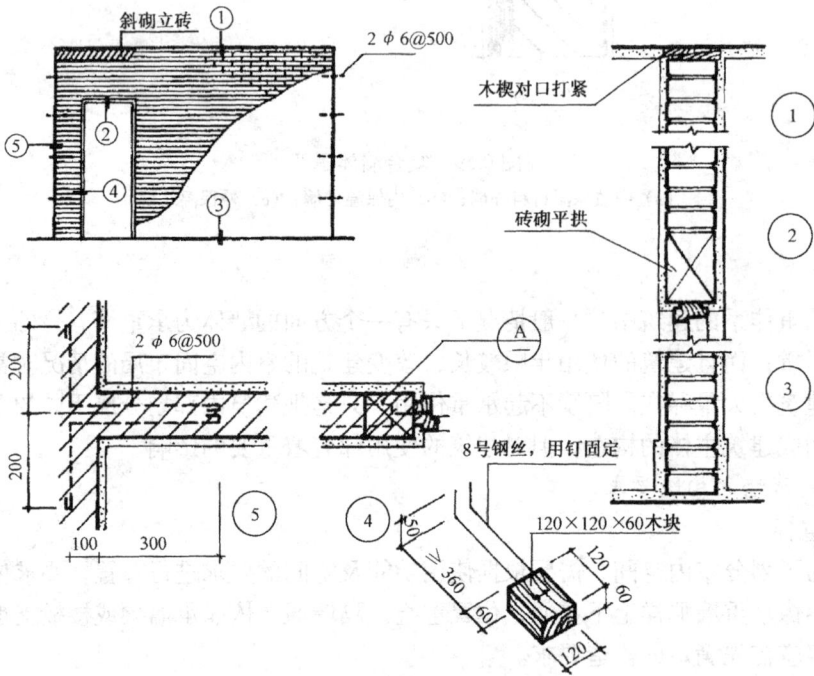

图9-60　1/2砖砌隔墙

1/4砖砌隔墙系用标准砖侧砌，墙厚的标志尺寸是60mm，砌筑砂浆的强度不应低于M5。其高度不应大于2.8m，长度不应大于3.0m。多用于建筑内部的一些小房间的墙体，如厕所、卫生间的隔墙。1/4砖砌隔墙中最好不开设门窗洞口，而且应当用强度较高的砂浆抹面。

（2）砌块隔墙

由于楼板结构的要求，1/2砖砌隔墙一般不允许直接砌在楼板上，而是要由承墙梁来支承。设置承重梁就限制了隔墙的灵活性，使建筑构件的种类增多，施工时比较麻烦，有时承墙梁还会破坏下面房间顶棚空间的整体效果。

采用轻质砌块来砌筑隔墙，可以把隔墙直接砌在楼板上，不必再设承墙梁。目前应用较多的砌块有：炉渣混凝土砌块、陶粒混凝土砌块、加气混凝土砌块。炉渣混凝土砌块和陶粒混凝土砌块的厚度通常为90mm，加气混凝土砌块由于可以切割，因此厚度比较灵活，一般采用100mm厚。由于加气混凝土砌块防水防潮的能力较差，因此在潮湿环境应慎重采用，或在表面做防潮处理。

另外，由于砌块的密度和强度较低，如需要在砌块隔墙上安装散热片或电源开关、插座时，应预先在墙体内部设置埋件。

2. 立筋隔墙

立筋隔墙一般采用木材、薄壁型钢做骨架，用钢丝网抹灰、纸面石膏板、吸声板、灰板条或其他装饰面板罩面的隔墙。这种隔墙具有自重轻、占地小，装饰较方便的特点，是建筑中应用较多的一种隔墙。

（1）石膏板隔墙

石膏板隔墙是目前在建筑中使用较多的一种隔墙。石膏板是一种新型建筑材料，以石膏为主要原料。为了避免在运输和施工过程中板的折损，生产时即在板的两面贴上了面纸（一般为牛皮纸），所以又称纸面石膏板。石膏板的自重轻、防火性能好，加工方便，价格不高。石膏板的厚度有9、10、12、15mm等数种规格，用于隔墙时多选用12mm厚石膏板。有时为了提高隔墙的耐火极限，也可以采用双层石膏板。石膏板的长度在2000～3000mm，宽度一般为900、800、1200mm。

石膏板隔墙的骨架可以采用薄壁型钢、木方和石膏板条。目前，采用薄壁型钢骨架的较多，此时的隔墙称为轻钢龙骨石膏板隔墙。轻钢骨架由上槛、下槛、竖（主）龙骨、横（次）龙骨组成。组装骨架的薄壁型钢是工厂生产的定型产品，并配有组装需要的各种连结构件。竖龙骨的间距不大于600mm，横龙的间距不大于1500mm。当墙体高度在4m以上时，还应适当加密。图9-61是轻钢龙骨石膏板墙体的构造。

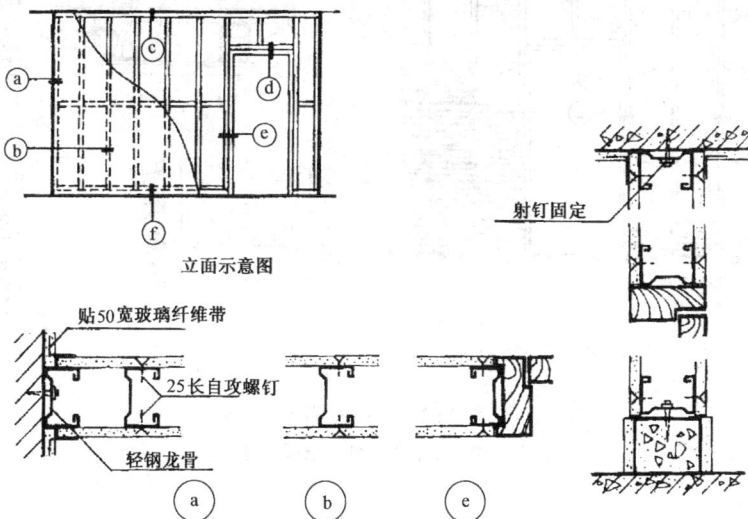

图 9-61　轻钢龙骨石膏板隔墙

轻钢龙骨石膏板隔墙用自攻螺丝钉解决石膏板与龙骨的连接问题，钉的间距约200mm，钉帽应凹入板内约2mm，以便刮腻子。石膏板条龙骨隔墙采用专用粘结剂连接板材和龙骨。石膏板在表面刮腻子之后就可以饰面，如喷刷涂料、油漆、贴壁纸等。为了避免开裂，板缝应加贴50mm宽玻璃纤维带（为了防火要求，不允许用普通的化纤布）或根据墙面观感要求，事先在板缝处预留凹缝。石膏板隔墙基本可以满足一般房间的隔声要求，如房间对隔声的要求较高，可以在龙骨之间填充吸声岩棉。

立筋隔墙还有钢丝（钢板）网抹灰隔墙和板条钢丝网抹灰隔墙。前者是薄壁型钢做骨架，后者是用木方做骨架。上述两种隔墙的防火及防水性能比灰板条隔墙高，钢丝（钢板）网抹灰隔墙的隔声效果稍差。

（2）灰板条隔墙

灰板条隔墙是一种曾经大量采用的隔墙。由于它的防火性能差、耗费木材多，不适于在潮湿环境中工作，目前已经较少使用。

灰板条隔墙由上槛、下槛、立筋（龙骨）、斜撑等构件组成骨架（均为木方），然后在立筋上沿横向钉上灰板条，如图9-62（a）所示。上槛、下槛分别固定在顶棚和楼板（或砖垄上）上，立筋再固定在上、下槛上。立筋一般采用50mm×20mm或50mm×100mm的木方。立筋的间距在500~1000mm，斜撑间距约为1500mm。

灰板条钉在立筋上、板条长边之间应留出6~9mm的缝隙，以便抹灰时灰浆能够挤入缝隙之中，使之能附着在灰板条上。灰板条应在立筋上接头，两根灰板条接头处应留出3~5mm的空隙，以免抹灰后灰板条膨胀相顶而弯曲，灰板条的接头连续高度应不超过500mm，以免在墙面出现通长裂缝（图9-62b）。为了使抹灰粘结牢固，灰板条表面不能够刨光，砂浆中应掺入麻刀或其他纤维材料。为了保证墙体骨架的干燥，通常在下槛下方事先砌三皮砖，厚度为120mm。

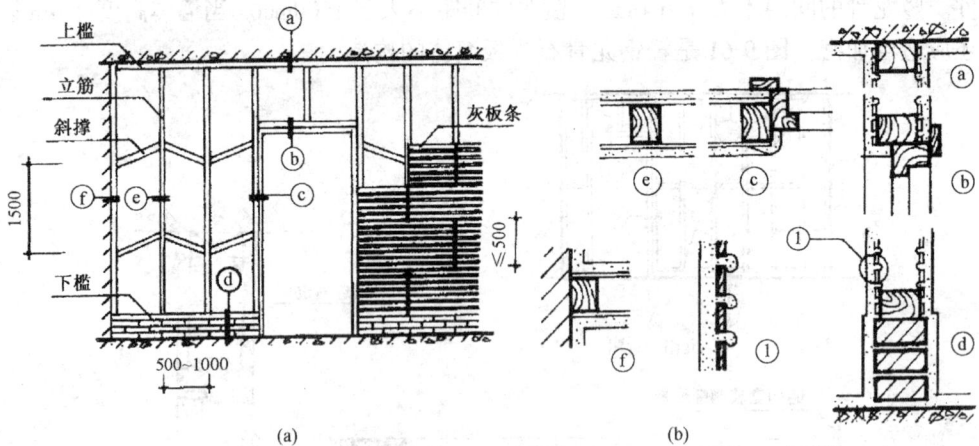

图9-62　灰板条隔墙

（a）组成示意图；（b）细部构造

3.条板隔墙

条板隔墙是采用在构件厂生产的轻质板材，并在现场装配而成的隔墙。这种隔墙装配性好，属干作业施工，施工速度快、防火性能好，但价格偏高。目前，条板隔墙的材料及种类较多，常见的主要有石膏条板、水泥玻璃纤维空心条板、泰柏板等。

石膏条板和水泥玻璃纤维空心条板多为空心，长度在 2400～3000mm，宽度 600mm，厚度 60～80mm。安装和固定主要用粘结砂浆和特制胶粘剂进行粘结。为使之结合紧密，板的侧面多做成企口。板采用立式拼接，当房间高度大于板长时，水平接缝应当错开至少 1/3 板长。图 9-63 水泥玻璃纤维空心条板隔墙的举例。

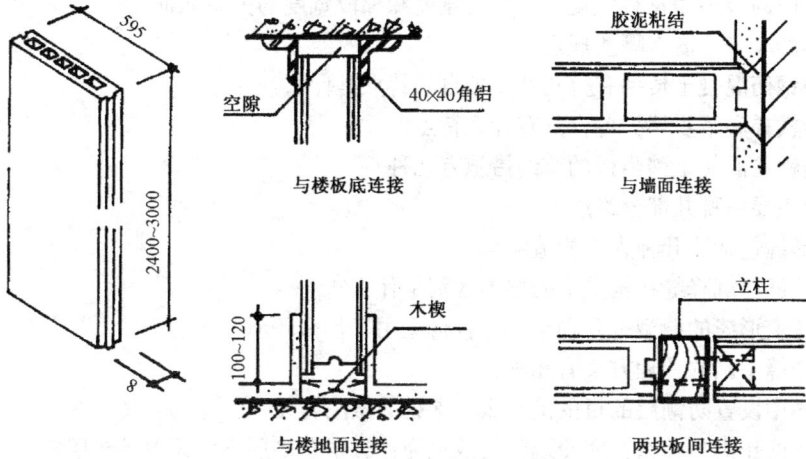

图 9-63　水泥玻璃纤维空心条板隔墙

泰柏板（PG 板）是由点焊 14 号钢丝网笼和可发性聚苯乙烯泡沫塑料板组合而成的墙体材料（图 9-64）。泰柏板可以根据实际尺寸进行加工，现场进行拼结组装。

泰柏板自重轻（约 3.8kg/m²，双面抹灰之后重约 85 kg/m²），保温、隔热性能好 [导热系数约 0.037～0.044W/（m·k）]，具有相当高的强度（2.4m 高的泰柏板的轴向允许承载力可达 74.4kN/m）。泰柏板不但可以用做隔墙，还可以用做建筑的外墙、承重较小的内墙、屋顶和跨度较小的楼板。这种板材在高层建筑、旧有建筑改造加层的工程中应用广泛，是一种初步具备"轻质、高强"理想工作状态的建筑材料。泰柏板虽然具有较好的防火性能（有砂浆保护层时耐火极限可达 1.3h 以上），但在高温下聚苯板会散发出有毒气体。因此，不宜在建筑的疏散通道两侧使用。泰柏板一般由膨胀螺栓与地面、顶棚或其他承重构件相连。

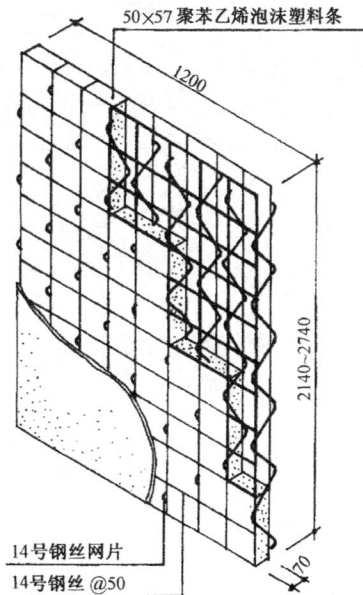

图 9-64　泰柏板隔墙

复习思考题

1. 楼梯由哪几部分组成？
2. 楼梯、爬梯和坡道各自适应的坡度范围是多少？楼梯的适宜坡度是多少？
3. 楼梯间的种类有几种？各自的特点是什么？
4. 楼梯段的最小净宽有何规定？平台宽度和梯段宽度的关系如何？
5. 楼梯的净空高度有哪些规定？
6. 现浇钢筋混凝土楼梯有哪几种？各自的特点是什么？
7. 明步楼梯和暗步楼梯各自具有什么特点？
8. 预制钢筋混凝土踏步板的节约措施有几种？
9. 电梯主要由哪几部分组成？
10. 变形缝包括哪几种人工构造缝？
11. 伸缩缝与沉降缝在构造上的根本区别是什么？
12. 墙体变形缝的缝型有几种形式？各自适用于什么环境？
13. 沉降缝基础的处理方案有几种？
14. 墙体中设置防潮层的目的是什么？常见的做法有几种？
15. 散水的作用是什么？寒冷地区的散水为什么要在垫层下面设置砂垫层？
16. 通风道的设置原则有哪些？
17. 砌块隔墙的基本构造要求是什么？

单元 10　建筑力学的基本知识

知 识 点：力、力系、力对点之矩、力偶、物体的受力图。
教学要求：掌握静力学的基本性质，重点掌握绘制受力图的方法。

课题 1　静力学的基本概念

1.1　力　的　概　念

1.1.1　力的含义

力是人们在长期的生产和日常生活中逐渐形成并建立的概念。例如，由于受到地球的引力（重力）作用，而使下落的物体速度加快；屋面梁需要有墙或柱的支持力作用才能保持稳定的静止状态；桥梁上由于汽车等荷载的作用使桥面产生变形；人推小车时，由于肌肉紧张，感到人对小车施加了力，使小车由静到动或使小车的运动速度发生变化，同时感到小车也在推人；手用力拉弹簧，使弹簧发生伸长变形，同时感到弹簧也在回缩。综合无数事例，可以把力的含义概括为：力是物体与物体之间的相互机械作用，这种作用的效果是使物体的运动状态发生改变（外效应），或使物体发生变形（内效应）。

既然力是物体与物体之间的相互作用，因此，力就不能脱离物体而单独存在，就必定有施力物体和受力物体之分。

建筑力学中，对于力的作用方式一般有两种：一是直接作用，如：推小车。一种是间接作用，如：地基的不均匀沉降。

1.1.2　力的三要素

实践证明，力的作用效应，取决于三个要素，即力的大小、力的方向和力的作用点。力的大小表明物体间相互作用的强弱程度，可以用测力器测定。力的单位采用国际单位制，用 N 或 kN 表示。力的方向通常用方位和指向共同来表示，如图 10-1 所示。

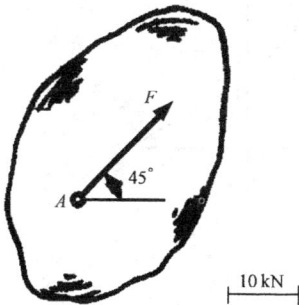

图 10-1

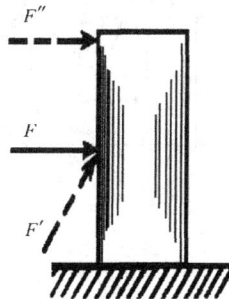

图 10-2

力的作用点就是指力作用在物体上的位置。力的作用点实际上有一定的范围，不过当作用范围与物体本身的尺寸相比较小时，一般情况就可以近似看成是一个点。作用在这点上的力称为集中力，如力的作用区域不能抽象为一点时则称为分布力。

在描述一个力时，要全面表明力的三要素，因为任一要素发生改变时，都会对物体产生不同的效果，如图 10-2 所示。物体在力 F 作用下在水平方向运动，但如果把力变成 F' 时，就会使物体发生斜向上的运动；F'' 存在时，就有可能使物体发生倾斜。

力是一个有大小和方向的物理量，因此力是一个矢量，通常力用一段带箭头的线段来表示，如图 10-1 所示。线段的长度表示力的大小；线段与一个定直线的夹角表示力的方位，箭头表示力的指向；带箭头线段的起点或终点表示力的作用点。用英文字母表示力，黑体字 F 或加一箭头 $\vec{F}$ 表示力的矢量，而普通字母 F 只是表示力的大小。力有明确的作用点，在工程中力也可以称为是定位矢量。

1.2　刚体的概念

任何物体在力的作用下，都将引起大小和形状的改变，也就是发生变形。但在一般情况下，工程中物体的变形都是非常微小的，例如：建筑物中的桥梁，它在跨中处最大的下垂一般只有梁长度的 1/300。这样小的变形对于物体的平衡问题影响较小，可以忽略不计，因此，可将这种物体看成是不变形的。

在任何外力作用下，大小和形状不发生改变的物体，称为刚体。在静力学部分，我们把所讨论物体都看成是刚体。

然而，当讨论物体受到作用后会不会破坏时，变形就是一个主要的因素，这时就不能再把物体看成刚体，而应该看成变形体。但必须指出，以刚体为对象得出的力的平衡条件，一般也可以应用于变形很小的变形体的平衡问题。

1.3　力系、等效力系

同时作用在物体或物体系统上的一组力或一群力，常称为力系。一般情况下，力系根据各力的三要素不同，可以分成：一般力系（图 10-3a）、平行力系（图 10-3b）和汇交力系（图 10-3c）。

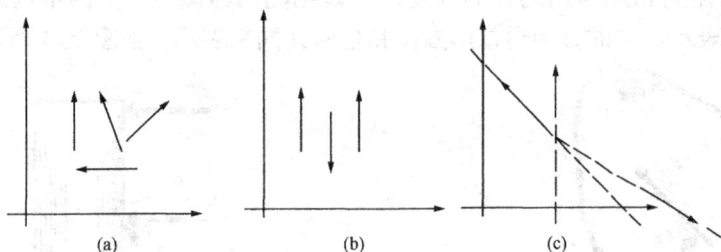

图 10-3

在保证力系对物体作用效应不变的情况下，可用另一力系代替原力系，称此为力系的等效代换，这另一力系和原力系互称为等效力系。如用最简单的力系等效地代替较复杂的力系，这就称为力系的简化，也称为力系的合成；用一个较复杂的力系代替一个简单的力系，这个过程称为力的分解。如果用一个力代替一个力系，则称这个力为该力系的合力，力系中的每一个力称为合力的分力。

1.4　力的基本性质

公理是人们在长期的生活和生产实践中经验的总结，又经反复检验，被确认是符合实际客观存在的普遍规律。静力学公理就是静力学的基础。

性质一：二力平衡公理——作用在同一物体上的两个力，使物体保持平衡的充分和必要条件是：这两个力的大小相等、方向相反、且作用在同一直线上。

工程中常见的只受两个力作用而平衡的构件，我们把它称为二力构件或二力杆。由上述公理可知，这两个力一定是大小相等、方向相反、且沿着这两个力的作用点的连线，如图 10-4、图 10-5 所示。

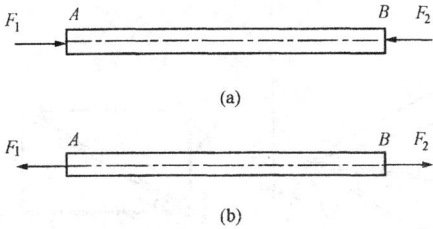

图 10-4

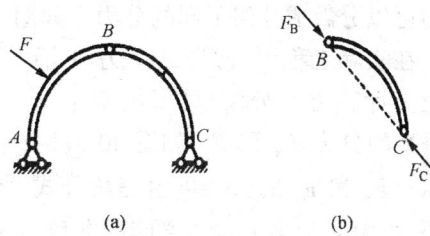

图 10-5

性质二：加减平衡力系公理——在作用于物体上的已知力系中，加上（或减去）任一平衡力系，并不改变原力系对刚体的作用效应。

推论：力的可传递性原理。作用在刚体上的力，可沿其作用线（经过力的作用点且与矢量重合的直线）移至刚体内的任一点，而不改变它对刚体的作用效应。

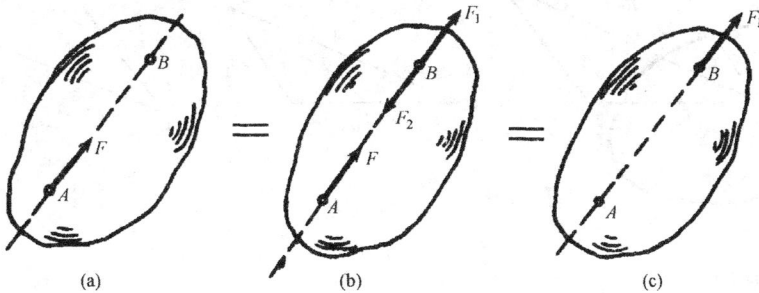

图 10-6

设力 F 作用于刚体上的 A 点（图 10-6）在其作用线上任取一点 B，并在 B 点上添加一对平衡力 F_1 和 F_2。取 $F_1 = -F_2 = F$，由加减平衡力系公理可知，这个力对刚体的作用效应不变。根据二力平衡公理，F 和 F_2 互相平衡，减去这对平衡力，于是只剩下作用于

B 点的力 F_1，显然它与原来作用在 A 点的力 F 等效。可见，力对刚体的作用效应与力的作用点在作用线上的位置无关，力可沿其作用线在刚体内任意移动而不改变其对刚体的作用效应。因此，对刚体而言，力是滑动矢量。

在此必须强调指出，上述性质及力的可传递性原理中，所指的不改变其作用效应都是针对刚体而言，具体地说就是指物体的外效应或运动效应。

性质三：力的平行四边形法则——作用在物体上同一点的两个力，其合力的作用点与二力作用点相同，合力的大小和方向由以两个力为邻边所构成的平行四边形的对角线确定。

该公理表明，力可按平行四边形法则合成和分解，合力 F 与分力 F_1 和 F_2 间的关系符合矢量运算法则：$F = F_1 + F_2$，即合力等于这两个分力的矢量和（或几何和），两个力可以合成为一个力，一个力同样也可以按平行四边形法则分解成为两个力，只是力在分解时必须指定分力的方向，因为同样的一个力可以按不同的方向进行分解，所以，同样一个合力可以分解成几组不同的分力，如图 10-7（a）所示。

在实际工程中，常把一个力 F 沿直角坐标轴方向分解，可得出两个互相垂直的分力 F_x 和 F_y，如图 10-7(b) 所示。F_x 和 F_y 的大小可由三角公式求得，式中 α 为力 F 与 x 之间的夹角。

$$F_x = F\cos\alpha$$

$$F_y = F\sin\alpha$$

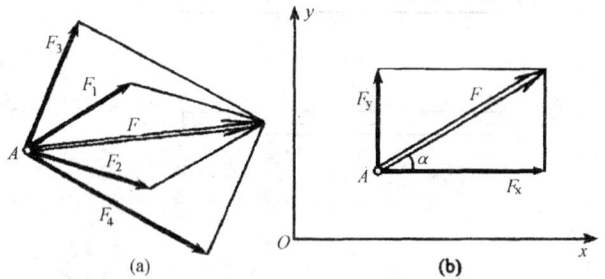

采用矢量加法求合力时，不必作出整个平行四边形，可由简便方法求之。由任一点 O 起，另作一三角形，

图 10-7

如图 10-8 所示。力三角形的两个边分别为矢量 F_1 和 F_2，第三边 F_R 即代表合力矢量，而合力的作用点仍在汇交点 A。这种求合力的方法，称为力的三角形法则。

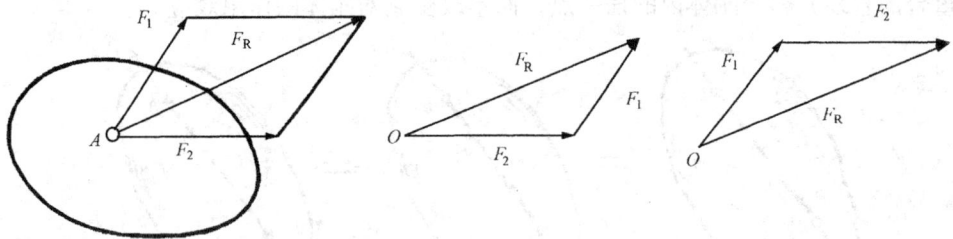

图 10-8

推论：三力平衡汇交定理，即：物体受平面内不相平行的三个力作用而平衡时，这三个力的作用线必汇交于一点。如图 10-9 所示，共面不平行的三个力 F_1、F_2、F_3 作用在物体上使物体保持平衡状态，将 F_1 和 F_2 滑移并交于 A 点，按照平行四边形法则合成，得到作用点也在 A 点的合力 F_R，由于力的滑移和合成都是等效代换，所以 F_3 和 F_R 共同作用在物体上，不改变原有的平衡状态，F_3 和 F_R 构成平衡力系。根据二力平衡公理，F_3 和 F_R 共线。则 F_3 必过 A 点，即 F_1、F_2、F_3 汇交于一点。必须指出，三力汇交定理只

是三力平衡的一个必要条件，汇交于一点的三个力不一定能使物体保持平衡。

三力汇交也可以从实践中得到验证，如图 10-10 所示，小球放在光滑的斜面上，并用绳子拉住，这时小球受到重力 W、绳子的拉力 F 和斜面的支持力的作用并不平衡，如图 10-11 所示，只有当小球滚到三力汇交于一点的时候，小球才能处于平衡状态。

性质四：作用力与反作用力定律——作用于两物体间的作用力与反作用力，总是大小相等、方向相反且沿同一条直线，并分别作用于两个物体上。

这个规律概括了自然界中物体间相互作用力的关系，表明一切力总是成对出现的，已知作用力便可知道反作用力。它是分析物体受力时必须遵循的原则，也为研究由一个物体过渡到多个物体组成的物体系统问题提供了基础。

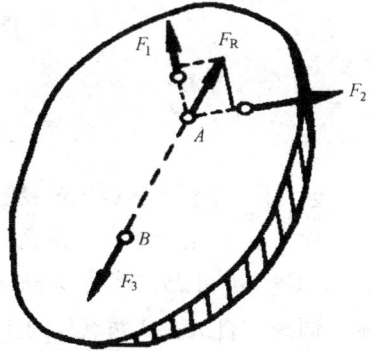

图 10-9

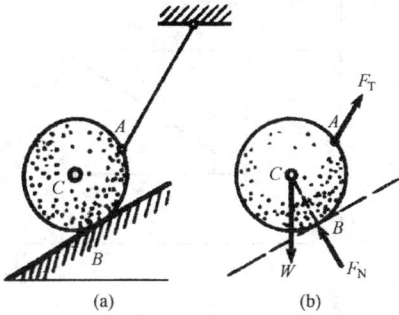

图 10-10

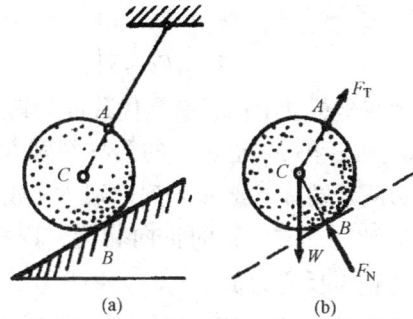

图 10-11

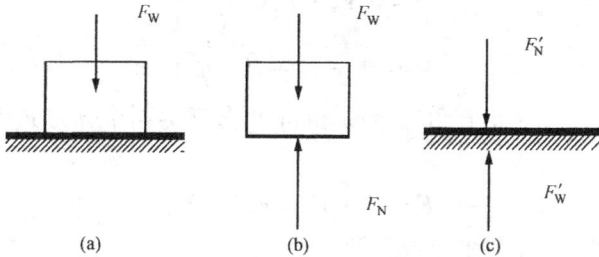

图 10-12

必须强调指出，由于作用力与反作用力分别作用在两个物体上，因此，决不可认为作用力与反作用力相互平衡。例如，静置于水平地板上的物块（图 10-12a），受重力 W 和地板的反力 F_N 作用（图 10-12b），它们都作用在物块上，使物块保持静止，所以 F_W 和 F_N 不是作用力与反作用力的关系，而是一对平衡力。重力 F_W 是地球对物块的吸引力，作用在物块上，与此同时，物块对地球也有一个吸引力 F'_W，作用在地球上（图 10-12c）。虽然 F_W 与 F'_W 的大小相等、方向相反、沿同一直线，但不作用在同一物体上，因此，这两个力互相不能平衡，而是作用力和反作用力的关系。同样，物块与地板间的相互作用力 F_N

和 F'_N 也是作用力与反作用力的关系。

课题2　静力学的计算

2.1　力的投影及合力投影定理

2.1.1　力在坐标轴上的投影

设力 F 作用于 A 点，在直角坐标系 O_{xoy} 平面内，从力矢量 F 的两端点 A 和 B 分别向 x 轴作垂线 Aa 和 Bb，将线段 ab 冠以相应的正负号，称为力 F 在 x 轴上的投影，以 F_x 表示。同理，自 A、B 两点分别作 y 轴的垂线 Aa' 和 Bb'，将线段 $a'b'$ 冠以相应的正负号，称为力 F 在 y 轴上的投影，以 F_y 表示，如图 10-13 所示。

投影与力的大小和方向有关。设力 F 与坐标轴正向间的夹角分别为 α 和 β，则由图 10-13 可知：

$$\left.\begin{array}{l} F_x = F\cos\alpha \\ F_y = F\cos\beta \end{array}\right\} \tag{10-1}$$

力在坐标轴上的投影是代数量，其正负号由 α、β 确定。F_x 和 F_y 正负号的简易判别方法是：如力的投影从始端 a（或 a'）到末端 b（或 b'）的指向与坐标轴 x（或 y）的正向相同，则投影 F_x（或 F_y）为正，反之为负。

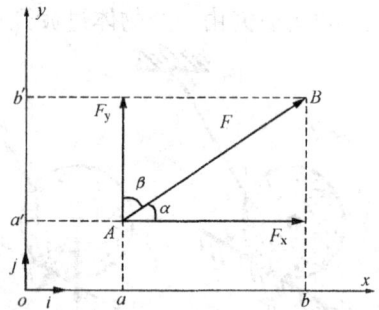

图 10-13

若已知力 F 在两坐标轴上的投影 F_x 和 F_y，则力的大小和方向余弦为：

$$\left.\begin{array}{l} F = \sqrt{F_x^2 + F_y^2} \\ \cos\alpha = \dfrac{F_x}{F}, \quad \cos\beta = \dfrac{F_y}{F} \end{array}\right\} \tag{10-2}$$

由图 10-13 可知，力 F 沿直角坐标 ox 和 oy 可分解为两个分力 F_x 和 F_y，分力与投影之间有下列关系：

$$F = F_x + F_y = F_x i + F_y j$$

其中 i、j 分别为 x、y 轴的单位矢量。

2.1.2　力的投影与分力

力沿坐标轴分解时，分力由力的平行四边形法则确定。如图 10-14 所示，力 F 沿直角坐标轴 x、y 方向可分解为两个分力 F_x 和 F_y，其大小分别与力 F 在该两正交坐标轴上投影的绝对值是相等的。

必须注意的是，力的投影与力的分力是两个不同的概念，两者不可混淆。力在坐标轴上的投影 F_x 和 F_y 是代数量，而力沿坐标轴的分力 F_x 和 F_y 是矢量。当 x、y 轴不垂直时，分力 F_x 和 F_y 与力在坐标轴上的投影 F_x 和 F_y，在数值上也不相等。

2.1.3　合力投影定理

1. 用几何法求合力

设力 F_1、F_2、F_3 为作用于刚体同一点 A 的平面力系（图 10-15a），可通过几何作图求出该力系的合力。于汇交点 A 作力矢量 F_1（图 10-15b），再在 F_1 的末端点 B 作力矢量 F_2，构成开口的力三角形 ABC，由力三角形法则可知，其封闭边 AC 就是力 F_1 和 F_2 的合力 F_{R1}，即 $F_{R1} = F_1 + F_2$。这时刚体上的力 F_{R1} 和 F_3 与原力系等效。然后，在力矢量 F_{R1} 的末端点 C 作力矢量 F_3，构成开口的力三角形 ACD，其封闭边 AD 为力矢量 F_R，即

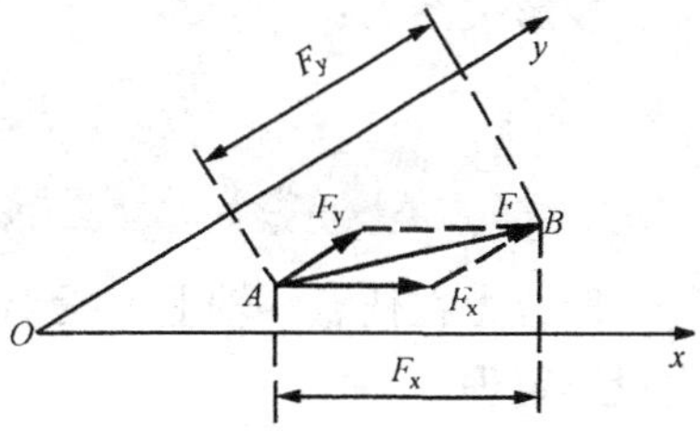

图 10-14

$$F_R = F_{R1} + F_3 = F_1 + F_2 + F_3$$

力 F_R 与原力系等效，故 F_R 为原力系的合力，其作用线仍通过原汇交点 A。实际上，作图时，力矢量 F_{R1} 可不必画出，只要将各力首尾相接，再由第一个力 F_1 的起点 A 向最末一个力 F_3 的末端点 D 作出合力 F_R 即可。

力系中的各力矢量与合力矢量构成的多边形 $ABCD$ 称为力多边形，表示合力矢量的边 AD 称为力多边形的封闭边，用力多边形求合力 F_R 的几何作图规则称为力多边形法则，这种方法称为几何法。

根据矢量相加的交换律，任意交换分力矢量的作图次序，可得形状不同的力多边形，但其合力矢量仍然不变，如图 10-15（b）中的虚线所示。

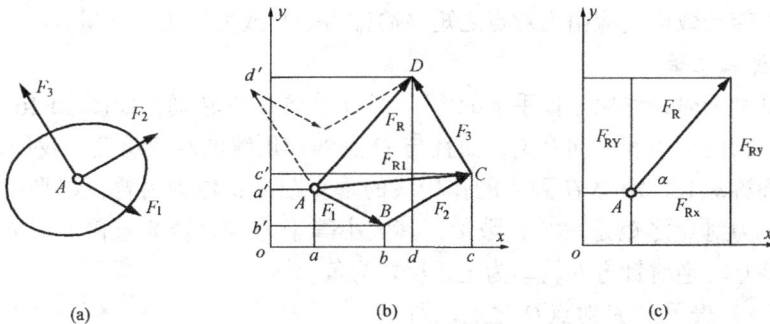

图 10-15

2. 合力投影定理

任取直角坐标系 xoy（如图 10-15b），设合力 F_R 和各分力 F_1、F_2、F_3 在 x 轴上的投影分别为 F_{Rx}、F_{1x}、F_{2x}、F_{3x}，则有

$$F_{Rx} = ad$$

$$F_{1x} = ab，\ F_{2x} = bc，\ F_{3x} = -cd$$

由图 10-15（b）可看出：$ad = ab + bc - cd$

因此有：$F_{Rx} = F_{1x} + F_{2x} + F_{3x}$

同理可知合力 F_{Rx} 在 y 轴上的投影为：

$$F_{Ry} = F_{1y} + F_{2y} + F_{3y}$$

将上述几何法求合力以及合力投影与各分力投影间的关系，推广到 n 个力组成的平面汇交力系，则得到该力系的合力矢量为：

$$F_R = F_1 + F_2 + F_3 + \cdots + F_n = \sum F \tag{10-3}$$

投影关系为：

$$\left.\begin{array}{l} F_{Rx} = F_{1x} + F_{2x} + F_{3x} + \cdots + F_{nx} \\ F_{Ry} = F_{1y} + F_{2y} + F_{3y} + \cdots + F_{ny} \end{array}\right\} \tag{10-4}$$

即合力在任意一轴上的投影，等于力系的各个分力在同一轴上投影的代数和，称为合力投影定理。

3. 用解析法求合力

如图 10-15 （c）所示，合力矢量 F_R 在 x 和 y 轴上的投影分别为 F_{Rx} 和 F_{Ry}，则根据式（10-2）可求得合力矢量的大小及其与 x 轴正向的夹角 α 为：

$$\left.\begin{array}{l} F_R = \sqrt{F_{Rx}^2 + F_{Ry}^2} = \sqrt{\left(\sum F_x\right)^2 + \left(\sum F_y\right)^2} \\ \alpha = \arctan\dfrac{F_{Ry}}{F_{Rx}} = \arctan\dfrac{\sum F_y}{\sum F_x} \end{array}\right\} \tag{10-5}$$

这种用代数法求合力的方法称为解析法。

2.2　力矩及合力矩定理

力对物体的作用效应可以分解为移动和转动，其中力的移动效应应由力矢量的大小和方向来度量，而转动效应则应由力对点之矩（简称力矩）或力偶矩来度量。

2.2.1　力对点之矩

用扳手拧紧螺母时，作用于扳手上的力 F 使扳手绕 O 点转动，如图 10-16 所示，其转动效应不仅与力的大小和方向有关，而且与 O 点到作用线的距离有关。我们把 O 点称为力矩中心，简称矩心，矩心 O 到力的作用线的垂直距离 d 称为力臂，则平面力对点之矩的定义就为：力对点之矩是一个代数量，其大小等于力与力臂的乘积。正负号规定如下：力使物体绕矩心逆时针方向转动为正，反之为负。

若以 $M_O(F)$ 表示力 F 对点 O 之矩，则

$$M_O(F) = \pm F \cdot d = \pm 2A_{\triangle OAB} \tag{10-6}$$

式中　$A_{\triangle OAB}$——$\triangle OAB$ 的面积。

力矩的单位常用 N·m 或 kN·m。当力的作用线通过矩心，即 $d = 0$ 时，或力矢 F 的大小等于零，即 $F = 0$，则力矩 $M_O(F) = 0$。

以 r 表示由 O 到 A 的矢径，则矢积 $r \times F$ 的模 $|r \times F|$ 等于该力矩的大小，且其指向与力矩转向符合右手规则。

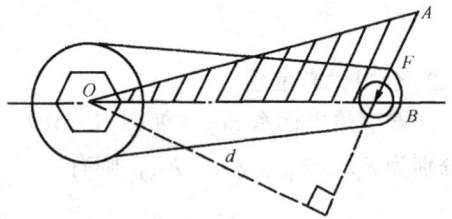

图 10-16

2.2.2　合力矩定理

可以证明：合力对平面内任意一点之矩，等于所有分力对同一点之矩的代数和，即：

若　　　　　　　　　　$R = F_1 + F_2 + \cdots F_n$

则　　　　　　$M_O(R) = M_O(F_1) + M_O(F_2) + \cdots + M_O(F_n) \tag{10-7}$

该定理不仅适用于平面汇交力系，而且可以推广到任意力系。

应用合力矩定理可以简化力矩的计算。在求力对某点力矩时,若力臂不易计算时,就可以将该力分解为两个互相垂直的分力,两个分力对点的力臂容易计算,就可以方便地求出两个分力对该点之矩的代数和,来代替原力对该点的力矩,今后计算中将主要应用这种方法。

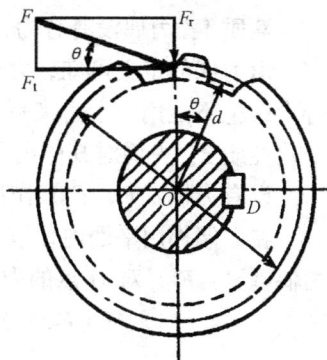

【例 10-1】 一齿轮受到与它咬合的另一齿轮作用力 $F = 1kN$,如图所示,已知压力角 $\theta = 20°$,节圆直径 $D = 0.16m$,求力 F 对齿轮轴心 O 的矩。

【解】用两种方法计算 F 对齿轮轴心 O 的矩。

方法一:采用力矩的定义计算

$$M_o(F) = -F\frac{D}{2}\cos\theta = -75.2(\text{N·m})$$

负号表示力 F 使齿轮绕轴心 O 产生顺时针转动。

方法二:采用合力矩定理计算

将力 F 分解为圆周力 $F_t = F\cos\theta$ 和径向力 $F_r = F\sin\theta$。
由合力矩定理可以知道:

$$M_o = M_o(F_t) + M_o(F_r)$$

因为 F_r 通过矩心 O,故 $M_o(F_r) = 0$,于是

$$M_o = M_o(F_t) = -F_t\frac{D}{2} = -(F\cos\theta)\frac{D}{2} = -75.2(\text{N·m})$$

图 10-17

2.3 力偶及力偶的性质

2.3.1 力偶的概念

在日常生活或实践中,经常会遇到物体受大小相等、方向相反、作用线互相平行的两个力作用的情形。例如,汽车司机用双手转动方向盘,如图 10-18 (a) 所示,钳工用丝锥攻螺纹如图 10-18 (b) 等。实践证明,这样的两个力 (F, F') 对物体只能产生转动效应,而不产生移动效应。这种大小相等、方向相反、作用线平行,但不在同一直线上的两个力组成的力系称为力偶。在这里必须指出,力偶与单个力一样是构成力系的基本元素。

力 F_1 和 F_2 组成一个力偶,记作 (F_1, F_2),力偶中两个力作用线之间的垂直距离 d 称为力偶臂,力偶所在的平面称为力偶作用面,如图 10-19 所示。

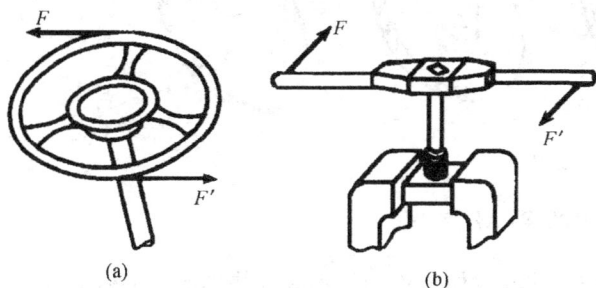

(a) (b)

图 10-18

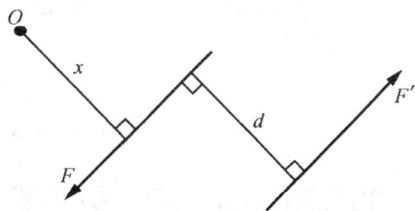

图 10-19

力偶对物体所产生的转动效应由组成力偶的力的大小与力偶臂的乘积,即力偶矩所确定。力偶矩是一个代数量,正负号表示力偶的转向,逆时针转向为正;反之,则为负。力

偶矩记作 M $(F、F')$，或简记为 M，则有

$$M = M(F、F') = \pm F \cdot d \qquad (10\text{-}8)$$

力偶矩的单位与力矩的单位相同，也是用 N·m 或 kN·m。

2.3.2 力偶的性质

性质1：力偶没有合力，故力偶只能与力偶平衡。

由力偶的定义可知，力偶中的两个力不会使物体产生移动效应，力偶不能合成为一个合力，也不能用一个力来平衡。

性质2：力偶对其作用平面内任一点之矩恒等于力偶矩，而与矩心的位置无关。

设有力偶 $(F、F')$ 作用于某物体上，其力偶矩为 $M = F \cdot d$（如图 10-20 所示）。

在力偶作用平面内任取一点 O 为矩心，用 x 表示矩心 O 到力 F 作用线的垂直距离。力偶 $(F、F')$ 对 O 点的力矩是力 F 和 F' 分别对 O 点的力矩的代数和，其值是

$$M_0(F、F') = M_0(F) + M_0(F')$$
$$= -Fx + F'(x + d)$$
$$= F \cdot d$$

这一值就等于力偶矩，与 x 无关，就有

$$M_o(F、F') = M$$

性质3：只要保证力偶矩的大小和转向不变，力偶可在其作用平面内任意转移，或同时改变力和力偶臂的大小，它对物体的外作用效应不变。或者说，在同一平面内的两个力偶，只要其力偶矩相等、转向相同则它们对物体的外作用效应等效。

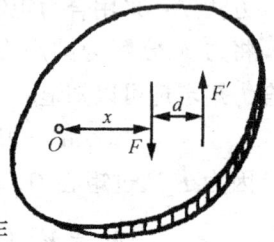

图 10-20

性质4：力偶中的两个力在任何坐标轴上的投影之和为零。考虑到该二力等值、反向、作用线平行，自然在任何坐标轴上的投影之和为零。

在研究力偶的转动效果时，应考虑力偶矩的大小和转向，而不能单看组成力偶的力的大小或力偶臂的长度，也不必考虑力偶在其作用平面内的位置。因此，习惯上常用一段带箭头的弧线来表示力偶，M 表示力偶矩的大小，如图 10-21 所示。

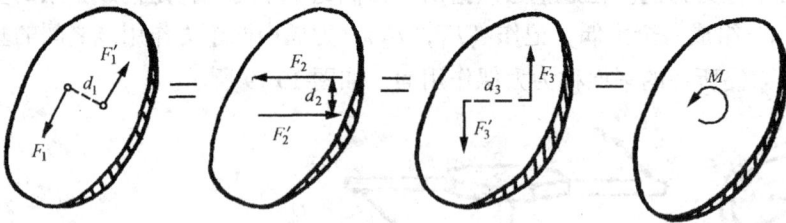

图 10-21

2.4 力的平移定理

根据前面所讲的定理，力可以沿其作用线在物体上移动，不改变物体的运动效应（或外效应），但如果将一个力在物体上平行移动，会有什么样的情况发生呢？我们可以这样来做一个实验：假设如图 10-22(a)所示，在水平地面上推动圆木，设定圆木的中点 A 受到一个力 F 作用，在这个力的作用下，圆木移动到新的位置。但如果如图 10-22(b)所示，把作用力 F 移到圆木的下端 B 点时，则该圆木必然在发生移动的同时轴线也发生偏转。

在我们的日常生活中，这样的例子还有很多。由此可见，一个外力的作用线平移后，将会改变该力对物体的作用效应（对刚体而言就是要改变其运动效应或外效应），那么怎样才能使力平移后不会改变原物体的运动效应呢？下面我们介绍一个在工程计算中十分有用的定理，即力的平移定理。

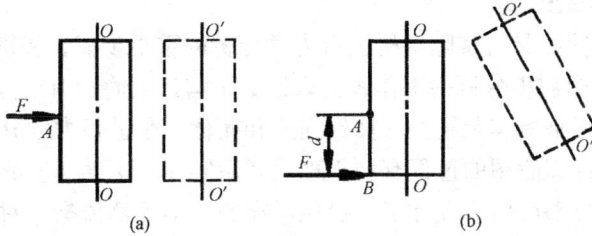

图 10-22

力的平移定理：作用在刚体上的力可以平移到这个刚体上任意一点（即平移点），但需同时附加一个力偶，其力偶矩等于原力对平移点之矩，即 $M = M_B(F) = F \cdot d$ 则其作用效应保持不变。

证明：如图 10-23（a）所示，力 F 作用于刚体上 A 点，要将力 F 平移到 B 点。在 B 点加上一平衡力系（F'、F''），令 $F' = F'' = F$，如图 10-23（b）所示。按加减平衡力系公理力系（F、F'、F''）与 F 等效。而（F''、F）组成一个力偶，其力偶矩 $M = F \cdot d$，如图 10-23（c）所示，故力 F 和力系（F'、M）等效。

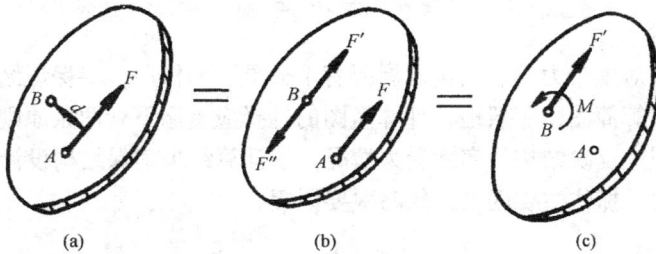

图 10-23

当作用在刚体上的一个力沿其作用线移动到任意点时，因附加力偶的力偶臂为零，故附加力偶矩为零。因此，力沿作用线滑动是力向一点平移的特例。

在这里需要指出，力的平移定理是一个可逆的过程，根据平移的逆过程，总可以将平面内的一个力和一个力偶合成为一个力，此力与原力矢量相等，但作用线平移了一段距离。力向一点平移的结果揭示了力对刚体作用的两方面效应，即移动效应和转动效应。

课题 3 结构的计算简图

3.1 结构计算简图的概念

实际工程中的土木建筑、运输车辆和动力机械等，它们的结构和构造往往都是比较复杂的。在进行这些结构的设计时，若完全按照实际情况进行分析计算，会使问题更加复杂，也是没有必要的。

所以在研究物体运动或平衡时，首先要分析确定物体受到了几个力的作用，以及每个力的作用位置和方向，这种分析过程叫做物体的受力分析，在进行受力分析之前往往要分清楚主要矛盾和次要矛盾，把结构本身、结构与其他物体之间的联系、结构所承受的荷载以及支座的情况加以简化，得到一个实际结构的简化图形，这个代替实际情况的简化图形，称为结构的计算简图。

画出结构的计算简图是对实际结构进行力学分析的重要步骤，特别是对建筑工程技术专业的学生和进行结构初步分析的工作人员来说，了解计算简图有十分重要的意义：

(1) 结构计算简图是对实际结构的抽象描述和简化，是进行力学分析的重要依据。

(2) 建立正确的计算简图的过程有助于理论联系实际，培养比较清晰的结构概念。

(3) 计算简图反过来可以为设计工作提供可靠的力学计算依据，对建筑设计的可行性做到心中有数。

(4) 计算简图只能是近似地对原结构进行描述,因此,对同一结构可能会画出不同的计算简图。

因此，我们要对结构进行客观地分析，画出比较合理的计算模型。

建筑力学将以计算简图作为力学计算的主要对象。在结构设计中，如果计算简图取错了或取得不够精确的话，就会出现设计错误，甚至造成严重的工程事故。因此，合理地选取计算简图是一项十分重要的基础工程，要十分地重视。所以，如何进行简化及简化哪些内容就成了我们必须学习的重要内容。

3.2 简 化 原 则

计算简化模型对整个力学、结构发展起着十分重要的作用，要保证结构的安全性，就必须选择合理的计算简图，一般地，计算简图的选择应遵循下列两条原则：

(1) 真实客观地反映结构的实际受力情况，使计算结果确保结构设计的精确度；

(2) 分清主次，抓住主要因素，忽略次要因素。

3.3 简 化 内 容

3.3.1 约束及约束反力

运动中不受限制的物体称为自由体，例如：火箭、人造卫星等，运动受限制的物体称为非自由体，如吊绳上的重物、支撑在桥墩上的桥梁的桁架等。对非自由体预先加的限制条件称为约束，如果是以周围物体相互接触的方式构成，则构成约束的周围物体称为约束体，也称为约束。

约束限制了物体某些方向的运动，因而承受沿这些方向传来的力，根据力的作用力和反作用力公理，约束产生相反的力。我们把这种作用于非自由体的力称为约束反力或约束力，约束反力作用点是物体与物体的接触点，方向总是和非自由体上该约束所限制运动方向相反，而大小一般是由平衡条件确定的。

约束对非自由体产生的力是由于限制非自由体运动而产生的，也可以把约束看成是限制物体运动的装置，它是一种被动力。而这些使非自由体发生运动的力，如风压力、水压力、土压力等，我们称为主动力。约束反力则取决于主动力及运动状态。

下面介绍几种常见的约束：

1. 柔体约束

工程中把不计自重且柔软不可伸长的柔性体如绳索、链条、胶带等所构成的约束统称为柔体约束，简称为柔索。这类约束的特点是：不能承受压力和抵抗弯曲，只能承受拉力并限制物体沿柔体伸长方向的运动。所以，柔索的约束反力是作用在柔索与物体的连接点上，并且沿柔索的轴线背离物体，表现为拉力，用 F_T 表示，如图 10-24 所示。

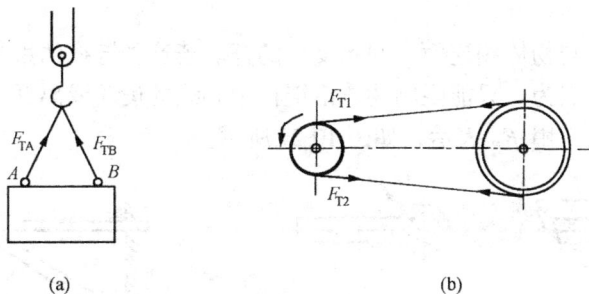

图 10-24

2. 光滑接触面约束

在工程实际中，物体接触面之间有时会存在摩擦力，当摩擦力很小的时候时，可把接触面视为理想的光滑面。这类约束的特点是：对被约束物体在接触点（或接触面）的切线平面内任一方向的运动不加阻碍，也不限制被约束体沿接触面的公法线方向脱离接触。而只能限制物体沿接触面在接触点公法线方向进入约束面，故约束反力是沿接触面在接触点公法线方向，并指向物体，表现为压力，用 F_N 表示，如图 10-25 所示。

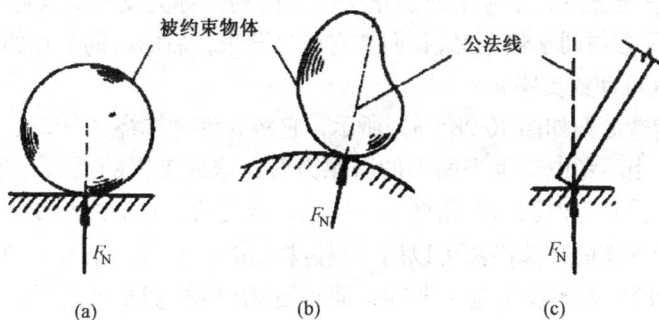

图 10-25

3. 铰链约束

光滑圆柱铰链约束简称圆柱铰或铰链约束，是连接两构件的圆柱形零件。例如机器的轴承、门窗的合页等。这类约束可视为由圆柱销插入两构件的圆柱孔而构成，忽略摩擦和孔销间的余隙。这类约束的特点是：只能限制物体沿圆柱销的径向移动，不能限制物体绕圆柱销轴线的转动。由于圆柱销与圆柱孔是光滑的柱面接触，所以约束反力应沿接触线上一点到圆柱销中线的连线且垂直于销的轴线。因为接触线的位置不能确定，因而约束反力 F_N 的方向也不能预先确定。总之，光滑圆柱铰约束的反力只能是压力，力的作用线在垂直于圆柱销轴线的平面内，通过销钉的中心，方向不定。在受力分析或计算时，为了方便，通常将这种约束反力表示为相互垂直且作用于圆柱铰中心的两个分力 F_x、F_y，如图

10-26 所示。

在实际工程中，铰链约束又可以分为：

（1）中间铰：只限制了构件销孔端的相对移动，不限制构件绕该端相对转动。

（2）固定铰：把圆柱销连接的两构件中一个固定起来，限制了构件销孔端的随意移动，不限制构件绕圆柱销这一点转动。

4. 链杆约束

两端用光滑销钉与物体相连而中间不受力的杆。若这种链杆约束与支座连接，称为支链杆。链杆约束的特点为：只能限制物体沿链杆中心线的运动或离开链杆的运动，而不能限制其他方向的运动，用 F_N 表示，如图 10-27 所示。

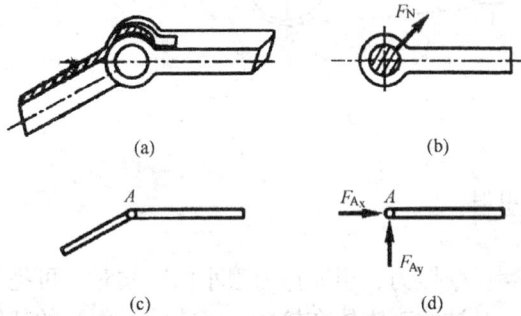

图 10-26

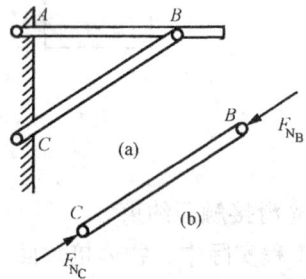

图 10-27

3.3.2 支座及支座反力

在工程中，将直接支承在基础上或静止构件上的约束称为支座。实际上支座反力也是一种约束反力，为了方便同学们记忆，我们把它区分开来，后面讲的节点约束也是一样的。

1. 辊轴支座（可动铰支座）

这种支座的构造简图如图 10-28（a）所示，它将允许物体绕 A 转动，并可沿支承平面方向移动。因此，当不考虑支承平面上的摩擦力时，这种支座的反力将通过铰 A 的中心并与支承平面相互垂直，即反力作用线和作用点是确定的，它的大小 F_{NA} 和指向未知。根据上述特征，这种支座的计算简图可以用一根链杆 AB 来表示，如图 10-28（b）所示，因为与 AB 杆相连接的结构不仅可绕 A 转动，而且当 AB 链杆绕 B 转动时，也可以在水平方向移动。这种简图的采用有一个假设的前提，就是 AC 杆的水平移动很小，所以 AC 杆在水平移动时无显著的下移。这一点与实际工程是完全吻合的。在很多情况下，宁愿用图 10-28（c）来作为图 10-28（a）的计算简图，它仅表示沿 AC 方向水平滚动，没有上下方向的移动。

辊轴支座的简图在应用中有一点需要强调，即杆件 A 点的竖向位移是被支座 A 限制了的，它不仅不能下移，也不能向上离开 A 点。

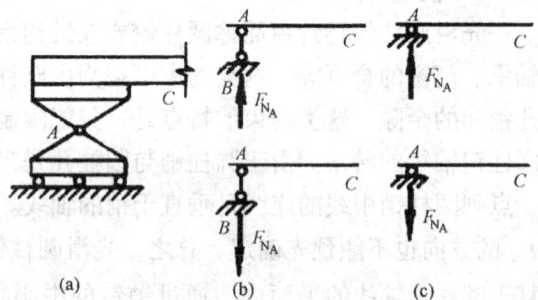

图 10-28

2. 铰支座（固定铰支座）

232

当圆柱铰链连接的两构件的任一构件固定在地面、墙、柱和机身等支承物上时，便构成了固定铰支座。这类支座的约束特点与圆柱铰相同，它限制两个方向上的移动而不限制转动，支座反力表现为两互相垂直的分力 F_{A_x} 和 F_{A_y}，如图 10-29 所示。

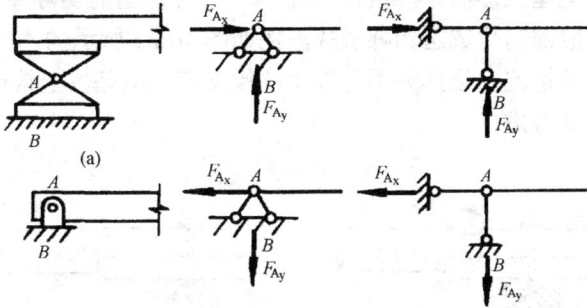

图 10-29

3. 固定端支座

工程实际中，电线杆嵌在水泥基础上，车刀和工件分别夹持在刀架和卡盘上，它们都是固定不动的。物体的一部分固结于一物体内所构成的约束称为固定端约束。这类约束的特点是：不但限制物体任何方向上的移动，而且限制物体在约束处的转动。因此，物体嵌固部分受到的约束反力是一个平面力系，该力系向点简化，可得到一个力和一个力偶，一般情况下，力的大小和方向均未知，可用两个相互垂直的分力 F_{A_x} 和 F_{A_y} 及力偶 M_A 表示，如图 10-30 所示。

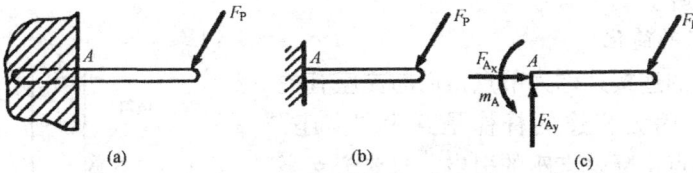

图 10-30

4. 定向支座

这种支座只允许沿一个方向发生滑动，限制物体的转动及一个方向的移动。其反力的

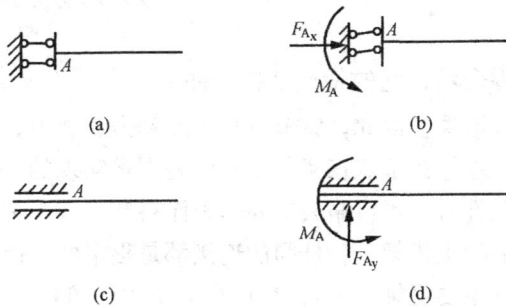

图 10-31

233

大小、方向和作用点都是未知的。因此，可以用水平分力 F_{A_x} 或竖向分力 F_{A_y} 以及力偶 M_A 来表示。这种支座的计算简图如图 10-31（a）、（c）所示，其支座反力如图 10-31（b）、（d）所示。

上面所讲的四种支座虽然简单，但在工程中却具有普遍的实际意义。在结构设计中，结构或构件的支座一般都简化成这四种形式。例如图 10-32 所示的木屋架或木梁的端部通过预埋螺栓与墙连接的情况，虽然并不是理想的铰支座，但基本上接近于铰支座，在力学上就可以作为铰支座来考虑。

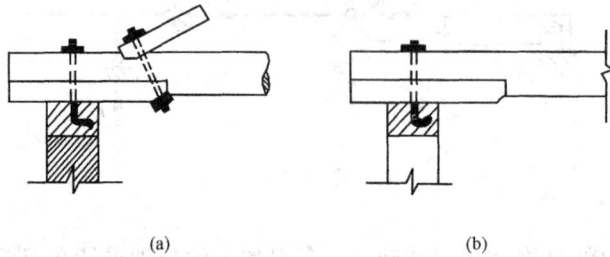

(a)   (b)

图 10-32

又如图 10-33 所示的厂房柱子，其底部插入杯形基础中，当填料为细石混凝土，且地基比较坚硬时，可简化为固定端支座，而当填料为沥青麻丝或地基比较软时，可简化为固定铰支座。由此可见，支座的简化是很复杂的，其简化原则是既要尽可能地接近工程实际，又要便于计算。

3.3.3 节点的简化

杆件与杆件的连接处称为节点，而与支座有关的为杆件节点。因为相连的杆件是互为"支座"的，故杆件的节点实际是支座的引申，只要把支座视为另一根杆件，那么此杆与原来的杆件便相交于一点，这就是节点。节点处的杆件一般至少有两根以上的杆件相交。根据工程中的做法，节点可以分为三种：

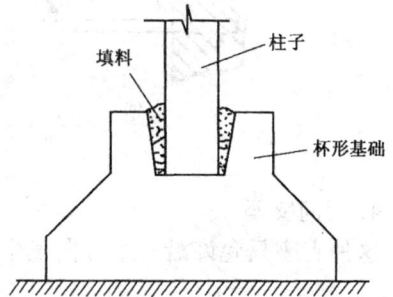

填料 柱子 杯形基础

图 10-33

1. 铰节点

铰节点用空心小圆圈表示，它的特点是各杆件可以绕它自由转动，不计摩擦。因此，铰节点只传递轴力和剪力，不能传递弯矩。这样的铰节点称为理想铰节点，理想铰节点在实际结构中是很难实现的。但是，若结构的几何构件及外部荷载符合一定条件时，也可略去次要因素而将节点视为理想铰节点。例如桁架结构，尽管钢桁架和钢筋混凝土桁架，各杆间的连接都是很牢的，但为了简化计算，并能基本反映桁架的受力特点（主要受轴向力），在计算简图中仍可作为理想铰节点处理，如图 10-34 所示。

2. 刚节点

所连接的各杆即不能绕节点转动，也不能相对移动，结构变形时，节点处各杆端之间的夹角始终保持不变,因此刚节点既可传递轴力、剪力,也可传递弯矩,如图 10-35 所示。

3. 组合节点

一般来说是既有刚节点又有铰节点的节点。

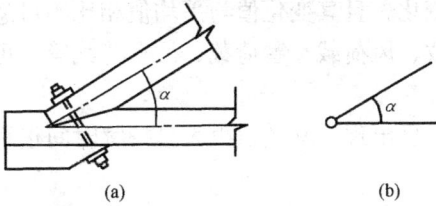

图 10-34

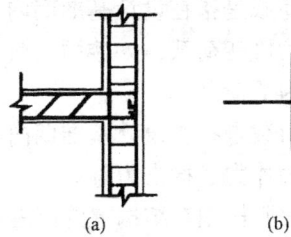

图 10-35

3.3.4 杆件的简化

在计算简图的绘制中,对于杆件一般有两个方面的简化。由于杆件的横截面尺寸要远小于杆件的纵向尺寸。因此,一种是以杆件的轴线来简化,分为直线杆、折线杆及曲线杆;另一种是以杆件的横截面的大小来简化,分为等截面杆和变截面杆,如图 10-36 所示。

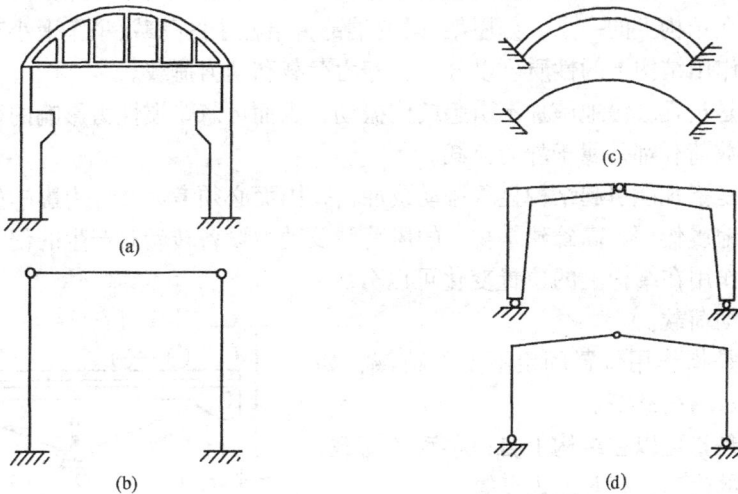

图 10-36

3.3.5 荷载的简化

1. 荷载的概念

荷载通常是指作用在结构或构件上的主动力,如结构的自重、人群、货物的重量、汽车的自重及轮压等都称为是直接荷载;另一种是地基的不均匀沉降、温度变化、制造误差等引起的同样能使结构发生内力和变形,它们也是一种荷载,我们把它们称为间接荷载。

因此在结构设计中要慎重考虑荷载,根据国家颁布的《建筑结构荷载规范》来确定荷载。

2. 荷载的分类

(1) 按照作用时间的长短和性质可分为:永久荷载、可变荷载和偶然荷载。

永久荷载是指在设计基准期内，其值不随时间变化，或者其变化与平均值相比可忽略不计，或其变化是单调的并能趋于定值的荷载称为永久荷载，如结构自重、土压力、预应力等。永久荷载也称为恒荷载。

可变荷载是指在设计基准期内，其值随时间变化，且其变化值与平均值相比不可忽略的荷载称为可变荷载，如楼面活荷载、屋面活荷载、风荷载、雪荷载、吊车荷载等。可变荷载也称为活荷载。

偶然荷载是指在设计基准期内不一定出现，一旦出现，其量值很大且持续时间很短的荷载，如爆炸力、撞击力等。

（2）按照作用在结构上的范围可以分为：分布荷载和集中荷载。

分布荷载是指有一定的分布体积、表面积和线段长度的荷载，分别称为体积荷载、面积荷载、线荷载。如结构的自重是体积荷载，风、雪和水的压力是面积荷载，杆件自重可以视为沿轴线的分布荷载。

分布荷载又分为均布荷载和非均布荷载，均布荷载是指在结构的某一范围内均匀分布，即大小和方向处处相同的荷载，如杆件的自重是沿轴线的线均布荷载，均质板的自重称为面均布荷载。而水池的池壁受到的水压力，其大小与深度成正比，称为面非均布荷载。

集中荷载是指作用在结构上的荷载的分布范围与结构的尺寸相比较要小得多，可以认为荷载仅作用在结构上的一点。如屋架、梁的端部传给柱子的荷载，吊车上小车的轮压等。

（3）按照作用结构上的性质可以分为：静力荷载和动力荷载。

静力荷载是指凡缓慢地施加不引起结构振动，因而可忽略惯性力影响的荷载，永久荷载和上述大多数荷载都是属于静力荷载。

动力荷载是指凡能引起结构显著振动或冲击，因而必须考虑惯性力影响的荷载。如气锤的冲击力、地震作用、高耸建筑物上的风荷载及动力设备转动时产生的偏心力等。

（4）按照作用在结构上的位置变化可以分为：固定荷载和移动荷载。

固定荷载是指作用位置固定不变的荷载，如结构自重、风、雪荷载等。

移动荷载是指可以在结构上自由移动的荷载，如路面上行驶的汽车，行驶的火车等。

建筑力学的研究对象主要是杆件结构，而实际结构受到的荷载，一般是作用在结构内各处的体积荷载（如自重）及作用在某一表面积上的面荷载（如风压力）。因此，在计算简图中，通常将这些荷载简化到作用在杆件轴线上的线分布荷载、集中荷载和力偶。

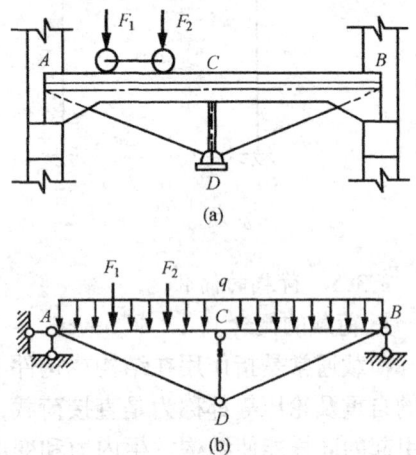

图 10-37

3.4 计算简图的示例

下面用三个例子来说明怎样来确定计算简图

【例 10-2】吊车梁的上部为钢筋混凝土预制 T 形梁 *AB*，下部各杆 *AD*、*CD*、*BD* 都是

236

由 NO.16 的角钢构成。吊车梁的两端与钢筋混凝土立柱牛腿上的预埋钢板焊接，试画出图示结构的计算简图。

【解】（1）杆件的简化：

按照轴线形式来进行简化，由于各杆的轴线都是直线，因此各杆均用直线代替。

（2）节点的简化：

由于 T 形梁 *AB* 杆的材料是钢筋混凝土，而 *AD*、*CD*、*BD* 各杆是钢杆，所以从材料的力学性质上来看，T 形梁 *AB* 杆的截面抗弯刚度要比钢杆的刚度大多了，因此 T 形梁 *AB* 杆主要承受弯矩、剪力，而钢杆 *AD*、*CD*、*BD* 主要承受轴力，故 *AD*、*CD*、*BD* 杆的两端都可以看成是铰节点。

（3）支座的简化：

由于吊车梁两端与钢筋混凝土立柱牛腿上的预埋钢板仅通过较短的焊缝相连，这样的结构使 T 形梁 *AB* 的两端不可能有垂直方向上的移动。但在荷载作用下，梁发生弯曲时，这样的结构对支承端的转动又起不了多大的约束作用。因此，这两个支座都应该简化为铰支座，同时考虑到温度变化引起的热胀冷缩和为了计算的方便，故将梁的一端简化为固定铰支座，另一端简化为可动铰支座。

（4）荷载的简化：

杆件 *AD*、*CD*、*BD* 的横截面比 T 形梁 *AB* 的横截面要小得多，故可以不记它们的自重，横梁 *AB* 杆要承受自己的重量，而横梁的自重可以简化为作用在梁的轴线上的均布线荷载。

【例 10-3】 图示为一预制钢筋混凝土阳台挑梁 *AB*，画出其计算简图。

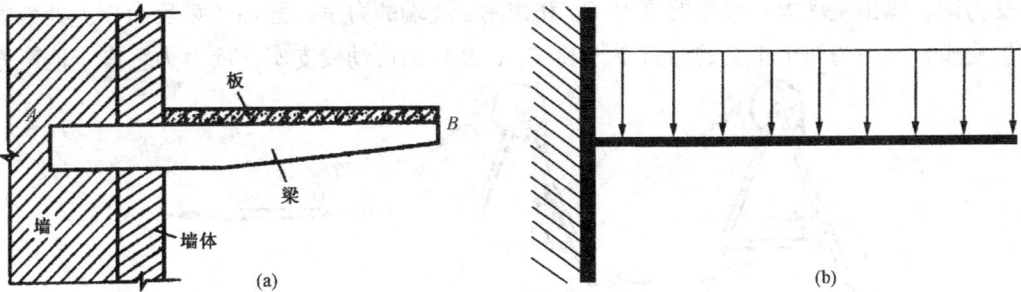

图 10-38

【解】

（1）杆件的简化：

与例 10-2 相同，按照轴线来代替杆件。

（2）支座的简化：

由于预制构件完全嵌固在墙体内，在一定荷载作用下，墙体完全限制了梁在各个方向上的移动和绕墙体的转动。故将这个支座简化为一个固定端支座。

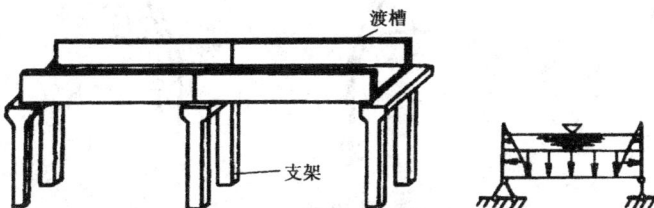

图 10-39

237

（3）荷载的简化：

在图示中由于只有梁本身的重量，因此也把梁的自重简化为作用在梁轴线上的均布线荷载。

【例 10-4】 如图 10-39 所示为一水利工程的钢筋混凝土渡槽，试画出其计算简图。

【解】 在横向计算中，我们用两个垂直于纵向轴线的平面从槽身截出单位长度的一段，这是一个 U 形刚架，如图 10-39 所示，刚架所受的内部的水压力，在底部为均匀分布，在两侧根据水压力和水深有关的原则（水越深压力越大）简化为三角形分布的荷载。

课题 4 受力分析及受力图

在进行构件或结构计算时，首先要进行受力分析，分析作用在它上面有哪些已知力，哪些未知力。为了方便研究，一般取出一部分作为分离体，先作出分离体的受力图。画受力图是对研究对象进行受力分析的第一步，也是最关键的一步，如果错了，那么以后的计算就会一直错下去，从而影响整个结构功能。下面我们就用几个例子来看看怎样来绘制受力图。

【例 10-5】 如图 10-40（a）所示物体系统中，A 点为固定铰支座，B 点为可动铰支座，C、D、E 点为圆柱铰。细绳绕过滑轮后吊一重量为 F_W 的重物，另一端有力 F 的作用。试画出整体、杆 DE、滑轮和重物、杆 BC、杆 AC（连同滑轮）的受力图。

【解】（1）取出整体为研究对象。解除对整体的约束，即解除 A、B 处的约束，画出其受力图。画出主动力：重物的重力 F_W 和作用于绳端的力 F。画出约束反力：A 处为固定铰支座，反力为两个正交的分力 F_{Ax} 和 F_{Ay}；B 处为可动铰支座，反力为垂直于地面方

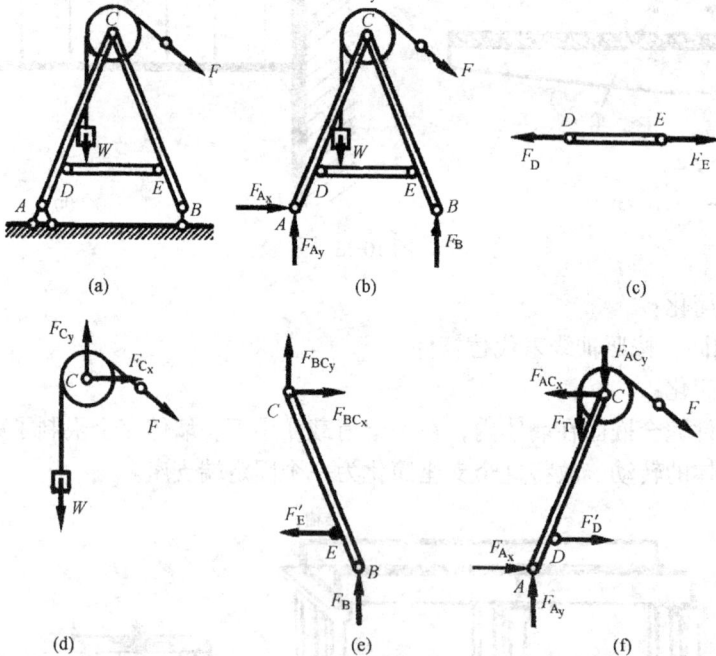

图 10-40

向的反力 F_B，作用在 B 铰的中心。由于取整体为研究对象，所以 C、D、E 处的圆柱铰及细绳的约束反力均是成对的内力，一概不画。整体的受力图如图 10-40（b）所示。

（2）取 DE 杆为研究对象。解除约束，取杆 DE 为脱离体。该杆只是在 D、E 两点受力，因此 DE 杆是一个二力构件。约束反力为 F_D 和 F_E，其受力图如图 10-40（c）所示。

（3）取滑轮和重物组成的系统为研究对象，解除约束，取出该系统的脱离体。主动力有重物的重力 F_w 和绳端的作用力 F，C 处为圆柱铰约束，约束反力用两个正交分力 F_{C_x} 和 F_{C_y} 表示，如图 10-40（d）所示。

（4）取杆 BC 为研究对象，除去杆 BC 的约束，取出脱离体。C 处为圆柱铰约束，约束反力用两个正交分力 F_{BC_x} 和 F_{BC_y} 表示；E 处为链杆约束，约束反力为 F_E'。F_E' 和 DE 杆的约束反力 F_E 是作用力与反作用力的关系；B 处的支座反力前面已经分析，如图 10-40（e）所示。

（5）取杆 AC（连同滑轮）为研究对象。除去该系统的约束，取出脱离体。滑轮受细绳的约束，反力 F_T 沿绳子的伸长方向，且为拉力；C 处为圆柱铰约束，约束反力用两个正交分力 F_{AC_x} 和 F_{AC_y} 表示；A 处的反力前面已经分析了。主动力为作用于绳端的力 F。该系统的受力图如图 10-40（f）所示。

【例 10-6】水平梁 AB 受已知力 F_P 作用，A 端为固定铰支座，B 端为移动铰支座，如图 10-41（a）所示。梁的自重不计，画出梁 AB 的受力图。

【解】取梁为研究对象，解除约束，画出分离体，画主动力 F_P，A 端为固定铰支座，它的反力可用三力平衡汇交定理确定方位，但指向与大小均未知，用 F_A 表示，或者用水平和竖直的两个未知力 F_{A_x} 和 F_{A_y} 表示，B 端为可动铰支座，只有一个支座反力，但指向可任意假设，受力图如图 10-41（b）、（c）所示。

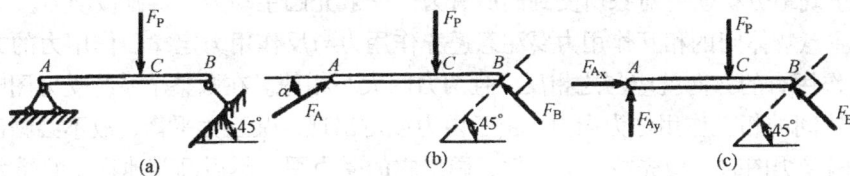

图 10-41

【例 10-7】如图 10-42（a）所示，梁 AC 与 CD 在 C 处铰接，并支承在三个支座上。画出梁 AC、CD 及全梁 AD 的受力图。

【解】（1）取梁 CD 为研究对象并画分离体，梁上有主动力 F；D 端为可动铰支座，其约束反力 F_D 应垂直于支承面；C 处为圆柱铰约束，它的反力用水平和竖直的两个未知力 F_{C_x} 和 F_{C_y} 表示，如图 10-42（b）所示。

（2）取梁 AC 为研究对象并画分离体，梁上有主动力分布荷载 q；B 端为可动铰支座，其约束反力应垂直于支承面；A 处为固定铰支座，它的反力用水平和竖直的两个未知力 F_{A_x} 和 F_{A_y} 表示，C 处反力 F_{C_x}' 和 F_{C_y}' 分别是 F_{C_x} 和 F_{C_y} 的反作用力，如图 10-42（c）所示。以整个梁为研究对象，画分离体，主动力有 F 和 q，A、B、D 处约束反力 F_{A_x}、F_{A_y}、F_B 和 F_D，C 铰在整个梁的内部，反力不再画出，如图 10-42（d）所示。

通过以上各例的分析，现将进行受力分析的步骤归纳如下：

(1) 明确受力分析的目标；

(2) 取出分析的目标作为研究对象；

(3) 画出主动力（全部荷载）；

(4) 画出被动力（所有的约束、支座、节点反力）；

(5) 标上力的符号。

在进行受力分析时，恰当地选取分离体，正确地画出受力图，是分析、解决力学问题的基础，作受力图时，应注意：

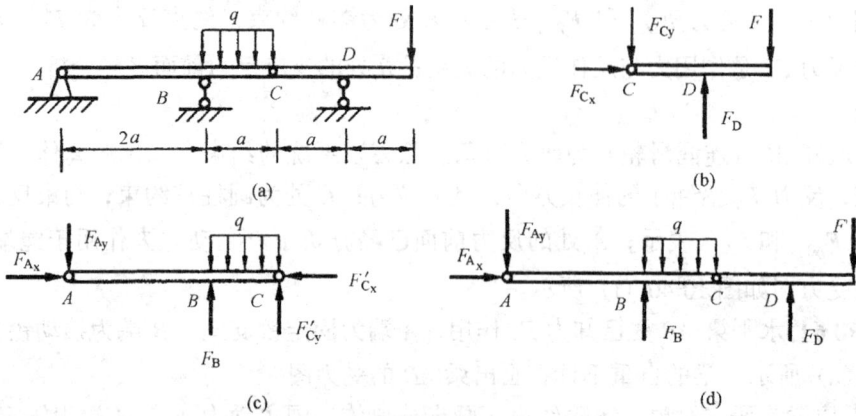

图 10-42

(1) 必须明确研究对象。根据求解需要，可选取单个物体、整个物体或由几个物体组成的物体系统为研究对象，不同的研究对象有不同的受力图。

(2) 正确地分析研究对象所受到的所有力。一般先画主动力，再画被动力。

(3) 注意物体间的相互作用力要注意遵守作用力与反作用力定律，作用力的方向一经设定，反作用力的方向就应与之相反，且两力的大小相等。在画整个系统受力图时，系统内部各物体间的相互作用称为内力，由于内力成对出现，又互为平衡，故不必画出来。

(4) 画受力图时，应先找二力构件，画出它的受力图，然后画其他物体的受力图。

(5) 注意三力汇交定理的运用。

(6) 作完受力图后，要仔细检查有没有漏掉的力或是多加的力。由于力是物体间的相互机械作用，因此每一个力都必须明确它是哪一个施力物体施加给研究对象的，决不能凭空想像。凡是外界与研究对象接触（受约束）的地方，一定存在约束反力，切不可漏掉。

复习思考题

1. 什么是力？力的作用效果取决于哪些因素？

2. 投影与分力有何区别？

3. 二力平衡公理和作用力与反作用力定律有何不同？

4. 试分析力偶与力矩的区别与联系。

5. 为什么力偶在任意坐标轴上的投影为零？

6. 刚体受共面不平行的三力作用平衡，三力必汇交于一点；那么刚体受共面不平行的三汇交力作用，是否一定平衡？

7. 试比较力对点之矩和力偶矩之间有何异同点？

8. 分力一定小于合力吗？为什么？试举例说明？

习　题

1. 如图 10-43 所示，已知 $F_1 = F_2 = F_3 = F_4 = F_5 = F_6$，$\alpha = 30°$。试分别求各力在坐标轴上的投影。

2. 如图 10-44 所示，$F_1 = 10\text{N}$，$F_2 = 6\text{N}$，$F_3 = 8\text{N}$，$F_4 = 12\text{N}$。试求其合力。

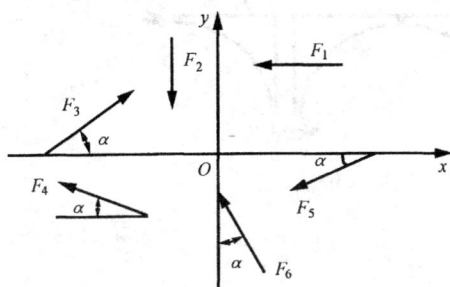

图 10-43

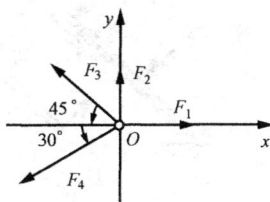

图 10-44

3. 试计算图 10-45 所示力 F_1 和 F_2 对点 A 的矩。

4. 一烟囱高 48m，自重 $F_W = 4094.2\text{kN}$，基础顶面上烟囱的底截面直径为 4.66m。受风荷载的作用如图 10-46 所示，试验算烟囱在基础面 AB 上是否会倾覆？

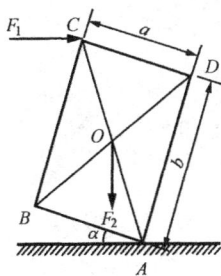

图 10-45

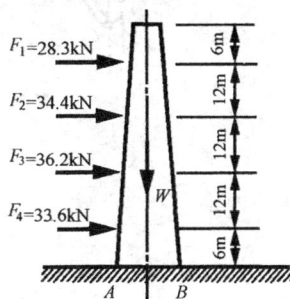

图 10-46

5. 试分析如图 10-47 所示的受力图是否正确？

6. 支架由杆 AB、AC 构成，A、B、C 处都是铰结，在 A 点处有垂直的重力 F_W，求如图 10-48 所示三种情况下 AB 杆、AC 杆的受力。

7. 画出如图 10-49 所示各物体的受力图。

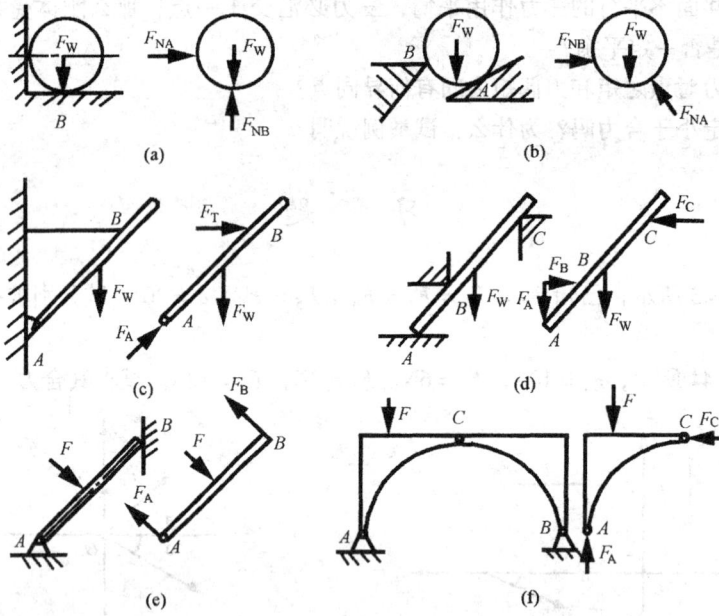

图 10-47

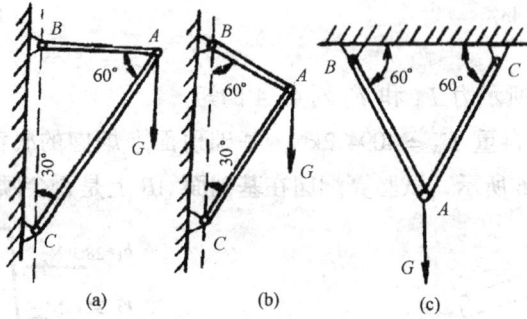

图 10-48

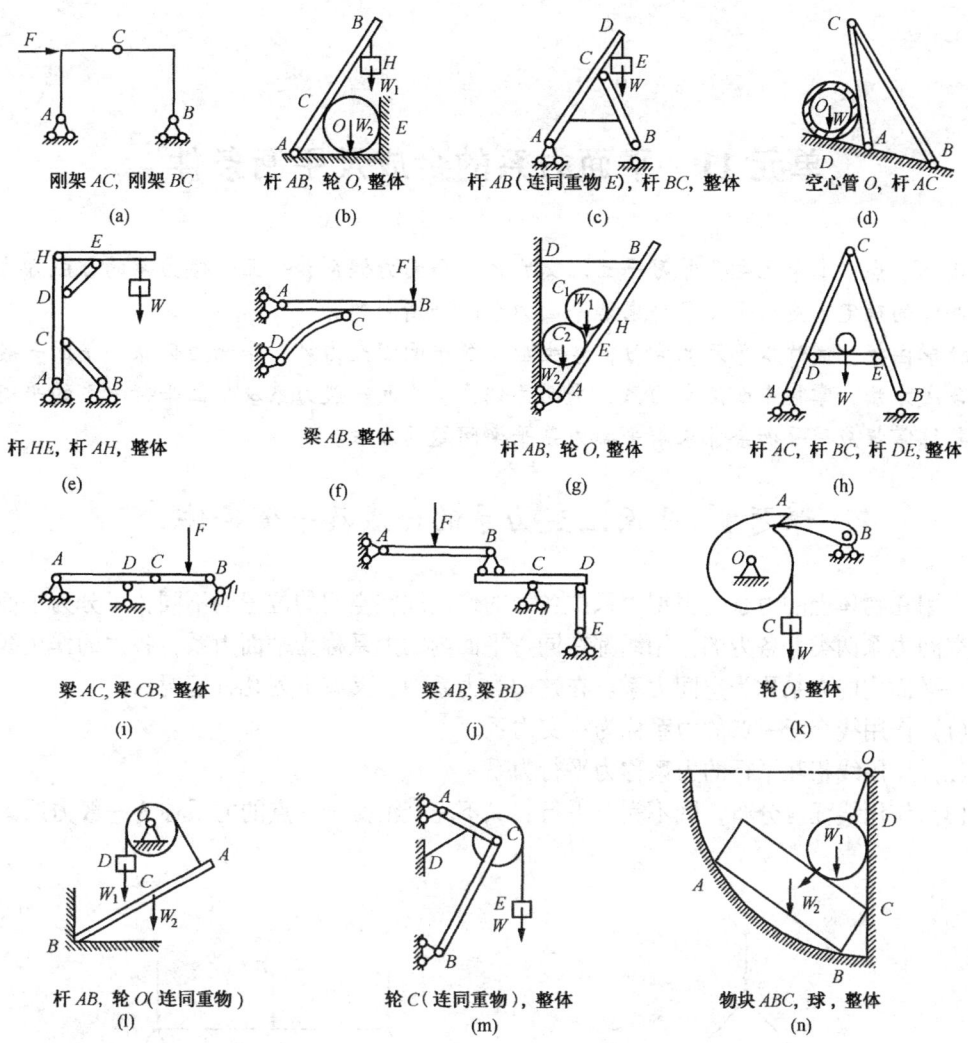

刚架 *AC*, 刚架 *BC*

(a)

杆 *AB*, 轮 *O*, 整体

(b)

杆 *AB*(连同重物 *E*)，杆 *BC*, 整体

(c)

空心管 *O*, 杆 *AC*

(d)

杆 *HE*, 杆 *AH*, 整体

(e)

梁 *AB*, 整体

(f)

杆 *AB*, 轮 *O*, 整体

(g)

杆 *AC*, 杆 *BC*, 杆 *DE*, 整体

(h)

梁 *AC*, 梁 *CB*, 整体

(i)

梁 *AB*, 梁 *BD*

(j)

轮 *O*, 整体

(k)

杆 *AB*, 轮 *O*(连同重物)

(l)

轮 *C*(连同重物)，整体

(m)

物块 *ABC*, 球，整体

(n)

图 10-49

243

单元 11　平面力系的合成及平衡条件

知 识 点：本单元主要学习平面汇交力系、平面力偶系和平面一般力系的合成方法及平衡条件的确定，应用平衡条件求解平面力系的平衡问题。

教学目标：通过本单元的学习，学生应了解平面汇交力系、平面力偶系、平面一般力系的合成方法，掌握平面汇交力系、平面力偶系、平面一般力系及平面平行力系的平衡条件，熟练掌握应用平衡条件求解平面力系平衡问题的方法。

课题 1　平面汇交力系的合成及平衡条件

作用在物体上的力系，根据力系中各力的作用线在空间的位置的不同，可分为平面力系和空间力系两类。各力的作用线都在同一平面内的力系称为平面力系，各力的作用线不在同一平面内的力系称为空间力系。在这两类力系中，又有下列几种情况：

（1）作用线交于一点的力系称为汇交力系；

（2）作用线相互平行的力系称为平行力系；

（3）作用线任意分布，既不完全平行，又不完全汇交于一点的力系称为一般力系。

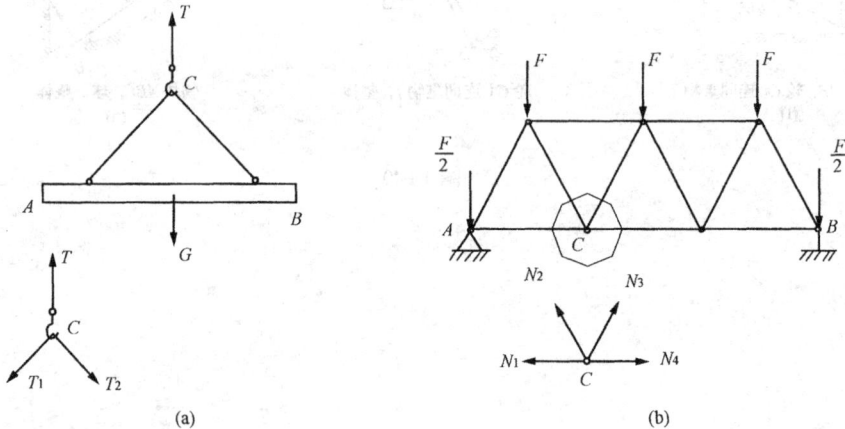

图 11-1　平面汇交力系工程实例

平面汇交力系是其中最简单的力系，它不仅是研究其他复杂力系的基础，而且在工程中用途也比较广泛。如图 11-1 （a）所示起重机在起吊构件时，作用于吊钩 C 点上的力系；图 11-1 （b）所示屋架节点 C 所受的力系都属于平面汇交力系。

244

本课题的主要内容是：分别利用几何法及解析法分析平面汇交力系的合成和平衡问题。

1.1 合成的几何法及平衡的几何条件

1.1.1 合成的几何法

1. 两个汇交力的合成

设在物体上作用有汇交于 O 点的两个力 F_1 和 F_2，我们可以应用平行四边形法则求出这两个力的合力 R，如图 11-2（a）所示。从图中可以看出，为了作图简便，不需要画出整个平行四边形，而只需画出对角线一侧的任一个三角形，便可求出合力 R，如图 11-2（b）所示。即在平面里任取一点 A 作为矢量起点，按一定的比例尺依次首尾相连作出各分力的矢量 $AB = F_1$、$BC = F_2$，再连接 F_1 起点和 F_2 终点，所得线段 AC 的矢量即代表合力 R。将这一合成方法称为力的三角形法则，可用矢量式表示为：

$$R = F_1 + F_2$$

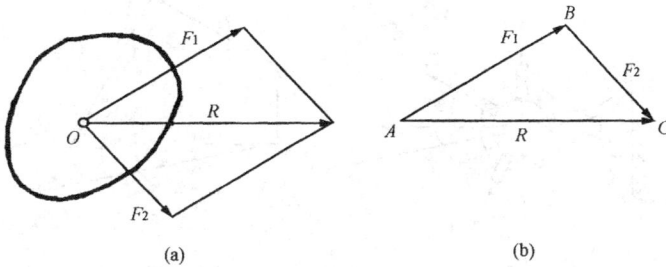

图 11-2　两个汇交力合成的几何法

2. 平面汇交力系的合成

设在物体的 A 点作用有四个汇交力 F_1、F_2、F_3、F_4，如图 11-3（a）所示，现求其合力 R。为此，可连续应用力的三角形法则，如图 11-3（b）所示。先求 F_1 和 F_2 的合力 R_1，即 $R_1 = F_1 + F_2$；再求 R_1 和 F_3 的合力 R_2，即 $R_2 = R_1 + F_3 = F_1 + F_2 + F_3$；最后求 R_2 和 F_4 的合力 R，即 $R = R_2 + F_4 = F_1 + F_2 + F_3 + F_4$。所以，$R$ 就是原汇交力系 F_1、F_2、F_3、F_4 的合力。实际作图时，表示 R_1、R_2 矢量不必画出，可在平面内任取一点 A 作为矢量起点，按一定的比例尺依次作出各分力的矢量 $AB = F_1$、$BC = F_2$、$CD = F_3$、$DE = F_4$ 之后，连接 F_1 的起点和 F_4 的终点，就可得到力系的合力矢量 R，如图11-3(c)所示。这种求合力的方法称为力的多边形法则。在作图时，如果改变各分力作图的先后次序，得到的力多边形的形状自然不同，但所得合力 R 的大小和方向均不改变。由此而知，合力矢量 R 与画各力矢量的先后次序无关。

将上述方法推广到由 n 个力组成的平面汇交力系中，可得出结论：平面汇交力系合成的结果是一个合力，合力的作用线通过各力的汇交点，合力的大小和方向由力多边形的封闭边来确定，即合力的矢量等于原力系中各分力的矢量和，用矢量式表示为：

$$R = F_1 + F_2 + \cdots + F_n = \sum F \tag{11-1}$$

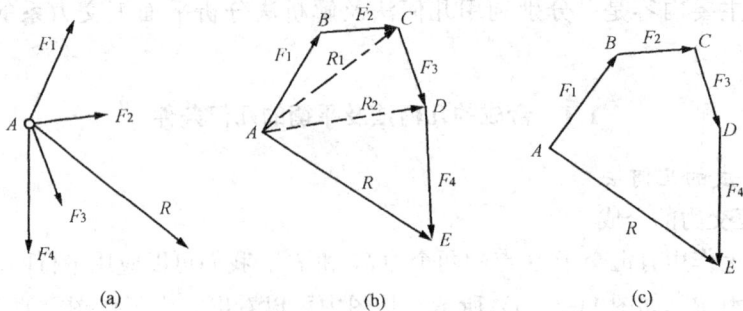

图 11-3　平面汇交力系合成的几何法

【例 11-1】 固定铁环上受三根共面绳的拉力，已知 $T_1 = 100N$，$T_2 = 180N$，$T_3 = 280N$，各拉力的方向如图 11-4 所示。试用几何法求这三个力的合力。

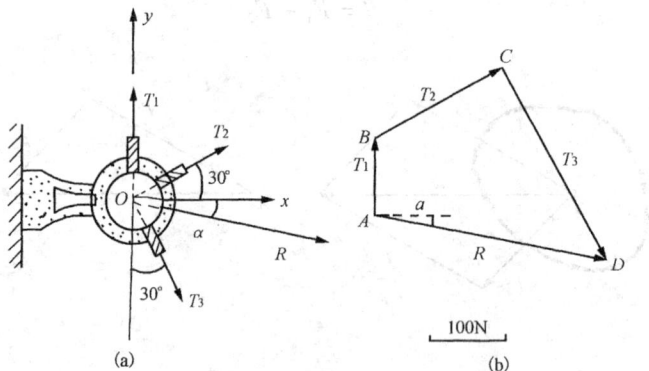

图 11-4　例 11-1 图

【解】 三根绳的拉力 T_1、T_2、T_3 延长线后交于 O 点，组成一平面汇交力系。选定力的比例尺，取单位长度代表 100N。任取一点 A，依次首尾相连作各力矢量：$AB = T_1$、$BC = T_2$、$CD = T_3$，连接 T_1 的起点 A 和 T_3 的终点 D，则封闭边矢量 AD 就是合力 R 的大小和方向，如图 11-4 （b）所示。按比例尺可量出合力 R 的大小和方向为：

$$R = 300N \qquad \alpha = 9°$$

合力 R 的作用线通过原力系的汇交点 O，如图 11-4 （a）所示。

1.1.2　平衡的几何条件

由前面可知平面汇交力系可以合成为一个合力。当平面汇交力系的合力为零时，则力系必然平衡；反之，如平面汇交力系平衡，则其合力必为零。所以平面汇交力系平衡的必要与充分条件是：力系的合力等于零，即

$$R = 0 \text{ 或} \sum F = 0 \tag{11-2}$$

根据力的多边形法则可知，平面汇交力系的合力等于零，就说明力多边形封闭边的长度为零，即力多边形中第一个矢量的起点和最后一个矢量的终点重合。所以，平面汇交力系平衡的必要与充分的几何条件是：力多边形自行封闭。利用这一条件，可求解平面汇交力系平衡问题中的两个未知量。

【例 11-2】 用起重机起吊预制梁如图 11-5（a）所示。已知梁重 $G = 10$kN，$\alpha = 45°$，不计吊索和吊钩的重量。试求铅垂吊索和斜吊索 AC、BC 的拉力。

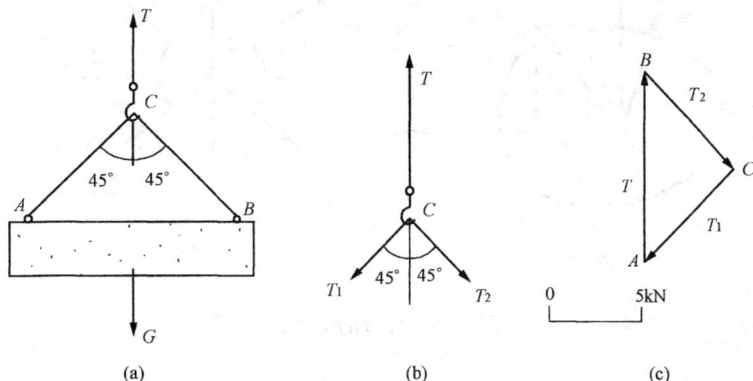

图 11-5　例 11-2 图

【解】（1）先求铅垂吊索的拉力 T。取整体为研究对象，它只受到 T 和 G 两个力的作用，受力图如图 11-5（a）所示。由二力平衡条件可知：

$$T = G = 10\text{kN}$$

（2）求斜吊索 AC、BC 的拉力。取吊钩 C 为研究对象，吊钩上受到的力有斜吊索 AC 和 BC 的拉力 T_1、T_2，以及铅垂吊索的拉力 T，其受力图如图 11-5（b）所示。这是一个平面汇交力系，根据平衡的几何条件可知，这三个力所构成力的三角形应自行封闭。选定图 11-5（b）所示力的比例尺，从平面内任选一点 A 点开始，先画出已知力 T 的矢量 AB，再分别从矢量 T 的 A、B 两端作平行于未知力 T_1 和 T_2 的直线交于点 C，得到力的封闭三角形 ABC，如图 11-5（c）所示，T_1、T_2 的指向可根据各力矢量必须首尾相接的原则确定。按比例尺量出结果为：

$$T_1 = T_2 = 7.07 \text{ kN}$$

1.1.3　用几何法求解平衡问题的步骤

（1）选取研究对象。弄清题意，明确已知力和未知力，选取能反映出所要求的未知力和已知力关系的物体为研究对象。

（2）画受力图。在研究对象上画出全部主动力和约束反力，正确运用二力构件的性质和三力平衡汇交定理来确定约束反力的作用线，约束反力的指向可假设。

（3）作封闭的力多边形。选择适当的力的比例尺，先画已知力的矢量，后画未知力的矢量，作封闭的力多边形，按各分力依次首尾相接的原则画出未知力的实际指向。

（4）量出结果。从力多边形中量出未知力的大小或方向。

1.2　合成的解析法及平衡的解析条件

几何法具有直观、简捷的优点，但其精确度较差，在力学中用得较多的还是解析法。解析法是以上一单元学过的力在坐标轴上的投影及合力投影定理作为计算基础。

1.2.1　合成的解析法

已知平面汇交力系如图 11-6（a）所示，我们可选取直角坐标系 xoy，根据合力投影定

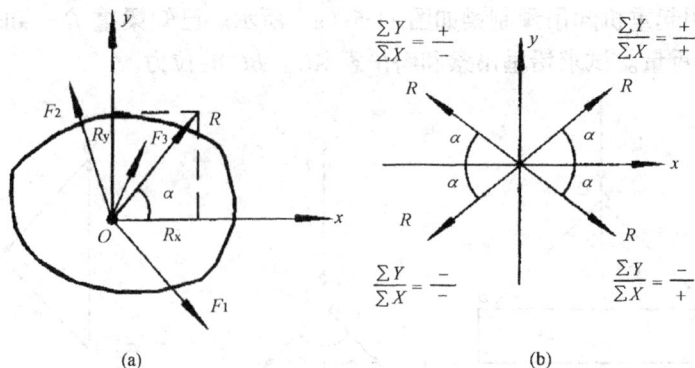

图 11-6　合成的解析法

理求得合力 R 在 x、y 轴上的投影 R_x 和 R_y。从图 11-6（a）中的几何关系，可得合力 R 的大小和方向为：

$$R = \sqrt{(\sum X)^2 + (\sum Y)^2} \atop \tan\alpha = \frac{|\sum Y|}{|\sum X|}} \tag{11-3}$$

式中 α 为合力 R 与 x 轴所夹的锐角，合力 R 具体在哪个象限由 $\sum X$ 和 $\sum Y$ 的正负号来确定，详见图 11-6（b）所示。合力的作用线通过力系的汇交点 O。

【例 11-3】已知某平面汇交力系如图 11-7 所示。$F_1 = 1.5\text{kN}$，$F_2 = 0.5\text{kN}$，$F_3 = 0.25\text{kN}$，$F_4 = 1\text{kN}$。试求该力系的合力。

【解】（1）分别求合力在 x、y 轴上的投影

$$R_x = \sum X = -F_2 + F_3\cos60° + F_4\cos45°$$

$$= -0.5 + 0.25 \times \frac{1}{2} + 1 \times \frac{\sqrt{2}}{2} = 0.332\text{kN}$$

$$R_y = \sum Y = -F_1 + F_3\sin60° - F_4\sin45°$$

$$= -1.5 + 0.25 \times \frac{\sqrt{3}}{2} - 1 \times \frac{\sqrt{2}}{2} = -1.99\text{kN}$$

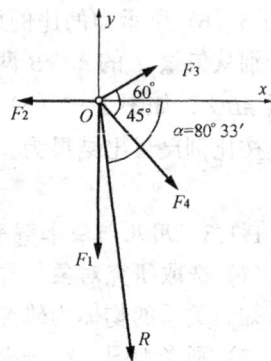

图 11-7　例 11-3 图

（2）求合力 R 的大小和方向

$$R = \sqrt{(\sum X)^2 + (\sum Y)^2} = \sqrt{0.332^2 + (-1.99)^2} = 2.02\text{kN}$$

$$\tan\alpha = \frac{|\sum Y|}{|\sum X|} = \frac{|-1.99|}{0.332} = 5.99 \qquad \alpha = 80°33'$$

合力 R 的作用线通过力系的汇交点 O，方向如图 11-7 所示。

1.2.2　平衡的解析条件

由平面汇交力系的平衡条件：力系的合力等于零可知，要使

$$R = \sqrt{(\sum X)^2 + (\sum Y)^2} = 0$$

由于 $(\sum X)^2$ 与 $(\sum Y)^2$ 恒大于或等于零，要使 $R = 0$，必须使 $\sum X$、$\sum Y$ 同时为零，即

$$\left.\begin{array}{c} \sum X = 0 \\ \sum Y = 0 \end{array}\right\} \tag{11-4}$$

所以，平面汇交力系平衡的必要与充分的解析条件是：力系中所有各力在任意两个坐标轴上投影的代数和分别等于零。式（11-4）称为平面汇交力系的平衡方程。

应用平面汇交力系两个独立的平衡方程可以求解平衡力系中的两个未知量。这两个未知量可以是力的大小，也可以是力的方向。用解析法求解平面汇交力系平衡问题的具体方法和步骤如下：

（1）选取适当的研究对象。

（2）画出研究对象的受力图，未知力的指向可先假设。在受力分析时注意作用力与反作用力的关系，正确应用二力杆的性质。

（3）选取适当的坐标系。为避免解联立方程，选取坐标系的原则是尽量使坐标轴与未知力垂直，使得至少有一个方程中只出现一个未知量。

（4）根据平衡条件列出平衡方程，解方程求出未知力。注意当求出的未知力带负号时，说明假设力的方向与实际方向相反。

【例 11-4】 杆 AO 和杆 BO 相互以铰 O 相连接，两杆的另一端均用铰连接在墙上。铰 O 处挂一个重物 $Q = 10\text{kN}$，如图 11-8 (a) 所示。试求杆 AO、BO 所受的力。

【解】（1）取铰 O 为研究对象。

（2）受力分析。画出受力图如图 11-8（b）所示，因杆 AO 和杆 BO 都是二力杆，故 N_{AO}、N_{BO} 的作用线都沿杆轴方向，指向先假设为拉力方向，如图 11-8（b）所示。N_{AO}、N_{BO}、Q 三个力汇交于 O 点，组成平面汇交力系并且处于平衡状态。

（3）建立坐标轴系 xOy，列出平衡方程：

$\sum X = 0 \qquad -N_{BO} - N_{AO}\cos 60° = 0$

$\sum Y = 0 \qquad N_{AO}\sin 60° - Q = 0$

（4）求解未知量：

$$N_{AO} = 11.55\text{kN}（拉） \qquad N_{BO} = -5.77\text{kN}（压）$$

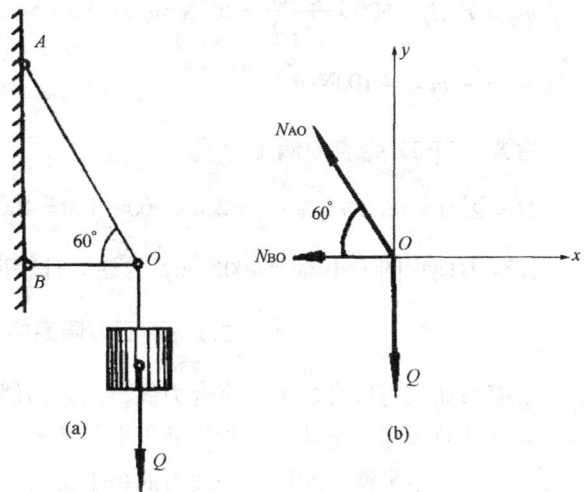

图 11-8　例 11-4 图

求出结果 N_{AO} 为正值，表示实际方向与假设的方向一致，杆 AO 受拉；N_{BO} 为负值，表示实际方向与假设的方向相反，杆 BO 受压。

课题 2　平面力偶系的合成及平衡条件

2.1　平面力偶系的合成

作用在物体上某一平面内的一群力偶，称为平面力偶系。因为一个力偶对物体的作用效果是使其产生转动，所以同一平面上的多个力偶对物体的作用效果也是转动，且多个力偶的合成结果应该是一个合力偶，这个合力偶的力偶矩应等于各分力偶的力偶矩之和。即平面力偶系合成的结果是一个合力偶，合力偶的力偶矩等于力偶系中各分力偶矩的代数和。用式子表示为：

$$M = m_1 + m_2 + \cdots\cdots + m_n = \sum m \tag{11-5}$$

【例 11-5】如图 11-9 所示，在物体的某平面内受到三个力偶作用。$F_1 = 200N$，$F_2 = 600N$，$m = 100N \cdot m$。求其合成结果。

【解】三个共面力偶合成的结果是一个合力偶。各分力偶矩为：

$$m_1 = F_1 d_1 = 200 \times 1 = 200N \cdot m$$

$$m_2 = F_2 d_2 = 600 \times \frac{0.25}{\sin 30^\circ} = 300N \cdot m$$

$$m_3 = -m = -100N \cdot m$$

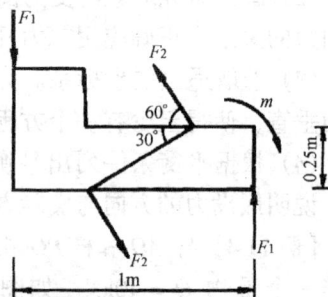

图 11-9　例 11-5 图

由式（11-5）得合力偶矩为：

$$M = \sum m = m_1 + m_2 + m_3 = 200 + 300 - 100 = 400N \cdot m$$

即合力偶矩的大小等于 400N·m，为逆时针转向，作用面与原力偶系共面。

2.2　平面力偶系的平衡条件

平面力偶系可以合成为一个合力偶，当合力偶矩等于零时，则表示力偶系中各力偶对物体的转动效应相互抵消，使物体处于平衡状态；反之，若合力偶矩不等于零，则物体必有转动效应而不平衡。所以，平面力偶系平衡的必要和充分条件是力偶系中所有各力偶矩的代数和等于零。用公式表示为：

$$\sum m = 0 \tag{11-6}$$

式（11-6）为平面力偶系的平衡方程，在用于求解平面力偶系的平衡问题时，可求解一个未知量。

【例 11-6】简支梁 AB 受荷载作用如图 11-10（a）所示。已知力偶矩 $m_1 = 18kN \cdot m$，$m_2 = 48kN \cdot m$，$l = 5m$，梁自重不计。试求支座 A、B 处的支座反力。

【解】取梁 AB 为研究对象。对梁 AB 进行受力分析：梁上受有作用于 A、B 两处的主动力偶及支座 A、B 处的支座反力 R_A、R_B。B 处为可动铰支座，R_B 的作用线沿铅垂方向，假设向上。A 处为固定铰支座，R_A 的作用线应该未定，但因梁上的荷载只有力偶，根据力偶只能与力偶平衡的性质可知，R_A 与 R_B 必组成一个力偶，所以 R_A 的作用线也应是铅垂的，且与 R_B 反向，如图 11-10 (b) 所示。由平面力偶系的平衡条件得：

$$\sum m = 0 \qquad R_A \cdot l + m_1 - m_2 = 0$$

$$R_A = \frac{-m_1 + m_2}{l} = \frac{-18 + 48}{5} = 6\text{kN·m} \, (\downarrow)$$

$$R_B = R_A = 6\text{kN·m} \, (\uparrow)$$

求得结果为正值，说明假设 R_A 与 R_B 的指向就是实际指向。

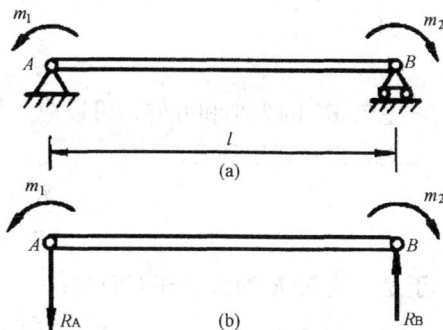

图 11-10　例 11-6 图

课题3　平面一般力系向作用面内任一点的简化

3.1　简化方法和结果

设在刚体上作用一平面一般力系 F_1、$F_2 \cdots F_n$，如图 11-11 (a) 所示。为简化这个力系，在该力系作用平面内任取一点 O 作为简化中心，应用力的平移定理，将每个力都平移到简化中心 O 点后，得到作用于 O 点的一个平面汇交力系 F'_1、$F'_2 \cdots F'_n$ 和一个附加平面力偶系，其附加力偶矩分别为 m_1、$m_2 \cdots m_n$，如图 11-11 (b) 所示。平面汇交力系中各力 F'_1、F'_2、F'_3 的大小和方向分别与原力系中对应的各力相同，即

$$F'_1 = F_1, \quad F'_2 = F_2 \cdots F'_n = F_n$$

平面力偶系中各附加力偶的力偶矩 m_1、m_2、m_3 分别等于原力系中各力对简化中心之矩，即

$$m_1 = M_O(F_1), m_2 = M_O(F_2) \cdots m_n = M_O(F_n)$$

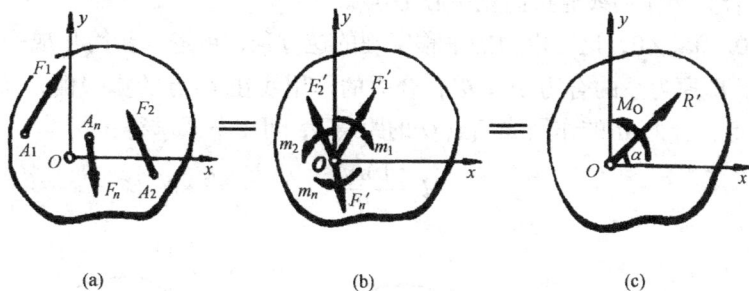

图 11-11　平面一般力系向一点的简化

3.2　主矢和主矩

作用于 O 点平面汇交力系的合力 R'，称为原力系的主矢；附加平面力偶系的合力偶

矩 M_0 称为原力系对简化中心 O 点的主矩，如图 11-11（c）所示。

主矢 R' 等于平面汇交力系 F'_1、F'_2、F'_3 的矢量和，也等于原力系 F_1、F_2、F_3 的矢量和，即

$$R' = \sum F' = \sum F \tag{11-7}$$

求主矢 R' 的大小和方向，可以应用解析法。通过 O 点取 xOy 坐标系，如图 11-11 所示，应用合力投影定理有：

$$R'_x = \sum X' = \sum X$$

$$R'_y = \sum Y' = \sum Y$$

于是，主矢 R' 的大小和方向为：

$$\left. \begin{array}{l} R' = \sqrt{(\sum X)^2 + (\sum Y)^2} \\ \tan\alpha = \dfrac{|\sum Y|}{|\sum X|} \end{array} \right\} \tag{11-8}$$

其中 α 为主矢 R' 与 x 轴间所夹的锐角。其具体方向由 $\sum X$、$\sum Y$ 正负号来确定。

主矩 M_0 等于原力系中各力对简化中心 O 点之矩的代数和，即

$$M_0 = \sum M_0(F) \tag{11-9}$$

由于主矢等于各力的矢量和，所以，主矢与简化中心位置的选择无关。而主矩等于各力对简化中心之矩的代数和，当取不同的点为简化中心时，各力的力臂将有改变，则各力对简化中心的力矩也随之改变。所以在一般情况下主矩与简化中心位置的选择有关。这样对于主矩来说，就必须标明力系对于哪一点的主矩。

3.3 简化结果的讨论

平面一般力系向作用面内简化的最后结果，可能出现下例几种情况：

（1）$R' = 0$，$M_0 \neq 0$，这说明原力系与一个力偶等效。而这个力偶的力偶矩就等于主矩，即 $M = M_0$，此时的主矩与简化中心的位置无关。

（2）$R' \neq 0$，$M_0 = 0$，这说明原力系与一个作用于简化中心的力 R' 等效，即原力系的合力 $R = R'$，合力的作用线通过简化中心 O 点。

（3）$R' \neq 0$，$M_0 \neq 0$，这时由力的平移定理的逆过程，可进一步简化成一个距离 O 点为 d 的合力 R，即原力系的合力 $R = R'$，合力的作用线在 O 点的哪一侧，需根据主矢和主矩的方向确定；合力 R 的作用线到点 O 的距离 d，可由下式求得：

$$d = \frac{|M_0|}{R'}$$

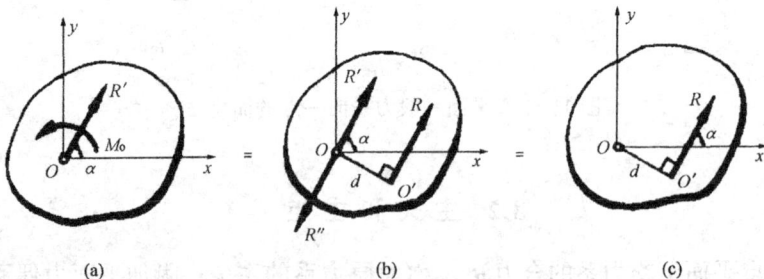

图 11-12　简化成一个力的最后结果

（4）$R' = 0$，$M_0 = 0$，此时平面一般力系为平衡力系。这种情况将在下一课题中讨论。

3.4 平面一般力系的合力矩定理

如图 11-12 所示，合力 R 对点 O 的矩为：

$$M_0（R）= Rd = M_0$$

由力系向一点简化得主矩为：

$$M_0 = \sum M_0（F）$$

所以

$$M_0（R）= \sum M_0（F） \tag{11-10}$$

由于简化中心 O 是任选的，所以式（11-10）有普遍意义，于是可得到平面一般力系的合力矩定理：平面一般力系的合力对作用面内任一点之矩，等于力系中各分力对同一点之矩的代数和。

【例 11-7】试分析固定端支座的约束反力。

【解】建筑物的雨篷或阳台梁的一端插入墙内嵌固，它是一种典型的约束形式，称为固定端支座或固定端约束。下面讨论固定端支座的约束反力。

一端嵌固的梁如图 11-13（a）所示。当 AC 端完全被固定时，在 AC 段将会提供足够的反力与作用于梁 AB 上的主动力平衡。一般情况下，AC 端所受的力是分布力，可以看成是平面一般力系，如果将这些力向梁端 A 的简化中心处简化。将得到一个力 R_A 和一个力偶 M_A。R_A 便是反力系向 A 端简化的主矢，M_A 便是主矩，如图 11-13（b）所示。因此，在受力分析中，我们通常认为固定端支座的约束反力是作用于梁端的一个约束力和一个约束力偶，因为约束力的方向未知，所以也可以将约束力看成水平方向和竖直方向的两个分力，如图 11-13（c）所示。

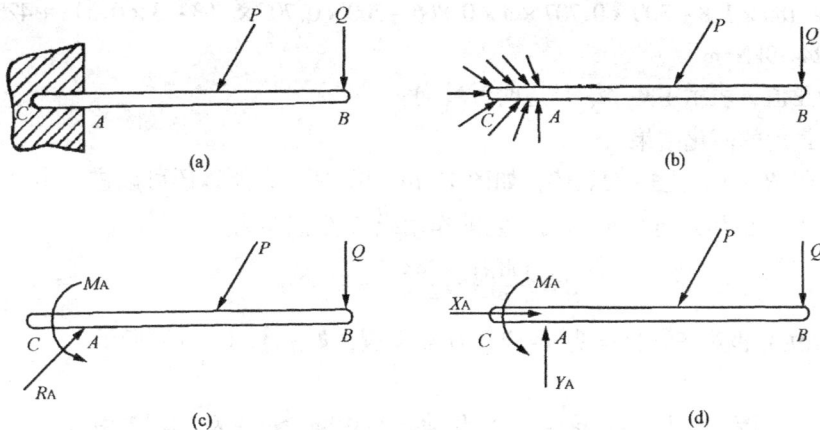

图 11-13　例 11-7 图

【例 11-8】挡土墙受力情况如图 11-14（a）所示。已知自重 $G = 420\text{kN}$，土压力 $P = 300\text{kN}$，水压力 $Q = 180\text{kN}$。试将这三个力向底面中心 O 点简化，并求最后的简化结果。

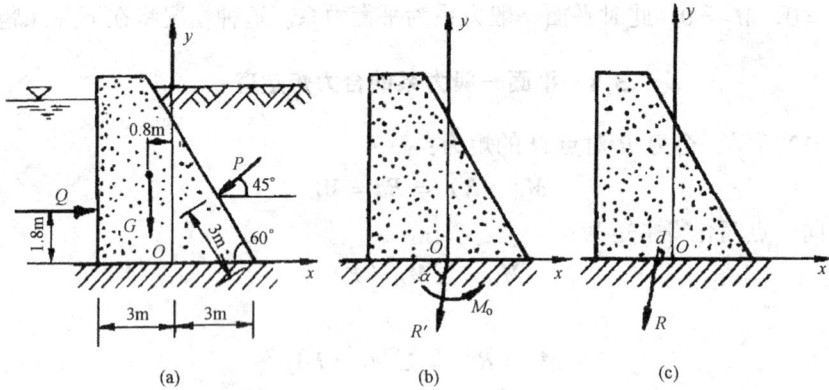

图 11-14　例 11-8 图

【解】（1）先将力系向 O 点简化，取坐标系如图 11-8（b）所示。由式（11-8）可求得主矢 R' 的大小和方向，由于

$$R'_x = \sum X = Q - P\cos45° = 180 - 300 \times 0.707 = -32.1\text{kN}$$

$$R'_y = \sum Y = -P\sin45° - G = -300 \times 0.70 - 420 = -632.1\text{kN}$$

所以

$$R' = \sqrt{\left(\sum X\right)^2 + \left(\sum Y\right)^2} = \sqrt{(-32.1)^2 + (-632.1)^2} = 632.9\text{kN}$$

$$\tan\alpha = \frac{|\sum Y|}{|\sum X|} = \frac{|-632.1|}{|-32.1|} = 19.7 \qquad \alpha = 87°5'$$

因为 $\sum X$ 和 $\sum Y$ 都是负值，故 R' 指向第三象限与 x 轴的夹角为 α。

再由式（11-9）可求得主矩：

$M_O = \sum M_O(F)$

$\quad = -Q \times 1.8 + P\cos45° \times 3 \times \sin60° - P\sin45° \times (3 - 3\cos60°) + G \times 0.8$

$\quad = -180 \times 1.8 + 300 \times 0.707 \times 3 \times 0.866 - 300 \times 0.707 \times (3 - 3 \times 0.5) + 420 \times 0.8$

$\quad = 244.9\text{kN·m}$

结果为正值，表示主矩 M_O 是逆时针转向。

（2）求最后的简化结果

因为主矢 $R' \neq 0$，主矩 $M_O \neq 0$，如图 11-14（b）所示，所以还可以进一步合成为一个合力 R。R 的大小和方向与 R' 相同，它的作用线与 O 点距离为：

$$d = \frac{|M_O|}{R'} = \frac{244.9}{632.9} = 0.387\text{m}$$

因 $M_O(R)$ 也为正，即合力 R 应在 O 点左侧，如图 11-14（c）所示。

课题4　平面一般力系的平衡条件及其应用

4.1　平面一般力系的平衡条件

平面一般力系向平面内任一点简化，若主矢 R' 和主矩 M_O 同时等于零，表明作用于简化中心 O 点的平面汇交力系和附加力偶系都自成平衡，则原力系一定是平衡力系；反之，

如果主矢 R' 和主矩 M_0 中有一个或两个不等于零时，则平面一般力系就可以简化为一个合力或一个力偶，力系就不能平衡。因此，平面一般力系平衡的必要与充分条件是，力系的主矢和力系对平面内任一点的主矩都等于零，即

$$R' = 0 \qquad\qquad M_0 = 0$$

4.1.1 平衡方程的基本形式
由于

$$R' = \sqrt{\left(\sum X\right)^2 + \left(\sum Y\right)^2} = 0, \qquad M_0 = \sum M_0\left(F\right) = \sum M_0 = 0$$

于是平面一般力系的平衡条件为：

$$\left.\begin{array}{l} \sum X = 0 \\ \sum Y = 0 \\ \sum M_0 = 0 \end{array}\right\} \tag{11-11}$$

由此得出结论，平面一般力系平衡的必要与充分的解析条件是：力系中所有各力在任意选取的两个坐标轴中每一轴上投影的代数和分别等于零；力系中所有各力对于任一点之矩的代数和等于零。式（11-11）中包含两个投影方程和一个力矩方程，是平面一般力系平衡方程的基本形式。这三个方程是彼此独立的，可求出三个未知量。

4.1.2 平衡方程的其他形式

前面我们通过平面一般力系的平衡条件导出了平面一般力系平衡方程的基本形式，除此之外，还可以将平衡方程改写成二矩式和三矩式的形式。

1. 二力矩式

三个平衡方程中有为一个投影方程，两个为力矩方程，即

$$\left.\begin{array}{l} \sum X = 0 \\ \sum M_A = 0 \\ \sum M_B = 0 \end{array}\right\} \tag{11-12}$$

式中，x 轴不能与 A、B 两点的连线垂直。

可以证明，式（11-12）也是平面一般力系的平衡方程。因为，如果力系对点 A 的主矩等于零，则这个力系不可能简化为一个力偶，但可能有两种情况：这个力系或者是简化为经过点 A 的一个力 R，或者平衡；如果力系对另外一点 B 的主矩也同时为零，则这个力系或简化为一个沿 A、B 两点的连线合力 R（图 11-15），或者平衡；如果再满足 $\sum X = 0$，且 x 轴不与 A、B 两点连线垂直，则力系也不能合成为一个合力，若有合力，合力在 x 轴上就必然有投影。因此，力系必然平衡。

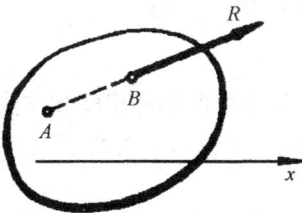

图 11-15　二矩式附加条件

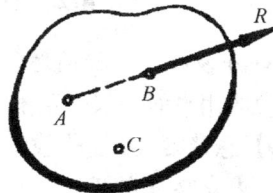

图 11-16　三矩式附加条件

2. 三力矩式

三个平衡方程都为力矩方程，即

$$\left.\begin{array}{l} \sum M_A = 0 \\ \sum M_B = 0 \\ \sum M_C = 0 \end{array}\right\} \tag{11-13}$$

式中，A、B、C 三点不共线。

同样可以证明，式（11-13）也是平面一般力系的平衡方程。因为，如果力系对 A、B 两点的主矩同时等于零，则力系或者是简化为经过点 A、B 两点的一个力 R（图 11-16），或者平衡；如果力系对另外一 C 点的主矩也同时为零，且 C 点不在 A、B 两点的连线上，则力系就不可能合成为一个力，因为一个力不可能同时通过不在一直线上的三点。因此，力系必然平衡。

上述三组方程都可以用来解决平面一般力系的平衡问题。究竟选取哪一组方程，须根据具体条件确定。对于受平面一般力系作用的单个物体的平衡问题，只可以写出三个独立的平衡方程，求解三个未知量。任何第四个方程都是不独立的，我们可以利用不独立的方程来校核计算的结果。

4.1.3 平面平行力系的平衡方程

平面平行力系是平面一般力系的一种特殊情况。

如图 11-17 所示，设物体受平面平行力系 F_1、$F_2 \cdots F_n$ 的作用。如选取 x 轴与各力垂直，则不论力系是否平衡，每一个力在 x 轴上的投影恒等于零，即 $\sum X = 0$。于是，平面平行力系只有两个独立的平衡方程，即

$$\left.\begin{array}{l} \sum Y = 0 \\ \sum M_A = 0 \end{array}\right\} \tag{11-14}$$

平面平行力系的平衡方程，也可以写成二矩式的形式，即

$$\left.\begin{array}{l} \sum M_A = 0 \\ \sum M_B = 0 \end{array}\right\} \tag{11-15}$$

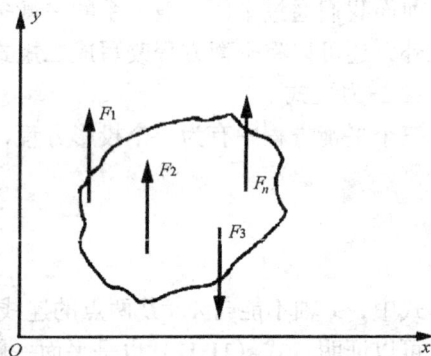

图 11-17　平行力系

式中，A、B 两点的连线不与力线平行。

利用平面平行力系的平衡方程，可求解两个未知量。

4.2　平面一般力系平衡方程的应用

4.2.1　单个物体的平衡问题

现举例说明用平面一般力系的平衡条件，求解单个物体平衡问题的步骤和方法。

【例 11-9】悬臂梁 AB 受荷载作用，如图 11-18（a）所示，已知 $q = 2\text{kN/m}$，$l = 2\text{m}$，梁的自重不计。求支座 A 的反力。

【解】取梁 AB 为研究对象，受力分析如图 11-18（b）所示，支座反力的指向均为假设，梁上所受的荷载与支座反力组成平面一般力系。

梁上的均布荷载可先合成为合力 Q，$Q = ql$，方向铅垂向下，作用在 AB 梁的中点。选取坐标系如图 11-18（b）所示，列一矩式的平衡方程如下：

$$\sum X = 0 \qquad X_A = 0$$

$$\sum Y = 0 \qquad Y_A - ql = 0$$

$$\sum M_A = 0 \qquad m_A - ql \times \frac{l}{2} = 0$$

解得

$$X_A = 0$$

$$Y_A = ql \quad (\uparrow)$$

$$m_A = \frac{ql^2}{2} \quad (\curvearrowright)$$

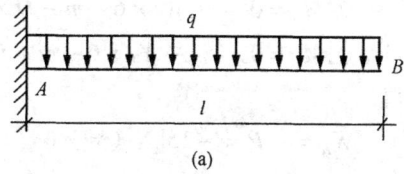

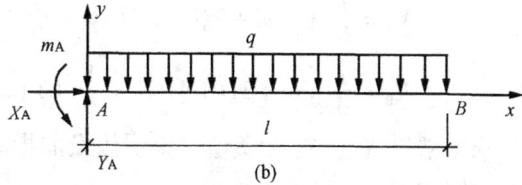

图 11-18　例 11-9 图

求得结果为正，说明假设力的指向与实际相同。

校核

$$\sum M_B = m_A - Y_A l + ql \times \frac{l}{2} = \frac{ql^2}{2} - ql^2 + \frac{ql^2}{2} = 0$$

可见，Y_A 和 m_A 计算无误。

由此例可得出结论：对于悬臂梁和悬臂刚架均适合于采用一矩式平衡方程求解支座反力。

【例 11-10】简支刚架如图 11-19（a）所示。已知 $P = 15\text{kN}$，$m = 6\text{kN} \cdot m$，$Q = 20\text{kN}$，求 A、B 处的支座反力。

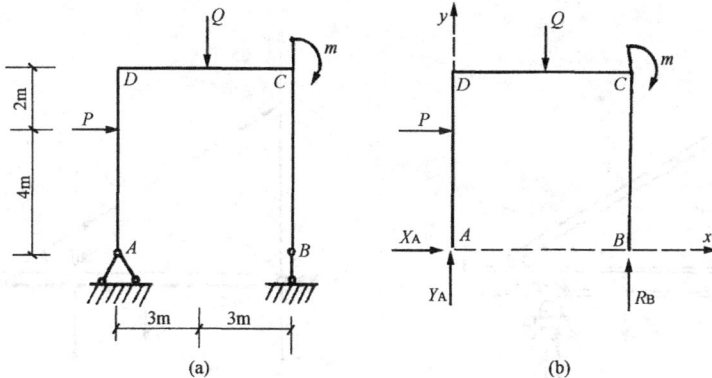

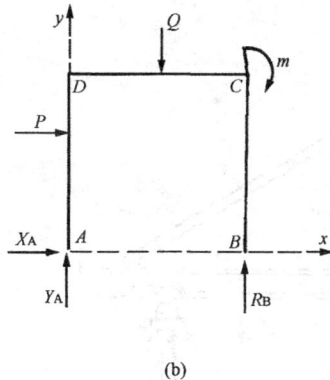

图 11-19　例 11-10 图

【解】取刚架整体为研究对象，受力分析如图 11-19（b）所示，支座反力的指向均为假设，刚架上所受的荷载与支座反力组成平面一般力系。选取坐标系如图 11-19（b）所示，列二矩式的平衡方程如下：

$$\sum X = 0 \qquad X_A + P = 0$$

$$\sum M_A = 0 \qquad R_B \times 6 - m - Q \times 3 - P \times 4 = 0$$

$$\sum M_B = 0 \qquad -Y_A \times 6 - m + Q \times 3 - P \times 4 = 0$$

解得

$$X_A = -P = -15\text{kN} \ (\leftarrow)$$

$$Y_A = \frac{1}{6}(-m + 3Q - 4P) = -\frac{1}{6}(-6 + 3 \times 20 - 4 \times 15) = -1\text{kN·m} \ (\downarrow)$$

$$R_B = \frac{1}{6}(m + 3Q + 4P) = \frac{1}{6}(6 + 3 \times 20 + 4 \times 15) = 21\text{kN·m} \ (\uparrow)$$

求得结果 X_A、Y_A 为负值，说明假设的指向与实际相反；R_B 为正值，说明假设的指向与实际相同。

校核 $\qquad\qquad \sum Y = Y_A + R_B - Q = -1 + 21 - 20 = 0$

说明计算无误。

由此例可得出结论：对于简支梁、简支刚架均适合于采用二矩式平衡方程求解支座反力。

【例 11-11】悬臂式起重机尺寸及受荷载如图 11-20（a）所示，A、B、C 处都是铰链连接。已知梁 AB 自重 $G = 6\text{kN}$，提升重量 $P = 15\text{kN}$。求铰链 A 的约束反力及拉杆 BC 所受的力。

【解】（1）选取梁 AB 与重物与一起为研究对象。

（2）受力分析如图 11-20（b）所示。在梁上受已知力：P 和 G 作用；未知力：二力杆 BC 的拉力 T、铰链 A 的约束反力 X_A 和 Y_A。这些力的作用线在同一平面内组成平面一般力系。

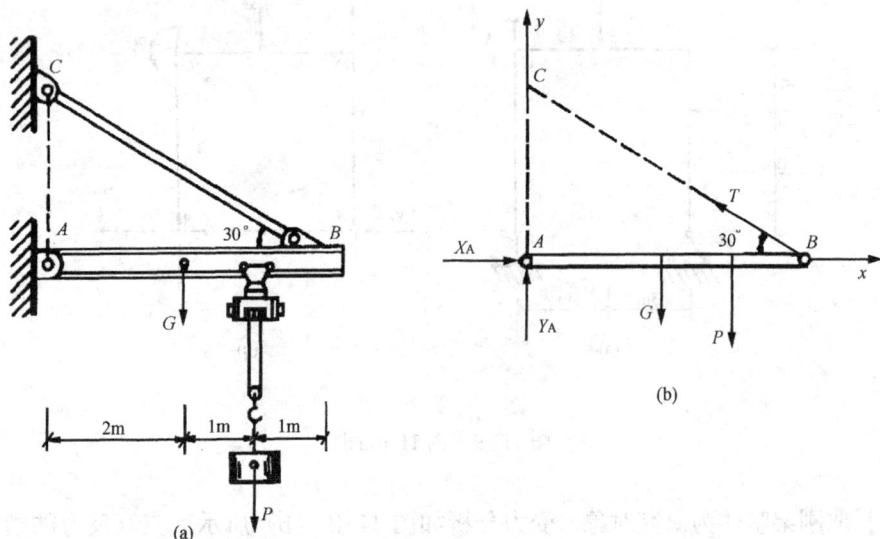

图 11-20　例 11-11 图

（3）列平衡方程。由于梁 *AB* 处于平衡状态，因此力系满足平面一般力系的平衡条件。取坐标轴如图 11-20（b）所示，列三矩式的平衡方程如下：

$$\sum M_A = 0 \qquad T \times 4\sin 30° - G \times 2 - P \times 3 = 0$$

$$\sum M_B = 0 \qquad -Y_A \times 4 + G \times 2 + P \times 1 = 0$$

$$\sum M_C = 0 \qquad X_A \times 4\tan 30° - G \times 2 - P \times 3 = 0$$

（4）求解未知量：

$$T = 28.50\text{kN}（\nwarrow）$$

$$X_A = 24.68\text{kN}（\rightarrow）$$

$$Y_A = 6.75\text{kN}（\uparrow）$$

求出结果均为正值，说明假设反力的指向与实际方向相同。

（5）校核：

$$\sum X = X_A - T\cos 30° = 24.68 - 28.50 \times 0.866 = 0$$

$$\sum Y = Y_A - G - P + T\sin 30° = 6.75 - 6 - 15 + 28.50 \times 0.5 = 0$$

计算无误。

由此例可得出结论：对于三角支架适合于采用三矩式平衡方程求解约束反力。

从上述例题可见，选取适当的坐标轴和矩心，可以减少每个平衡方程中的未知量的数目。在平面一般情况下，力矩应取在两未知力的交点上，而投影轴尽量与多个未知力垂直。

【例 11-12】如图 11-21 所示，均布荷载沿水平方向分布，求此梁支座 *A* 和 *B* 处的支反力。

【解】取整体 *ABC* 为研究对象。受力分析如图 11-21 所示，则此梁受平面平行力系作用，列出二矩式的平衡方程如下：

$$\sum M_A = 0$$

$$Y_B \times 4.2 - 5 \times 4.2 - 2 \times 1.2 \times 3.6 - 3 \times 3 \times 1.5 = 0$$

$$\sum M_B = 0$$

$$-Y_A \times 4.2 + 3 \times 3 \times 2.7 + 2 \times 1.2 \times 0.6 = 0$$

解得

$$Y_A = 6.13（\uparrow）$$

$$Y_B = 10.27（\uparrow）$$

校核 $\quad \sum Y = Y_A + Y_B - 3 \times 3 - 2 \times 1.2 - 5 = 6.13 + 10.27 - 9 - 2.4 - 5 = 0$

计算无误。

【例 11-13】某房屋中的梁 *AB* 两端支承在墙内，构造及尺寸如图 11-22（a）所示。该梁简化为简支梁如图 11-22（b）所示，不计梁的自重。求墙壁对梁 *A*、*B* 端的约束反力。

【解】（1）取外伸梁 *AB* 为研究对象。

（2）受力分析如图 11-22（c）所示。约束反力 X_A、Y_A 和 R_B 的指向均为假设，梁受平面一般力系的作用。

（3）取如图 11-22（c）所示坐标系，列二矩式的平衡方程如下：

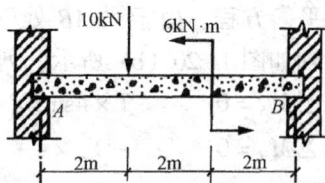

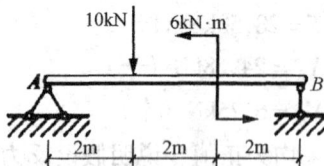

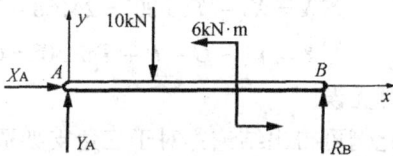

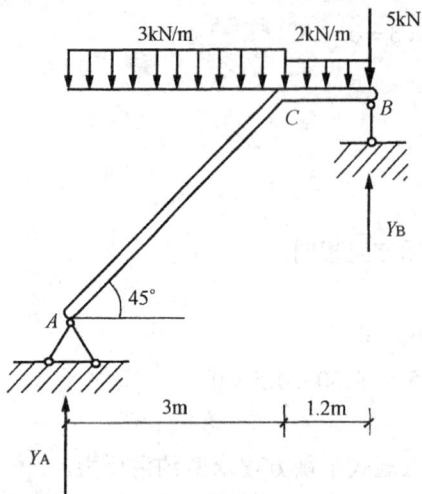

图 11-21 例 11-12 图   图 11-22 例 11-13 图

$$\sum X = 0 \qquad X_A = 0$$
$$\sum M_A = 0 \qquad R_B \times 6 + 6 - 10 \times 2 = 0$$
$$\sum M_B = 0 \qquad -Y_A \times 6 + 10 \times 4 + 6 = 0$$

（4）求解未知量，得：

$$X_A = 0$$
$$Y_A = 7.67\text{kN}（\uparrow）$$
$$R_B = 2.33\text{kN}（\uparrow）$$

（5）校核：

$$\sum Y = Y_A + R_B - 10 = 7.67 + 2.33 - 10 = 0$$

说明计算无误。

【**例 11-14**】某房屋的外伸梁构造及尺寸如图11-23（a）所示。该梁的力学简图如图11-23（b）所示。已知 $q_1 = 20\text{kN/m}$，$q_2 = 25\text{kN/m}$。求 A、B 支座的反力。

【**解**】（1）取外伸梁 AC 为研究对象。

（2）受力分析如图 11-23（c）所示。约束反力 R_A 和 R_B 假设向上，梁受平面平行力系的作用。

（3）取如图 11-23（c）所示坐标系，列二矩式的平衡方程如下：

$$\sum M_A = 0 \qquad R_B \times 5 - 20 \times 5 \times 2.5 - 25 \times 2 \times 6 = 0$$
$$\sum M_B = 0 \qquad -R_A \times 5 + 20 \times 5 \times 2.5 - 25 \times 2 \times 1 = 0$$

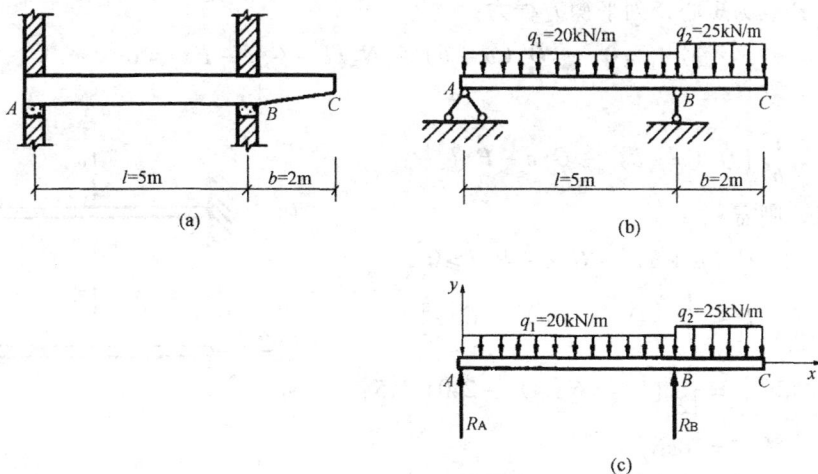

图 11-23 例 11-14 图

(4) 求解未知量，得：

$$R_A = 40\text{kN} \ (\uparrow)$$

$$R_B = 110\text{kN} \ (\uparrow)$$

(5) 校核：

$$\sum Y = R_A + R_B - 20 \times 5 - 25 \times 2 = 40 + 110 - 100 - 50 = 0$$

说明计算无误。

【例 11-15】 如图 11-24 所示为塔式起重机。已知轨距 $b = 4\text{m}$，机身重 $G = 240\text{kN}$，其作用线到右轨的距离 $e = 1.5\text{m}$，起重机的平衡重 $Q = 120\text{kN}$，其作用线到左轨的距离 $a = 6\text{m}$，荷载 P 的作用线到右轨的距离 $l = 12\text{m}$。试问（1）当空载 $P = 0$ 时，起重机是否会向左倾倒？（2）起重机不向右倾倒的最大起重荷载 P 为多少？

【解】 (1) 取起重机为研究对象。受力分析如图 11-24 所示，作用于起重机上的主动力有 G、P、Q，约束反力有 N_A 和 N_B，N_A 和 N_B 均铅垂向上，以上各力组成平面平行力系。

(2) 当空载 $P = 0$ 时，起重机不向左倾倒的条件是 $N_B \geq 0$。以 A 点为矩心，列平衡方程为：

$$\sum M_A = 0 \qquad Q \cdot a + N_B \cdot b - G(e + b) = 0$$

解得

$$N_B = \frac{1}{b}\left[G(e + b) - Q \cdot a\right]$$

$$= \frac{1}{4}\left[240(1.5 + 4) - 120 \times 6\right]$$

$$= 150\text{kN} > 0$$

所以起重机不会向左倾倒。

(3) 使起重机不向右倾倒的条件是

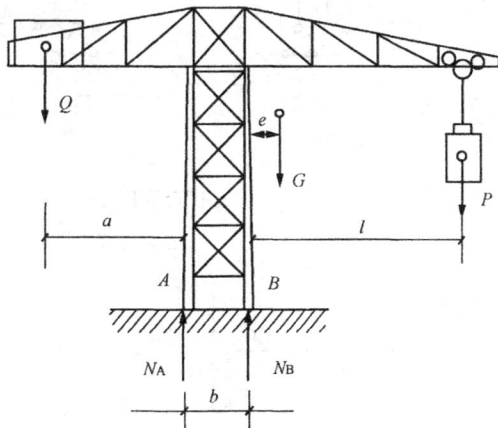

图 11-24 例 11-15 图

$N_A \geq 0$。以 B 点为矩心，列平衡方程为：

$$\sum M_B = 0 \qquad Q\,(a+b) - N_A \cdot b - G \cdot e - P \cdot l = 0$$

解得

$$N_A = \frac{1}{b}\left[Q\,(a+b) - G \cdot e - P \cdot l\right]$$

要使 $N_A \geq 0$，则需

$$Q\,(a+b) - G \cdot e - P \cdot l \geq 0$$

$$P \leq \frac{1}{l}\left[Q\,(a+b) - G \cdot e\right]$$

$$= \frac{1}{12}\left[120\,(6+4) - 240 \times 1.5\right]$$

$$= 70\text{kN}$$

当荷载 $P \leq 70$kN 时，起重机不会向右倾倒。

4.2.2　物体系统平衡问题简介

在工程中，常常遇到由几个物体通过一定的约束联系在一起的系统，这种系统称为物体系统。如图 11-25（a）所示的组合梁、图 11-26 所示的三铰刚架等都是由几个物体组成的物体系统。

研究物体系统的平衡时，不仅要求解支座反力，而且还需要计算系统内各物体之间的相互作用力。我们将作用在物体上的力分为内力和外力。所谓外力，就是系统以外的其他物体作用力在这个系统上的力；所谓内力，就是系统内各物体之间相互作用的力。如图 11-25（b）所示，荷载及 A、C 支座处的反力就是组合梁的外

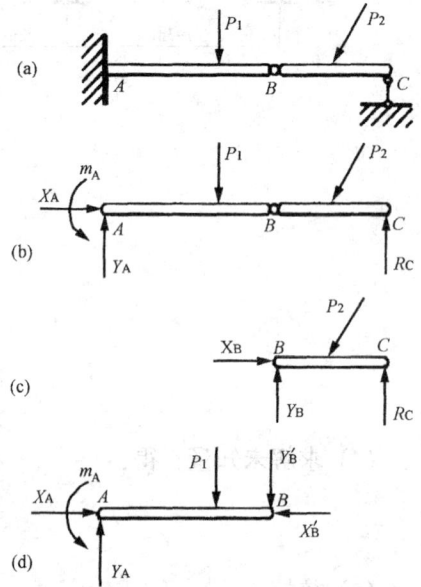

图 11-25　组合梁的平衡问题

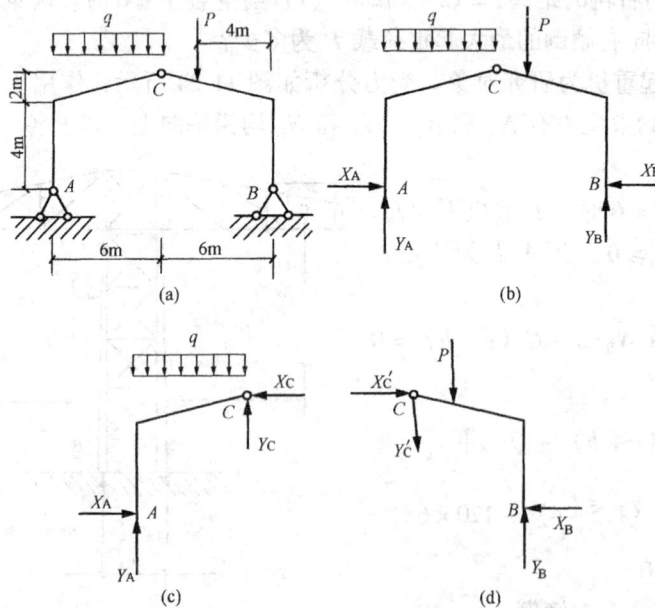

图 11-26　三铰刚架的平衡问题

262

力，而在铰 B 处左右两段梁之间的相互作用力就是组合梁的内力。应当注意，内力和外力是相对的概念，也就是相对所取的研究对象而言。例如图 11-25（b）所示组合梁在铰 B 处的约束反力，对组合梁的整体而言，就是内力；而对图 11-25（c）、（d）所示的左、右两段梁来说，B 点处的约束反力被暴露出来，就成为外力了。

当物体系平衡时，组成该系统的每一个物体也都处于平衡状态，因此对于每一个受平面一般力系作用的物体，均可写出三个平衡方程。若由 n 个物体组成的物体系统，则共有 $3n$ 个独立的平衡方程。如系统中有的物体受平面汇交力系或平面平行力系作用时，则系统的平衡方程数目相应减少。当系统中的未知力数目等于独立平衡方程的数目时，则所有未知力都能由平衡方程求出，这样的问题称为静定问题。显然，前面列举的各例都是静定问题。在工程实际中，有时为了提高结构的承载能力，常常增加多余的约束，因而使这些结构的未知力的数目多于平衡方程的数目，未知量就不能全部由平衡方程求出，这样的问题称为静不定问题或超静定问题。本书只研究静定问题。

求解物体系统的平衡问题，关键在于恰当地选取研究对象，正确地选取投影轴和矩心，列出的适当的平衡方程。总的原则是：尽可能地减少每一个平衡方程中的未知量，最好是每个方程只含有一个未知量，以避免求解联立方程。例如，对于图 11-25 所示的连续梁，就适合于先取附属 BC 部分作为研究对象，列出平衡方程，解出部分未知量；再从系统中选取基本部分或整个系统作为研究对象，列出平衡方程，求出其余的未知量。对于图 11-26 所示的三铰刚架，就适合于先取整体为研究对象，如图 11-26（b）所示，对 A、B 两点列力矩方程，求出两个竖向反力 Y_A、Y_B 后，再取 AC 或 CB 部分刚架为研究对象，如图 11-26（c）、（d）所示，求出其余约束反力。请读者自行求解。

复习思考题

1. 什么是平面汇交力系？什么是平面一般力系？试举例说明。
2. 试述平面汇交力系平衡的几何条件和平衡的解析条件。
3. 试述平面力偶系的平衡条件。
4. 试述平面一般力系的平衡条件。

习　　题

1. 一个固定环受到三根绳索的拉力，已知 $T_1 = 1.5\text{kN}$，$T_2 = 2.1\text{kN}$，$T_3 = 1.0\text{kN}$，各拉力的方向如图 11-27 所示。试分别用几何法和解析法求这三个力的合力 R。

2. 三角支架由杆 AB、AC 构成，A、B、C 三处都是铰链，在 A 点悬挂重量为 G 的重物，杆的自重不计。试分别求如图 11-28 所示的两种情况下，AB 和 AC 杆所受的力。

3. 如图 11-29 所示，起重机支架的杆 AB、AC 用铰链支承在可旋转的立柱上，并在 A 点用铰链互相连接。由铰车 D 水平引出钢索绕过轮 A 起吊重物。设重物 $G = 20\text{kN}$，各杆和轮的大小都不计。试用几何法和解析法求杆 AB 和 AC 所受的力。

4. 求图 11-30 所示各梁的支座反力。

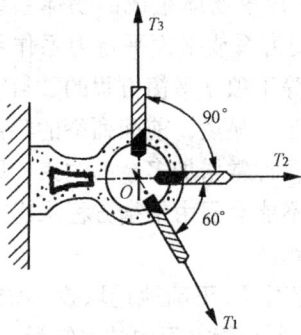

图 11-27 习题 1 图

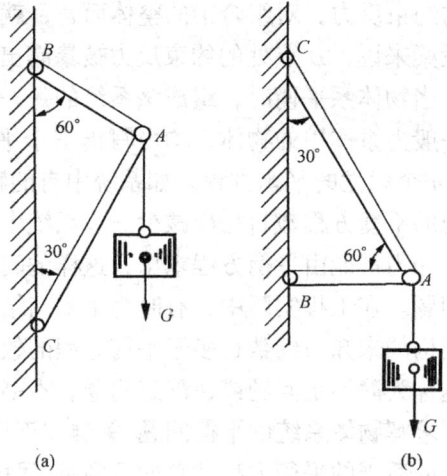

图 11-28 习题 2 图

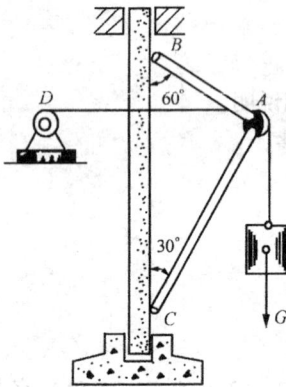

图 11-29 习题 3 图

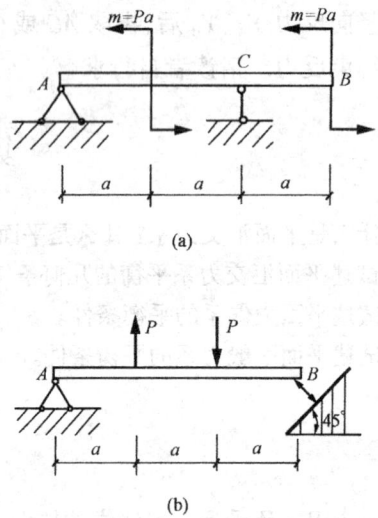

图 11-30 习题 4 图

5. 重力坝受力情况如图 11-31 所示。设坝的自重分别为, $G_1 = 9600$kN,水压力 $P = 10120$kN, $G_2 = 21600$kN,试将这力系向坝底 O 点简化,并求其最后的简化结果。

6. 求图 11-32 所示各梁的支座反力。

7. 求图 11-33 所示梁的支座反力。斜梁 AC 上的均布荷载沿梁的长度分布。

264

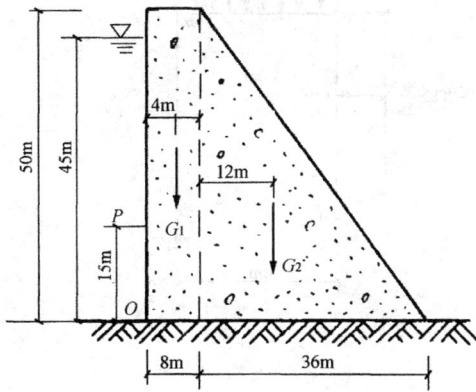

图 11-31　习题 5 图

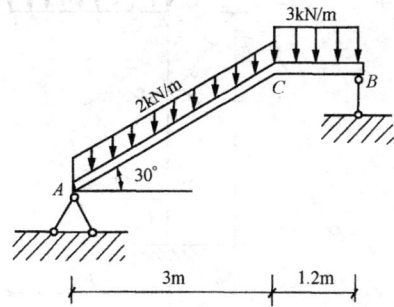

图 11-33　习题 7 图

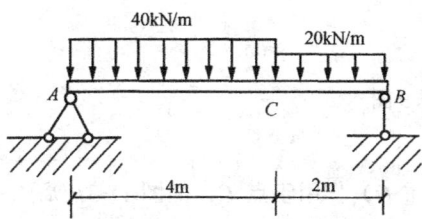

(a)

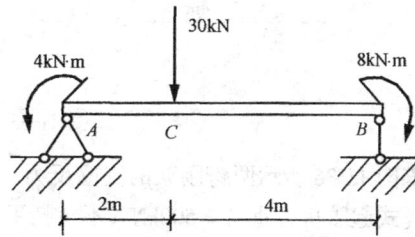

(b)

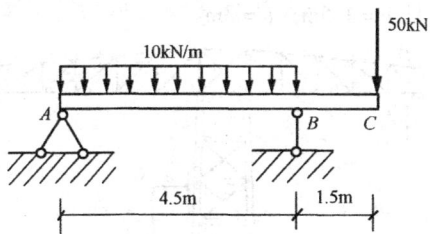

(c)

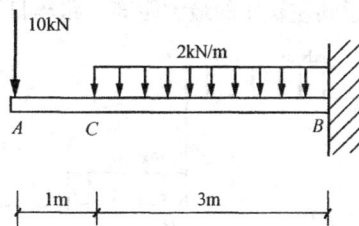

(d)

图 11-32　习题 6 图

8. 求图 11-34 所示刚架的支座反力。

9. 求图 11-35 所示各多跨静定梁的支座反力。

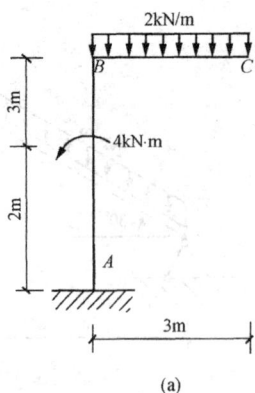

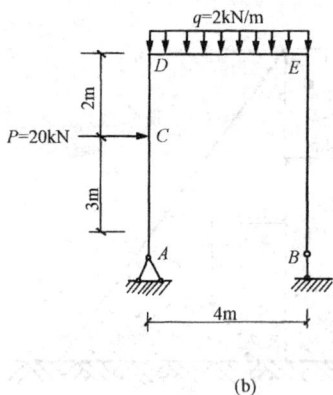

图 11-34 习题 8 图

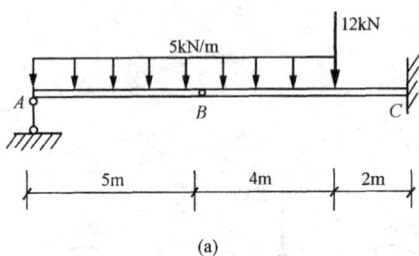

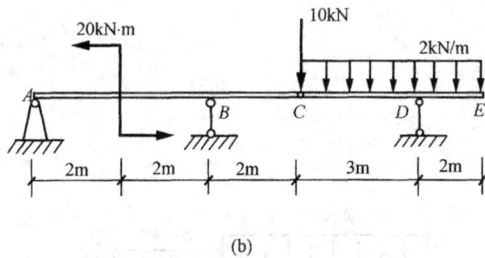

图 11-35 习题 9 图

10. 求图 11-36 所示两跨刚架的支座反力。

11. 塔式起重机，重 $G = 500$kN（不包括平衡锤重 Q）作用于点 C，如图 11-37 所示。跑车 E 的最大起重量 $P = 250$kN，离 B 轨最远距离 $l = 10$m，为了防止起重机左右翻倒，需在 D 处加一平衡锤，要使跑车在满载或空载时，起重机在任何位置都不致翻倒，求平衡锤的最小重量 Q 和平衡锤到左轨 A 的最大距离。跑车自重不计，且 $e = 1.5$m，$b = 3$m。

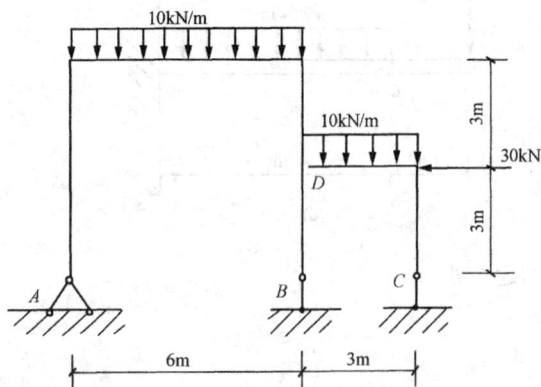

图 11-36 习题 10 图

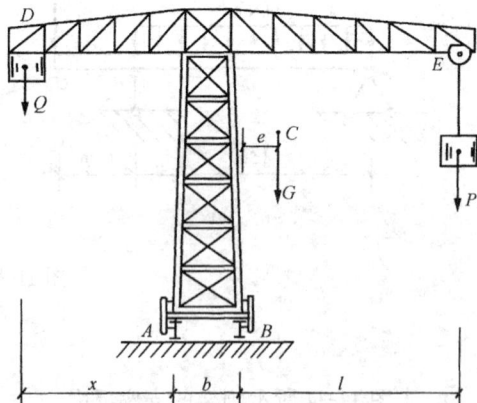

图 11-37 习题 11 图

266

单元 12　静定结构的内力计算

知 识 点：本单元主要学习杆件变形的基本形式，内力的概念，轴力计算及轴力图的绘制，梁的剪力和弯矩的计算，剪力图和弯矩图的绘制方法，斜梁及静定平面刚架的内力计算及内力图的绘制，桁架中零杆的判断条件，节点法、截面法及联合法计算桁架的内力。

教学目标：通过本单元的学习，学生应掌握轴力、剪力和弯矩的概念及其计算方法；了解静定梁、静定平面刚架、静定平面桁架的受力特点；熟练掌握单跨静定梁、静定平面刚架内力图的绘制；掌握桁架中零杆的判断方法，熟练掌握用节点法、截面法及联合法计算静定平面桁架的内力。

课题 1　概　述

1.1　杆件变形的基本形式

建筑结构中的主要研究对象是杆件。所谓杆件，是指长度远大于其他两个方向尺寸的构件。杆件的几何特点可由横截面和轴线来描述。横截面是与杆长方向垂直的截面，而轴线是各截面形心的连线（图 12-1）。杆各截面相同且轴线为直线的杆，称为等截面直杆。

杆件在不同形式的外力作用下，将发生不同形式的变形。但杆件变形的基本形式有以下四种：

（1）轴向拉伸或压缩

如图 12-2（a）、（b）所示，在一对大小相等、方向相反 、作用线与杆轴线相重合的外力作用下，杆件将发生长度的改变，即伸长或缩短变形。

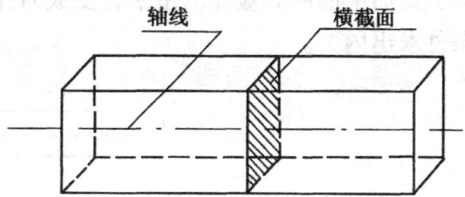

图 12-1　杆件示意图

（2）剪切

如图 12-2（c）所示，在一对相距很近、大小相等、方向相反的横向外力作用下，杆件的横截面将沿外力方向发生相对错动。

（3）扭转

如图 12-2（d）所示，在一对大小相等、方向相反、位于垂直于杆轴线的两平面内力偶的作用下，杆件的任意两横截面将绕轴线发生相对转动。

（4）弯曲

如图 12-2（e）所示，在一对大小相等、方向相反、位于杆件的纵向平面内力偶的作用下，杆件的轴线由直线弯成曲线。

工程实际中的杆件，可能同时承受不同形式的外力而发生复杂的变形，但都可以看作是上述基本变形的组合。由两种或两种以上基本变形组成的复杂变形称为组合变形。

本单元将主要介绍轴向拉伸或压缩及弯曲变形杆件的内力计算、内力图的绘制等内容。

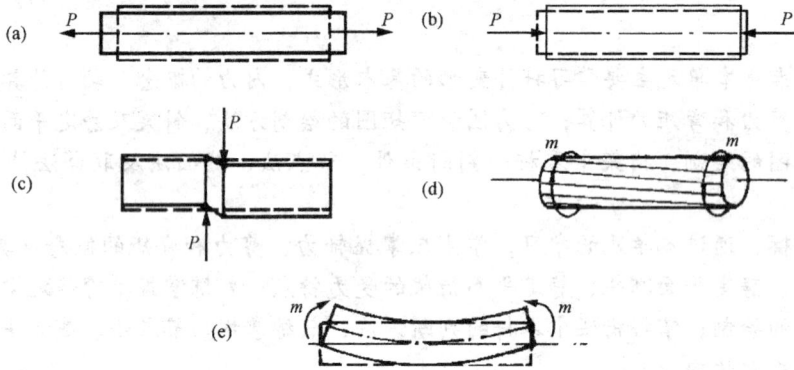

图 12-2　杆件变形的基本形式

1.2　内　力　与　截　面　法

杆件在外力作用下产生变形，从而杆件内部各部分之间就产生相互作用力，这种由外力引起的杆件内部之间的相互作用力称为内力。

研究杆件内力常用的方法是截面法。截面法是假想地用一平面将杆件在需求内力的截面处截开，将杆件分为两部分，如图 12-3（a）所示；取其中任一部分作为研究对象，此时，截面上的内力被显示出来，变成研究对象上的外力，如图 12-3（b）所示；再由平衡条件求出内力。

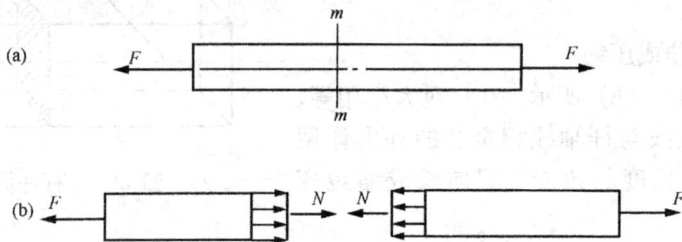

图 12-3　截面法求内力示意图

截面法可归纳为如下三个步骤：

（1）截开

用一假想平面将杆件在所求内力截面处截开，分为两部分。

（2）代替

取出其中任一部分为研究对象，以内力代替弃掉部分对所取部分的作用，画出受力图。

268

（3）平衡

列出研究对象上的静力平衡方程，求解内力。

课题2 轴心拉、压构件的轴力及轴力图

2.1 轴心拉、压构件的内力——轴力

如图 12-4（a）所示为一等截面直杆受轴心外力作用，产生轴心拉伸变形。现用截面法分析 $m\text{-}m$ 截面上的内力。用假想的横截面将杆在 $m\text{-}m$ 截面处截开，分为左、右两部分，取左部分为研究对象如图 12-4（b）所示，左右两段杆在横截面上相互作用的内力是一个分布力系，其合力为 N。由于整个杆件是处于平衡状态，所以左段杆也应保持平衡。由平衡条件 $\Sigma X = 0$ 可知，$m\text{-}m$ 横截面上分布内力的合力 N 必然是一个与杆轴相重合的内力，且 $N = P$，其指向背离截面。同理，若取右段为研究对象如图 12-4（c）所示，可得出相同的结果。

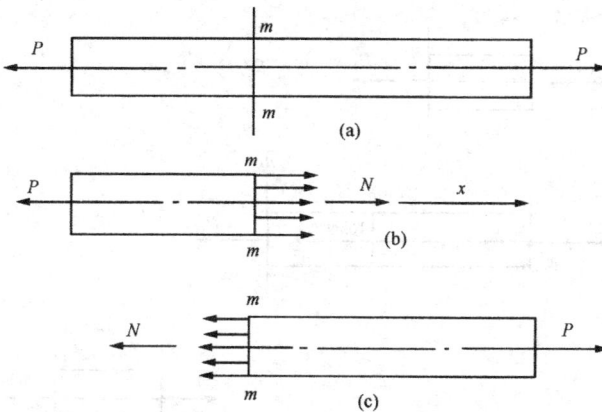

图 12-4 截面上的内力——轴力

对于压杆，也可通过上述方法求得其任一横截面上的内力 N，但其指向为指向截面。

将作用线与杆件轴线相重合的内力称为轴力，用符号 N 表示。背离截面的轴力称为拉力，而指向截面的轴力称为压力。

2.2 轴力的正负号规定

轴力的正负号规定：轴向拉力为正号，轴向压力为负号。在求轴力时，通常将轴力假设为拉力方向，这样由平衡条件求出结果的正负号，就可直接代表轴力本身的正负号。

轴力的单位为"N"或"kN"。

2.3 截面法求轴力

【例 12-1】一直杆受轴心外力作用如图 12-5（a）所示。试用截面法求各段杆的轴力。

【解】AB 段 取 1-1 截面左部分杆为研究对象，其受力如图 12-5（b）所示，由平衡

条件

$$\sum X = 0 \qquad N_1 - 6 = 0$$

得 $\qquad N_1 = 6\text{kN}（拉）$

BC 段　取 2-2 截面左部分杆为研究对象，其受力如图 12-5（c）所示，由平衡条件

$$\sum X = 0 \qquad N_2 + 10 - 6 = 0$$

得 $\qquad N_2 = -4\text{kN}（压）$

CD 段　取 3-3 截面右部分杆为研究对象，其受力如图 12-5（d）所示，由平衡条件

$$\sum X = 0 \qquad 4 - N_3 = 0$$

得 $\qquad N_3 = 4\text{kN}（拉）$

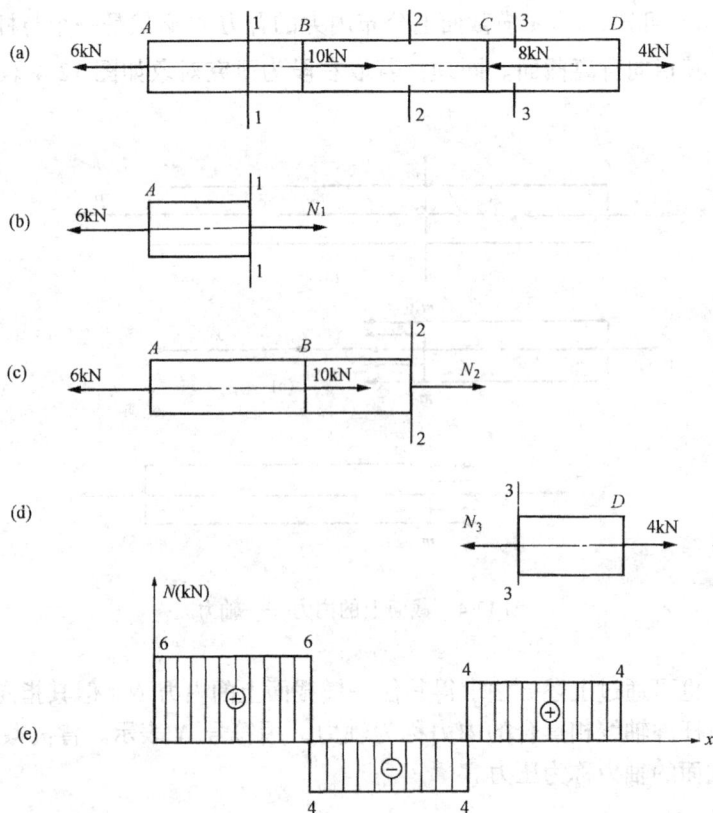

图 12-5　例 12-1、例 12-2 图

2.4　轴　力　图

由例 12-1 可以看出，当杆件受到多于两个轴向外力的作用时，在杆件的不同横截面上轴力不尽相同。我们将表明沿杆长各个横截面上轴力变化规律的图形，称为轴力图。以平行于杆轴线的横坐标轴 x 表示各横截面位置，以垂直于杆轴线的纵坐标 N 表示各横截

面上轴力的大小，将各截面上的轴力按一定比例画在坐标系中并连线，就得到轴力图。画轴力图时，将正的轴力画在轴线上方，负的轴力画在轴线下方。

【例 12-2】 试画出例 12-1 中杆件的轴力图。

【解】 根据例 12-1 中求出各段杆轴力的大小及其正负号画出轴力图，如图 12-5（e）所示。

【例 12-3】 试画出图 12-6（a）所示阶梯柱的轴力图。已知 $F = 40$kN。

【解】（1）求各段柱的轴力

$$N_{AB} = -F = -40\text{kN（压）}$$

$$N_{BC} = -3F = -120\text{kN（压）}$$

（2）画轴力图

根据上面求出的各段柱的轴力画出阶梯柱的轴力图，如图 12-6（b）所示。

值得注意的是：①在采用截面法之前，外力不能沿其作用线移动。因为将外力移动后就改变了杆件的变形性质，内力也就随之改变。②轴力图应与受力图各截面对齐。当杆水平放置时，正值应画在与杆件轴线平行的横坐标轴的上方，而负值则画在下方，并必须标出正号或负号，如图 12-5（e）所示；当杆件竖直放置时正、负值可分别画在杆轴线两侧并标出正号或负号。轴力图上必须标明横截面的轴力值、图名及其单位，还应适当地画一些垂直于横坐标轴的纵坐标线。当熟练时，可以不画各段杆的受力图，直接画出轴力图，横坐标轴 x 和纵坐标轴 N 也可以省略不画，如图 12-6（b）所示。

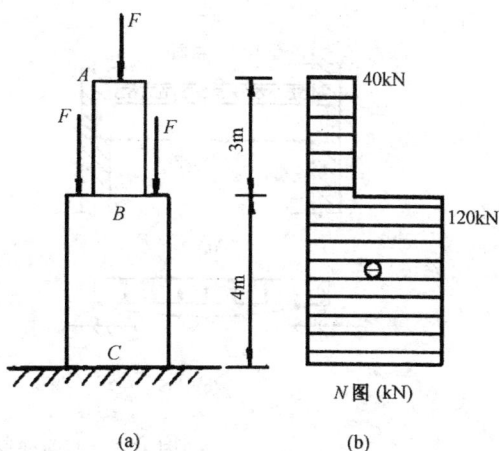

图 12-6　例 12-3 图

课题 3　受弯构件的内力及内力图

3.1　梁平面弯曲的概念

当杆件受到垂直于杆轴的外力作用或在纵向平面内受到力偶作用时（图 12-7），杆轴由直线弯成曲线，这种变形称为弯曲。建筑工程中习惯将以弯曲变形为主的水平杆件称为梁。

弯曲变形是工程中最常见的一种基本变形。例如房屋建筑中的楼面梁（图 12-8a、b）和阳台挑梁（图 12-8c、d），受到楼面荷载和梁自重的作用，将发生弯曲变形。工程中以弯曲变形为主的构件称为梁。

工程中常见的梁，其横截面往往有一根对称

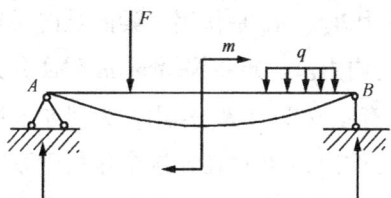

图 12-7　弯曲变形的受力形式

271

轴，如图 12-9 所示，这根对称轴与梁轴所组成的平面，称为纵向对称平面（图 12-10）。如果作用在梁上的外力（包括荷载和支座反力）和外力偶都位于纵向对称平面内，梁变形后，轴线将在此纵向对称平面内弯曲。这种梁的弯曲平面与外力作用平面相重合的弯曲，称为平面弯曲。平面弯曲是一种最简单，也是最常见的弯曲变形，本课题将主要讨论等截面直梁的平面弯曲问题。

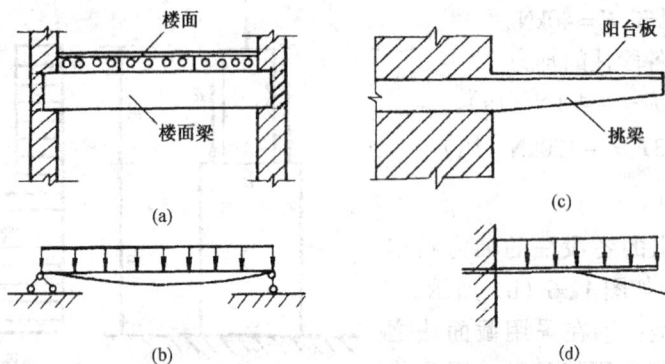

图 12-8　弯曲变形的工程实例

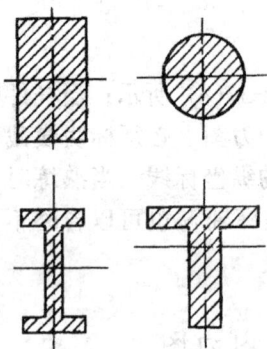

图 12-9　梁的截面

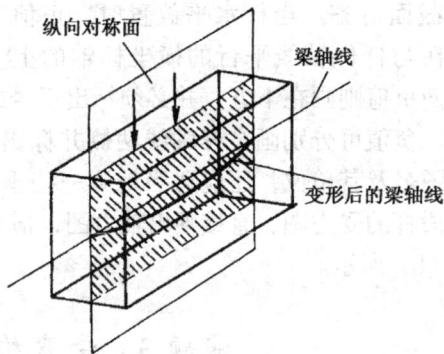

图 12-10　纵向对称平面

3.2　梁的内力——剪力和弯矩

3.2.1　剪力和弯矩

如图 12-11（a）所示为一简支梁，荷载 F 和支座反力 R_A、R_B 是作用在梁的纵向对称平面内的平衡力系。现用截面法分析任一截面 m-m 上的内力。假想将梁沿 m-m 截面分为两段，现取左段为研究对象，从图 12-11（b）可见，因有座支反力 R_A 作用，为使左段满足 $\sum Y = 0$，截面 m-m 上必然有与 R_A 等值、平行且反向的内力 V 存在，这个作用于截面上，且平行于截面侧边的内力 V，称为剪力；同时，因 R_A 对截面 m-m 的形心 O 点有一个力矩 $R_A \cdot x$ 的作用，为满足 $\sum M_O = 0$，截面 m-m 上也必然有一个与力矩 $R_A \cdot x$ 大小相等且转向相反的内力偶矩 M 存在，这个作用于纵向对称平面上的内力偶矩 M，称为弯矩。由此可见，梁发生弯曲时，横截面上同时存在着两个内力素，即剪力和弯矩。

剪力的常用单位为"N"或"kN"，弯矩的常用单位为"N·m"或"kN·m"。

剪力和弯矩的大小，可由左段梁的静力平衡方程求得，即

$$\sum Y = 0, \qquad R_A - V = 0 \qquad 得 V = R_A$$

$$\sum M_O = 0, \qquad R_A \cdot x - M = 0, \qquad 得 M = R_A \cdot x$$

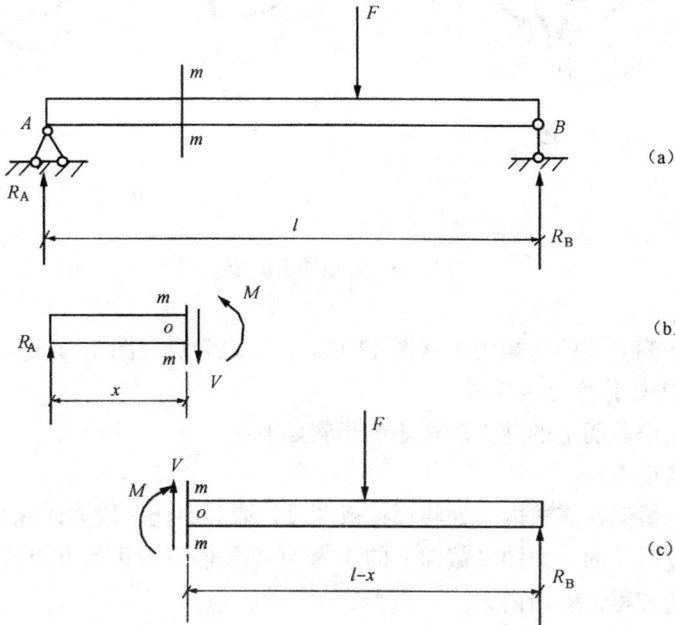

图 12-11　截面法求梁的内力

如果取右段梁作为研究对象，同样可求得截面 $m\text{-}m$ 上的 V 和 M，根据作用与反作用力的关系，它们与从右段梁求出 $m\text{-}m$ 截面上的 V 和 M 大小相等、方向相反，如图 12-11（c）所示。

3.2.2　剪力和弯矩的正负号规定

为了使从左、右两段梁求得同一截面上的剪力 V 和弯矩 M 具有相同的正负号，并考虑到土建工程上的习惯要求，对剪力和弯矩的正负号特作如下规定：

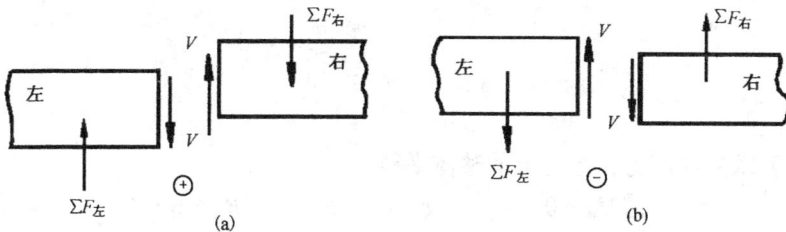

图 12-12　剪力的正负号

（1）剪力的正负号

使梁段有顺时针转动趋势的剪力为正（图12-12a），反之为负（图12-12b）。

（2）弯矩的正负号

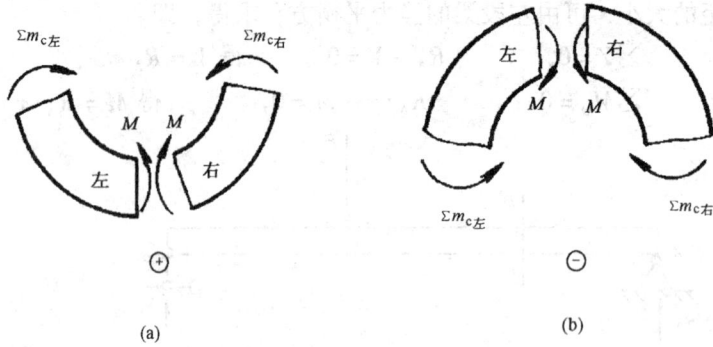

图 12-13　弯矩的正负号

使梁段产生下侧受拉的弯矩为正（图12-13a），反之为负（图12-13b）。

3.2.3　截面法计算剪力和弯矩

用截面法求指定截面上的剪力和弯矩的步骤如下：

（1）计算支座反力；

（2）用假想的截面在需求内力处将梁截成两段，取其中任一段为研究对象；

（3）画出研究对象的受力图（截面上的 V 和 M 都先假设为正的方向）；

（4）建立平衡方程，解出内力。

下面举例说明用截面法计算指定截面上的剪力和弯矩。

【例12-4】简支梁如图 12-14（a）所示，已知 $F_1 = 30\text{kN}$，$F_2 = 30\text{kN}$。试求截面 1-1 上的剪力和弯矩。

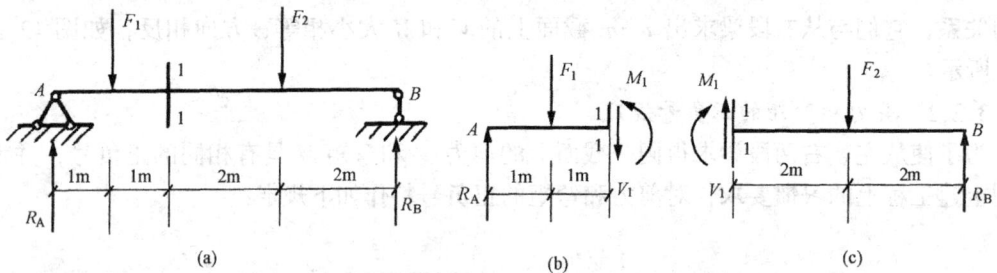

图 12-14　例 12-4 图

【解】（1）求支座反力，考虑梁的整体平衡

$$\sum M_B = 0 \qquad F_1 \times 5 + F_2 \times 2 - R_A \times 6 = 0$$

$$\sum M_A = 0 \qquad - F_1 \times 1 - F_2 \times 4 + R_B \times 6 = 0$$

得　　$R_A = 35$ kN（↑），　　$R_B = 25$ kN（↑）

校核　$\sum Y = R_A + R_B - F_1 - F_2 = 35 + 25 - 30 - 30 = 0$

274

（2）求截面 1-1 上的内力

在截面 1-1 处将梁截开，取左段梁为研究对象，画出其受力，内力 V_1 和 M_1 均先假设为正的方向，如图 12-14（b）所示，列平衡方程

$$\sum Y = 0 \qquad R_A - F_1 - V = 0$$

$$\sum M_1 = 0 \qquad - R_A \times 2 + F_1 \times 1 + M_1 = 0$$

得

$$V_1 = R_A - F_1 = 35 - 30 = 5 \text{kN}$$

$$M_1 = R_A \times 2 - F_1 \times 1 = 35 \times 2 - 30 \times 1 = 40 \text{kN·m}$$

求得 V_1 和 M_1 均为正值，表示截面 1-1 上内力的实际方向与假定的方向相同；按内力的符号规定，剪力、弯矩都是正的。所以，画受力图时一定要先假设内力为正的方向，由平衡方程求得结果的正负号，就能直接代表内力本身的正负。

如取 1-1 截面右段梁为研究对象，如图 12-14（c）所示，可得出同样的结果。

【例 12-5】一悬臂梁，其尺寸及梁上荷载如图 12-15（a）所示，求截面 1-1 上的剪力和弯矩。

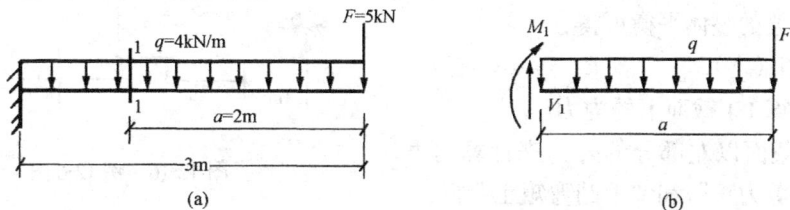

图 12-15　例 12-5 图

【解】对于悬臂梁不需求支座反力，可取右段梁为研究对象，其受力图如图 12-15（b）所示。

$$\sum Y = 0 \qquad V_1 - qa - F = 0$$

$$\sum M_1 = 0 \qquad - M_1 - qa \cdot \frac{a}{2} - Fa = 0$$

得

$$V_1 = qa + F = 4 \times 2 + 5 = 13 \text{kN}$$

$$M_1 = -\frac{qa^2}{2} - Fa = -\frac{4 \times 2^2}{2} - 5 \times 2 = -18 \text{kN·m}$$

求得 V_1 为正值，表示 V_1 的实际方向与假定的方向相同；M_1 为负值，表示 M_1 的实际方向与假定的方向相反。所以，按梁内力的符号规定，1-1 截面上的剪力为正，弯矩为负。

3.2.4　简便法求内力

通过上述例题，可以总结出直接根据外力计算梁内力的规律。

（1）剪力的规律

计算剪力是对截面左（或右）段梁建立投影方程，经过移项后可得：

$$V = \sum Y_{左} \quad 或 \quad V = \sum Y_{右}$$

上两式说明：梁内任一横截面上的剪力在数值上等于该截面一侧所有外力在垂直于轴

线方向投影的代数和。若外力对所求截面产生顺时针方向的转动趋势时，等式右方取正号（参见图 12-12a）；反之，取负号（参见图 12-12b）。此规律可记为"顺转剪力正"。

（2）求弯矩的规律

计算弯矩是对截面左（或右）段梁建立力矩方程，经过移项后可得：

$$M = \sum M_{c左} \quad 或 \quad M = \sum M_{c右}$$

上两式说明：梁内任一横截面上的弯矩在数值上等于该截面一侧所有外力（包括力偶）对该截面形心力矩的代数和。将所求截面固定，若外力矩使所考虑的梁段产生下凸弯曲变形时（即上部受压，下部受拉），等式右方取正号（参见图 12-13a）；反之，取负号（参见图 12-13b）。此规律可记为"下凸弯矩正"。

利用上述规律直接由外力求梁内力的方法称为简便法。用简便法求内力可以省去画受力图和列平衡方程，从而简化计算过程。现举例说明。

【例 12-6】 用简便法求图 12-16 所示简支梁 1-1 截面上的剪力和弯矩。

【解】（1）求支座反力

由梁的整体平衡可得：

$R_A = 8 \text{ kN}（↑），\qquad R_B = 7 \text{ kN}（↑）$

（2）计算 1-1 截面上的内力

由 1-1 截面以左部分的外力来计算内力，根据"顺转剪力正"和"下凸弯矩正"得：

$$V_1 = R_A - F_1 = 8 - 6 = 2 \text{ kN}$$

$$M_1 = R_A \times 3 - F_1 \times 2 = 8 \times 3 - 6 \times 2 = 12 \text{ kN·m}$$

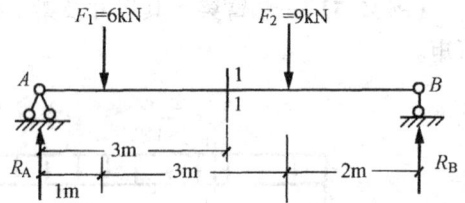

图 12-16　例 12-6 图

3.3　梁的内力图

为了计算梁的强度和刚度问题，除了要计算指定截面的剪力和弯矩外，还必须知道剪力和弯矩沿梁轴线的变化规律，从而找到梁内剪力和弯矩的最大值以及它们所在的截面位置。

3.3.1　剪力方程和弯矩方程

从上节的讨论可以看出，梁内各截面上的剪力和弯矩一般随截面的位置而变化。若横截面的位置用沿梁轴线的坐标 x 来表示，则各横截面上的剪力和弯矩都可以表示为坐标 x 的函数，即

$$V = V(x), \qquad M = M(x)$$

以上两个函数式表示梁内剪力和弯矩沿梁轴线的变化规律，分别称为剪力方程和弯矩方程。

3.3.2　剪力图和弯矩图

为了形象地表示剪力和弯矩沿梁轴线的变化规律，可以根据剪力方程和弯矩方程分别绘制剪力图和弯矩图。以沿梁轴线的横坐标 x 表示梁横截面的位置，以纵坐标表示相应横截面上的剪力或弯矩，在土建工程中，习惯上把正剪力画在 x 轴上方，负剪力画在 x 轴下方；而把弯矩图画在梁受拉的一侧，即正弯矩画在 x 轴下方，负弯矩画在 x 轴上方，如图 12-17 所示。

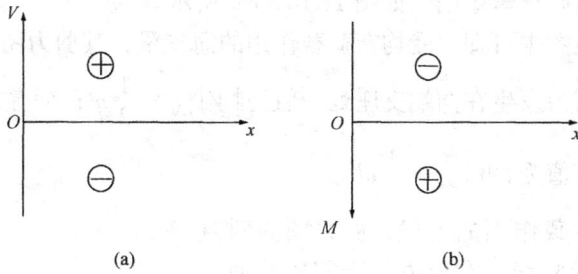

图 12-17 画剪力图和弯矩图的规定

【例 12-7】简支梁受均布荷截作用，如图 12-18（a）所示，试画出梁的剪力图和弯矩图。

【解】（1）求支座反力

因对称关系，可得：

$$R_A = R_B = \frac{1}{2}ql \; (\uparrow)$$

（2）列剪力方程和弯矩方程

取距 A 点为 x 处的任意截面，将梁假想截开，考虑左段平衡，可得：

$$V(x) = R_A - qx = \frac{1}{2}ql - qx \qquad (0 < x < l) \tag{1}$$

$$M(x) = R_A x - \frac{1}{2}qx^2 = \frac{1}{2}qlx - \frac{1}{2}qx^2$$

$$(0 \leqslant x \leqslant l) \tag{2}$$

（3）画剪力图和弯矩图

由式（1）可见，$V(x)$ 是 x 的一次函数，即剪力方程为一直线方程，剪力图是一条斜直线。

当 $x = 0$ 时 　 $V_{A右} = \dfrac{ql}{2}$

　 $x = l$ 时 　 $V_{B左} = -\dfrac{ql}{2}$

根据这两个截面的剪力值，画出剪力图，如图 12-18（b）所示。

由式（2）知，$M(x)$ 是 x 的二次函数，说明弯矩图是一条二次抛物线，应至少计算三个截面的弯矩值，才可描绘出曲线的大致形状。

当 $x = 0$ 时，　　　　　 $M_A = 0$

　 $x = \dfrac{l}{2}$ 时，　　　　 $M_c = \dfrac{ql^2}{8}$

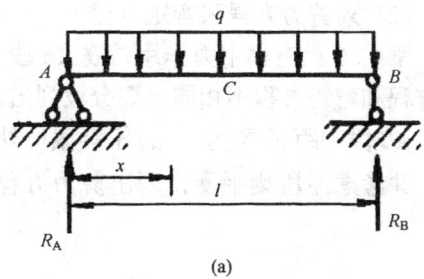

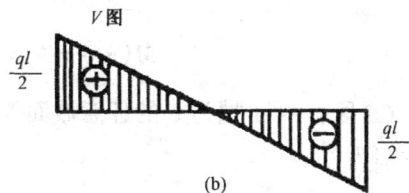

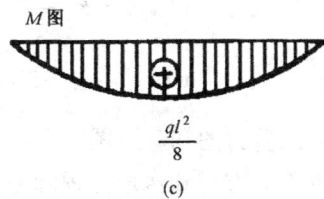

图 12-18　例 12-7 图

277

$$x = l \text{ 时,} \qquad\qquad M_{\mathrm{B}} = 0$$

根据以上计算结果,画出弯矩图,如图 12-18(c)所示。

从剪力图和弯矩图中可知,受均布荷载作用的简支梁,其剪力图为斜直线,弯矩图为二次抛物线;最大剪力发生在两端支座处,值为 $|V|_{\max} = \dfrac{1}{2}ql$;而最大弯矩发生在剪力为零的跨中截面上,其值为 $|M|_{\max} = \dfrac{1}{8}ql^2$。

结论:在均布荷载作用的梁段,剪力图为斜直线,弯矩图为二次抛物线。在剪力等于零的截面上弯矩有极值。

【例 12-8】 简支梁受集中力作用如图 12-19(a)所示,试画出梁的剪力图和弯矩图。

【解】(1)求支座反力

由梁的整体平衡条件

$$\sum M_{\mathrm{B}} = 0, \qquad\qquad R_{\mathrm{A}} = \frac{Fb}{l} \ (\uparrow)$$

$$\sum M_{\mathrm{A}} = 0, \qquad\qquad R_{\mathrm{B}} = \frac{Fa}{l} \ (\uparrow)$$

校核:$\sum Y = R_{\mathrm{A}} + R_{\mathrm{B}} - F = \dfrac{Fb}{l} + \dfrac{Fa}{l} - F = 0$

计算无误。

(2)列剪力方程和弯矩方程

梁在 C 处有集中力作用,故 AC 段和 CB 段的剪力方程和弯矩方程不相同,要分段列出。

AC 段:距 A 端为 x_1 的任意截面处将梁假想截开,并考虑左段梁平衡,列出剪力方程和弯矩方程为:

$$Q(x_1) = R_{\mathrm{A}} = \frac{Fb}{l} \qquad\qquad (0 < x_1 < a) \tag{1}$$

$$M(x_1) = R_{\mathrm{A}} x_1 = \frac{Fb}{l} x_1 \qquad\qquad (0 \leqslant x_1 \leqslant a) \tag{2}$$

CB 段:距 A 端为 x_2 的任意截面处假想截开,并考虑左段的平衡,列出剪力方程和弯矩方程为:

$$V(x_2) = R_{\mathrm{A}} - F = \frac{Fb}{l} - F = -\frac{Fa}{l} \qquad\qquad (a < x_2 < l) \tag{3}$$

$$M(x_2) = R_{\mathrm{A}} x_2 - F(x_2 - a) = \frac{Fa}{l}(l - x_2) \qquad\qquad (0 \leqslant x_2 \leqslant l) \tag{4}$$

(3)画剪力图和弯矩图

根据剪力方程和弯矩方程画剪力图和弯矩图。

V 图:AC 段剪力方程 $V(x_1)$ 为常数,其剪力值为 $\dfrac{Fb}{l}$,剪力图是一条平行于 x 轴的直

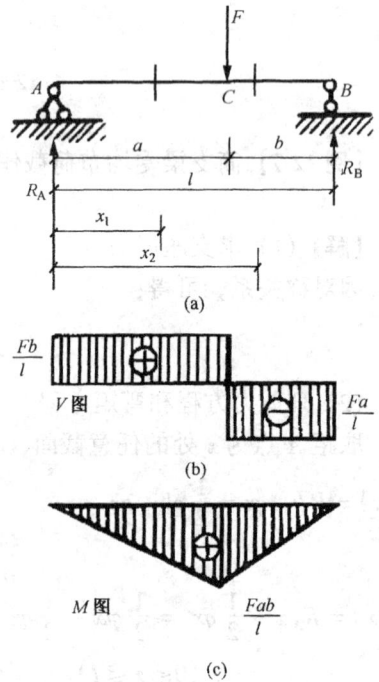

图 12-19 例 12-8 图

线，且在 x 轴上方。CB 段剪力方程 $V(x_2)$ 也为常数，其剪力值为 $-\dfrac{Fa}{l}$，剪力图也是一条平行于 x 轴的直线，但在 x 轴下方。画出全梁的剪力图，如图 12-19（b）所示。

M 图：AC 段弯矩 $M(x_1)$ 是 x_1 的一次函数，弯矩图是一条斜直线，只要计算两个截面的弯矩值，就可以画出弯矩图。

当　$x_1 = 0$ 时　　　$M_A = 0$

　　$x_1 = a$ 时　　　$M_C = \dfrac{Fab}{l}$

根据计算结果，可画出 AC 段弯矩图。

CB 段弯矩 $M(x_2)$ 也是 x_2 的一次函数，弯矩图仍是一条斜直线。

当　$x_2 = a$ 时　　　$M_C = \dfrac{Fab}{l}$

　　$x_2 = l$ 时　　　$M_B = 0$

由上面两个弯矩值，画出 CB 段弯矩图。整梁的弯矩图如图 12-19（c）所示。

从剪力图和弯矩图中可见，简支梁受集中荷载作用，当 $a > b$ 时，$|V|_{\max} = \dfrac{Fa}{l}$，发生在 BC 段的任意截面上；$|M|_{\max} = \dfrac{Fab}{l}$，发生在集中力作用处的截面上。若集中力作用在梁的跨中，则最大弯矩发生在梁的跨中截面上，即 $|M|_{\max} = \dfrac{Fl}{4}$。

结论：在无荷载梁段剪力图为平行线，弯矩图为斜直线。在集中力作用处，左右截面上的剪力图发生突变，其突变值等于该集中力的大小，突变方向与该集中力的方向一致；而弯矩图出现转折，即出现尖点，尖点方向与该集中力方向一致。

【例 12-9】 如图 12-20（a）所示简支梁受集中力偶作用，试画出梁的剪力图和弯矩图。

【解】（1）求支座反力

由整梁平衡得：

$$\sum M_B = 0, \qquad R_A = \frac{m}{l} \ (\uparrow)$$

$$\sum M_A = 0, \qquad R_B = -\frac{m}{l} \ (\downarrow)$$

校核：$\sum Y = R_A + R_B = \dfrac{m}{l} - \dfrac{m}{l} = 0$

计算无误。

（2）列剪力方程和弯矩方程

在梁的 C 截面有集中力偶 m 作用，分两段列出剪力方程和弯矩方程。

AC 段：在距 A 端为 x_1 的截面处假想将梁截开，考虑左段梁平衡，列出剪力方程和弯矩方程为：

$$V(x_1) = R_A = \frac{m}{l} \qquad (0 < x_1 \leqslant a) \qquad (1)$$

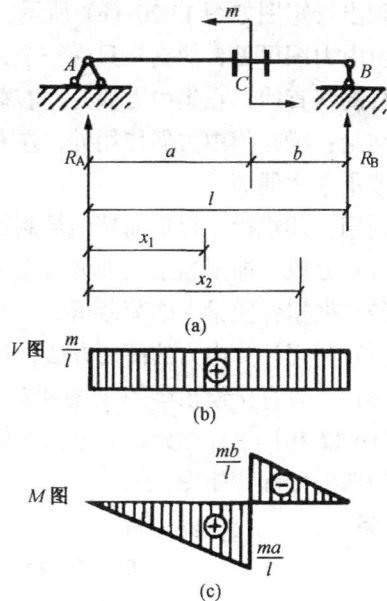

图 12-20　例 12-9 图

279

$$M(x_1) = R_A x_1 = \frac{m}{l} x_1 \qquad (0 \leqslant x_1 < a) \qquad (2)$$

CB 段：在距 A 端为 x_2 的截面处假想将梁截开，考虑左段梁平衡，列出剪力方程和弯矩方程为：

$$V(x_2) = R_A = \frac{m}{l} \qquad (a \leqslant x_2 < l) \qquad (3)$$

$$M(x_2) = R_A x_2 - m = -\frac{m}{l}(l - x_2) \qquad (a < x_2 \leqslant l) \qquad (4)$$

（3）画剪力图和弯矩图

V 图：由式（1）、（3）可知，梁在 AC 段和 CB 段剪力都是常数，其值为 $\frac{m}{l}$，故剪力是一条在 x 轴上方且平行于 x 轴的直线。画出剪力图，如图 12-20（b）所示。

M 图：由式（2）、（4）可知，梁在 AC 段和 CB 段内弯矩都是 x 的一次函数，故弯矩图是两段斜直线。

AC 段：

当 $x_1 = 0$ 时，$M_A = 0$

$x_1 = a$ 时，$M_{C左} = \frac{ma}{l}$

CB 段：

当 $x_2 = a$ 时，$M_{C右} = -\frac{mb}{l}$

$x_2 = l$ 时，$M_B = 0$

画出弯矩图如图 12-20（c）所示。

由内力图可见，简支梁只受一个力偶作用时，剪力图为同一条平行线，而弯矩图是两段平行的斜直线，在集中力偶处左右截面上的弯矩发生了突变。

结论：梁在集中力偶作用处，左右截面上的剪力无变化，而弯矩出现突变，其突变值等于该集中力偶矩。

利用上述规律，可更简捷地绘制梁的剪力图和弯矩图，其步骤如下：

（1）分段，即根据梁上外力及支承等情况将梁分成若干段；

（2）根据各段梁上的荷载情况，判断其剪力图和弯矩图的大致形状；

（3）利用计算内力的简便方法，直接求出若干控制截面上的 V 值和 M 值；

（4）逐段直接绘出梁的 V 图和 M 图。

【例 12-10】一外伸梁，梁上荷载如图 12-21（a）所示，已知 $l = 4m$，利用规律绘出外伸梁的剪力图和弯矩图。

【解】（1）求支座反力：

$$R_B = 20 \text{ kN} (\uparrow), \qquad R_D = 8 \text{ kN} (\uparrow)$$

（2）根据梁上的外力情况将梁分段，将梁分为 AB、BC 和 CD 三段。

（3）计算控制截面剪力，画剪力图：

AB 段梁上有均布荷载，该段梁的剪力图为斜直线，其控制截面剪力为：

$$V_A = 0$$

$$V_{B左} = -\frac{1}{2}ql = -\frac{1}{2} \times 4 \times 4 = -8 \text{ kN}$$

BC 和 *CD* 段均为无荷载区段，剪力图均为水平线，其控制截面剪力为：

$$V_{B右} = -\frac{1}{2}ql + R_B = -8 + 20 = 12 \text{ kN}$$

$$V_D = -R_D = -8 \text{ kN}$$

画出剪力图如图 12-21（b）所示。

（4）计算控制截面弯矩，画弯矩图。

AB 段梁上有均布荷载，该段梁的弯矩图为二次抛物线。因 *q* 向下，所以曲线凸向下，其控制截面弯矩为：

$$M_A = 0$$

$$M_B = -\frac{1}{2}ql \cdot \frac{l}{4} = -\frac{1}{8} \times 4 \times 4^2 = -8 \text{ kN·m}$$

BC 段与 *CD* 段均为无荷载区段，弯矩图均为斜直线，其控制截面弯矩为：

$$M_B = -8 \text{ kN·m}$$

$$M_C = R_D \cdot \frac{l}{2} = 8 \times 2 = 16 \text{ kN·m}$$

$$M_D = 0$$

画出弯矩图如图 12-21（c）所示。

从以上看到，对本题来说，只需算出 $V_{B左}$、$V_{B右}$、$V_{D左}$ 和 M_B、M_C，就可画出梁的剪力图和弯矩图。

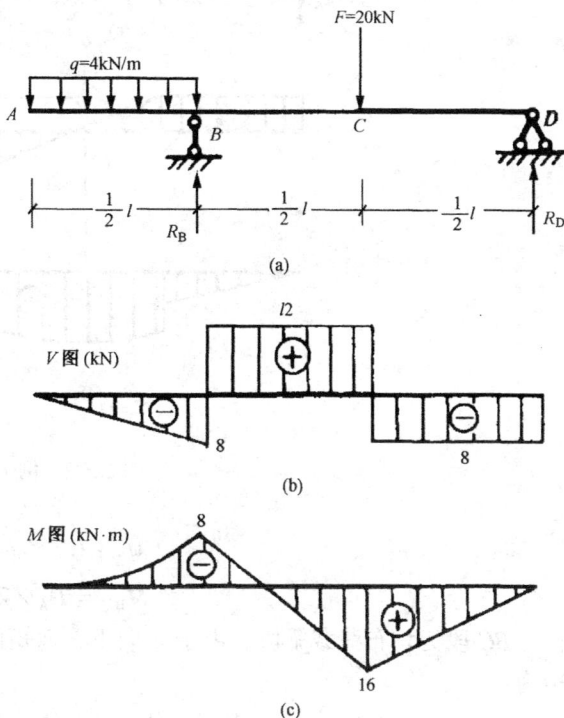

图 12-21 例 12-10 图

【例 12-11】 一简支梁，尺寸及梁上荷载如图 12-22（a）所示，利用规律绘出梁的剪力图和弯矩图。

【解】（1）求支座反力：

$$R_A = 6 \text{ kN （↑）} \qquad R_C = 18 \text{ kN （↑）}$$

（2）根据梁上的荷载情况，将梁分为 *AB* 和 *BC* 两段，逐段画出内力图。

（3）计算控制截面剪力，画剪力图：

AB 段为无荷载区段，剪力图为水平线，其控制截面剪力为：

$$V_A = R_A = 6 \text{ kN}$$

BC 为均布荷载段，剪力图为斜直线，其控制截面剪力为：

$$V_B = R_A = 6 \text{ kN}$$

$$V_C = -R_C = -18 \text{ kN}$$

画出剪力图如图 12-22（b）所示。

（4）计算控制截面弯矩，画弯矩图：

AB 段为无荷载区段，弯矩图为斜直线，其控制截面弯矩为：

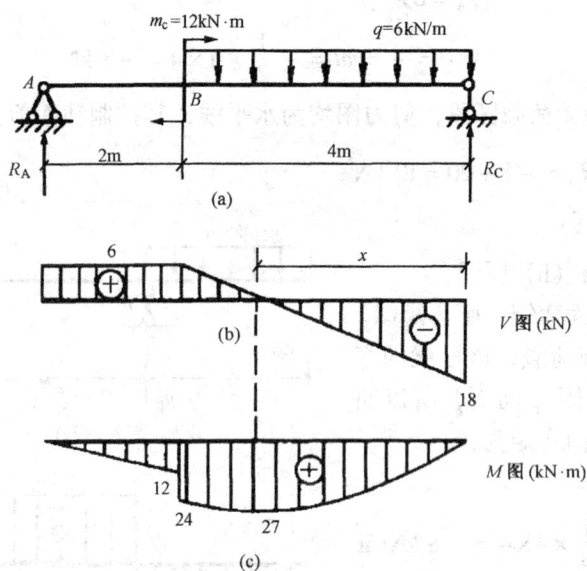

图 12-22　例 12-11 图

$$M_A = 0$$

$$M_{B左} = R_A \times 2 = 12 \text{ kN·m}$$

BC 段为均布荷载梁段，由于 q 向下，弯矩图为凸向下的二次抛物线，其控制截面弯矩为：

$$M_{B右} = R_A \times 2 + M_e = 6 \times 2 + 12 = 24 \text{ kN·m}$$

$$M_C = 0$$

从剪力图可知，此段弯矩图中存在着极值，应该求出极值所在的截面位置及其大小。

设弯矩具有极值的截面距右端的距离为 x，由该截面上剪力等于零的条件可求得 x 值，即

$$V(x) = -R_C + qx = 0$$

$$x = \frac{R_C}{q} = \frac{18}{6} = 3 \text{ m}$$

弯矩的极值为：

$$M_{max} = R_C \cdot x - \frac{1}{2}qx^2 = 18 \times 3 - \frac{6 \times 3^2}{2} = 27 \text{ kN·m}$$

画出弯矩图如图 12-22（c）所示。

对本题来说，反力 R_A、R_C 求出后，便可直接画出剪力图。而弯矩图，也只需确定 $M_{B左}$、$M_{B右}$ 及 M_{max} 值，便可画出。

在熟练掌握简便方法求内力的情况下，可以直接根据梁上的荷载及支座反力画出内力图。

3.3.3　叠加法画弯矩图

1. 叠加原理

282

由于在小变形条件下，梁的内力、支座反力、应力和变形等参数均与荷载呈线性关系，每一荷载单独作用时引起的某一参数不受其他荷载的影响。所以，梁在 n 个荷载共同作用时所引起的某一参数（内力、支座反力、应力和变形等），等于梁在各个荷载单独作用时所引起同一参数的代数和，这种关系称为叠加原理（图 12-23）。

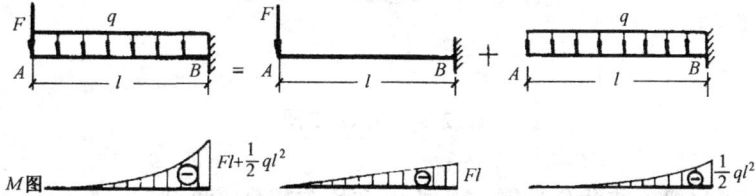

图 12-23　叠加法画弯矩图

2. 叠加法画矩图

根据叠加原理来绘制梁的内力图的方法称为叠加法。由于剪力图一般比较简单，因此不用叠加法绘制。下面只讨论用叠加法作梁的弯矩图。其方法为，先分别作出梁在每一个荷载单独作用下的弯矩图，然后将各弯矩图中同一截面上的弯矩代数相加，即可得到梁在所有荷载共同作用下的弯矩图。

为了便于应用叠加法绘内力图，在表 12-1 中给出了梁在简单荷载作用下的剪力图和弯矩图，可供查用。

单跨梁在简单荷载作用下的弯矩图

表 12-1

【例 12-12】试用叠加法画出图 12-24 所示简支梁的弯矩图。

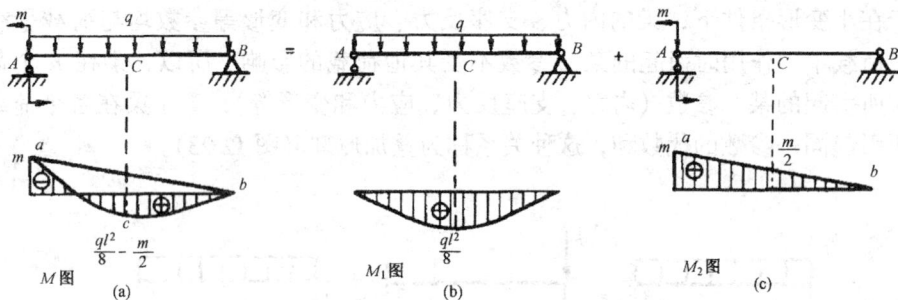

图 12-24 例 12-12 图

【解】（1）先将梁上荷载分为集中力偶 m 和均布荷载 q 两组。

（2）分别画出 m 和 q 单独作用时的弯矩图 M_1 和 M_2（图 12-24b、c），然后将这两个弯矩图相叠加。叠加时，是将相应截面的纵坐标代数相加。叠加方法如图 12-24（a）所示。先作出直线形的弯矩图 M_1（即 ab 直线，可用虚线画出），再以 ab 为基准线作出曲线形的弯矩图 M_2。这样，将两个弯矩图相应纵坐标代数相加后，就得到 m 和 q 共同作用下的最后弯矩图 M（图 12-24a）。其控制截面为 A、B、C，即

A 截面弯矩为：$M_A = -m + 0 = -m$

B 截面弯矩为：$M_B = 0 + 0 = 0$

跨中 C 截面弯矩为：$M_C = \dfrac{ql^2}{8} - \dfrac{m}{2}$

叠加时宜先画直线形的弯矩图，再叠加上曲线形或折线形的弯矩图。

由上例可知，用叠加法作弯矩图，一般不能直接求出最大弯矩的精确值，若需要确定最大弯矩的精确值，应找出剪力 $V = 0$ 的截面位置，求出该截面的弯矩，即得到最大弯矩的精确值。

【例 12-13】 用叠加法画出图 12-25（a）所示简支梁的弯矩图。

【解】（1）先将梁上荷载分为两组。其中，集中力偶 m_A 和 m_B 为一组，集中力 F 为一组。

（2）分别画出两组荷载单独作用下的弯矩图 M_1 和 M_2（图 12-25b、c），然后将这两个弯矩图相叠加。叠加方法如图 12-25（a）所示。先作出直线形的弯矩图 M_1（即用虚线画出 ab 直线），再以 ab 为基准线作出折线形的弯矩图 M_2。这样，将两个弯矩图相应纵坐标代数相加后，就得到两组荷载共同作用下的最后弯矩图 M（图 12-25a）。其控制截面为 A、B、C，即

A 截面弯矩为：$M_A = m_A + 0 = m_A$，

B 截面弯矩为：$M_B = m_B + 0 = m_B$

跨中 C 截面弯矩为：$M_C = \dfrac{m_A + m_B}{2} + \dfrac{Fl}{4}$

3. 用区段叠加法画弯矩图

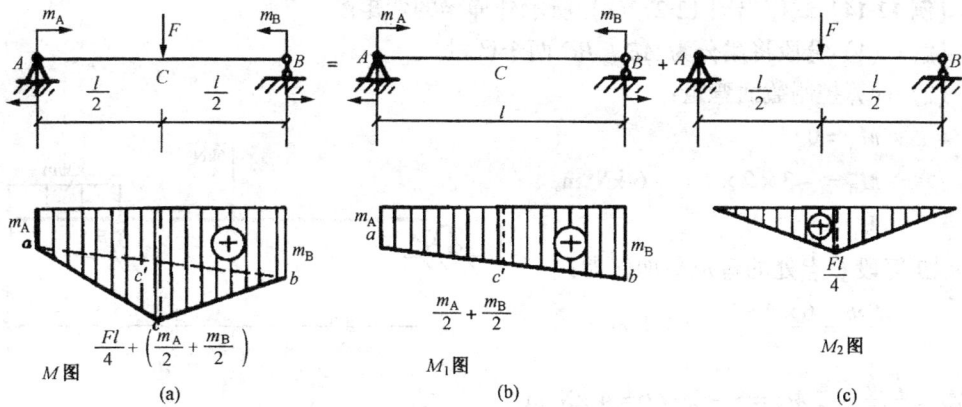

图 12-25 例 12-13 图

上面介绍了利用叠加法画全梁的弯矩图。现在进一步把叠加法推广到画某一段梁的弯矩图，这对画复杂荷载作用下梁、刚架的弯矩图是非常方便的。

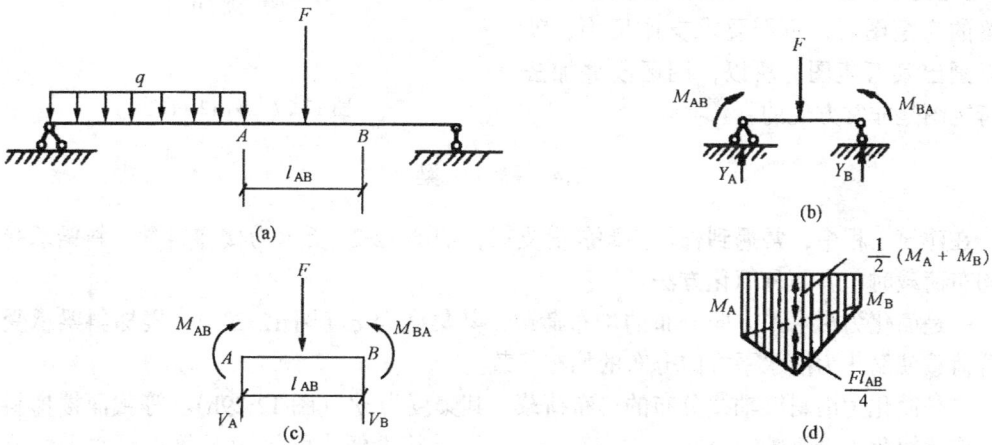

图 12-26 区段叠加法画弯矩图

图 12-26（a）为一梁承受荷载 F、q 作用，如果已求出该梁截面 A 的弯矩 M_A 和截面 B 的弯矩 M_B，则可取出 AB 段为脱离体（见图 12-26b），然后根据脱离体的平衡条件分别求出截面 A、B 的剪力 V_A、V_B。将此脱离体与图 12-26（c）的简支梁相比较，由于简支梁受相同的集中力 F 及杆端力偶 M_A、M_B 作用，因此，由简支梁的平衡条件可求得支座反力 $Y_A = V_A$，$Y_B = V_B$。

可见图 12-26（b）与图 12-26（c）两者受力完全相同，因此，两者弯矩也必然相同。对于图 12-26（c）所示简支梁，可以用上面讲的叠加法作出其弯矩图，如图 12-26（d）所示，因此，可知 AB 段的弯矩图也可用叠加法作出。由此得出结论：任意段梁都可以当作简支梁，并可以利用叠加法来作该段梁的弯矩图。这种利用叠加法作某一段梁弯矩图的方法称为"区段叠加法"。

【例 12-14】 试作出图 12-27（a）所示外伸梁的弯矩图。

【解】（1）分段将梁分为 AB、BC 两个区段。

（2）计算控制截面弯矩：

$$M_A = 0$$

$$M_B = -3 \times 2 \times 1 = -6 \text{ kN·m}$$

$$M_D = 0$$

AB 区段 C 点处的弯矩叠加值为：

$$\frac{Fab}{l} = \frac{6 \times 4 \times 2}{6} = 8 \text{ kN·m}$$

$$M_C = \frac{Fab}{l} - \frac{2}{3} M_B = 8 - \frac{2}{3} \times 6 = 4 \text{ kN·m}$$

BD 区段中点的弯矩叠加值为：

$$\frac{ql^2}{8} = \frac{3 \times 2^2}{8} = 1.5 \text{ kN·m}$$

（3）作 M 图如图 12-27（b）所示。

由上例可以看出，用区段叠加法作外伸梁的弯矩图时，不需要求支座反力，就可以画出其弯矩图。所以，用区段叠加法作弯矩图是非常方便的。

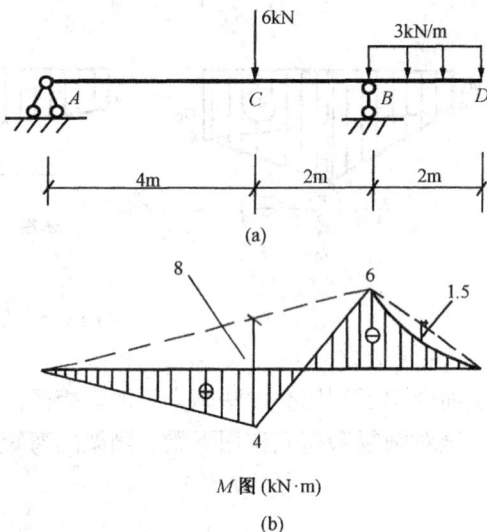

图 12-27　例 12-14 图

3.4 斜　梁

在建筑工程中，常遇到杆轴为倾斜简支梁，如图 12-28 所示为楼梯斜梁。斜梁承受竖向均布荷载时，有两种简化方法。

一是简化为沿水平方向分布的均布荷载，其集度为 q（图 12-29a）。楼梯斜梁承受的人群荷载就简化为沿水平方向分布的均布荷载。

二是简化为沿斜梁轴线分布的均布荷载，其集度为 q'（图 12-29b）。等截面楼梯斜梁的自重就简化为沿梁轴线分布的均布荷载。为了计算方便，可将 q' 折算成沿水平线分布的均布荷载集度 q_0，根据同一微段合力相等的原则，即 $q_0 \mathrm{d}x = q' \mathrm{d}s$，得

$$q_0 = q' \frac{\mathrm{d}s}{\mathrm{d}x} = \frac{q'}{\cos\alpha}$$

【例 12-15】 试绘出图 12-30（a）所示简支斜梁的内力图。

【解】（1）计算支座反力

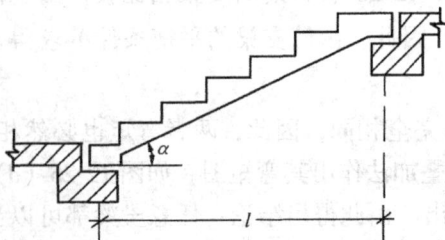

图 12-28　楼梯

以 AB 斜梁为研究对象，由平衡条件求得支座反力为：

$$H_A = 0 \qquad R_A = \frac{ql}{2} \ (\uparrow) \qquad R_B = \frac{ql}{2} \ (\uparrow)$$

由此看出简支斜梁的支座反力与相同跨度、相同荷载的简支水平梁支座反力完全相同。

（2）内力计算

(a)   (b)

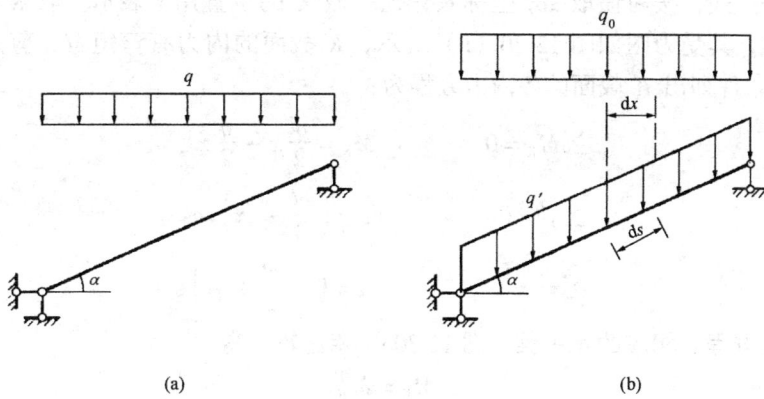

图 12-29　楼梯斜梁分布荷载的简化

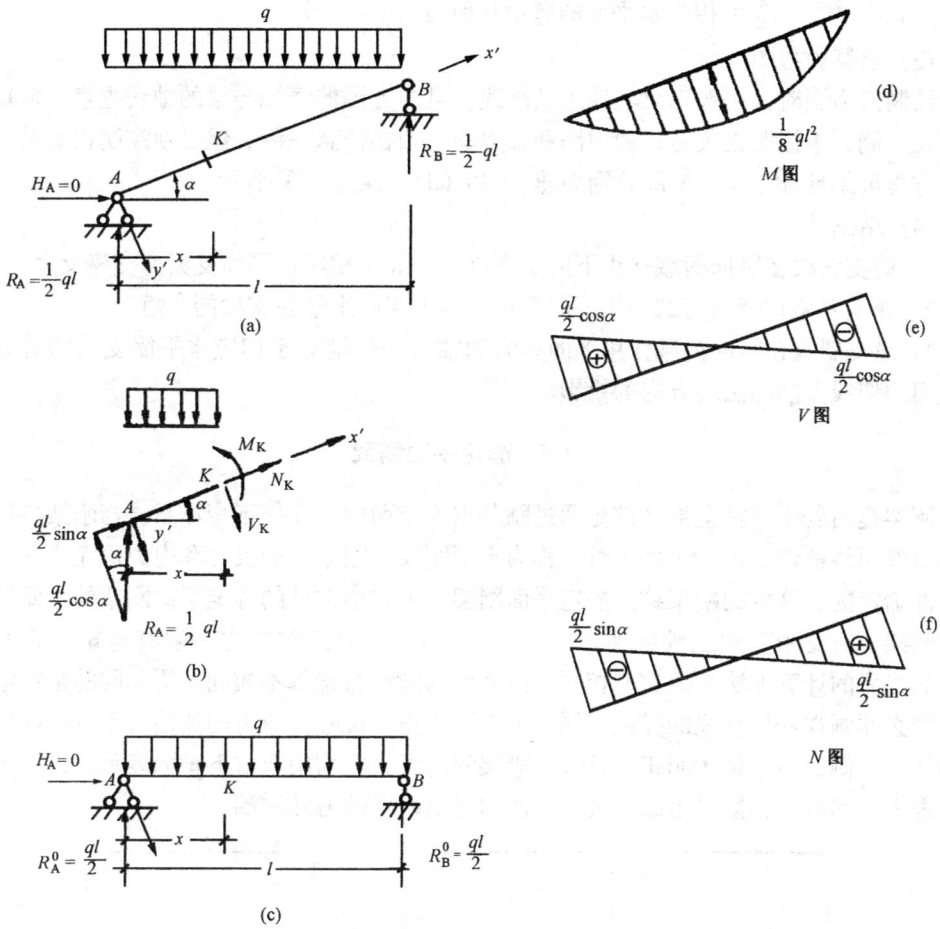

(a)

(b)

(c)

(d)

M 图

(e)

V 图

(f)

N 图

图 12-30　例 12-15 图

列内力表达式，按习惯取 xoy 坐标系，任一截 K 的位置用 x 表示。取 K 截面左段斜梁为研究对象，其受力图如图 12-30（b）所示，K 截面的内力有弯矩 M、剪力 V 和轴力 N。根据平衡条件列出 K 截面的各内力方程为：

$$\sum M_{K} = 0 \qquad M_{K} = \frac{ql}{2}x - \frac{q}{2}x^2$$

$$\sum y' = 0 \qquad V_{K} = \left(\frac{ql}{2} - qx\right)\cos\alpha$$

$$\sum x' = 0 \qquad N_{K} = \left(-\frac{ql}{2} + qx\right)\sin\alpha$$

以上内力方程与相应的水平梁（图 12-30c）相比较，得

$$M_{K} = M_{K}^{0}$$

$$V_{K} = V_{K}^{0}\cos\alpha$$

$$N_{K} = N_{K}^{0}\sin\alpha$$

上式中 M_{K}^{0}、V_{K}^{0} 为相应水平梁的弯矩和剪力。

（3）绘制内力图

绘制内力图时，一般以梁轴线为基准线，且内力图的竖标与梁的轴线垂直，弯矩图画在受拉一侧，不注明正负号；剪力图和轴力图可画在任意一侧，但必须注明正负号。根据内力方程可绘出 M、V、N 图分别如图 12-30（d）、（e）、（f）所示。

（4）结论

1）简支斜梁在竖向荷载作用下的支座反力，等于相应水平简支梁的支座反力。

2）简支斜梁在竖向荷载作用下的弯矩，等于相应水平简支梁的弯矩。

3）简支斜梁在竖向荷载作用下的剪力和轴力，分别等于相应水平简支梁的剪力沿斜梁截面的切线方向和法线方向的投影。

3.5 静定平面刚架

刚架是由若干直杆全部或部分通过刚节点连接而成的几何不变体系。当刚架各杆轴线和外力作用线都位于同一平面内时，称为平面刚架。刚架中的反力和内力可完全由静力平衡条件确定的，这样的刚架称为静定平面刚架。工程中常见的静定平面刚架的主要类型有悬臂刚架、简支刚架和三铰刚架，如图 12-31 所示。刚架的内力一般有弯矩、剪力和轴力。其内力的计算方法与梁完全相同。内力图的画法与梁基本相同。所不同的是：刚架的弯矩图必须画在杆件轴线的受拉一侧，可不注明正、负号；剪力图和轴力图可画在杆件轴线的任意一侧，但必须注明正、负号。刚架的内力一般均用双右下脚标表示，第一个脚标表示内力所属截面，第二个脚标表示该截面所属杆件的另外一端。

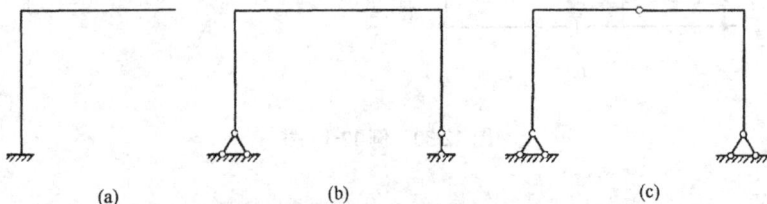

(a)　　　　　　　(b)　　　　　　　(c)

图 12-31 静定平面刚架的类型

【例 12-16】试作图 12-32（a）所示刚架的内力图。

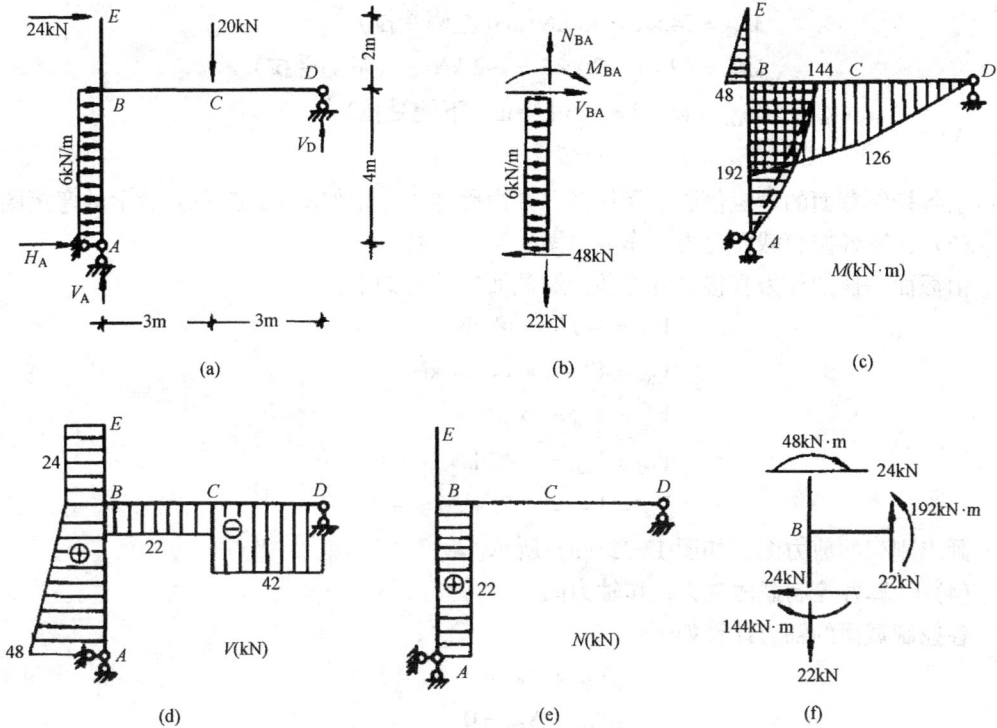

图 12-32 例 12-16 图

【解】（1）求支座反力

取整个刚架为研究对象，由平衡条件得：

$$\sum X = 0 \qquad 24 + 6 \times 4 + H_A = 0$$

$$\sum Y = 0 \qquad V_A + V_D - 20 = 0$$

$$\sum M_A = 0 \qquad V_D \cdot 6 - 20 \times 3 - 24 \times 6 - 6 \times 4 \times 2 = 0$$

得

$$H_A = -48 \text{ kN } (\leftarrow), \qquad V_A = -22 \text{ kN } (\downarrow), \qquad V_D = 42 \text{ kN } (\uparrow)$$

校核： $\sum M_C = 42 \times 3 - 24 \times 2 + 6 \times 4 \times 2 + (-48) \times 4 - (-22) \times 3 = 0$

计算结果无误。

（2）计算各控制截面弯矩，作弯矩图

由截面一侧的外力直接计算或由如图 12-32（b）所示分离体的平衡条件来计算各控制截面的弯矩如下：

$$M_{AB} = 0$$

$$M_{BA} = 48 \times 4 - 6 \times 4 \times 2 = 144 \text{ kN·m（右侧受拉）}$$

$$M_{EB} = 0$$

$$M_{BE} = 24 \times 2 = 48 \text{ kN·m（左侧受拉）}$$

$$M_{BD} = 42 \times 6 - 20 \times 3 = 192 \text{ kN·m（下侧受拉）}$$

$$M_{CD} = 42 \times 3 = 126 \text{ kN·m（下侧受拉）}$$

$$M_{DB} = 0$$

将以上各控制截面的弯矩值画在受拉侧，并由叠加法作出如图 12-32（c）所示的弯矩图。

（3）计算各控制截面剪力，作剪力图

由截面一侧的外力直接来计算各控制截面的剪力如下：

$$V_{AB} = -H_A = 48 \text{ kN}$$

$$V_{BA} = 48 - 6 \times 4 = 24 \text{ kN}$$

$$V_{BE} = V_{EB} = 24 \text{ kN}$$

$$V_{DC} = V_{CD} = -42 \text{ kN}$$

$$V_{BC} = V_{CB} = -42 + 20 = -22 \text{ kN}$$

画出刚架的剪力图，如图 12-32（d）所示。

（4）计算各控制截面轴力，作轴力图

各控制截面的轴力计算如下：

$$N_{AB} = N_{BA} = -V_A = 22 \text{ kN}$$

$$N_{BD} = N_{DB} = 0$$

$$N_{EB} = N_{BE} = 0$$

画出刚架的轴力图，如图 12-32（e）所示。

（5）校核

取刚架中节点 B 为研究对象，画出受力图如图 12-32（f）所示，经校核均满足静力平衡平衡条件。

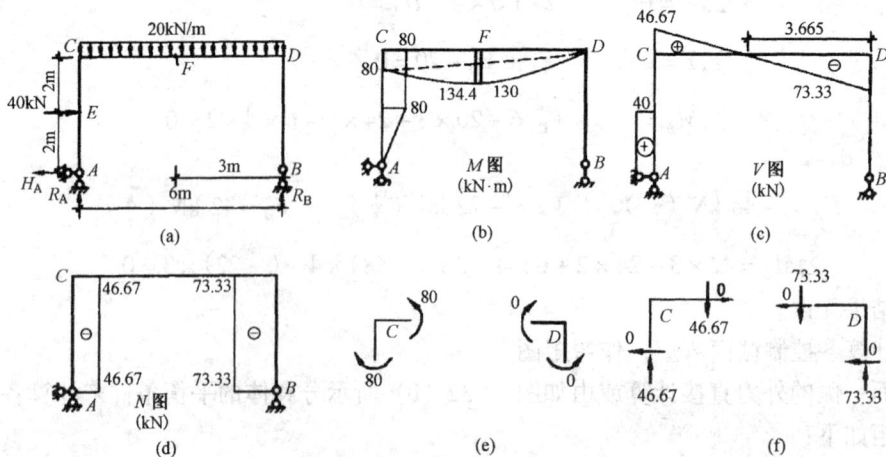

图 12-33　例 12-17 图

【例 12-17】 试作图 12-33（a）所示简支刚架的内力图。

【解】（1）求支座反力

取整个刚架为研究对象，由平衡条件得：

$$\sum X = 0 \qquad 40 - H_A = 0$$

$$\sum M_A = 0 \qquad R_B \cdot 6 - 20 \times 6 \times 3 - 40 \times 2 = 0$$

$$\sum M_B = 0 \qquad -R_A \cdot 6 + 20 \times 6 \times 3 - 40 \times 2 = 0$$

得

$$H_A = 40 \text{ kN} (\leftarrow), \qquad R_A = 46.67 \text{kN} (\uparrow), \qquad R_B = 73.33 \text{ kN} (\uparrow)$$

（2）计算控制截面弯矩，画弯矩图

各控制截面的弯矩计算如下：

$$M_{AE} = 0$$

$$M_{EA} = 40 \times 2 = 80 \text{ kN} \cdot \text{m}$$

$$M_{CE} = 40 \times 4 - 40 \times 2 = 80 \text{ kN} \cdot \text{m}$$

$$M_{CD} = 40 \times 4 - 40 \times 2 = 80 \text{ kN} \cdot \text{m}$$

$$M_{DC} = 0$$

$$M_{DB} = M_{BD} = 0$$

求 CD 段弯矩中点 E 的弯矩：

$$M_{FD} = \frac{80}{2} + \frac{20 \times 6^2}{8} = 130 \text{ kN} \cdot \text{m}$$

求 CD 段弯矩的极值，令

$$V(x) = 20x - 73.33 = 0$$

$$x = 3.665 \text{m}$$

$$M_{max} = 733.3 \times 3.665 - \frac{20 \times 3.665^2}{2} = 134.4 \text{ kN} \cdot \text{m}$$

画出刚架的弯矩图如图 12-33（b）所示。

（3）计算控制截面剪力，画剪力图

各控制截面的剪力计算如下：

$$V_{AE} = 40 \text{ kN}$$

$$V_{EC} = 40 - 40 = 0$$

$$V_{CD} = 46.67 \text{ kN}$$

$$V_{DC} = -73.33 \text{ kN}$$

$$V_{DB} = V_{BD} = 0$$

画出刚架的剪力图如图 12-33（c）所示。

（4）计算控制截面轴力，画轴力图

各控制截面的轴力计算如下：

$$N_{AC} = N_{CA} = -46.67 \text{ kN}$$

$$N_{CD} = N_{DC} = 0$$

$$N_{DB} = N_{BD} = -73.33 \text{ kN}$$

画出刚架的轴力图如图 12-33（d）所示。

（5）校核

分别取节点 C、D 为研究对象，画出受力图如图 12-33（e）、（f）所示，均满足平衡条件。

课题4 静定平面桁架的内力计算

4.1 概　述

在工程实际中，工业厂房、体育馆、桥梁、起重机、电视塔等结构中常用桁架结构。桁架是一种由杆件彼此在两端用铰链连接而成的结构，它在受力后几何形状不变。如果桁架中所有的杆件与荷载都在同一平面内，这种桁架称为平面桁架。桁架中杆件的连接点称为节点。桁架的优点是：杆件主要承受拉力或压力，可以充分发挥材料的作用，减轻结构的重量，节约材料，实现大跨度。

为了简化桁架的计算，工程实际中采用以下几点假设：

（1）杆件的两端均用光滑圆柱铰链连接；

（2）桁架中各杆的轴线都是直线，且都位于同一平面内；

（3）桁架所受的荷载都作用在节点上，且位于桁架的平面内；

（4）桁架中各杆件的重量忽略不计，或平均分配在杆件两端的节点上。

凡是符合上述几点假设的桁架，称为理想桁架。

工程实际中的桁架，与上述假设有些差别，如桁架的节点不是铰接的，杆件也不可能是绝对的直杆。但在工程实际中，采用上述假设能够简化计算，而且所得的计算结果符合工程实际的要求。根据这些假设，桁架中的各杆都可看成只在两端受到约束反力作用的二力杆，因此，各杆只产生沿着杆的轴线方向的内力，即轴力。

桁架内力正负规定：轴向拉力为正；轴向压力为负。

桁架内力的计算方法有：节点法、截面法和联合法。

桁架中各部分的名称如图 12-34 所示。桁架按其几何组成方式可分为简单桁架、联合桁架和复杂桁架。

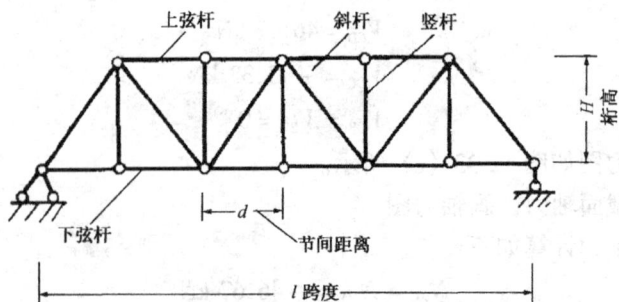

图 12-34　桁架各部分名称

(1) 简单桁架

在一个铰接三角形的基础上，依次增加二元体所组成的桁架，如图 12-35（a）、（b）所示。

(2) 联合桁架

由几个简单桁架按几何不变体系的组成规则所组成的桁架，如图 13-35（c）所示。

(3) 复杂桁架

凡不按上述两种方式组成的桁架都属于复杂桁架，如图 13-35（d）所示。

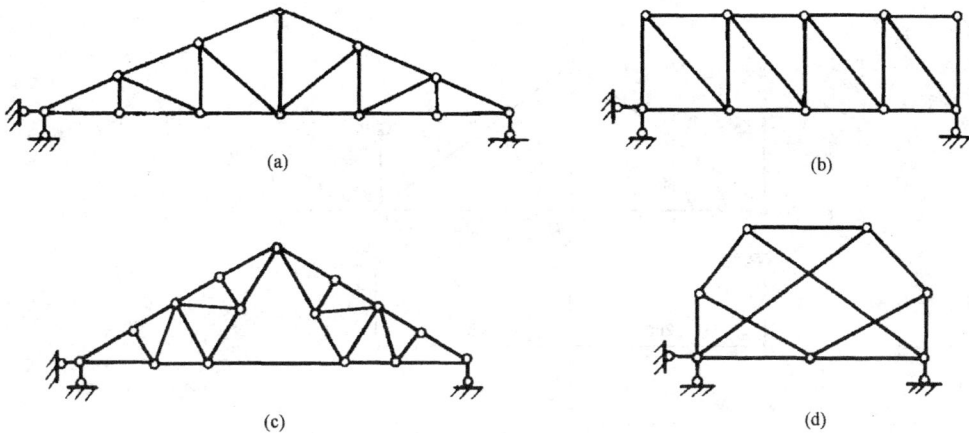

图 12-35　桁架的类型

本课题中只研究静定平面桁架的内力计算。

4.2 节 点 法

桁架中的每个节点都在外荷载、支座反力和杆件内力的作用下组成平面汇交力系，且处于平衡状态。为了求出各杆的内力，应围绕各节点，假想地将杆件截断，逐个取节点为研究对象，由平面汇交力系的平衡条件求出全部未知杆件的内力，这种方法称为节点法。因此，求桁架内力节点法的实质就是求解平面汇交力系的平衡问题。桁架内力的正负号规定：在受力分析时可以先假设各杆都受拉力作用。若求出结果为正值，说明杆件就受拉力作用；若求出结果为负值，则说明杆件受压力作用。一般情况下，所取节点未知力的个数不能多于二个。在求解平面汇交力系时，可以用解析法，也可以用图解法。这里采用解析法。现举例说明用节点法求桁架内力的方法和步骤。

【例 12-18】 简支平面桁架如图 12-36（a）所示。在节点 D 处受一集中荷载 P 的作用。试求桁架各杆的内力。

【解】（1）求支座反力

取桁架整体为研究对象，其受力如图 12-36（a）所示，由平衡方程得：

$$\sum X = 0 \qquad\qquad H_B = 0$$
$$\sum M_A(F) = 0 \qquad V_B \times 4 - P \times 2 = 0$$
$$\sum M_B(F) = 0 \qquad P \times 2 - V_A \times 4 = 0$$

解得

$$H_B = 0$$
$$V_B = 5 \text{ kN } (\uparrow)$$
$$V_A = 5 \text{ kN } (\uparrow)$$

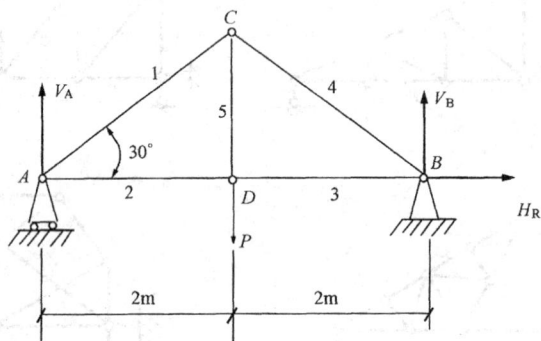

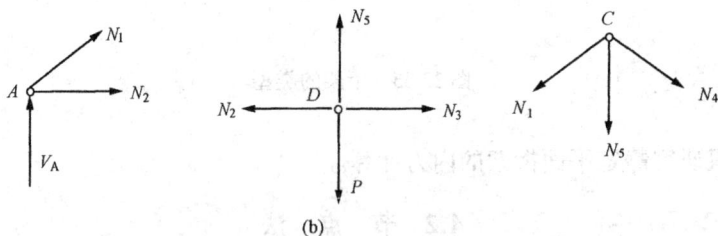

图 12-36　例 12-18 图

（2）用节点法求各杆内力

由 A 支座开始，依次取节点 A、D、C 为研究对象，各节点的受力如图 12-36（b）所示。

由节点 A 列平衡方程：

$$\sum X = 0 \qquad N_2 + N_1 \cos 30° = 0$$
$$\sum Y = 0 \qquad V_A + N_1 \sin 30° = 0$$

解得

$$N_1 = -10 \text{ kN （压力）}$$
$$N_2 = 8.66 \text{ kN （拉力）}$$

由节点 C 列平衡方程

$$\sum X = 0 \qquad N_4 \cos 30° - N_1 \cos 30° = 0$$
$$\sum Y = 0 \qquad -N_5 - (N_1 + N_4) \sin 30° = 0$$

解得

$$N_4 = -10 \text{ kN（压力）}$$
$$N_5 = 10 \text{ kN（拉力）}$$

由节点 D 列平衡方程

$$\sum X = 0 \qquad N_3 - N_2 = 0$$

解得

$$N_3 = 8.66 \text{ kN（拉力）}$$

计算出的结果中，内力 N_2、N_3 和 N_5 为正值，表示杆受拉力，N_1 和 N_4 为负值，表示假设与实际相反，杆受压力。

零杆与等力杆的判断条件：

（1）若不共线的两杆节点无外力作用（图 12-37a），则该两杆内力均为零。

（2）若不共线的两杆节点有外力作用，且外力与其中一杆共线（图 12-37b），则另一杆的内力为零。

（3）若三杆节点无外力作用，其中两杆共线（图 12-37c），则第三杆内力为零。

（4）若四杆节点无外力作用，其中两杆共线（图 12-37d），则共线的两杆内力相等，符号相同。

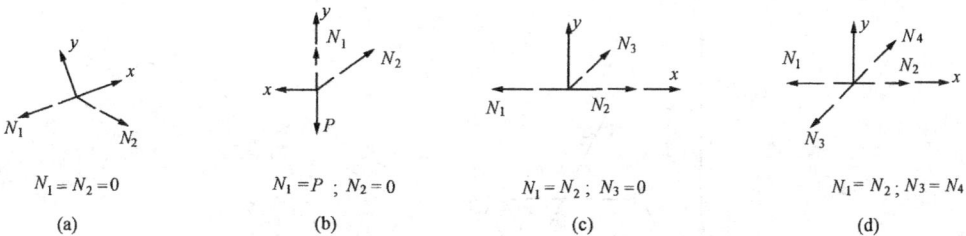

(a)	(b)	(c)	(d)
$N_1 = N_2 = 0$	$N_1 = P$；$N_2 = 0$	$N_1 = N_2$；$N_3 = 0$	$N_1 = N_2$；$N_3 = N_4$

图 12-37 零杆与等力杆的情况

上述结论都可根据适当的投影方程得到，读者可自行证明。

在分析桁架内力时，应用上述结论，可先将零杆判别出来，使计算得到简化。如图 12-38 所示桁架中，利用上述结论就能很容易地判断出，虚线所示各杆均为零杆。

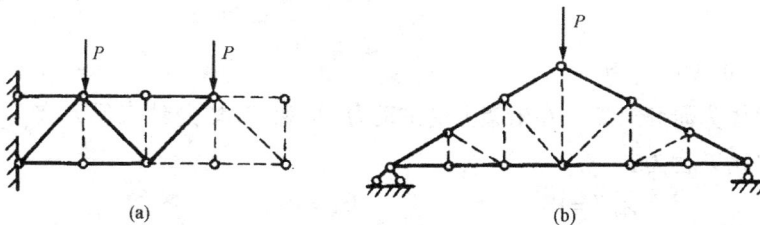

图 12-38 杆判零杆

4.3 截 面 法

如果只要求计算桁架中某几个杆件所受的内力，可以选取适当的截面，假想地把桁架截开分为两部分，取其中任一部分（两个或两个以上的节点）为研究对象，根据平面一般力系的平衡条件，求出被截开未知杆件的内力，这种方法称为截面法。一般情况下未知力的个数不能多于三个。

【例 12-19】 如图 12-39（a）所示静定平面桁架。已知各杆件的长度都等于 1m，在节点 E 上作用荷载 $P_1 = 10$ kN，在节点 G 上作用荷载 $P_2 = 7$ kN。试计算杆 1、2、3 的内力。

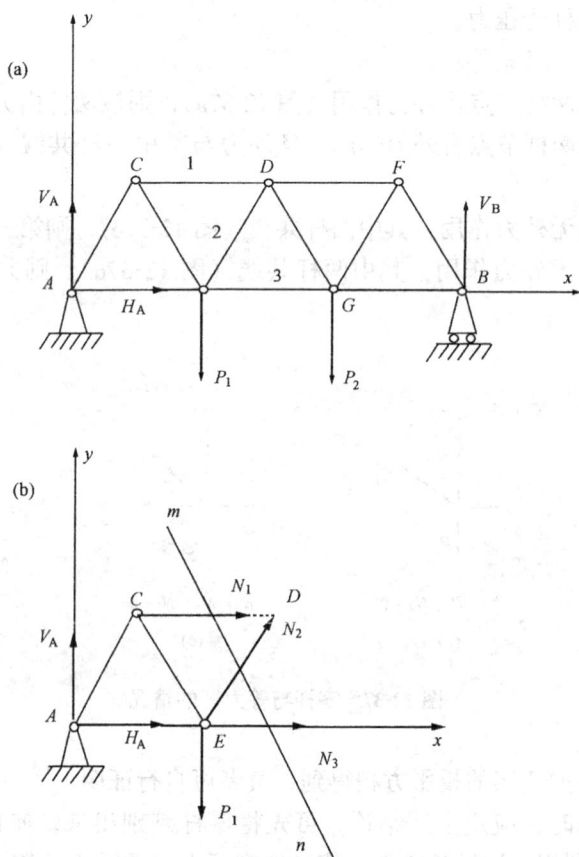

图 12-39　例 12-19 图

【解】（1）求支座反力

以桁架整体为研究对象。在桁架上受主动力 P_1 和 P_2 以及约束反力 X_A、Y_A 和 Y_B 的作用。列出平衡方程为：

$$\sum X = 0 \qquad\qquad H_A = 0$$
$$\sum Y = 0 \qquad\qquad V_A + V_B - P_1 - P_2 = 0$$
$$\sum M_B(F) = 0 \qquad P_1 \times 2 + P_2 \times 1 - V_A \times 3 = 0$$

解得

$$H_A = 0$$
$$V_A = 9 \text{ kN} \ (\uparrow)$$
$$V_B = 8 \text{ kN} \ (\uparrow)$$

（2）计算各指定杆的内力

为求得杆 1、2、3 的内力，可用一假想截面 $m\text{-}n$ 将三杆截断。选取桁架左半部分为研究对象。假设所截断的三杆都受拉力，则这部分桁架的受力图如图 12-39(b)所示。由平衡方程得：

$$\sum Y = 0 \qquad\qquad V_A + N_2 \sin 60° - P_1 = 0$$

$$\sum M_E(F) = 0 \qquad\qquad -N_1 \times \frac{\sqrt{3}}{2} \times 1 - V_A \times 1 = 0$$

$$\sum M_D(F) = 0 \qquad\qquad P_1 \times \frac{1}{2} + N_3 \times \frac{\sqrt{3}}{2} \times 1 - V_A \times 1.5 = 0$$

解得

$$N_1 = -10.4 \text{ kN （压力）}$$
$$N_2 = 1.15 \text{ kN （拉力）}$$
$$N_3 = 9.81 \text{ kN （拉力）}$$

如果取桁架的右半部为研究对象，可得同样的结果。

由上例可见，采用截面法时，选择适当的力矩方程，可较快地求得某些指定杆件的内力。

4.4 联 合 法

用联合法求解桁架内力，就是将截面法和节点法联合应用。对于有些复杂桁架，需要联合使用截面法和节点法才能求出杆件内力。下面举例说明联合法的应用。

【例 12-20】试求图 12-40（a）所示 K 式桁架中 1、2、3、4 杆的内力。

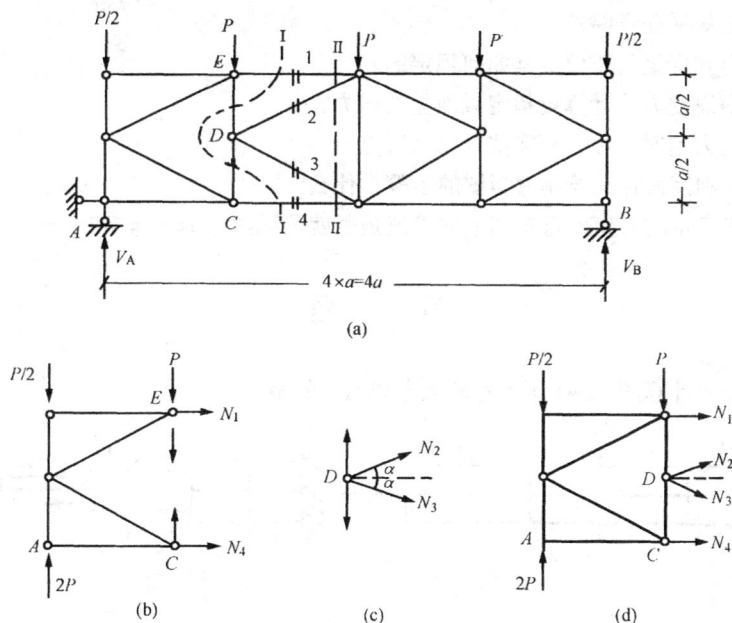

(a)

(b)　　　(c)　　　(d)

图 12-40　例 12-20 图

【解】（1）计算支座反力

以桁架整体为研究对象，由平衡条件求得：

$$H_A = 0 \qquad V_A = 2P（↑） \qquad V_B = 2P（↑）$$

（2）计算各指定杆的内力

取截面 1-1 左部分桁架为隔离体，其受力如图 12-40（b）所示。由平衡方程得

$$\sum M_C = 0 \qquad -N_1 \times a + \frac{P}{2} \times a - 2P \times a = 0$$

$$\sum X = 0 \qquad N_1 + N_4 = 0$$

解得

$$N_1 = -1.5P$$

$$N_4 = -N_1 = -1.5P$$

取节点 D 为隔离体，其受力如图 12-40（c）所示。由平衡方程得：

$$\sum X = 0 \qquad N_2 \cos\alpha + N_3 \cos\alpha = 0$$

解得

$$N_2 = -N_3$$

取截面 2-2 左部分析架为隔离体，其受力如图 12-40（d）所示。由平衡方程得：

$$\sum Y = 0 \qquad 2P - \frac{P}{2} - P + N_2 \sin\alpha - N_3 \sin\alpha = 0$$

解得

$$N_3 = \frac{P}{4\sin\alpha} = \frac{\sqrt{5}}{4}P = 0.462P$$

$$N_2 = -N_3 = -\frac{\sqrt{5}}{4}P = -0.462P$$

复习思考题

1. 试述轴向拉压杆的受力及变形特点。

2. 什么是梁的平面弯曲？

3. 梁的剪力和弯矩的正负号是如何规定的？

4. 如何利用简便方法计算梁指定截面上的内力？

5. 画梁的内力图时，可利用哪些规律和特点？

6. 用叠加法和区段加法绘制弯矩图的步骤是什么？

7. 如何确定弯矩的极值？弯矩图上的极值是否就是梁内的最大弯矩？

习　题

1. 试用截面法计算图 12-41 所示各杆指定截面上的轴力。

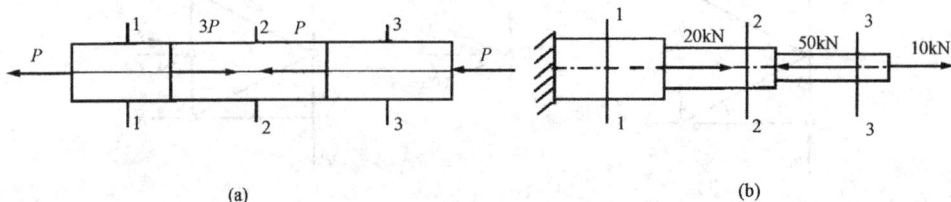

(a)　　　　　　　　　　　　　　　　(b)

图 12-41　习题 1 图

2. 试画出图 12-42 所示各杆的轴力图。

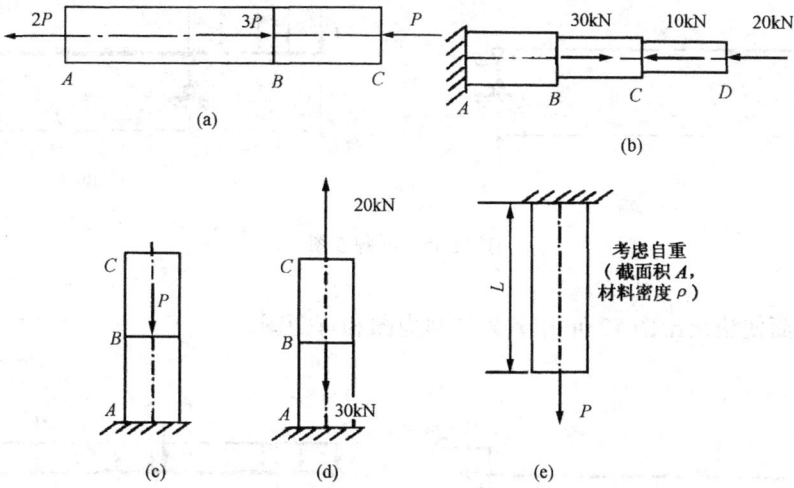

(a)

(b)

(c)

(d)

(e)

图 12-42 习题 2 图

3. 如图 12-43 所示，试用截面法求下列梁中 n-n 截面上的剪力和弯矩。

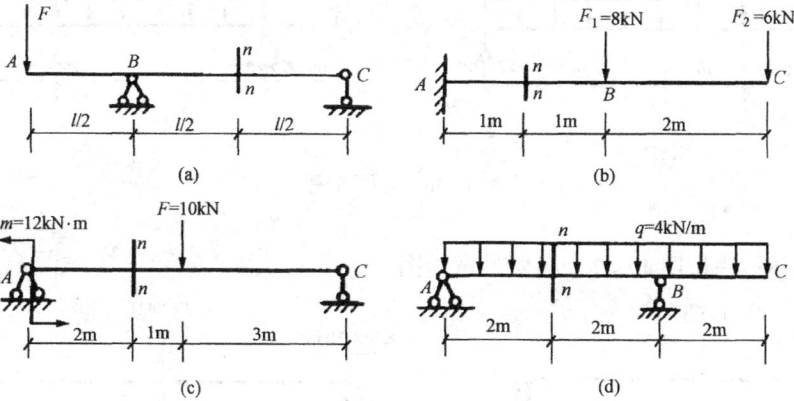

(a)

(b)

(c)

(d)

图 12-43 习题 3 图

4. 试用简便方法求图 12-44 所示各梁指定截面上的剪力和弯矩。

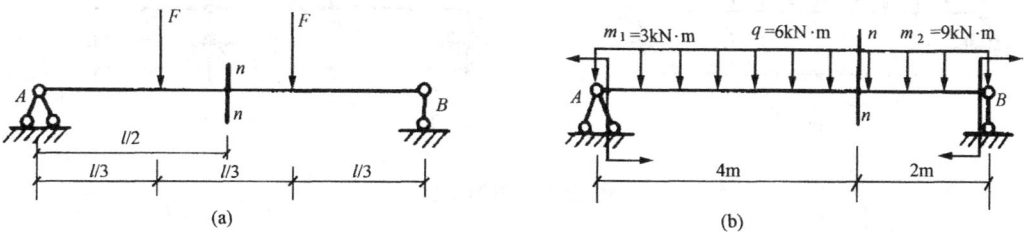

(a)

(b)

图 12-44 习题 4 图

5. 列出图 12-45 中各梁的剪力方程和弯矩方程，画出剪力图和弯矩图。

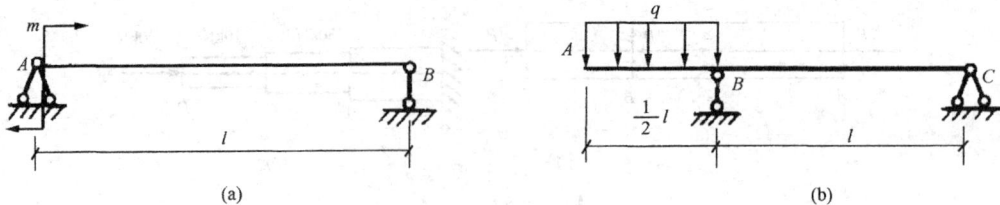

图 12-45 习题 5 图

6. 利用简便法绘出图 12-46 中各梁的剪力图和弯矩图。

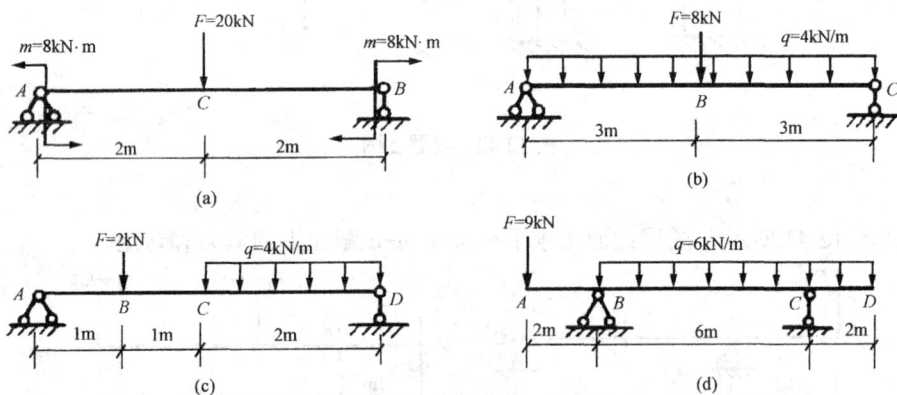

图 12-46 习题 6 图

7. 试用叠加法作图 12-47 中各梁的弯矩图。

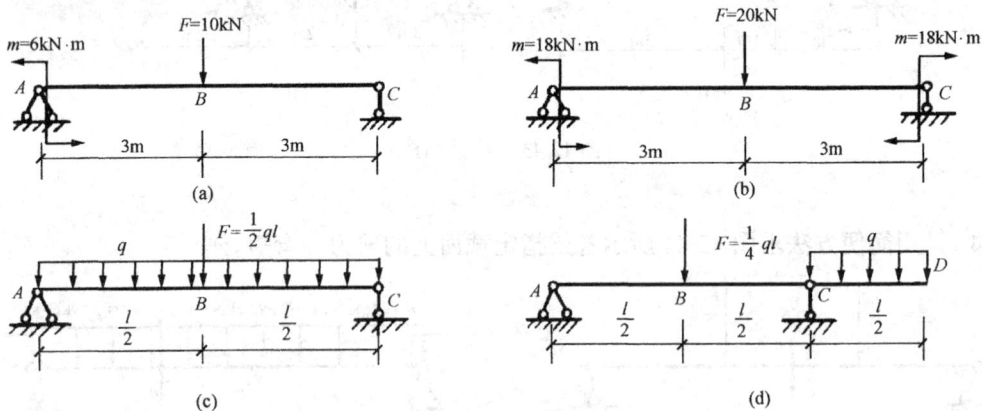

图 12-47 习题 7 图

8. 试用区段叠加法作图 12-48 中各梁的弯矩图。

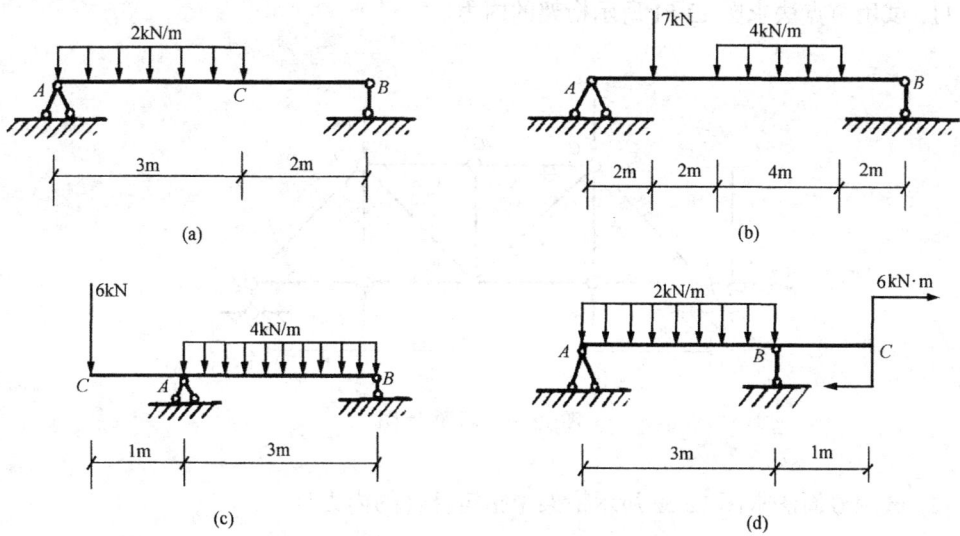

图 12-48 习题 8 图

9. 试作图 12-49 所示刚架的内力图。

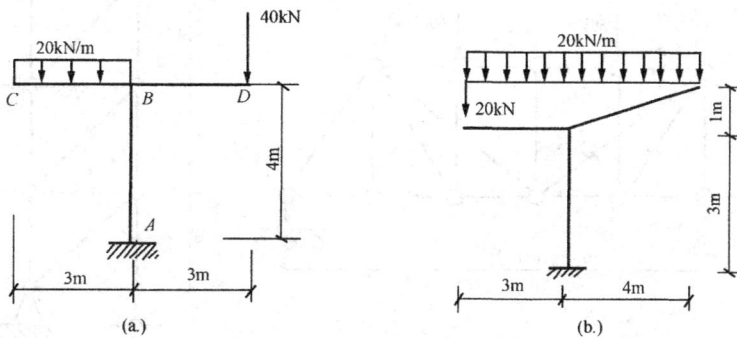

图 12-49 习题 9 图

10. 试作图 12-50 所示刚架的弯矩图。

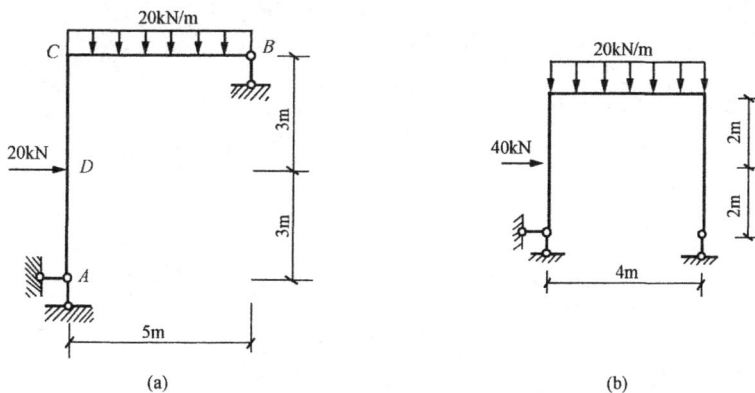

图 12-50 习题 10 图

11. 试用节点法求图 12-51 所示桁架的内力。

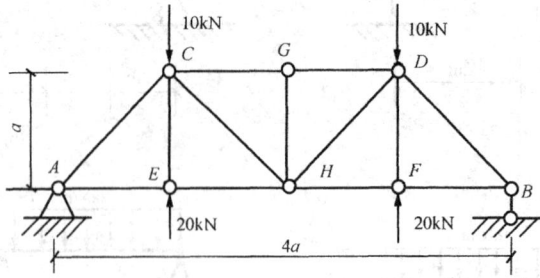

图 12-51　习题 11 图

12. 试用截面法求图 12-52 所示桁架中指定杆件的内力。

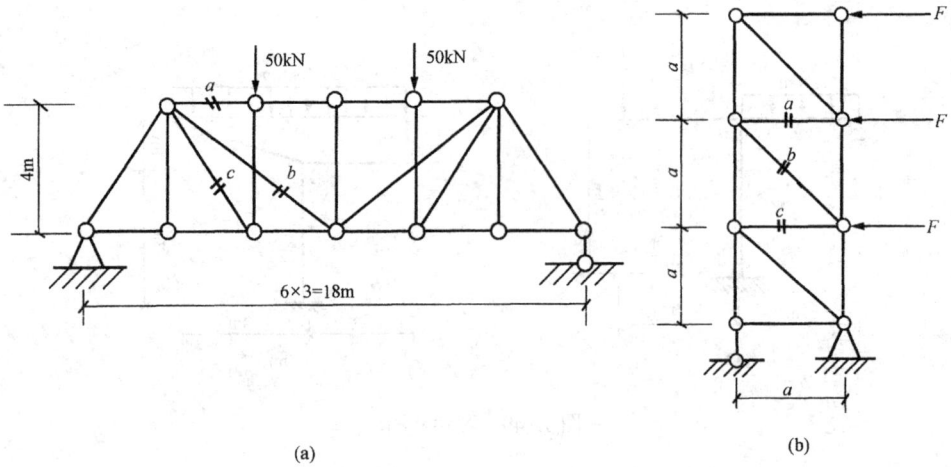

(a)　　　　　　　　(b)

图 12-52　习题 12 图

单元 13　建筑结构的基本概念

知 识 点：建筑结构的分类、材料的力学性能、材料的选用、钢筋混凝土受弯构件及受压构件的构造要求及钢结构的连接方法。

教学目标：掌握材料强度等级及其选用、钢筋混凝土受弯构件及受压构件的构造要求及钢结构的连接方法。

课题 1　建筑结构的一般概念

1.1　建筑结构的历史及发展概况

1.1.1　建筑结构的历史

建筑结构有着悠久的历史，古代建筑大多以木结构、砖石结构为主。例如，建于公元前 2700 年—公元前 2600 年的金字塔，它是古埃及最早的石结构，我国的万里长城等都可以代表古代建筑结构的辉煌。随着生产力的不断发展，工业革命的爆发，不仅推动了资本主义国家的工业化进程，同时也促进了建筑结构的发展。19 世纪初，人们已经开始使用熟铁来建造房屋和桥梁。在 19 世纪中叶，钢结构也得到了蓬勃的发展。目前，钢结构已在建筑工程中发挥着独特且日益重要的作用。轻型钢结构因其商品化程度高、施工速度快、周期短、综合经济效益高，市场需求也越来越大，现已广泛应用于厂房、库房、体育馆、展览馆、机场机库等工程，发展十分迅猛。例如：已建和在建的浦东国际机场、首都国际机场、萧山国际机场、成都双流国际机场等许多重要工程，都采用了钢结构建筑体系。现在钢结构房屋的高度已达到 450m（马来西亚吉隆坡国营石油公司大厦）。到了 19 世纪 20 年代，由于水泥的发明，人们又拌合出了一种整体性和抗压强度都比较好的材料，即混凝土。到了 19 世纪 50 年代，钢筋混凝土结构首先在英、法两国得到应用。但在早期的运用过程中，所采用的钢筋混凝土的混凝土强度和钢筋的强度都比较低，在一般情况下，只用于建造梁、柱、板和拱等简单的基本构件。二次世界大战后，钢筋混凝土结构有了较大的发展，混凝土强度和钢筋的强度不断提高。目前，常用的混凝土强度为 20 ~ 40N/mm²，根据工程的需要，还可制成强度高达 80 ~ 100N/mm² 的混凝土。同时，在 20 世纪 30 年代预应力混凝土结构的出现，更加推动了钢筋混凝土结构的不断发展。

1.1.2　建筑结构的发展概况

建筑结构经过了漫长的发展过程，在各个方面都有较大的进步。

在建筑结构设计理论方面，由原来简单的近似计算方法，经过不断深入的研究、统计资料的不断累计，发展成以统计数学为基础的结构可靠度理论。这种理论目前已逐步应用到工程结构设计、施工与使用的全过程中，以保证结构的安全性，使极限设计方法向着更加完善、更加科学的方向发展。经过不断地充实提高，一个新的分支学科——近代"钢筋混凝土力学"正在逐步形成，它将计算机、有限元理论和现代测试技术应用到钢筋混凝土理论和试验研究中，使建筑结构的计算理论和设计方法更加完善，并且向着更高的阶段发展。

在建筑材料方面，新型结构材料不断涌出，如混凝土，由原来的抗压强度低于 $20N/mm^2$ 的低强度的混凝土发展到 $20 \sim 50N/mm^2$ 中等强度混凝土和 $50N/mm^2$ 以上的高强度混凝土，目前美国已制成 C200 的混凝土，我国已制成 C100 的混凝土。估计不久混凝土强度将普遍达到 $100N/mm^2$，特殊工程可达 $400N/mm^2$。目前，高强混凝土的塑性性能不如普通混凝土，研制塑性好的高强混凝土是今后的发展方向。轻质混凝土主要是采用轻质集料，轻质集料主要有天然轻集料（如浮石、凝灰石等）、人造轻集料（页岩陶粒、黏土陶粒、膨胀珍珠岩等）及工业废料（炉渣、矿渣粉煤灰陶粒等）。轻质混凝土的强度目前一般只能达到 $5 \sim 20N/mm^2$，开发高强度的轻质混凝土是今后的方向。为改善混凝土抗拉性能差、延性差的缺点，在混凝土中掺入纤维是有效的途径。掺入的纤维有钢纤维、耐碱玻璃纤维、聚丙烯纤维或尼龙合成纤维等。除此之外，许多特种混凝土如膨胀混凝土、聚合物混凝土、浸渍混凝土等也在研制、应用之中。在块材方面，由原来的秦砖汉瓦发展到今天的空心黏土砖和混凝土砌块，国外空心砖的抗压强度普遍可达 $30 \sim 60N/mm^2$，甚至高达 $100N/mm^2$ 以上，孔洞率也达 40% 以上。另外，还有在黏土内掺入可燃性植物纤维或塑料珠，锻烧后形成气泡空心砖，它不仅自重轻，而且隔声、隔热性能好。在钢材方面，随着钢材加工冶炼技术的发展，建筑用钢材的强度和性能都得到进一步的提高，现在强度达 $400 \sim 600N/mm^2$ 的高强钢筋已开始应用，今后将会出现强度超过 $1000N/mm^2$ 的钢筋。目前，高强钢筋主要是冷轧钢筋，包括冷轧带肋钢筋和冷轧扭钢筋。为减小裂缝宽度，焊成梯格形的双钢筋也已开始应用。同时钢结构所用的钢材也主要向着高效能方面发展，大力发展型钢，如 H 型钢可直接作梁和柱，采用高强螺栓连接，施工非常方便。压型钢板也是一种新产品，它能直接作屋盖，也可在上面浇上一层混凝土作楼盖。作楼盖时压型钢板既是楼板的抗拉钢筋，又是模板。

在结构方面，空间结构、悬索结构、薄壳结构成为大跨度结构发展的方向。空间钢网架最大跨度已超过 100m。例如：澳大利亚悉尼市为主办 2000 年的奥运会而兴建了一系列体育场馆。其中国际水上运动中心与用作球类比赛的展览馆采用了材料各异的网壳结构。水上运动中心的屋盖净跨 67m，采用带拉杆的圆柱形网壳，如图 13-1 所示。

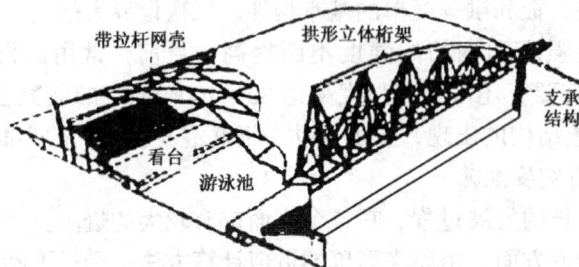

图 13-1　悉尼国际水上运动中心

钢管杆件沿斜向布置并将推力传给边桁架，沿纵向每隔 25m 设一道加劲拱形桁架。这样形成的受力体系是：重力荷载由带拉杆的网壳拱肋承受，而稳定性与抗弯刚度则由加劲桁架提供。该馆的一个特点是奥运会期间可向外增设 8000 个座位，为此沿一侧纵墙设置了一榀净跨 140m 的拱形立体桁架，其斜杆用来悬吊网壳屋盖并防止拱的侧向压屈。组合结构也是结构发展的方向，目前型钢混凝土、钢管混凝土、压型钢板叠合梁等组合结构已广泛应用，在超高层建筑结构中还采用钢框架与内核心筒共同受力的组合体系，能充分利用材料优势。在施工工艺方面近年来也有很大的发展，工业厂房及多层住宅正在向工业化方向进展，而建筑构件的定型化、标准化又大大加快了建筑结构工业化进程。如我国北京、南京、广州等地已经较多采用的装配式大板建筑，提高了施工进度及施工机械化程度。在高层建筑中，施工方法也有了很大的改进，大模板滑模等施工方法已得到广泛推广与应用，如深圳 53 层国贸大厦采用滑升模板建筑；广东国际大厦 63 层，采用筒中筒结构和无粘结部分预应力混凝土平板楼盖，减少了自重，节约了材料，加快了施工速度。

综上所述，建筑结构是一门综合性较强的应用科学，其发展涉及数学、力学、材料及施工技术等科学。随着我国生产力的提高及结构材料研究的发展、计算理论的进一步完善以及施工技术、施工工艺的不断改进，建筑结构科学会发展到更高的阶段。

1.2 建筑结构的一般分类

1.2.1 按照材料不同分类

可分为：混凝土结构、砌体结构、钢结构、木结构等类型。

1. 混凝土结构

混凝土结构是钢筋混凝土结构、预应力混凝土结构和素混凝土结构的总称，其中钢筋混凝土结构应用最为广泛。

在一般的民用建筑中，利用砖墙承重，预制或现浇钢筋混凝土梁板作楼盖和屋盖的砖混结构房屋，已经得到普遍应用。

在工业厂房中，大量采用钢筋混凝土结构，而且在很大程度上可以利用钢筋混凝土结构代替钢柱、钢屋架和钢吊车梁。

在多层与高层建筑中，多采用钢筋混凝土框架结构、框架-剪力墙结构、剪力墙结构和筒体结构，在高 200m 以内的绝大部分房屋可采用混凝土结构代替钢框架，目前最高的钢筋混凝土结构房屋已建到 76 层，高 262m。

在大跨度结构中，采用预应力混凝土桁架和钢筋混凝土壳体结构，可以部分或大部分代替钢桁架和钢薄壳。

此外，在水利工程（水闸、水电站等）、港口工程（船坞、码头等）、桥隧工程（桥梁、隧道、枕木等）、地下工程（矿井、巷道、地铁等）、大型容器（水池、料仓、储罐等）、其他结构（烟囱、水塔、搅拌楼、电视塔等）、以及许多设备基础中，均已大量地采用钢筋混凝土结构。

归纳起来，钢筋混凝土结构有以下优点：

（1）易于就地取材。钢筋混凝土的主要材料是砂、石，而这两种材料产地比较普遍，这有利于降低工程造价。

（2）耐久性好。混凝土本身特征之一是其强度不随时间的增长而降低。钢筋被混凝土紧紧包裹而不致锈蚀，即使在侵蚀性介质条件下，也可采用特殊工艺制成耐腐蚀的混凝土。因此，具有很好的耐久性。

（3）整体性能好。钢筋混凝土结构特别是现浇结构具有很好的整体性，能抵御地震作用，这对于地震区的建筑物及提高整个结构的刚度和稳定性有重要意义。

（4）可模性好。混凝土拌合物是可塑的，可根据工程需要制成各种形状的构件，这给合理选择结构形式及构件截面形式提供了方便。

（5）耐火性好。在钢筋混凝结构中，钢筋被混凝土包裹着，而混凝土的导热性很差，因此，发生火灾时钢筋不致很快达到软化温度而造成结构破坏。

（6）刚度大，承载力较高。

同时，钢筋混凝土结构也存在以下一些缺点，有待于采取相应的措施进行改进：

1）自重大。一般混凝土自重为 22～24kN/m^3，重混凝土达 25kN/m^3 以上，钢筋混凝土为 25kN/m^3。这对抗震不利，也使钢筋混凝土在大跨度结构和高层结构中的应用受到限制。为减轻自重，材料本身应向轻质高强方向发展。例如采用轻集料混凝土可以减轻结构自重。

2）抗裂性能差。往往由于裂缝宽度的限制妨碍高强钢筋的应用。为增强混凝土的抗裂性能常采用预应力混凝土结构。即在构件使用之前，通过预先张拉钢筋，靠钢筋回弹使受拉区混凝土预先受到压应力。到使用阶段，在外荷载作用下，受拉区混凝土产生的拉应力若小于预压应力，或最终的拉应力很小，就能达到不开裂或开裂很小的目的。

3）费工费模板。为此应多采用装配预制构件和采用可以多次重复使用的钢模板来代替木模板，以及采用滑模、顶升等新的施工工艺或机械化施工方法。

4）隔声、隔热性能差。可在构件内部填充保温隔热或隔声材料加以解决。

2. 砌体结构

由块体（砖、石材、砌块）和砂浆砌筑而成的墙、柱作为建筑物主要受力构件的结构称为砌体结构，它是砖砌体结构、石砌体结构和砌块砌体结构的统称。

砌体结构在多层建筑中应用非常广泛，特别是在多层民用建筑中，砌体结构占绝大多数。目前高层砌体结构也开始应用，最大建筑高度已达 10 余层。中、小型工业厂房也可用砖石砌体作为承重结构，大型工业厂房中，常用砌体作围护结构。另外，民用建筑企业中的烟囱、料仓、地沟、管道支架以及对防水要求不高的水池；交通工程中的隧道、渠道、涵洞和挡土墙；水利工程中的水坝、堰和渡槽等都常采用砌体结构建造。

归纳起来，砌体结构具有以下优点：

（1）取材方便，造价低廉。砌体结构所需用的原材料如黏土、砂子、天然石材等几乎到处都有，来源广泛而经济。砌块砌体还可节约土地，使建筑向绿色建筑、环保建筑方向发展。

（2）具有良好的耐火性及耐久性。一般情况下，砌体能耐受 400℃ 的高温。砌体耐腐蚀性能良好，完全能满足预期的耐久年限要求。

（3）具有良好的保温、隔热、隔声性能，节能效果好。

（4）施工简单，技术容易掌握和普及，也不需要特殊的设备。

（5）可以节省水泥、钢材和木材，不需要模板。

其主要缺点是：

（1）自重大。因砌体的强度低，构件的截面和体积相应增大，因而加大自重。在一般混合结构住宅建筑中，砖墙自重约占建筑物总重的一半，随之材料用量增多，运输量加大，因而主要应向轻质高强方向发展。

（2）砌筑工作繁重。在一般混合结构住宅建筑中，砌砖用工量占1/4以上，而且目前基本上还是用手工方式操作，故此应充分利用各种机具搬运提升，以减轻劳动量，同时应尽量采用空心砖和砌块等砌体，并优先采用工业化施工方法。

（3）砌块和砂浆间的粘结力较弱。砌体的抗拉、抗弯、抗剪强度低，抗震性能差。在6度以上的地震区，需要采用必要的设防措施。

（4）普通黏土砖砌体的黏土用量大，往往占用农田过多，影响农业生产。所以应加强利用工业废料和地方性材料代替黏土砖的研究工作与推广应用。正是由于砌体有这样的一些特点，在实际工程中，砌体结构主要用于房屋结构中以受压为主的竖向承重构件（如墙、柱等），而水平承重构件（如梁、板等）多为钢筋混凝土结构。这种由两种及两种以上材料作为主要承重结构的房屋称为混合结构房屋。

3. 钢结构

钢结构系指以钢材为主制作的结构。就工业与民用建筑来说，钢结构主要用于：

（1）大跨度结构

结构跨度大，自重在全部荷载中所占比重也就越大，减轻自重可以获得明显的经济效果。钢结构强度高而重量轻的优点对于大跨度结构就特别突出，所以，常用于飞机库、体育馆、大型展览馆、会堂等。例如，陕西秦始皇兵马俑陈列馆的三铰拱架总跨度为72m，有的体育馆跨度已达110m，飞机装配车间跨度一般在60m以上。

（2）重型厂房结构

钢铁联合企业和重型机械制造业有许多车间属于重型厂房。所谓"重"，主要指吊车吨位较大（常在100t以上，有的达440t）和使用频繁（如每天24h运行）。

（3）受动态荷载影响的结构

由于钢材具有良好的韧性，设有较大锻锤与产生动力作用的其他设备的厂房或铁轨、桥梁等，即使跨度不很大，也往往采用钢结构，对于抗震性能要求高的结构，也适宜采用钢结构。

（4）可拆卸的结构

钢结构不仅重量轻，还可以用螺栓或其他便于拆装的手段来连接。需要搬迁的结构，如建筑工地生产和生活用房的骨架，临时性展览馆等，最适宜采用钢结构。钢筋混凝土结构施工用的模板支架，现在也趋向于用工具式的钢桁架。

（5）高耸结构和高层建筑

高耸结构包括塔架和桅杆结构，如高压输电线的塔架、广播和电视发射用的塔架和桅杆等。广州和上海的电视塔高度分别为200m和205m。1977年建成的北京环境气象塔，塔高325m，是五层拉线的桅杆结构。超高层建筑的结构骨架，也是钢结构应用范围的一个重要方面。

（6）轻型钢结构

钢结构重量轻不仅对大跨度结构有利，对使用荷载不大的小跨结构也有优越性。因为当使用荷载特别轻时，小跨结构的自重也成为一个重要因素。冷弯薄壁型钢屋架在一定条件下的用钢量可以不超过钢筋混凝土屋架的用钢量。

（7）容器和其他构筑物

在冶金、石油、化工企业中，大量采用钢板做成容器结构，如油罐、煤气罐、高炉、热风炉等。此外，经常使用的还有皮带通廊栈桥、管道支架、钻井和采油塔架，以及海上采油平台等其他钢构筑物。

归纳起来，钢结构的特点如下：

1）强度高、自重轻、塑性和韧性好、材质均匀。强度高，可以减小构件截面，减轻结构自重（当屋架的跨度和承受荷载相同时，钢屋架的重量最多不过是钢筋混凝土屋架的$1/4 \sim 1/3$），也有利于运输吊装和抗震；塑性好，结构在一般条件下不会因超载而突然断裂；韧性好，结构则对动荷载的适应性强；材质均匀，钢材的内部组织比较接近于均质和各向同性体，当应力小于比例极限时，几乎是完全弹性的，和力学计算的假设比较符合。

2）钢结构的可焊性好，制作简单，便于工厂生产和机械化施工，便于拆卸，可以缩短工期。

3）有优越的抗震性能。

4）无污染、可再生、节能、安全，符合建筑可持续发展的原则，可以说钢结构的发展是21世纪建筑文明的体现。

5）钢材耐腐蚀性差，需经常油漆维护，故维护费用较高。

6）钢结构的耐火性差。当温度达到250℃时，钢结构的材质将会发生较大变化；当温度达到500℃时，结构会瞬间崩溃，完全丧失承载能力。

4. 木结构

木结构是指全部或大部分用木材制作的结构。这种结构易于就地取材，制作简单，是我国传统的结构形式，随着工农业生产的发展，木材资源远远不能满足人们的需求，而且木材易燃、易腐蚀、变形大，使用也受到国家严格限制，因此已很少采用。

1.2.2 按照结构的受力特点分类：

可分为：砖混结构、框架结构、排架结构、剪力墙结构、筒体结构。

1. 砖混结构

由砌体和钢筋混凝土材料共同承受外加荷载的结构。由于砌体材料强度较低，且墙体容易开裂、整体性差，故砖混结构的房屋主要用于层数不多的民用建筑，如住宅、宿舍、办公楼、旅馆等建筑。

2. 框架结构

由梁、柱构件通过铰结（或刚结）相连而构成承重骨架的结构。框架结构是目前建筑结构中较广泛的结构形式之一，它能保证建筑的平面布置灵活，主要承受竖向荷载。防水、隔声效果也不错，同时具有较好的延性和整体性，因此框架结构的抗震性能较好。其缺点是结构属于柔性结构，抵抗侧移的能力较弱。一般多层工业与民用建筑大多采用框架结构，合理的建造高度为30m左右，即层高为3m左右时不超过10层。

3. 排架结构

通常是指由柱子和屋架（或屋面梁）组成，柱子与屋架（或屋面梁）铰接，而与基础固接的结构。从材料上讲，排架结构多为钢筋混凝土结构，也可采用钢结构。广泛用于各种单层工业厂房。其结构跨度一般为 12～36m。

4. 剪力墙结构

由整片的钢筋混凝土墙体和钢筋混凝土楼（屋）盖组成的结构。墙体承受所有的水平荷载和竖向荷载。剪力墙结构整体刚度大、抗侧移能力较强，但它的建筑空间划分受到限制，造价相对比较高，因此一般适用于横墙较多的建筑物，如高层住宅、宾馆及酒店等。合理的建造高度为 15～50 层。

5. 筒体结构

筒体结构是由钢筋混凝土墙或密集柱围成的一个抗侧移刚度很大的结构，犹如一个嵌固在基础上的竖向悬臂构件。筒体结构的抗侧移刚度和承载能力在所有结构中是最大的，根据筒体的不同组合方式，筒体结构可以分为框架-筒体、筒中筒和多筒结构三种类型。

框架-筒体结构，兼有框架和筒体结构的优点，其建筑平面布置灵活，有很好地抵抗水平荷载的能力。

筒中筒结构，又称双筒结构。内、外筒直接承受楼盖传来的竖向荷载，同时又共同抵抗水平荷载。筒中筒结构有较大的使用空间，平面布置灵活，结构布置也比较合理，空间性能较好，刚度更大，因此，适用于建造较高的高层建筑。

多筒结构是由多个单筒组合而成的多束筒结构，它的抗侧刚度比筒中筒结构还要大，可以建造更高的高层建筑。

1.3 建筑材料及其设计指标

1.3.1 建筑钢材

1. 钢筋的分类

建筑工程中采用的钢筋，不仅要高强，而且还要具有良好的塑性和焊接性能，同时要求要与混凝土有较好的粘结性能。

我国用于钢筋混凝土结构和预应力结构的钢筋和钢丝主要有：

（1）钢筋，有热轧钢筋、热处理钢筋、冷拉钢筋、冷轧钢筋。其中，热轧钢筋按照强度由低到高分为 HPB235、HRB335、HRB400 及 RRB400 四个级别。

（2）钢丝，主要用于预应力混凝土结构中，有消除应力的光面钢丝、螺旋钢丝和三面钢丝。

（3）钢绞线，由多根高强钢丝在绞丝机上绞合，再经低温回火制成。按其股数可分为 3 股和 7 股，高强钢丝、钢绞丝的强度可以达到 1700N/mm² 以上。

《混凝土结构设计规范》（GB50010—2002）（以下简称《混凝土规范》）规定，普通钢筋（指用于钢筋混凝土结构中的钢筋和预应力混凝土结构中的非预应力钢筋）宜采用 HRB400 级和 HRB335 级钢筋，也可采用 HPB235 级和 RRB400 级钢筋。

HRB400 级钢筋强度高，延性好，锚固性能好，是混凝土结构的主导钢筋，实际工程中主要用作结构构件中的受力主筋；HRB335 级钢筋虽然强度低于 HRB400 级钢筋，但延性、锚固性能均好，是混凝土结构的辅助钢筋，实际工程中也主要用作结构构件中的受力主筋；HPB235 级钢筋强度太低，且锚固性能差，一般不推荐使用，实际工程中只用作板、基础和荷载不大的梁、柱的受力主筋、箍筋以及其他构造钢筋；RRB400 级钢筋强度虽高，但疲劳性能、冷弯性能以及可焊性均较差，其应用受到一定限制。

2．设计指标

钢材的强度具有变异性。按同一标准生产的钢材，不同时生产的各批钢材之间的强度不会完全相同；即使同一炉钢轧制的钢材，其强度也会有差异。因此，在结构设计中采用其强度标准值作为基本代表值。所谓强度标准值，是指正常情况下可能出现的最小材料强度值。《统一标准》规定，材料强度标准值应具有不小于95％的保证率。热轧钢筋的强度标准值根据屈服强度确定，而预应力钢绞线、钢丝和热处理钢筋的强度标准值根据极限抗拉强度确定。

强度标准值除以材料分项系数 γ_s 即为材料强度设计值。各类热轧钢筋材料分项系数 γ_s 的取值大约为 1.15。

各类钢筋强度设计值见表 13-1 和表 13-2。

普通钢筋强度标准值、强度设计值（N/mm²） 表 13-1

种 类		符 号	强度标准值		强度设计值	
			f_{yk}	f'_{yk}	f_y	f'_y
热扎钢筋	HPB235（Q235）	ϕ	235	235	210	210
	HRB335（20MnSi）	Φ	335	335	300	300
	HRB400（20MnSiV、20MnSiNb、20MnTi）	Φ	400	400	360	360
	RRB400（k20MnSi）	Φ^R	400	400	360	360

注：钢筋混凝土结构中，轴心受拉和小偏心受拉钢筋抗拉强度设计值大于300N/mm²，仍应按300N/mm²取用。

预应力钢筋强度设计值 表 13-2

种 类		符 号	f_{ptk}	f_{py}	f'_{py}
钢绞线	1×3	ϕ^s	1860	1320	390
			1720	1220	
			1570	1110	
	1×7		1860	1320	390
			1720	1220	
消除应力钢丝	光面、螺旋助	ϕ^P ϕ^H	1770	1250	410
			1670	1180	
			1570	1110	
	刻痕	ϕ^I	1570	1110	410
热处理钢筋	40Si2Mn	ϕ^{HT}	1470	1040	400
	48Si2Mn				
	45Si2Cr				

注：当预应力钢绞线、钢丝的强度标准值不符合规范规定时，其强度设计值应进行换算。

3．钢筋的选用原则

（1）实际工程中，普通钢筋宜采用 HRB400 级和 HRB335 级的热扎带肋钢筋，也可采用 HPB235 级和 RRB400 级。

（2）预应力钢筋宜采用预应力钢绞线、钢丝，也可采用热处理钢筋。

1.3.2　混凝土

1. 混凝土的强度

在施工和设计中，混凝土常见的强度有：立方体抗压强度、轴心抗压强度、轴心抗拉强度、三轴强度和复合强度等。但实际上，我们都是根据立方体抗压强度 $f_{cu,k}$ 来划分混凝土的等级，分为 C15、C20、C25、C30、C35、C40、C45、C50、C55、C60、C65、C70、C75、C80 共 14 个等级。

《混凝土规范》规定，钢筋混凝土结构的混凝土强度等级不应低于 C15（基础垫层混凝土的强度可采用 C10）；当采用 HRB335 级钢筋时，混凝土强度等级不宜低于 C20；当采用 HRB400 和 RRB400 级钢筋以及承受重复荷载的构件，混凝土强度等级不得低于 C20。

混凝土的强度指标同钢筋相比，混凝土强度具有更大的变异性，按同一标准生产的混凝土各批强度会不同，即便同一次搅拌的混凝土其强度也有差异。因此，设计中也应采取混凝土强度标准值来进行计算。

混凝土强度设计值等于混凝土强度标准值除以混凝土材料分项系数 γ_c，$\gamma_c = 1.4$。

各种强度等级的混凝土强度标准值、强度设计值列于表 13-3 和表 13-4。

混凝土强度标准值（N/mm²）　　　　　　　　　　　　　　　　表 13-3

强度	混凝土强度等级													
	C15	C20	C25	C30	C35	C40	C45	C50	C55	C60	C65	C70	C75	C80
$f_{c,k}$	10.0	13.4	16.7	20.1	23.4	26.8	29.6	32.4	35.5	38.5	41.5	44.5	47.4	50.2
$f_{t,k}$	1.27	1.54	1.78	2.01	2.20	2.40	2.51	2.64	2.74	2.85	2.99	3.00	3.05	3.11

混凝土强度设计值（N/mm²）　　　　　　　　　　　　　　　　表 13-4

强度	混凝土强度等级													
	C15	C20	C25	C30	C35	C40	C45	C50	C55	C60	C65	C70	C75	C80
f_c	7.2	9.6	11.9	14.3	16.7	19.1	21.2	23.1	25.3	27.5	29.7	31.8	33.8	35.9
f_t	0.91	1.1	1.27	1.43	1.57	1.71	1.80	1.89	1.96	2.04	2.09	2.14	2.18	2.22

注：计算现浇钢筋混凝土轴心受压及偏心受压构件时，如截面长边或直径小于 300mm，则表中混凝土的强度设计值应乘以系数 0.8；当构件质量确有保证时，可不受此限。

2. 混凝土的变形

混凝土的变形可以分为两大类：一是由于外力的作用所产生的变形；另一类是由收缩和温度变化而产生的变形。

（1）混凝土的弹性模量和变形模量

在实际工程中，为了计算结构的变形、混凝土及钢筋的应力分布和预应力损失等，都必须有一个材料常数——弹性模量。从混凝土的应力应变曲线上可以知道，只有在应力很小的时候，才接近于直线，因此它的应力与应变之比是一个常数，即弹性模量，用 E_c 表示。而应力较大时，应力与应变之比是一个变数，称为变形模量，用 E_c' 表示。

混凝土的弹性模量见表 13-5。

混凝土弹性模量 E_c 表 13-5

混凝土强度等级	C15	C20	C25	C30	C35	C40	C45	C50	C55	C60	C65	C70	C75	C80
弹性模量 E_c	2.20×10^4	2.55×10^4	2.80×10^4	3.00×10^4	3.15×10^4	3.25×10^4	3.35×10^4	3.45×10^4	3.55×10^4	3.60×10^4	3.65×10^4	3.70×10^4	3.75×10^4	3.80×10^4

混凝土出现塑性变形后，其变形模量低于弹性模量，则有

$$E_c' = vE_c$$

一般，当 $\sigma \leqslant f_c/3$ 时，$v = 1.0$；

当 $\sigma = 0.8f_c$ 时，$v = 0.4 - 0.7$。

《混凝土规范》规定：受拉时的弹性模量与受压时的弹性模量基本相似，可取相同的数量，当混凝土受拉达到极限应变时，取弹性特征系数 $v = 0.5$。

（2）徐变

混凝土在长期荷载作用下，即使应力保持不变，其应变也会随着时间继续增长，这种现象我们把它称为徐变。产生徐变的原因比较复杂，一般认为主要有两个方面的原因：一是混凝土受荷后产生的水泥胶体黏性流动要持续比较长的时间，所以混凝土棱柱体在不变荷载作用下，这种黏性流动还要继续发展；二是混凝土内部微裂缝在荷载长期作用下将继续发展和增加，从而引起裂缝的增长。

试验表明，徐变与下列一些因素有关：

1）水泥用量越多，水灰比越大，徐变越大；

2）增加混凝土骨料的含量，徐变将变小；

3）养护条件好，水泥水化作用充分，徐变就小；

4）混凝土加荷前，混凝土强度越高，徐变就越小；

5）构件截面中应力越大，徐变越大。

（3）混凝土的收缩和膨胀

混凝土在空气中硬结会失去水分而使体积减小，称为收缩；混凝土在水中硬结会因为吸收水分而使体积增大，称为膨胀。一般来说混凝土的收缩应变约为 0.0002～0.0005，大约在 3～6 个月内完成。膨胀应变则比收缩应变小得多，对钢筋混凝土结构影响不大，一般不予考虑。

在自由状态下，混凝土的收缩对结构并不产生多大危害，但实际结构总是处在相互约束状态，混凝土在受各种约束时会产生拉应力，当此拉应力超过混凝土的抗拉强度 f_t 时就会开裂。混凝土的收缩可能会使构件在未受荷前就出现裂缝或引起预应力损失，因此，在实际工程中要加以预防。影响混凝土收缩的因素很多，试验表明，混凝土的收缩主要与

下列因素有关：

1）水泥品种方面：水泥强度等级越高，所配置的混凝土收缩也越大。

2）水泥用量：水泥越多混凝土收缩越大；水灰比越大混凝土收缩越大。

3）骨料的性质：骨料的量大，收缩小。

4）养护条件：在硬结过程中周围湿度越大，收缩越小。

5）混凝土制作方法：混凝土越密实，收缩越小。

6）使用环境的影响：使用环境温湿度大时，收缩小。

7）构件的体积与表面积的比值：比值大，收缩小。

1.3.3 钢筋和混凝土共同工作的原因

钢筋和混凝土是两种不同性质的材料，在钢筋混凝土结构中之所以能够共同工作，主要是因为以下原因：

（1）钢筋表面与混凝土之间存在粘结作用。这种粘结作用由三部分组成：一是混凝土硬结时体积收缩，将钢筋紧紧握住而产生的摩擦力，由于混凝土凝固时收缩，使钢筋与混凝土接触面上产生了正应力，因此，当钢筋和混凝土产生相对滑移时（或有相对滑移的趋势时），在钢筋和混凝土的接触界面上产生摩阻力。光面钢筋和混凝土的粘结力主要靠摩阻力。二是由于钢筋表面凹凸不平而产生的机械咬合力。对于光面钢筋，咬合力是指表面粗糙不平而产生的咬合作用；对于带肋钢筋，咬合力是指带肋钢筋肋嵌入混凝土而形成机械咬合作用，这是带肋钢筋与混凝土粘结力的主要来源。三是混凝土与钢筋接触表面间的胶结力，这来源于浇筑时水泥浆体向钢筋表面氧化层的渗透和养护过程中水泥晶体的生长和硬化，从而使水泥胶体与钢筋表面产生吸附胶着作用。这种化学吸附力只能在钢筋和混凝土的界面处原生状态时才存在，一旦发生滑移，它就失去作用。其中机械咬合力约占50%。

（2）钢筋和混凝土的温度线膨胀系数几乎相同（钢筋为 1.2×10^{-5}，混凝土为 $1.0 \times 10^{-5} \sim 1.5 \times 10^{-5}$），在温度变化时，二者的变形基本相等，不致破坏钢筋混凝土结构的整体性。

（3）钢筋被混凝土包裹着，从而使钢筋不会因大气的侵蚀而生锈变质。

上述三个原因中，钢筋表面与混凝土之间存在粘结作用是最主要的原因。

课题2　常见结构的概念及特点

2.1　砌　体　结　构

2.1.1　材料的种类和强度等级

砌体的材料主要包括块材和砂浆。

1. 块材

块材是各种砖、石材和砌块的总称，一般分为天然石材和人工块材两大类，人工块材主要有经过焙烧的烧结普通砖、烧结多孔砖以及不经过焙烧的灰砂砖、粉煤灰砖、混凝土小型空心砌块等。块材的强度等级是块材力学性能的基本标志，用符号"MU"表示。

（1）烧结普通砖

烧结普通砖简称普通砖，指以黏土、页岩、煤矸石、粉煤灰为主要原料，经过焙烧而成的实心的或孔洞率不大于 15%，且外形尺寸符合规定的砖，分烧结黏土砖、烧结页岩砖、烧结煤矸石砖、烧结粉煤灰砖等。为了保护土地资源，利用工业废料和改善环境，国家禁止使用黏土实心砖，推广和生产采用非黏土原材料制成的砖材，已成为我国墙体材料改革的发展方向。

《烧结普通砖》（GB/T5101—1998）规定，普通砖的尺寸为 240mm×115mm×53mm，习惯上称标准砖。每立方米砌体的标准砖块数为 512 块。

烧结普通砖的强度等级是由标准试验方法得出的砖极限抗压强度按规定的评定方法确定的，单位是"MPa"。按国家标准规定，取 10 块试样，分别切断，用水泥净浆将半块砖两两叠砌在一起，上下做抹平面，试件呈近似立方体，经养护后试压破坏，统计单块强度、平均强度、强度标准差和差异系数，确定评定方法，评定砖的强度等级。要求抗压强度平均值不低于相应的强度等级值。烧结普通砖的强度等级有 MU30、MU25、MU20、MU15 和 MU10 五个等级。

（2）非烧结硅酸盐砖

非烧结硅酸盐砖是指以硅酸盐材料、石灰、砂石、矿渣、粉煤灰等为主要材料压制成型后经蒸汽养护制成的实心砖。常用的有蒸压灰砂砖、蒸压粉煤灰砖、炉渣砖、矿渣砖等。

蒸压灰砂砖简称灰砂砖，是以石灰和砂为主要原料，经坯料置备、压制成型、蒸压养护而成的实心砖，色泽一般为灰白色，其强度等级有 MU25、MU20、MU15 和 MU10。灰砂砖不能用于长期超过 200℃、受急冷急热或有酸性介质侵蚀的部位。MU25、MU20、MU15 的灰砂砖可用于建筑基础及其部位，MU10 仅用于防潮层以上。

蒸压粉煤灰砖简称粉煤灰砖，又称烟灰砖，是以粉煤灰、石灰为主要原料，掺配适量的石膏和集料，经坯料制备、压制成型、高压蒸汽养护而成的实心砖，有 MU25、MU20、MU15、MU10 四个强度等级。它可用于工业与民用建筑的墙体和基础，但用于基础或易受冻融和干湿交替作用的建筑部位时，必须使用一等砖与优等砖。它的抗冻性、长期强度稳定性以及防水性能较黏土砖差，不宜用于地面以下或潮湿房间的砌体中。

炉渣砖亦称煤渣砖，以炉渣为主要原料，掺配适量的石灰、石膏或其他集料制成。

矿渣砖以未经水淬处理的高炉炉渣为主要原料，掺配适量的石灰、粉煤灰或炉渣制成。

（3）烧结多孔砖

烧结多孔砖简称多孔砖，是指以黏土、页岩、煤矸石或粉煤灰为主要原料，经焙烧而成的具有竖向孔洞（孔洞率不小于 25%，孔的尺寸小而数量多）的砖。烧结多孔砖与烧结普通黏土砖相比，突出的优点是减轻墙体自重 1/4 ~ 1/3，节约原料和能源，提高砌筑效率约 40%，降低成本 20% 左右，显著改善保温隔热性能。目前，国家正在开展墙体材料改革，限制使用黏土砖，因此开发烧结多孔砖及其在墙体中的运用有着十分重要的意义。

烧结多孔砖主要用于承重部位，其强度等级划分为 MU30、MU25、MU20、MU15、MU10。

2. 砌块

砌块是指其主要规格的尺寸有一项或一项以上分别大于 365、240、115 mm，但长度不超过高度 3 倍的人工块材。砌块一般用混凝土或水泥炉渣浇制而成，也可用粉煤灰蒸养而成。主要有混凝土空心砌块、加气混凝土砌块、水泥炉渣空心砌块、粉煤灰硅酸盐砌块。砌块能节约耕地，且其保温隔热性能及隔声性能较好。用砌块砌筑砌体可以减少劳动量，加快施工进度。砌块的强度等级分为 MU20、MU15、MU10、MU7.5、MU5 五级。

砌块按尺寸的大小可以分为三类：主规格高度为 180～350mm 的块体一般称为小型砌块；主规格高度为 360～900mm 的块体一般称为中型砌块；主规格高度为 900mm 以上的块体一般称为大型砌块。由于起重设备的限制，中型和大型砌块已很少应用，《砌体规范》主要推荐混凝土小型空心砌块。它是指由普通混凝土或轻骨料混凝土制成，主规格尺寸为 390mm×190mm×190mm，空心率在 25%～50% 的空心砌块，简称混凝土砌块。混凝土砌块按孔洞排列情况又分为单排孔砌块和多排孔砌块。单排孔砌块为沿宽度方向只有一排孔的砌块，这种砌块具有较大的空心率和孔洞截面，在砌块砌体中可通过上下贯通的孔洞浇筑钢筋混凝土芯柱来提高抗震能力，多排孔砌块是沿宽度方向有两排或两排以上的孔洞的砌块。孔洞形式可以是贯通的，为了铺浆方便也可以用半封底的盲孔砌块，这种砌块的保温隔热性能好。

混凝土砌块的强度等级是根据五块砌块的抗压强度（毛面积计）平均值和单块最小值来确定，其强度等级分为 MU20、MU15、MU10、MU7.5、MU5 五个等级。

3. 石材

石材抗压强度高，抗冻性、抗渗性及耐久性均较好，通常用于建筑物基础，挡土墙等，也可用于建筑物墙体。砌体中的石材应选用无明显风化的天然石材，一般采用重力密度大于 18kN/m³ 的重石，如花岗岩、砂岩和石灰岩等，天然石材传热性较高，不宜用作寒冷地区的墙体。

石材的强度等级共分七级：MU100、MU80、MU60、MU50、MU40、MU30、MU20。

石材按加工后的外形规则程度分为料石和毛石两种。

（1）料石

细料石：通过细加工、外形规则，叠砌面凹入深度不应大于 10mm，截面的宽度、高度不应小于 200mm，且不应小于长度的 1/4。

半细料石：规格尺寸同上，但叠砌面凹入深度不应大于 15mm。

粗料石：规格尺寸同上，但叠砌面凹入深度不应大于 20mm。

毛料石：外形大致方正，一般不加工或稍加修整，高度不应小于 200mm，叠砌面凹入深度不应大于 25mm。

（2）毛石

形状不规则，中部厚度不小于 200mm 的石材。

4. 砂浆

砌体中砂浆的作用是将块材连成整体，从而改善块材在砌体中的受力状态，使其应力均匀分布，同时，因砂浆填满了块材间的缝隙，也降低了砌体的透气性，提高了砌体的防水、隔热、抗冻等性能。按配料成分不同，砂浆分为以下几种：

（1）水泥砂浆

水泥砂浆的主要特点是强度高、耐久性和耐火性好，但其流动性和保水性差，相对而言施工较困难。在强度等级相同的条件下，采用水泥砂浆砌筑的砌体强度要比用其他砂浆时低。水泥砂浆常用于地下结构或经常受水侵蚀的砌体部位。

（2）水泥混合砂浆

水泥混合砂浆包括水泥石灰砂浆和水泥黏土砂浆，其强度较高，且耐久性、流动性和保水性均较好，便于施工，容易保证施工质量，常用于地上砌体，是最常用的砂浆。

（3）非水泥砂浆

非水泥砂浆有石灰砂浆、黏土砂浆和石膏砂浆。石灰砂浆强度较低，耐久性也差，流动性和保水性较好，通常用于地上砌体。黏土砂浆强度低，可用于临时建筑或简易建筑。石膏砂浆硬化快，可用于不受潮湿的地上砌体。

对砌筑砂浆的基本要求主要是强度、可塑性和保水性。

砂浆的强度等级符号用"M"表示，以边长为 70.7mm 的立方体试块，每组试块为 6 块，成型后试件在标准条件下养护 28d，然后进行抗压试验，根据强度平均值来划分的。砂浆的强度等级分为 M15、M10、M7.5、M5、M2.5 五个级别。

可塑性好的砂浆便于操作，砂浆很容易均匀地铺开，灰缝平整、密实，从而提高砌体强度和砌筑效率。砂浆的可塑性用标准锥体沉入砂浆的深度来测定（称为砂浆的稠度）。此外，砂浆的质量在很大程度上取决于保水性，如果保水性差，在运输和砌筑过程中一部分水分会从砂浆中游离出去并被砖吸收，使砂浆铺平困难，影响正常硬化作用，降低砌体的强度。砂浆的保水性由分层度试验确定。

水泥砂浆的可塑性和保水性差，影响砌筑质量，其砌体强度比同强度等级的混合砂浆砌筑的砌体强度低，故《砌体规范》规定采用这种砂浆砌筑的砌体强度应予折减。水泥砂浆可制成较高强度等级的砂浆，且砌筑的砌体能在潮湿的环境下硬化，常用于地面以下或防潮层以下砌体的砌筑。混合砂浆的可塑性和保水性较好，是一般砌体中最常用的砂浆。而非水泥砂浆由于强度低，一般不用于主要承重砌体。

为了确保砌筑砂浆质量，应根据砂浆配合比严格进行配料的计量，保证塑性掺合料的质量，并应根据砂子含水率的变化调整用水量。并根据《砌体工程施工质量验收规范》规定制作砂浆试块，确保砌筑砂浆的强度满足设计要求。

为了确保砌块砌体的工程质量和整体受力性能，《砌体规范》要求混凝土砌块和砌筑应采用砌块专用砂浆，强度等级符号用"Mb"表示，这种砂浆根据需要掺入掺合料和外加剂，具有高粘结、工作性能好和强度较高的特点，国家建材行业标准《混凝土小型空心砌块砌筑砂浆》（JC860—2000）对此作了具体规定。

《砌体规范》规定，五层及五层以上房屋的墙，以及受振动或层高大于 6m 的墙、柱所用材料的最低强度等级为：砖 MU10，砌块 MU7.5，石材 MU30，砂浆 M5。对安全等级为一级或设计使用年限大于 50 年的房屋，墙、柱所用材料最低强度等级应至少提高一级。

对于地面以下或防潮层以下的砌体，潮湿房间的墙，所用块材及砂浆最低强度等级应满足表 13-6 的规定。

基土的潮湿程度	烧结普通砖、蒸压灰砂砖		混凝土砌块	石材	水泥砂浆
	严寒地区	一般地区			
稍潮湿的	MU10	MU10	MU7.5	MU30	M5
很潮湿的	MU15	MU10	MU7.5	MU30	M7.5
含水饱和的	MU20	MU15	MU10	MU40	M10

注：1. 在冻胀地区，地面以下或防潮层以下的砌体，不宜采用多孔砖，如采用时，其孔洞应用水泥砂浆灌实；当采用混凝土砌块砌体时，其孔洞应采用强度等级不低于 Cb20 的混凝土灌实；

2. 对安全等级为一级或设计使用年限大于 50 年的房屋，表中材料强度等级应至少提高一级。

2.1.2 砌体结构的分类

砌体分为无筋砌体、配筋砌体及组合砌体。

1. 无筋砌体

无筋砌体由块体和砂浆组成，包括砖砌体、砌块砌体和石砌体。无筋砌体房屋抗震性能和抗不均匀沉降能力较差。

（1）砖砌体

砖砌体包括实砌砖砌体和空斗墙。通常用于内、外墙的承重及围护和隔断。承重墙的厚度由强度和稳定性要求确定。实砌砖砌体可以砌成厚度为 120（半砖）、240（一砖）、370（一砖半）、490（两砖）及 620 mm（两砖半）的墙体，也可砌成厚度为 180、300 和 420 mm 的墙体，但此时部分砖必须侧砌，不利于抗震。

实心砖砌体的砌筑方法有一顺一丁、梅花丁、三顺一丁等，如图 13-2 所示。

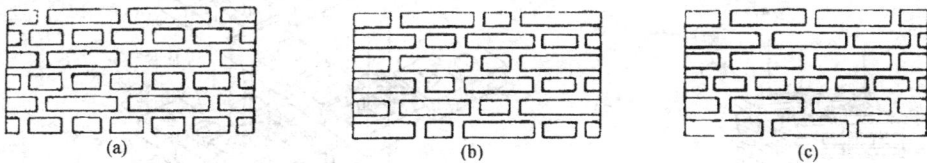

图 13-2　砖砌体的砌筑方法
（a）一顺一丁；（b）梅花丁；（c）三顺一丁

试验表明，砌筑时，如果顺砖的层数超过 5 层，砌体在较大压力作用下，可能沿竖向灰缝开裂，并过早丧失稳定，从而使砌体抗压强度明显下降。实心砖墙可砌成的墙厚为 240、370、490、620、740 mm 等。

实心砖也可砌成空心的砖砌体，形成空斗砌体。一般是将部分或全部砖立砌，内部留有空洞，是中国较古老的传统形式，用于构筑房屋的围护墙或内部隔断。这种砌体具有自重轻，热工性能好，节约块体和砂浆及造价低等优点。

空斗墙是将全部或部分砖立砌，并留空斗（洞），现已很少采用。

（2）砌块砌体

砌块砌体由砌块和砂浆砌筑而成。其自重轻，保温隔热性能好，施工进度快，经济效果好，又具有优良的环保概念。小型砌块尺寸较小，型号多，尺寸灵活，适用面广，但手工砌筑劳动量大。中型砌块尺寸较大，适于机械化施工，提高了劳动生产率，但型号少，使用不够灵活。大型砌块尺寸大，便于机械化施工，但需要相当的生产设备和施工能力。因此，小型砌块砌体有很广阔的发展前景。

（3）石砌体

石砌体由石材和砂浆（或混凝土）砌筑而成。按石材加工后的外形规则程度，可分为料石砌体、毛石砌体、毛石混凝土砌体等。石砌体价格低廉，可就地取材，但自重大，隔热性能差，作外墙时厚度一般较大，在产石的山区应用较为广泛。料石砌体可用作房屋墙、柱，毛石砌体一般用作挡土墙和基础。

2. 配筋砌体

在砖砌体中配置了钢筋的砌体称配筋砌体。其提高了砖砌体的强度，减小了构件截面尺寸，从而扩大了砖砌体的应用范围。配筋砌体可分为以下两种：

（1）横向配筋砌体。在砖砌体水平灰缝中，每隔几皮砖配置横向钢筋网，就构成横向配筋砌体，也叫网状配筋砌体。配筋网可采用方格网和双向连弯钢筋网，如图 13-3（a）所示，主要用做轴心受压或小偏心受压的墙、柱。

（2）纵向配筋砌体。它是配置了纵向钢筋的砌体。纵向钢筋可设置在砌体的竖向灰缝内或竖向孔洞内。前者施工比较困难，故应用很少。随着各种类型和规格的空心砖及空心砌块的应用不断扩大和发展，在孔洞内配置纵向钢筋并灌筑砂浆或稀细石混凝土，施工方便，故应用较多，如图 13-3（b）所示。

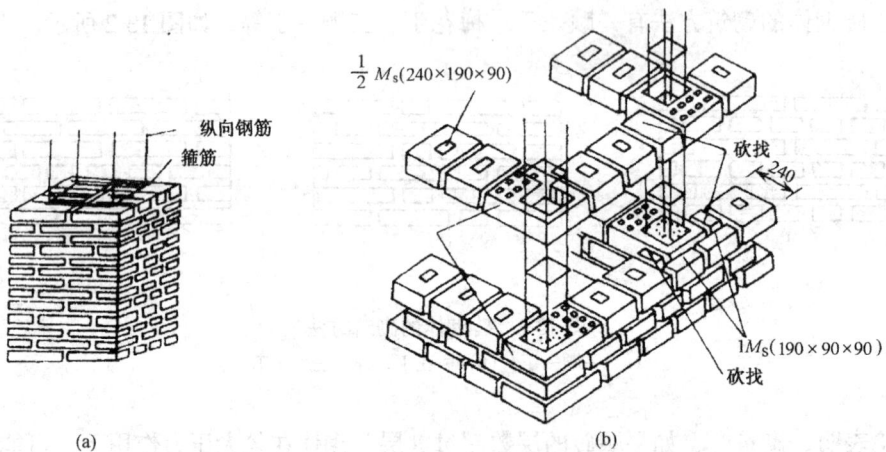

图 13-3　配筋砌体
（a）网状配筋砌体；（b）纵向配筋砌体

3. 组合砌体

由砌体和钢筋砂浆、钢筋混凝土或型钢组合成为整体而共同工作的一种砌体。有钢筋砂浆-砖组合砌体、钢筋混凝土-砖组合砌体、型钢-砖组合砌体等。钢筋砂浆或钢筋混凝土可设置在砌体内部，也可作砌体的面层。型钢一般都设置在砌体外部，组合砌体能进一步提高砌体结构的承载力和延性。在地震区采用组合砌体是较为有效的抗震措施，在新建房屋或房屋的加层、加固中也是一种较好的墙柱构件。

2.1.3 砌体结构房屋的结构布置

在混合结构房屋设计中，其结构布置方案根据承重墙、柱的位置，一般分为以下几种：

1. 纵墙承重方案

纵墙承重方案是由纵墙直接承受楼面（或屋面）荷载，再由纵墙将荷载传至基础，基础传至地基。在这种结构布置方案中，纵墙为主要的承重构件，如图 13-4 所示。

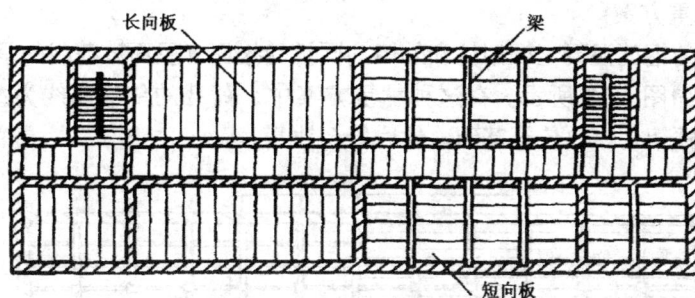

图 13-4　纵墙承重方案

2. 横墙承重方案

横墙承重方案是由横墙直接承受楼面（屋面）荷载，其荷载的传递线路为：楼面（屋面）荷载传至横墙，横墙传至基础，基础传至地基。其中横墙为主要的承重构件，如图 13-5 所示。

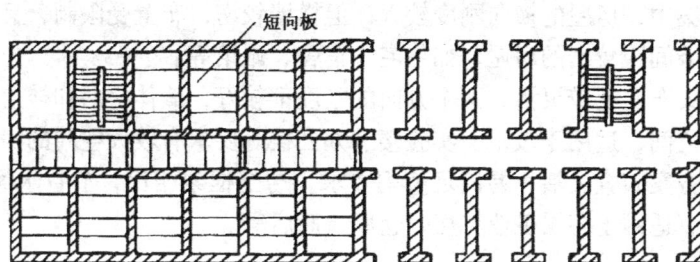

图 13-5　横墙承重

3. 混合承重方案

若由纵墙和横墙混合承受楼面（屋面）荷载，则形成纵横墙混合承重方案，其荷载的传递线路为：楼面（屋面）荷载传至纵墙和横墙，再传至相应的基础，最后传至地基，如图 13-6 所示。

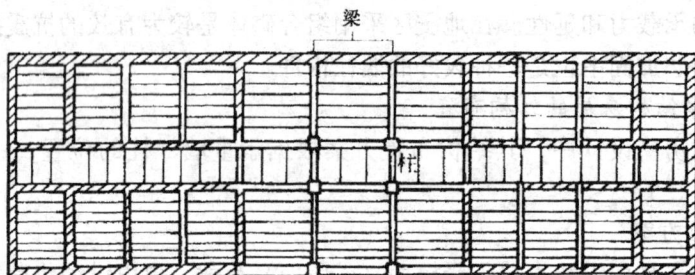

图 13-6　混合承重方案

4. 内框架承重方案

由房屋内部的钢筋混凝土框架柱和外墙共同承受楼面（屋面）荷载的承重方案称为内框架承重方案，如图 13-7 所示。在这种承重方案中，荷载的传递路线为：楼面（屋面）荷载传至外墙和框架柱，再传至基础，最后传至地基。

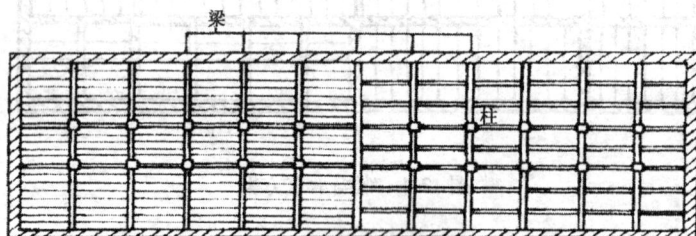

图 13-7　内框架承重方案

5. 各种承重方案的优、缺点

纵墙承重方案室内空间较大，使用布置灵活，但横向刚度较差，楼盖、屋盖用材较多，适用于空间要求较大的房屋，如厂房、仓库等。

横墙承重方案中，房屋的横向刚度较大，但横墙较密，布置受限制，且墙体材料用量较多，应用于横墙间距较密的房屋，如住宅、宿舍、旅馆等。

混合承重方案布置比较灵活，两个方向的刚度都较好，墙体材料和楼盖、屋盖用材介于以上两种方案之间，适用于教室、实验楼、办公楼等要求有较大空间的房屋。

内框架承重方案布置灵活，易满足使用要求，与全框架相比，节省水泥、钢筋用量，但空间刚度较差，适用于多层工业厂房、仓库、商店等。

2.2　混凝土结构

混凝土结构中，我们介绍钢筋混凝土结构，根据受力情况的不同，我们把钢筋混凝土结构分为钢筋混凝土受弯构件、钢筋混凝土受压构件、钢筋混凝土受拉及钢筋混凝土受扭构件等。

2.2.1　钢筋混凝土受弯构件

受弯构件是指仅承受弯矩和剪力的构件，在实际工程中，梁、板是最典型的受弯构件。

1. 板的构造要求

（1）板的截面形式、厚度和支承长度

板的截面形式一般为矩形、空心板、槽形板等，如图 13-8 所示。

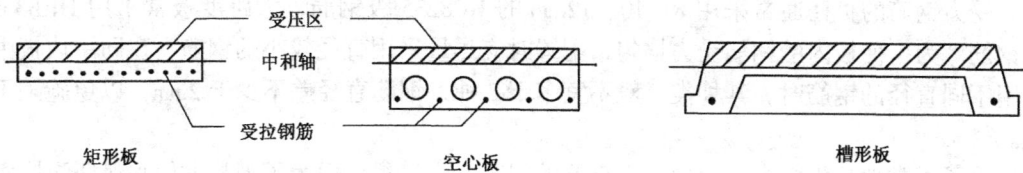

受压区
中和轴
受拉钢筋

矩形板　　　　　　空心板　　　　　　槽形板

图 13-8　板的截面形式

板的厚度 h 应满足承载力、刚度和抗裂度的要求。现浇板的厚度一般取为 10mm 的倍数，工程中现浇板的常用厚度为 60、70、80、100、120mm。

现浇板的最小厚度要满足表 13-7 的要求。

现浇板的最小厚度（mm）　　　　　　　　　　　　表 13-7

单向板			双向板	密肋板		悬臂板		无梁楼板
屋面板	民用建筑楼板	车道下楼板		肋间距 ≤700mm	肋间距 >700mm	悬臂长度 ≤500mm	悬臂长度 >500mm	
60	60	80	80	40	50	60	80	150

现浇板搁置在砖墙上，其支承长度 $a \geqslant h$（板厚）及 $\geqslant 120$mm。预制板搁置在砖墙上时，支承长度 $a \geqslant 100$mm，搁置在钢筋混凝土梁上时 $a \geqslant 80$mm。

（2）板的配筋

板的抗剪能力较大，通常只需要配置纵向受力钢筋和分布钢筋，如图 13-9 所示。

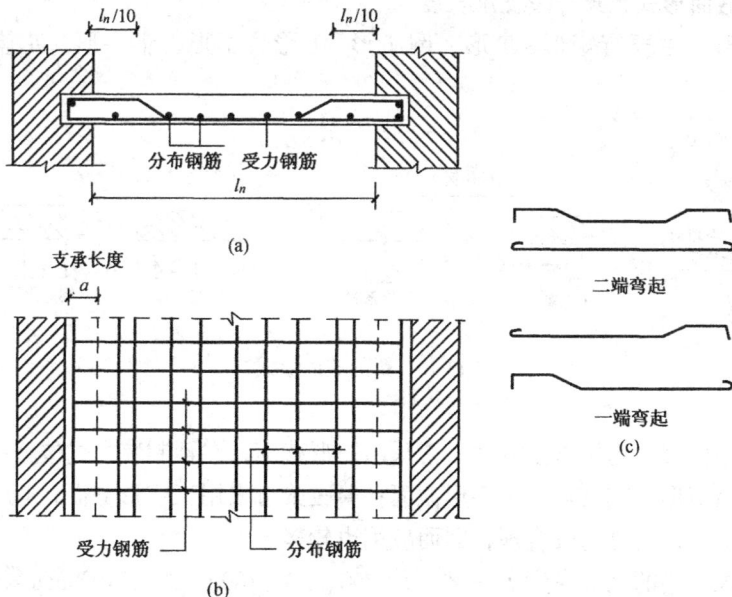

$l_n/10$　　　　$l_n/10$

分布钢筋　受力钢筋

l_n

(a)

支承长度
a

受力钢筋　　　分布钢筋

(b)

二端弯起

一端弯起

(c)

图 13-9　单向板的钢筋分布（弯起式）

1）受力钢筋：受力钢筋沿板的短跨方向布置在截面受拉一侧。其主要作用是承受弯矩在板内产生的拉力，其数量通过计算确定。

受力钢筋的直径通常采用 8、10、12mm 的 HPB235 级钢筋，大跨度板常采用 HRB335 级钢筋。为了使板内的钢筋受力均匀，配置时应尽量采用直径较小的钢筋，在同一块板中采用不同直径的钢筋时，其种类一般不宜多于 2 种，钢筋直径差不少于 2mm，以免施工不便。

为了正常地分担内力，板中受力钢筋的间距不宜过稀，但为了绑扎方便和保证浇捣质量，板的受力钢筋间距也不宜过密。当 $h \leqslant 150mm$ 时，不宜大于 200mm；当 $h > 150mm$ 时，不宜大于 $1.5h$，且不宜大于 250mm。板的受力钢筋间距通常不宜小于 70mm。

在简支板或连续板支座处，下部纵向受力钢筋应伸入支座，其锚固长度 l_{as} 不应小于 $5d$，间距不应大于 400mm，截面面积不应小于该方向跨中正弯矩钢筋的 1/3。

为了承担支座处的负弯矩，将跨中下部受力钢筋弯起支座上部，称为弯起钢筋，弯起角度不宜小于 30°，距支座边缘不小于 $l_0/7$，数量每米不少于 5 根 $\phi 6$。

2）分布钢筋：分布钢筋垂直于板的受力钢筋方向，在受力钢筋内侧按构造要求配置。其作用，一是在施工中固定受力钢筋的位置，形成钢筋网；二是将板所承受的荷载均匀、有效地传到受力钢筋上去；三是承受温度变化和混凝土收缩在垂直板方向所产生的拉应力。

分布钢筋宜采用 HPB235、HRB335 级钢筋，常用直径为 6、8mm。梁式板中单位长度上分布钢筋的截面面积不宜小于单位宽度上受力钢筋截面面积的 15%，且不宜小于该方向板截面面积的 0.15%。分布钢筋的直径不宜小于 6mm，间距不宜大于 250mm；当集中荷载较大时，分布钢筋截面面积应适当增加，间距不宜大于 200mm。分布钢筋应沿受力钢筋直线段均匀布置，并且受力钢筋所有转折处的内侧也应配置。

2．梁的构造要求

（1）梁的截面形式、尺寸及支承长度

梁的截面形式主要有矩形、T 形、倒 T 形、L 形、工形、十字形、花篮形等，如图 13-10 所示。

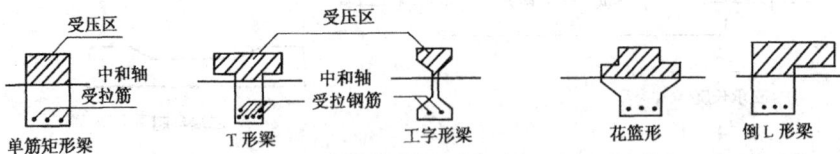

图 13-10　梁的截面形式

现浇整体结构中，为了施工方便，常采用矩形截面；在预制装配式楼盖中，为了搁置方便，经常采用矩形、花篮形、十字形截面；薄腹梁可采用工字形截面；T 形截面虽然构造较矩形截面复杂，但受力较合理，因而应用也较多。

按模数要求，梁的截面高度 h 一般可取 250、300…800、900、1000mm 等，$h \leqslant 800mm$ 时以 50mm 为模数，$h > 800mm$ 时以 100mm 为模数；矩形梁的截面宽度和 T 形截面的肋宽

b 宜采用 100、120、150、180、200、220、250mm，大于 250mm 时以 50mm 为模数。梁适宜的截面高宽比 h/b，矩形截面为 2～3.5，T 形截面为 2.5～4，见表 13-8。

梁、板截面高跨比 h/l_0 参考值

表 13-8

构　件　种　类			h/l_0
梁	整体肋形梁	主梁 简支梁	1/12
		主梁 连续梁	1/15
		主梁 悬臂梁	1/6
		次梁 简支梁	1/20
		次梁 连续梁	1/25
		次梁 悬臂梁	1/8
	矩形截面独立梁	简支梁	1/12
		连续梁	1/15
		悬臂梁	1/6
板	单向板		1/40～1/35
	双向板		1/50～1/40
	悬臂板		1/12～1/10
	无梁楼板	有柱帽	1/40～1/32
		无柱帽	1/35～1/30

注：表中 l_0 为梁的计算跨度。当梁的 $l_0 \geqslant 9$m 时，表中数值宜乘以 1.2。

当梁支承在砖墙（柱）上时，梁伸入砖墙（柱）的支承长度当梁高 $h \leqslant 500$mm 时，$a \geqslant 180$mm；$h > 500$mm 时，$a \geqslant 240$mm。

（2）梁的配筋

梁中通常配置纵向受力钢筋、弯起钢筋、箍筋及架立钢筋等构成钢筋骨架，如图 13-11 所示，有时还配置纵向构造钢筋及相应的拉筋等。

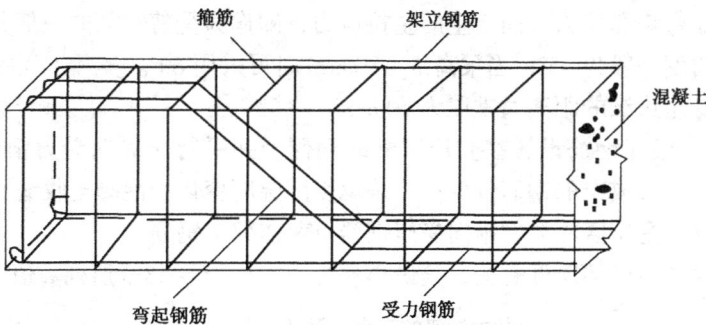

图 13-11　钢筋混凝土梁的配筋

1）纵向受力钢筋：用以承受弯矩在梁内产生的拉力，设置在梁的受拉一侧。这种只在截面受拉一侧配置受力钢筋的梁，称为单筋截面梁；同时在截面受拉区和受压区都配置受力钢筋的梁称为双筋截面梁。由于双筋截面梁利用钢筋来协助混凝土承受压力，一般不经济。因此，实际工程中双筋截面梁一般只在有特殊需要时采用。纵向受力钢筋的数量通过计算确定。

梁纵向受力钢筋的常用直径 $d = 12 \sim 25\text{mm}$。当 $h < 300\text{mm}$ 时，$d \geqslant 8\text{mm}$；当 $h \geqslant 300\text{mm}$ 时，$d \geqslant 10\text{mm}$。一根梁中同一种受力钢筋最好为同一种直径；当有两种直径时，其直径相差不应小于 2mm，以便施工时辨别。梁中受拉钢筋的根数不应少于 2 根，最好不少于 3～4 根。

为了保证钢筋周围的混凝土浇筑密实，避免钢筋锈蚀而影响结构的耐久性，梁的纵向受力钢筋间必须留有足够的净间距，梁上部纵向钢筋的净距不应小于 30mm 和 $1.5d$（d 为纵向钢筋的最大直径）。梁下部纵向钢筋的净距，不应小于 25mm 和 d，如图 13-12 所示。

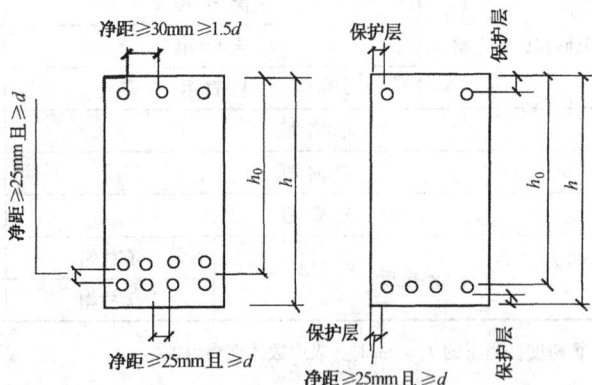

图 13-12　梁内纵向受力钢筋的净距

纵向受力钢筋应尽量布置成一层。当一层排不下时，可布置成两层，但应尽量避免出现两层以上的受力钢筋，以免过多地影响截面受弯承载力。当梁的下部纵向受力钢筋配置多于两层时，两层以上钢筋水平方向的中距应比下面两层的中距增大一倍。

2）弯起钢筋：弯起钢筋在跨中是纵向受力钢筋的一部分，在靠近支座的弯起段弯矩较小处则用来承受弯矩和剪力共同产生的主拉应力，即作为受剪钢筋的一部分。

钢筋的弯起角度一般为 45°，当梁高 $h > 800\text{mm}$ 时可采用 60°。实际工程中第一排弯起钢筋的弯终点距支座边缘的距离通常取为 50mm。

3）架立钢筋：架立钢筋设置在受压区外缘两侧，并平行于纵向受力钢筋。其作用，一是固定箍筋位置以形成梁的钢筋骨架；二是承受因温度变化和混凝土收缩而产生的拉应力，防止发生裂缝。受压区配置的纵向受压钢筋可兼作架立钢筋。

架立钢筋的直径与梁的跨度有关，其最小直径不宜小于表 13-9 所列数值。

架立钢筋的最小直径（mm）　　　　　　　　　　　　　　　　表 13-9

梁跨（m）	< 4	4～6	> 6
架立钢筋最小直径（mm）	8	10	12

4）箍筋：箍筋主要用来承受由剪力和弯矩在梁内引起的主拉应力，并通过绑扎或焊接把其他钢筋联系在一起，形成空间骨架。箍筋应根据计算确定数量。

梁内箍筋宜采用 HPB235、HRB335、HRB400 级钢筋。箍筋直径，当梁截面高度 $h \leqslant$ 800mm 时，不宜小于 6mm；当 $h > 800$mm 时，不宜小于 8mm。当梁中配有计算需要的纵向受压钢筋时，箍筋直径还不应小于纵向受压钢筋最大直径的 1/4。为了便于加工，箍筋直径一般不宜大于 12mm。箍筋的常用直径为 6、8、10mm。

应当注意，箍筋是受拉钢筋，必须有良好的锚固。其端部应采用 135°弯钩，弯钩端头直段长度不小于 50mm，且不小于 5d。

5）梁侧构造钢筋：当梁的腹板高度 $h_w \geqslant$ 450mm 时，在梁的两个侧面应沿高度配置纵向构造钢筋，每侧纵向构造钢筋（不包括上、下部受力钢筋及架立钢筋）的截面面积不应小于腹板截面面积的 0.1%，且间距不宜大于 200mm。其作用是承受温度变化、混凝土收缩在梁侧面引起的拉应力，防止产生裂缝。梁两侧的构造钢筋用拉筋联系。拉筋直径与箍筋直径相同，其间距常为箍筋间距的两倍，如图 13-13 所示。

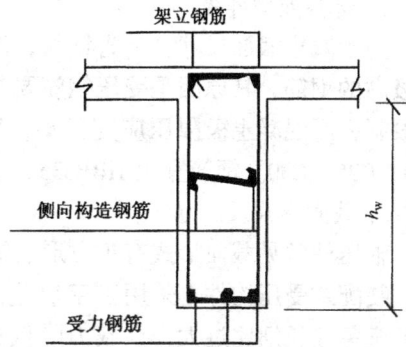

图 13-13　构造钢筋

（3）混凝土保护层厚度

钢筋外边缘至混凝土表面的距离称为混凝土保护层厚度。其主要作用，一是保护钢筋不致锈蚀，保证结构的耐久性；二是保证钢筋与混凝土间的粘结；三是在火灾等情况下，避免钢筋过早软化。

纵向受力钢筋的混凝土保护层不应小于钢筋的公称直径，并符合表 13-10 的规定。

混凝土保护层最小厚度　　　　　　　　　　　　表 13-10

环境类别		板、墙、壳			梁			柱		
		≤ C20	C25 ~ C45	≥ C50	≤ C20	C25 ~ C45	≥ C50	≤ C20	C25 ~ C45	≥ C50
一		20	15	15	30	25	25	30	30	30
二	a	—	20	20	—	30	30	—	30	30
	b	—	25	20	—	35	30	—	35	30
三		—	30	25	—	40	35	—	40	35

注：1. 基础中纵向受力钢筋的混凝土保护层厚度不应小于 40mm；当无垫层时不应小于 70mm；

2. 处于一类环境中且由工厂生产的预制构件，当混凝土强度等级不低于 C20 时，其保护层厚度可按表中规定减少 5mm，但预制构件中的预应力钢筋的保护层不应小于 15mm；处于二类环境且由工厂生产的预制构件，当表面采取有效保护措施时，保护层厚度可按表中一类环境数值采用；

3. 预制钢筋混凝土受弯构件钢筋端头的保护层厚度不应小于 10mm；预制肋形板主肋钢筋的保护层厚度应按梁的数值取用；

4. 板、墙、壳中分布钢筋的保护层厚度不应小于表中相应数值减 10mm，且不小于 10mm，梁、柱箍筋和构造钢筋的保护层不应小于 15mm。

混凝土保护层厚度过大,不仅会影响构件的承载能力,而且会增大裂缝宽度。实际工程中,一类环境中梁、板的混凝土保护层厚度一般取为:混凝土强度等级不高于C20时,梁30mm,板20mm;混凝土强度等级不低于C25时,梁25mm,板15mm。

2.2.2 钢筋混凝土受压构件

承受轴向压力的构件称为受压构件,在实际工程中柱子是主要代表。钢筋混凝土受压构件分成轴心受压构件和偏心受压构件。轴心受压柱是指轴向压力和柱子的轴线重合的柱子(截面上仅有轴心压力),偏心受压柱是指轴向压力与构件轴线不重合的柱子(截面上既有轴心压力,又有弯矩)。偏心受压构件又分为单向偏心受压构件和双向偏心受压构件。

轴向受压构件的构造要求:

1. 材料强度等级

为了减小截面尺寸,节省钢材,混凝土宜选用强度等级高的混凝土,而不宜选用强度等级高的钢筋,其原因是受压钢筋要与混凝土共同工作,钢筋应变受到混凝土极限压应变的限制,而混凝土极限压应变很小,所以钢筋的受压强度不能充分利用。混凝土宜采用C20、C25、C30。钢筋宜用HRB335、HRB400或RRB400级。

2. 截面形式及尺寸

轴压柱常见截面形式有正方形、矩形、圆形及多边形。为了节省混凝土及减轻结构自重,装配式受压构件也采用工字形截面等形式。矩形截面尺寸不宜小于$250mm \times 250mm$。为了避免柱长细比过大,承载力降低过多,常取$l_0/b \leqslant 30$,$l_0/h \leqslant 25$,b、h分别表示截面的短边和长边,l_0表示柱子的计算长度,它与柱子两端的约束能力大小有关。

3. 纵向受力钢筋

具有减少截面尺寸、与混凝土共同抗压及提高构件延性的作用。在配置时应注意:①应沿截面周边均匀对称布置,中距不宜大于300mm;②直径不宜小于12mm,$\geqslant 4$根(矩形),宜粗不宜细,防止纵筋压曲,节约箍筋用量。

同时,纵向钢筋配筋率$\rho = A'_S/bh$必须满足不小于其最小配筋率0.6%,否则起不到提高延性的目的;纵筋配筋率ρ还应不大于最大配筋率5%,否则混凝土先被压碎,钢筋不能被充分利用。常用$\rho = 0.6\% \sim 2.0\%$,A'_S为全部纵筋面积。

现浇混凝土柱其纵筋净距应大于等于50mm;纵筋保护层厚度不应小于钢筋的公称直径且不应小于表13-11的规定。柱或梁箍筋保护层厚度不应小于15mm。

4. 箍筋

应采用封闭式,为防止纵筋压曲,箍筋末端应做135°弯钩;弯钩平直部分长度规定:当全部纵筋配筋率小于3%时,其长度不小于5d;全部纵筋配筋率不小于3%时,其长度不小于10d或箍筋也可焊成封闭环式(d为箍筋的直径)。全部纵筋配筋率小于3%时,箍筋直径不宜小于6mm;全部纵筋配筋率不小于3%时,箍筋直径不宜小于8mm。

非搭接长度范围内箍筋间距s不应大于400mm及截面短边尺寸及15d;搭接长度内,对于受压钢筋箍筋间距s不大于200及10d;受拉钢筋间距s不大于100和5d。

2.2.3 钢筋混凝土受拉构件

受拉构件分轴心受拉和偏心受拉构件,当轴向拉力作用点和截面形心重合时,称为轴心受拉构件;当轴向拉力作用点与截面形心不重合时,称为偏心受拉构件。在实际工程中,屋架的下弦杆、圆形水池池壁沿环向等都是轴心受拉构件,矩形水池池壁等则属于偏心受拉构件。由于混凝土抗拉强度很低，极限拉应变很小，所以当构件承受的拉力不大时，混凝土就要开裂，而此时钢筋的应力还很小，因此轴心受拉构件的拉力全部由钢筋承担。

钢筋混凝土受拉构件的受力钢筋不得采用绑扎搭接接头，在构件端部，受力钢筋必须有可靠的锚固。

2.2.4 钢筋混凝土受扭构件

在钢筋混凝土构件中，承受扭矩的构件如：雨篷板与雨篷梁之间；框架边梁与次梁之间都属于这种情况。实际上纯扭构件是很少的，大多数情况是承受弯矩、剪力和扭矩的共同作用，构件处于弯、剪、扭共同作用的复合受力状态。

在实际工程中均采用横向箍筋和纵向钢筋构成的空间骨架作为受扭构件的配筋形式。受扭纵筋应沿周边均匀对称布置在截面内。受扭纵筋的间距不应大于200mm，也不应大于梁截面短边长度。受扭纵筋的接头和锚固要求均按钢筋混凝土受拉钢筋的要求考虑。架立钢筋和梁侧构造纵筋也可作受扭钢筋。受扭箍筋应在靠近受扭构件表面均匀设置，必须为封闭式，且末端应做成135°的弯钩，弯钩端头直平段的长度不应小于10d（d为箍筋的直径）。

2.3 钢 结 构

2.3.1 钢结构的连接

钢结构是由钢板和各种型钢通过一定连接方法组成的。钢结构的连接方法有三种：焊缝连接、螺栓连接和铆钉连接，如图13-14所示。

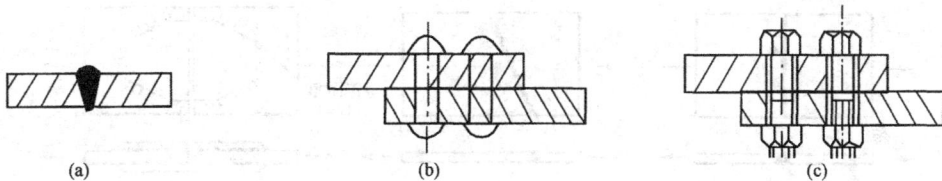

图13-14　钢结构的连接方法
（a）焊接连接；（b）螺栓连接；（c）铆钉连接

1. 焊缝连接

焊接是通过电弧焊产生的热量，使焊条和焊件局部熔化，经冷却凝结成焊缝，从而将焊件连接成一体。其优点是：任何形式的构件一般都可直接连接，不削弱构件截面，用料经济，构造简单，制造加工方便，连接的刚度大，密封性能好，可实现自动化作业，生产效率高。其缺点是：焊缝附近钢材因焊接高温作用形成热影响区，其金相组织和力学性能发生变化，导致局部材质变脆；焊接过程中钢材受到不均匀的高温和冷却，使结构产生焊接残余应力和残余变形，对结构的承载力、刚度和使用性能有一定影响。此外，焊接的塑性和韧性较差，施焊时可能产生缺陷，使疲劳强度降低。

（1）焊缝连接按连接件的相对位置可以分为对接、搭接、T形连接和角部连接四种。这些连接所采用的焊缝形式主要有对接焊缝和角焊缝，如图13-15所示。

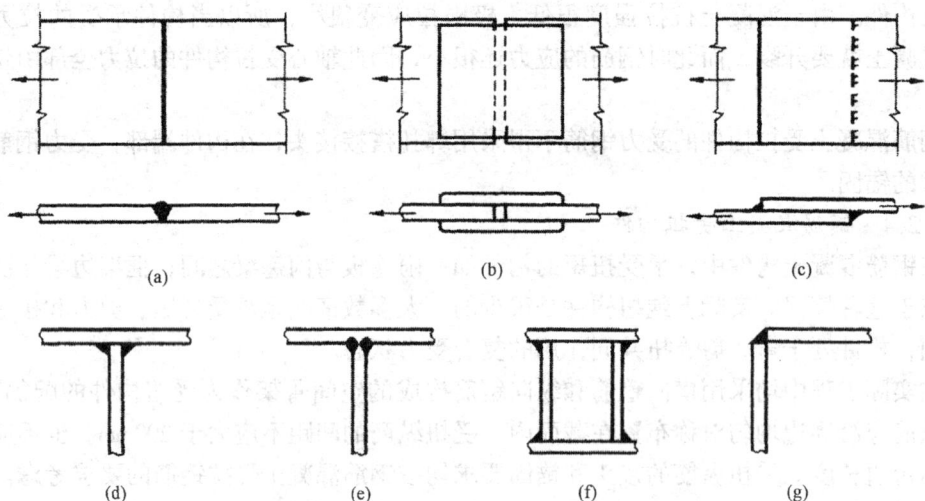

图 13-15　焊缝连接的形式

(a) 对接连接；(b) 用拼接盖板的对接连接；

(c) 搭接连接；(d)、(e) T形连接；(f)、(g) 角部连接

(2) 焊缝的形式：主要有对接焊缝和角焊缝两种。对接焊缝按所受力的方向分为正对接焊缝（图 13-16a）和斜对接焊缝（图 13-16b）。角焊缝（图 13-16c）可分为正面角焊缝、侧面角焊缝和斜焊缝。

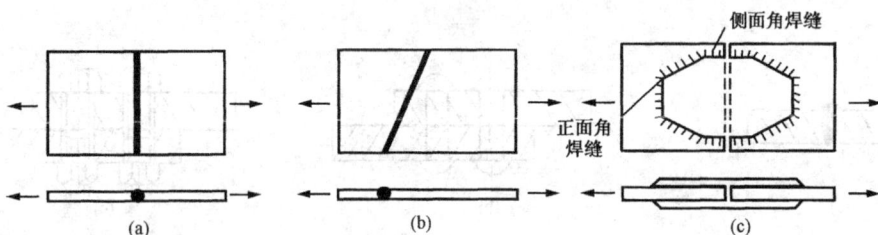

图 13-16　焊缝的形式

(a) 对角焊缝；(b) 斜焊缝；(c) 角焊缝

(3) 焊缝缺陷及焊缝质量的检查：焊缝缺陷指焊接过程中产生于焊缝金属或附近热影响区钢材表面或内部的缺陷。常见的缺陷有：裂纹、焊瘤、烧穿、弧坑、气孔、夹渣、咬边、未熔合、未焊透等。

　　焊缝的检查一般可用外观缺陷、几何尺寸检查及无损检验。无损检验是一种采用超声波检验的方法，灵活、经济，对内部缺陷反映灵敏。《钢结构工程施工质量验收规范》规定，焊缝按其检验方法和质量要求分为一级、二级、三级。一级和二级焊缝除了进行外观检查外，还需要有一定数量的超声波检验并符合相应级别的质量标准。三级焊缝只要求对焊缝作外观检查。钢结构一般采用三级焊缝，可以满足通常的强度要求。但对有较大的拉应力的对接焊缝以及直接承受动力荷载构件的较重要的对接焊缝，宜采用二级焊缝；对抗

动力和疲劳性能有较高要求处可以采用一级焊缝。

2. 铆钉连接

铆钉连接时需要较大的铆合力，费钢费工，现在已经逐渐被焊接和高强螺栓连接所代替。但是，铆钉连接的塑性、韧性较好，传力均匀可靠，质量易于检查，对一些动力荷载作用下的结构有时也有使用。

3. 螺栓连接

螺栓连接有普通螺栓连接和高强螺栓连接两种。普通螺栓分为 A、B、C 三级。A、B 级为精制螺栓，C 级为粗制螺栓。高强度螺栓有摩擦型和承压型两种，有 8.8 和 10.9 两个性能等级。螺栓连接的特点是拆装方便，操作简单，不需要特殊的设备，常用于安装节点的连接和装拆式结构的连接。

螺栓在结构上的排列应简单、统一、整齐而紧凑，通常分为并列式和错列式，如图 13-17 所示。

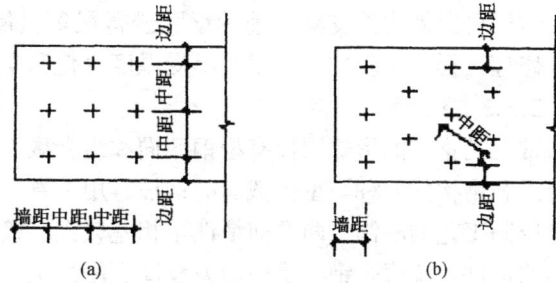

图 13-17　螺栓的排列
(a) 并列式；(b) 错列式

螺栓的中距及边距不宜过大，否则钢板间不能紧密贴合，容易使潮气进入缝隙后使钢材锈蚀。

在实际工程中，进行螺栓连接时还应注意以下的构造要求：对直接承受动力荷载的普通螺栓连接应采用双螺帽或其他防止螺帽松动的有效措施；由于 C 级螺栓与孔壁有较大间隙，只宜用于沿其杆轴方向受拉的连接；为了使连接可靠，每一杆件在节点上以及拼接接头的一端，永久性螺栓数不宜少于两个。但根据实践经验，对于组合构件的缀条，其端部连接可采用一个螺栓。当型钢构件的拼接采用高强度螺栓连接时，由于型钢的抗弯刚度较大，不能保证摩擦面紧密贴合，故不能用型钢作为拼接件，而应采用钢板。

2.3.2　钢梁

按制作方法不同，钢梁可分为型钢梁和组合梁两大类。型钢梁构造简单，制造省工，成本较低，因此，除荷载较大或跨度较大，型钢梁不能满足要求时采用组合梁外，应优先采用型钢梁。

型钢梁的截面有热轧工字钢、热轧 H 型钢和槽钢三种。其中，H 型钢的截面分布最合理，且翼缘内外边缘平行，便于与其他构件连接，属优先采用的截面形式，其中又以窄翼缘型 H 型钢（HN 型）最为适宜。槽钢弯曲时将同时产生扭转，受荷不利，故应用较少。热轧型钢腹板的厚度较大，用钢量较多，为经济起见，某些荷载不大的受弯构件（如檩条）可采用冷弯薄壁型钢，但防腐要求较高，如图 13-18 所示。

组合梁一般采用三块钢板焊接而成的工字形截面，或由 T 形钢中间加板的焊接截面。有特殊需要时，还可采用两层翼缘板的截面、高强度螺栓或铆钉连接而成的工字形截面、箱形截面等。和型钢梁相比，组合梁的截面组成比较灵活，可使材料在截面上的分布更为合理，节省钢材。

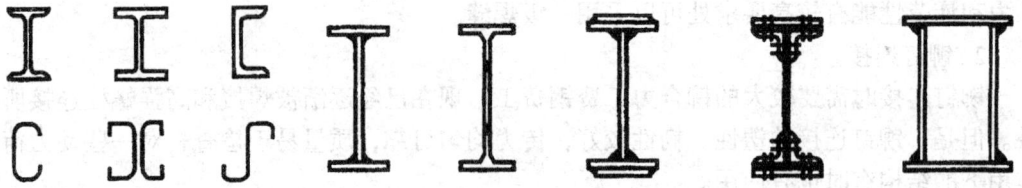

图 13-18 钢梁的截面形式

钢梁可以做成简支梁、连续梁、悬臂梁等。简支梁的用钢量较多，但由于制作、安装、修理、拆换比较方便，以及不受温度变化和支座沉陷的影响，因而得到广泛的应用。

2.3.3 钢柱

常见的钢柱的形式同样有型钢截面和组合截面。按照组合截面的构造形式又可以分为实腹式和格构式两种。型钢截面的钢柱，用工省，制作方便，但承载能力低、刚度小，由于受压制工艺的限制，两方向惯性矩相差较大，壁厚，用料不经济，只适用于高度小、荷载小的构件。实腹式钢柱承载能力较高、刚度大、截面尺寸、形状不受限制，用料经济。但费工费时，受力比较复杂，适用于高度较高、荷载较大的构件。格构式钢柱稳定性及刚度好，自重轻，节省材料。但结构制作费工，适用于高度很大，对稳定性、刚度要求很高的构件。

受压的钢柱一般不会发生强度破坏，其截面都由稳定控制，所以钢柱要考虑的主要问题就是它的稳定性。提高柱的稳定性的措施有：

（1）提高截面面积；

（2）在相同用量的前提下，选用合理的截面形式、尽量采用宽肢薄壁的截面，来提高整体稳定系数；

（3）尽量减少构件的计算长度，增加侧向支承点，提高结构的刚度，以达到提高整体稳定性作用；

（4）当柱子很高时，最有效措施是采用格构柱。

复习思考题

1. 按照材料的不同，建筑结构分成哪几种？按照受力的不同，建筑结构又可以分成哪几种？

2. 常见的建筑结构体系的特征各有哪些？

3. 钢筋混凝土梁和板中通常配置哪几种钢筋？各起何作用？

4. 梁、板内纵向受力钢筋的直径、根数、间距有何规定？梁中箍筋有哪几种形式？各适用于什么情况？箍筋肢数、间距有何规定？

5. 混凝土保护层的作用是什么？室内正常环境中梁、板的保护层厚度一般取为多少？

6. 烧结普通砖与烧结多孔砖的主要规格有哪几种？强度等级如何划分？

7. 砂浆按其配合成分可分为哪几种？各有什么特点？

8. 砌体结构房屋承重体系分为哪几种？各种承重体系有何优点？

9. 钢结构中常见的连接方法有哪几种？

10. 螺栓排列应满足的要求是什么？

330

单元 14 建筑结构设计原则

知 识 点：荷载的代表值、结构功能要求及其极限状态、极限状态表达式、作用效应、结构抗力及耐久性的规定。

教学要求：掌握结构的功能要求及建筑结构设计方法、理解极限状态表达式。

课题 1 建筑结构荷载

1.1 荷载的分类

经过前面章节中的介绍，我们已经知道了在力学上把直接作用在结构上的作用称为荷载。又按照四个方面进行了分类。《建筑结构荷载规范》（GB50009—2001）就是按照作用时间的长短和性质将荷载分为永久荷载、可变荷载和偶然荷载三大类的。

1.2 荷载的代表值

为了满足结构设计的需要，需要对荷载赋予一个规定的量值，该量值即所谓荷载代表值。结构设计时，永久荷载采用标准值作为代表值，可变荷载应根据各种极限状态的设计要求分别采用标准值、组合值、频遇值或准永久值为代表值。

1.2.1 荷载标准值

《荷载规范》中规定：荷载标准值就是结构在正常使用期间可能出现的最大荷载值，它是荷载的基本代表值。通常要求荷载标准值应具有 95% 的保证率。

作用于结构上荷载的大小具有变异性。例如，对于结构自重等永久荷载，虽可事先根据结构的设计尺寸和材料单位重量计算出来，但施工时的尺寸偏差、材料单位重量的变异性等原因，致使结构的实际自重并不完全与计算结果相吻合。至于可变荷载的大小，其不定因素则更多。

1. 永久荷载标准值

对于结构自重及粉刷、装修、固定设备的重量，由于结构或非承重构件的自重的变异性不大，一般以其平均值作为荷载标准值，可按结构构件的设计尺寸、材料或结构构件单位体积（或面积）的自重标准值确定。对于自重变异性较大的材料，在设计中应根据其对结构有利或不利的情况，分别取其自重的下限值或上限值。常用材料和构件的单位自重见《荷载规范》附录 A，设计时可直接查用。

例如，钢筋混凝土的重度即单位体积的自重标准值为 25 kN/m³，则截面尺寸为 200mm × 500mm 的钢筋混凝土矩形截面梁的自重标准值为 $0.2 \times 0.5 \times 25 = 2.5 \text{kN/m}$。

2. 可变荷载标准值

《荷载规范》中已直接给出，在设计时可以直接查用。另外，在实际工程的计算中，作用在结构上的活荷载同时达到最大值的可能性极小，如：无固定座位的看台上的人群和凳子；屋顶上的人、风荷载、雪荷载等。因此，可对一些情况下的荷载进行简化。下面把《荷载规范》上的表格摘录如下：

民用建筑楼面均布活荷载标准值见表 14-1。

工业与民用建筑的屋面均布活荷载按水平投影面计算，其标准值按表 14-2 采用。

民用建筑楼面均布活荷载标准值及其组合值、频遇值和永久值系数　　表 14-1

项次	类 别	标准值 (kN/m²)	组合值 系数 Ψ_c	频遇值 系数 Ψ_f	准永久值 系数 Ψ_q
1	(1) 住宅、宿舍、旅馆、办公楼、医院病房、托儿所、幼儿园	2.0	0.7	0.5	0.4
	(2) 教室、实验室、阅览室、会议室、医院门诊室			0.6	0.5
2	食堂、办公楼中的一般资料档案室	2.5	0.7	0.6	0.5
3	(1) 礼堂、剧场、影院、有固定座位的看台	3.0	0.7	0.5	0.3
	(2) 公共洗衣房	3.0	0.7	0.6	0.5
4	(1) 商店、展览厅、车站、港口、机场大厅及其旅客等候室	3.5	0.7	0.6	0.5
	(2) 无固定座位的看台	3.5	0.7	0.5	0.3
5	(1) 健身房、演出舞台	4.0	0.7	0.6	0.5
	(2) 舞厅	4.0	0.7	0.6	0.3
6	(1) 书库、档案室、储藏室	5.0			
	(2) 密集柜书库	12.0	0.9	0.9	0.8
7	通风机房、电梯机房	7.0	0.9	0.9	0.8
8	汽车通道及停车库 (1) 单向板楼盖（板跨不小于2m） 客车 消防车	4.0	0.7	0.7	0.6
	(2) 双向板楼盖和无梁楼盖（柱网尺寸不小于 6m×6m）	35.0	0.7	0.7	0.6
	客车	2.5	0.7	0.7	0.6
	消防车	20.0	0.7	0.7	0.6
9	厨房 (1) 一般的	2.0	0.7	0.6	0.5
	(2) 餐厅	4.0	0.7	0.7	0.7
10	浴室、厕所、盥洗室： (1) 第1项中的民用建筑	2.0	0.7	0.5	0.4
	(2) 其他民用建筑	2.5	0.7	0.6	0.5
11	走廊、门厅、楼梯： (1) 宿舍、旅馆、医院病房、托儿所、幼儿园、住宅	2.0	0.7	0.5	0.4
	(2) 办公楼、教室、餐厅、医院门诊部	2.5	0.7	0.6	0.5
	(3) 消防疏散楼梯、其他民用建筑	3.5	0.7	0.5	0.3

项次	类　　别	标准值 (kN/m²)	组合值系数 Ψ_c	频遇值系数 Ψ_f	准永久值系数 Ψ_q
12	阳台：(1) 一般情况	2.5	0.7	0.6	0.5
	(2) 当人群有可能密集时	3.5			

注：1. 本表所列各项活荷载适用于一般使用条件，当使用荷载大时，应按实际情况采用；
2. 本表各项荷载不包括隔墙自重和二次装修荷载；对固定隔墙的荷载按照恒荷载来考虑，当隔墙位置可以灵活布置时，非固定隔墙的自重应取每延米长墙重 (kN/m) 的 1/3 作为楼面活荷载的附加值 (kN/m²) 计入，附加值不小于 1.0 kN/m²；
3. 第 6 项书库活荷载中，当书架高度大于 2m 时，书库活荷载应按每米书架高度不小于 2.5 kN/m² 确定；
4. 第 8 项中的客车活荷载只适用于停放载人少于 9 人的客车；消防车活荷载是适用于满载总重量为 300 kN 的大型车；当不符合表中的要求时，应将车轮的局部荷载按照结构等效的原则，换算等效均布荷载；
5. 第 11 项中楼梯活荷载，对预制楼梯踏步平板，应按照 1.5 kN 集中荷载验算。

屋面均布活荷载　　　　表 14-2

项次	类　　别	标准值 (kN/m²)	组合值系数 Ψ_c	频遇值系数 Ψ_f	准永久值系数 Ψ_q
1	不上人的屋面	0.5	0.7	0.5	0
2	上人的屋面	2.0	0.7	0.5	0.4
3	屋顶花园	3.0	0.7	0.6	0.5

注：1. 不上人的屋面，当施工荷载较大时，应按实际情况采用；
2. 上人的屋面，当兼作其他用途时，应按相应楼面活荷载采用；
3. 对于因屋面排水不畅、堵塞等引起积水荷载，应采取构造措施加以防止；必要时，应按积水的可能深度确定屋面活荷载；
4. 屋顶花园活荷载不包括花圃土石等材料自重。

其余可变荷载，如工业建筑楼面活荷载、风荷载、雪荷载、厂房屋面积灰荷载等详见《荷载规范》。

设计楼面梁、墙、柱及基础时，表中活荷载标准值应按规定折减，见表 14-3 和表 14-4。

设计楼面梁、墙、柱及基础时，楼面活荷载标准值的折减系数　　　　表 14-3

房屋类别			折减系数
设计楼面梁时	表 14-1 中的第 1 (1) 项，当从属面积超过 25m²		0.9
	表 14-1 中的第 1 (2) ~ 7 项，当从属面积超过 50m²		
	表 14-1 中的第 8 项	单向板楼盖的次梁和槽形板的纵肋	0.8
		单向板楼盖的主梁	0.6
		双向板楼盖的梁	0.8
	表 14-1 中的第 9 ~ 12 项		按所属房屋类别相同的折减系数采用
设计墙、柱和基础时	表 14-1 中的第 1 (1) 项		按表 14-4 规定采用
	表 14-1 中的第 1 (2) ~ 7 项		按设计楼面梁时的折减系数采用
	表 14-1 中的第 8 项	单向板楼盖	0.5
		双向板楼盖和无梁楼盖	0.8
	表 14-1 中的第 9 ~ 12 项		按所属房屋类别相同的折减系数采用

墙、柱、基础计算截面以上的层数	1	2~3	4~5	6~8	9~20	>20
计算截面以上各楼层活荷载总和的折减系数	1.00 (0.90)	0.85	0.70	0.65	0.60	0.55

注：当楼面梁的从属面积超过 25m² 时，采用括号内的系数。

1.2.2　可变荷载准永久值

可变荷载准永久值是指在设计基准期内经常作用于结构的一部分活荷载，它对结构的影响类似于永久荷载，如室内的家具和固定设备的荷载等。

可变荷载准永久值可表示为 $\Psi_q Q_k$，其中 Q_k 为可变荷载标准值，Ψ_q 为可变荷载准永久值系数。Ψ_q 的取值见表 14-1、表 14-2。

例如，住宅的楼面活荷载标准值为 2kN/m²，准永久值系数 $\Psi_q = 0.4$，则活荷载准永久值为 $2 \times 0.4 = 0.8$kN/m²。

可变荷载准永久值主要用于正常使用极限状态按长期荷载效应组合的设计中。

1.2.3　可变荷载组合值

两种或两种以上可变荷载同时作用于结构上时，所有可变荷载同时达到其单独出现时可能达到的最大值的概率极小，因此，除主导荷载（产生最大效应的荷载）仍可以其标准值为代表值外，其他伴随荷载均应以小于标准值的荷载值为代表值，此即可变荷载组合值。

可变荷载组合值可表示为 $\Psi_c Q_k$，其中 Ψ_c 为可变荷载组合值系数，其值按表 14-1、表14-2查取。

可变荷载组合值主要用于承载能力极限状态或正常使用极限状态按短期荷载效应组合的设计。

1.2.4　可变荷载频遇值

可变荷载频遇值是指在设计基准期内正常使用极限状态按频遇组合设计时采用的一种可变荷载的代表值。它是在统计学的基础上确定的，被超越的总时间仅为设计基准期的一小部分，或其超越频率限于某一给定的值。

可变荷载频遇值可表示为 $\Psi_f Q_k$，其中 Ψ_f 为可变荷载频遇值系数，其值按表 14-1、表14-2查取。

课题 2　建筑结构的极限状态

2.1　建筑结构的功能要求

2.1.1　结构设计使用年限

结构设计的目的是要使所设计的结构在规定的设计使用年限内能完成预期的全部功能要求。所谓设计使用年限，是指设计规定的结构或结构构件不需进行大修即可按其预定目的使用的时期。换言之，设计使用年限就是房屋建筑在正常设计、正常施工、正常使用和正常维护下所应达到的持久年限。

结构的设计使用年限应按表 14-5 采用。

结构的设计使用年限分类　　　　　　　　　　　　表 14-5

类　别	设计使用年限（年）	示　　　　例
1	5	临时性结构
2	25	易于替换的结构构件
3	50	普通房屋和构筑物
4	100	纪念性建筑和特别重要的建筑结构

2.1.2　结构功能要求

建筑结构在规定的设计使用年限内应满足安全性、适用性和耐久性三项功能要求。

安全性：指结构在正常施工和正常使用的条件下，能承受可能出现的各种作用；在设计规定的偶然事件（如强烈地震、爆炸、车辆撞击等）发生时和发生后，仍能保持必需的整体稳定性，即结构仅产生局部的损坏而不致发生连续倒塌。

适用性：指结构在正常使用时具有良好的工作性能。例如，不会出现影响正常使用的过大变形或振动；不会产生使使用者感到不安的裂缝宽度等。

耐久性：指在正常维护条件下结构能够正常使用到规定的设计使用年限。例如,结构材料不致出现影响功能的损坏，钢筋混凝土构件的钢筋不致因保护层过薄或裂缝过宽而锈蚀等。

2.1.3　建筑结构的安全等级

建筑物的重要性不同，对生命财产的危害程度和对社会影响程度也就不同。《建筑结构可靠度设计统一标准》（GB50068—2001）（以下简称《统一标准》）将建筑结构分为三个安全等级：

一级：破坏后果很严重的重要建筑物；

二级：破坏后果严重的一般建筑；

三级：破坏后果不严重的次要建筑。

2.1.4　结构的可靠性、可靠度及可靠度指标

结构的可靠性是指：结构的安全性、适用性和耐久性的统称，它是结构在规定时间（设计使用年限）内，在规定条件（正常设计、正常施工、正常使用、正常维护）下，完成预定功能的能力。但在各种随机因素的影响下，结构完成预定功能的能力不能事先确定，只能用概率来描述。为此，我们引入结构可靠度的概念，即结构在规定时间（设计使用年限）内，在规定条件（正常设计、正常施工、正常使用、正常维护）下，完成预定功能的概率。结构的可靠度是结构可靠性的概率度量，即对结构可靠性的定量描述。

结构可靠度与结构使用年限长短有关。《统一标准》以结构的设计使用年限为计算结构可靠度的时间基准。当结构的使用年限超过设计使用年限后，并不意味着结构就要报废，但其可靠度将逐渐降低。还应说明，结构的设计使用年限不等同于设计基准期。可见可靠度是对可靠性的定量描述，把结构完成预定功能的概率称为"可靠概率"，用 p_s 表示；而结构不能完成预定功能的概率称为"失效概率"，用 p_f 表示。

显然 p_s 和 p_f 是互补的，即：

$$p_s = p\ (Z = R - S \geqslant 0)\ = 1 - p_f = 1 - p\ (Z = R - S < 0)$$

结构可靠性既可用可靠概率 p_s 来度量，也可用失效概率 p_f 来度量，即 p_f 越大，可靠度越小。

大量统计资料表明，作用效应 S 和结构抗力 R 都近似于正态分布，即 R（u_R，σ_R）、S（u_s，σ_s），这样工作状态 Z 近似于正态分布，即 Z（u_z，σ_z），其正态分布图如图 14-1 所示。

失效概率是当 $Z < 0$ 时分布曲线的尾部面积，此时

$$u_z = u_R - u_s$$

$$\sigma_z = \sqrt{\sigma_R^2 + \sigma_s^2}$$

式中　u_z、u_s、u_R——Z、S、R 的平均值；

　　　σ_z、σ_s、σ_R——Z、S、R 的标准差。

由图 14-1 可以看出，β 和 p_f 不仅在数值上，而且在物理意义上都有一一对应的关系，当 β 越大，p_f 越小，因此，β

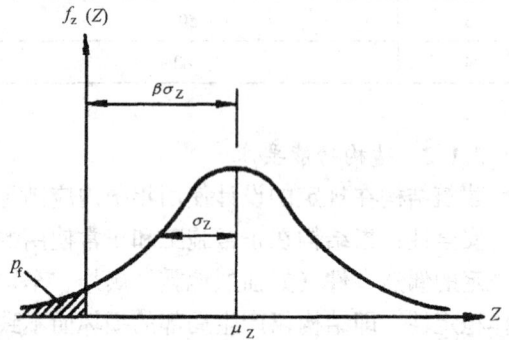

图 14-1　Z 的正态分布图

和 p_f 一样可以作为衡量结构可靠度的一个指标，β 称为结构的可靠度指标。由于计算 p_f 一般要通过多重积分，计算比较复杂，而 β 的概念比较清楚，还可以由基本的统计参数直接表达，因此可以采用可靠度指标 β 代替失效概率 p_f 来度量结构可靠性，设计表达式为：

$$\beta \geq [\beta]$$

式中　β——结构或构件实际具有的可靠度指标；

　　$[\beta]$——《统一标准》，允许的目标可靠度指标，根据构件破坏类型及安全等级确定，构件破坏类型及安全等级见表 14-6。

构件破坏类型及安全等级　　　　　　　　　　　　　　　表 14-6

破坏类型	安　全　等　级		
	一级	二级	三级
延性破坏	3.7	3.2	2.7
脆性破坏	4.2	3.7	3.2

这就是以概率理论为基础，以各种功能要求的极限状态作为设计依据和概率极限状态设计法，因此法还没有达到完善程度，计算中又作了简化，故称近似概率法。

采用概率极限状态设计法进行结构设计时，《统一标准》采用以荷载代表值、材料性能标准值、几何参数标准值及各种分项系数表达的极限状态实用设计表达式。

2.2　极限状态的概念

结构的极限状态就是结构或构件满足结构安全性、适用性、耐久性三项功能中某一功

336

能要求的临界状态。超过这一界限，结构或其构件就不能满足设计规定的该功能要求，而进入失效状态。

结构极限状态分为以下两类：

2.2.1 承载能力极限状态

这种极限状态对应于结构或结构构件达到最大承载能力或不适于继续承载的变形。承载能力极限状态主要考虑关于结构安全性的功能。超过这一状态，便不能满足安全性的功能要求。当结构或结构构件出现下列状态之一时，即认为超过了承载能力极限状态：

（1）结构整体或局部作为刚体失去平衡，如雨篷的倾覆、挡土墙的滑移等；

（2）结构构件的实际应力超过材料强度或塑性变形过大而不适于继续承载；

（3）结构转变为机动体系而失去承载力；

（4）结构或结构构件因达到临界荷载而丧失稳定，如柱被压屈。

结构或结构构件一旦超过承载能力极限状态，将造成结构全部或部分破坏或倒塌，导致人员伤亡或重大经济损失，因此，在设计中对所有结构和构件都必须按承载力极限状态进行计算，并保证具有足够的可靠度。

2.2.2 正常使用极限状态

正常使用极限状态对应于结构或结构构件达到正常使用或耐久性能的某项规定限值。超过这一状态，便不能满足适用性或耐久性的功能要求。当结构或结构构件出现下列状态之一时，即认为超过了正常使用极限状态：

（1）影响正常使用或外观的变形；

（2）影响正常使用或耐久性能的局部损坏（包括裂缝）；

（3）影响正常使用的振动；

（4）影响正常使用的其他特定状态等。

从以上四种特定状态可以看出，结构或构件超过该类状态时将不能正常工作，影响其耐久性和适用性，但一般不会导致人身伤亡或重大经济损失。虽然超过正常使用极限状态的后果一般不如超过承载能力极限状态那样严重，但也不可忽视。例如，过大的变形会造成房屋内粉刷层剥落、门窗变形、屋面积水等后果；水池和油罐等结构开裂会引起渗漏等。

工程设计时，其可靠性可比承载能力极限状态略低一些，一般先按承载力极限状态设计结构构件，再按正常使用极限状态验算。

2.3 极限状态方程

结构可靠度通常受到荷载、材料强度、截面几何参数等因素的影响，而这些因素一般具有随机性，称为"随机变量"X_i（$i = 1$，2，3……，n）。结构和构件按极限状态进行设计时，针对所需要的各种结构功能（如安全性、适用性和耐久性），可用下列结构功能函数 Z 来描述。为简化起见，仅以荷载效应 S 和结构抗力 R 两个基本变量来表达结构的功能函数，则有

$$Z = g (S, R) = R - S \tag{14-1}$$

式（14-1）中，荷载效应 S 和结构抗力 R 均为随机变量，其函数 Z 也是一个随机变量。实际工程中，可能出现以下三种情况（图 14-2）：

当 $Z > 0$ 时，结构处于可靠状态；

当 $Z < 0$ 时，结构处于失效状态；

当 $Z = 0$ 时，结构处于极限状态。

显然：式（14-1）为极限方程。

当结构按照极限状态设计时，应满足以下要求：

$$Z = g\ (S,\ R) = R - S \geqslant 0 \qquad (14\text{-}2)$$

课题 3 极限状态设计方法

3.1 影响结构可靠性的因素

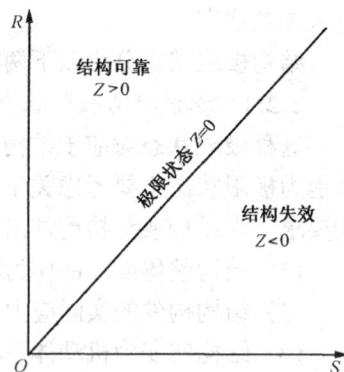

影响结构可靠性的因素有很多，主要有作用效应和结构抗力两个方面。

图 14-2 结构所处的状态

3.1.1 作用效应（S）

结构上的作用，不管是直接作用还是间接作用，都会对结构产生内力和变形（如轴力、剪力、弯矩、扭矩、扰度、转角、裂缝等），把这些称为"作用效应"，用 S 表示。一般情况下，当结构材料处于弹性阶段时，可以认为作用和作用效应之间呈一种线形关系，即

$$S = CQ \qquad (14\text{-}3)$$

式中　　C——作用效应系数；

　　　　Q——结构上的作用。

如承受均布荷载的简支梁，其跨中弯矩为 $M = \dfrac{1}{8}ql^2$，支座的剪力为 $F_Q = \dfrac{1}{2}ql$。其中 q 为作用在简支梁的荷载；l 为简支梁的计算长度；ql 就为作用在结构上的合力。M、F_Q 都是作用效应，也就是在荷载作用下的内力（弯矩和剪力），而 $\dfrac{l^2}{8}$ 和 $\dfrac{l}{2}$ 则分别是弯矩和剪力的作用效应系数。

3.1.2 结构抗力（R）

所谓结构抗力是指结构或构件承受作用效应的能力。当一个构件制作完成后，它抵抗外界的能力（即抗力 R）是一定的，而作用于构件上的作用效应是随外界作用的变化而变化的。

构件抗力 R 是结构内部固有的，结构抗力 R 的大小主要取决于材料的力学性能、构件几何参数及计算模式的精确性。

1. 结构构件材料性能

钢筋混凝土结构构件的材料性能是指钢筋和混凝土的强度性能和变形性能，一般采用标准试件和标准试验方法来确定。根据大量试验结果表明，由于材质不均匀，材料性能测试值并非固定不变，而是一个随机变量。图 14-3 所示为某厂的一批钢筋试验所得的结果，图中的阶梯形直线表明实测数据的直方图，曲线代表与实测数据相接近的频率分布曲线。混凝土材料强度的变化规律也有类似的特点，不过强度值的离散性更大一些。由此可见，

钢筋和混凝土的强度概率分布,一般服从正态分布规律。

材料强度是影响结构抗力的主要因素,钢筋和混凝土材料的强度分为强度的标准值和设计值,各在不同的极限状态下使用。

材料强度的标准值是结构设计时所采用的材料强度的基本代表值。材料强度标准值可取其概率分布的 0.05 分位数确定。此时它小于强度平均值而处于概率分布的下限区,是有 95% 的保证率。由图 14-3 可见,实际强度低于强度标准值的概率尚有 5%,这将在结构设计中根据不同的设计目的而引入材料的分项系数予以考虑。材料强度标准值 f_k 除以材料强度分项系数 γ_f 后的值,称为材料强度设计值 f。

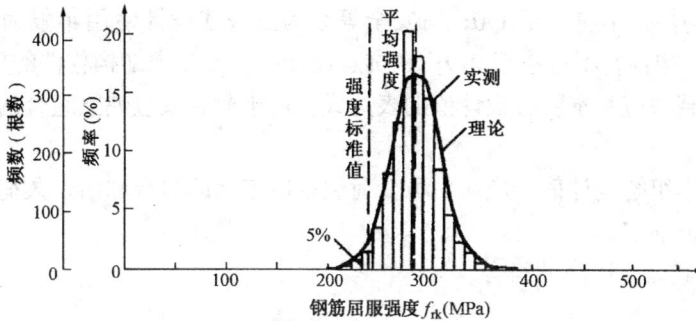

图 14-3　某厂钢筋屈服强度统计结果

2. 结构构件的几何参数

结构构件的截面几何参数是影响结构抗力 R 的另一主要因素。结构构件的几何参数是指结构构件的截面几何特征,如高、长、面积、形状等。构件的截面尺寸越大,其抵抗外力的能力也越强。当构件截面尺寸和形状一定时,制作和安装上的偏差对结构抗力也有一定的影响,这些因素的影响通常也是随机分布变量。

3.2　分项系数的概念

3.2.1　荷载分项系数

在承载能力极限状态设计中计算构件的内力时,为了充分考虑荷载的离散性及计算内力时进行简化所带来的不利影响,还必须对荷载标准值乘以一个大于 1 的系数,称为荷载分项系数。考虑到可变荷载比永久荷载的离散性要大些,因而对可变荷载的分项系数取值也大一些,具体取值按现行《建筑结构荷载规范》取用。荷载设计值即为分项系数与荷载标准值的乘积,用于承载力极限状态设计。

3.2.2　材料分项系数

在承载能力极限状态设计表达式中,为了充分考虑材料的离散性和施工中不可避免的偏差带来的不利影响,必须将材料强度的标准值除以一个大于 1 的系数,这个系数称为材料强度的分项系数。它是经过对构件的可靠度分析求得的,材料强度标准值除以分项系数即为材料强度设计值。

3.3　承载能力极限状态的设计表达式

现行规范采用以概率理论为基础的极限状态设计方法,用分项系数的设计表达式进行计算。

3.3.1 按承载能力极限状态设计的实用表达式

结构构件的承载力设计应采用下列极限状态设计表达式：

$$\gamma_0 S \le R \tag{14-4}$$

式中 R——结构构件的承载力设计值，即抗力设计值；

S——荷载效应的基本组合或偶然组合的设计值；

γ_0——结构构件的重要性系数，对安全等级为一级或设计使用年限为 100 年及以上的结构构件，不应小于 1.1；对安全等级为二级或设计使用年限为 50 年的结构构件，不应小于 1.0；对安全等级为三级或设计使用年限为 5 年及以下的结构构件，不应小于 0.9；在抗震设计中，不考虑结构构件的重要性系数。

下面介绍荷载效应基本组合设计值的表达式，对于荷载效应偶然组合的设计值可参阅有关规范。

荷载效应基本组合设计值，应从由可变荷载效应控制的组合和由永久荷载效应控制的组合中取最不利值确定。

1. 由可变荷载效应控制的组合

$$S = \gamma_G S_{Gk} + \gamma_{Q1} S_{Q1k} + \sum_{i=2}^{n} \gamma_{Qi} \Psi_{ci} S_{Qik} \tag{14-5}$$

式中 γ_G——永久荷载分项系数，当其效应对结构不利时：对由可变荷载效应控制的组合，取 1.2；对由永久荷载效应控制的组合，取 1.35；当其效应对结构有利时：一般情况下，取 1.0；对结构的倾覆、滑移或漂浮验算，取 0.9；

S_{Gk}——按永久荷载标准值 G_k 计算的荷载效应值；

γ_{Qi}——第 i 个可变荷载的分项系数，一般情况下取 1.4；对标准值大于 4kN/m² 的工业房屋楼面结构的活荷载取 1.3；

S_{Qik}——按可变荷载标准值 Q_{ik} 计算的荷载效应值，其中 S_{Q1k} 为诸可变荷载效应中最大值；

n——参与组合的可变荷载数。

需要说明的是：基本组合中的设计值仅适用于荷载与荷载效应为线形的情况；当对 S_{Q1k} 无法明显判定时，依次以各可变荷载效应为 S_{Q1k}，选其中不利的荷载效应组合。

2. 由永久荷载效应控制的组合

$$S = \gamma_G S_{Gk} + \sum_{i=1}^{n} \gamma_{Qi} \Psi_{ci} S_{Qik} \tag{14-6}$$

Ψ_{ci}——可变荷载 Q_i 的组合值系数，当风荷载和其他可变荷载组合时取 0.6，当没有风荷载参与组合时取 1.0。

应当注意，当考虑以竖向的永久荷载效应控制的组合时，参与组合的可变荷载仅限于竖向荷载。

对于一般排架、框架结构，基本组合采用简化原则，并应按照组合值中的最不利值确定。

（1）由可变荷载控制的组合

$$S = \gamma_G S_{Gk} + \gamma_{Q1} S_{Q1k}$$

$$S = \gamma_G S_{Gk} + 0.9 \sum_{i=1}^{n} \gamma_{Qi} S_{Qlk}$$

（2）由永久荷载效应控制的组合仍按式（14-6）采用

以上各式中，$\gamma_G S_{Gk}$ 和 $\gamma_Q S_{Qk}$ 分别称为恒荷载效应设计值和活荷载效应设计值。相应地，$\gamma_G G_k$ 和 $\gamma_Q Q_k$ 分别称为恒荷载设计值和活荷载设计值，它是荷载标准值与相应的荷载分项系数的乘积。

【例 14-1】某办公楼钢筋混凝土矩形截面简支梁，安全等级为二级，截面尺寸 $b \times h = 200mm \times 400mm$，计算跨度 $l_0 = 5m$。承受均布线荷载：活荷载标准值 7kN/m，恒荷载标准值 10kN/m（不包括自重）。求跨中最大弯矩设计值。

【解】活荷载组合值系数 $\Psi_c = 0.7$，结构重要性系数 $\gamma_0 = 1.0$。

钢筋混凝土的重度标准值为 $25kN/m^3$，故梁自重标准值为 $25 \times 0.2 \times 0.4 = 2\ kN/m$，

总恒荷载标准值 $g_k = 10 + 2 = 12kN/m$。

$$M_{gk} = \frac{1}{8} g_k l_0^2 = \frac{1}{8} \times 12 \times 5^2 = 37.5 kN \cdot m$$

$$M_{qk} = \frac{1}{8} q_k l_0^2 = \frac{1}{8} \times 7 \times 5^2 = 21.875 kN \cdot m$$

由恒载弯矩控制的跨中弯矩设计值为：

$\gamma_0 (\gamma_G M_{gk} + \Psi_c \gamma_Q M_{qk}) = 1.0 \times (1.35 \times 37.5 + 0.7 \times 1.4 \times 21.875) = 72.063 kN \cdot m$

由活载弯矩控制的跨中弯矩设计值为：

$\gamma_0 (\gamma_G M_{gk} + \gamma_Q M_{qk}) = 1.0 \times (1.2 \times 37.5 + 1.4 \times 21.875) = 75.625 kN \cdot m$

取较大值得跨中弯矩设计值 $M = 75.625 kN \cdot m$

3.3.2 正常使用极限状态的验算

按正常使用极限状态设计的实用表达式。

对于正常使用极限状态，应根据不同的设计要求，采用荷载效应的标准组合、频遇组合或准永久组合，按下列设计表达式进行设计：

$$S \leqslant C \tag{14-7}$$

式中　S——变形、裂缝等荷载效应的设计值；

C——结构构件达到正常使用要求所规定的限值，如变形、裂缝宽度、应力等。

变形、裂缝等荷载效应的设计值 S 应符合下列规定：

1. 基本组合

$$S = S_{Gk} + S_{Qlk} + \sum_{i=2}^{n} \Psi_{ci} S_{Qik}$$

2. 频遇组合

$$S = S_{Gk} + \Psi_{fl} S_{Qlk} + \sum_{i=2}^{n} \Psi_{qi} S_{Qik}$$

3. 准永久组合

$$S = S_{Gk} + \sum_{i=1}^{n} \Psi_{qi} S_{Qik}$$

（1）挠度验算

受弯构件挠度验算的一般公式为：

$$f_{max} \leqslant [f]$$

式中 f_{max}——受弯构件按荷载效应的标准值并考虑长期作用影响计算的最大挠度；

　　 $[f]$——规范规定的允许挠度。

（2）裂缝宽度验算

根据正常使用极限状态对结构构件的要求，将正截面的裂缝控制等级分为三级：

一级：严格要求不出现裂缝的构件，按荷载效应标准组合计算时，构件受拉边缘混凝土不应产生拉应力；

二级：一般要求不出现裂缝的构件，按荷载效应标准组合计算时，构件受拉边缘混凝土拉应力不应大于混凝土抗拉强度标准值；按荷载效应准永久值计算时，构件受拉边缘混凝土不宜产生拉应力，当有可靠经验时可适当放松；

三级：允许出现裂缝的构件，按荷载效应标准组合并考虑长期作用影响计算时，构件的最大裂缝宽度 ω_{max} 不应超过规定的最大裂缝宽度限值。

混凝土结构的正常使用极限状态主要是验算构件的变形、抗裂度或裂缝宽度，使其不超过相应的规定限值。

砌体结构的正常使用极限状态要求，一般情况下可由相应的构造措施保证。

钢结构的正常使用极限状态要求通过构件的刚度验算保证。

3.4 关于耐久性的规定

一般混凝土工程的使用寿命在 50～100 年左右，不少工程在 10～20 年后就必须进行维修。我国的基础设施建设工程宏大，每年大约有 2 万亿人民币以上，这些工程在 30～50年后，也都将进入维修期，需要的维修和重建费用将会更高。要减少维修和重建的费用，可从提高混凝土的耐久性方面入手来加强混凝土的耐久性。

混凝土结构应符合有关耐久性规定，以保证其在化学、生物以及其他使结构材料性能恶化的各种侵蚀的作用下，达到预期的耐久年限。混凝土结构的耐久性按结构所处环境和设计使用年限设计。其中，使用环境类别按表 14-7 划分。

（1）一类、二类和三类环境中，设计使用年限为 50 年的结构，混凝土应符合表 14-8的规定。

混凝土结构的使用环境类别　　　　　　　　　　　　表 14-7

环境类别		说　　明
一		室内正常环境：无侵蚀性介质、无高温高湿影响、不与土壤直接接触的环境
二	a	室内潮湿环境；非严寒和非寒冷地区的露天环境、与无侵蚀性的水或土壤直接接触的环境
	b	严寒和寒冷地区的露天环境、与无侵蚀性的水或土壤直接接触的环境
三		使用除冰盐的环境；严寒及寒冷地区冬季水位变动的环境；滨海室外环境
四		海水环境
五		受人为或自然的侵蚀性物质影响的环境

注：严寒和寒冷地区的划分应符合国家现行标准《民用建筑热工设计规程》JGJ24 的规定。

环境类别		最大水灰比	最小水泥用量（kg/m³）	混凝土强度等级不小于	氯离子含量不大于（%）	碱含量不大于（kg/m³）
一		0.65	225	C20	1.0	不限制
二	a	0.60	250	C25	0.3	3.0
	b	0.55	275	C30	0.2	3.0
三		0.50	300	C30	0.1	3.0

注：1. 氯离子含量按水泥总量的百分率计；

2. 预应力混凝土构件中的氯离子含量不得超过 0.06%；最小水泥用量为 300kg/m³；最低混凝土强度等级应按表中规定提高两个等级；

3. 素混凝土构件的最小水泥用量不应少于表中数值减 25kg/m³；

4. 当混凝土中加入活性掺合料或能提高耐久性的外加剂时，可适当降低最小水泥用量；

5. 当有可靠工程经验时，处于一类和二类环境中的最低混凝土强度等级可降低一个等级；

6. 当使用非碱活性骨料时，可不对混凝土中的碱性含量进行控制。

（2）一类环境中，设计使用年限为 100 年的结构混凝土应符合下列规定：

1）钢筋混凝土结构的混凝土强度等级不应低于 C30；预应力混凝土结构的最低强度等级为 C40。

2）混凝土中氯离子含量不得超过水泥重量的 0.06%。

3）宜使用非碱活性骨料；当使用碱活性骨料时，混凝土中的碱含量不得超过 3.0kg/m³。

4）混凝土保护层厚度应按相应的规定增加 40%；当采取有效的表面防护措施时，混凝土保护层厚度可适当减少。

5）在使用过程中应有定期维护措施。

（3）对于设计寿命为 100 年且处于二类和三类环境中的混凝土结构应采取专门、有效的措施。

（4）严寒及寒冷地区的潮湿环境中，结构混凝土应满足抗冻要求，混凝土抗冻等级应符合有关标准的要求。

（5）有抗渗要求的混凝土结构，混凝土的抗渗等级应符合有关标准的要求。

（6）三类环境中的结构构件，其受力钢筋宜采用环氧涂层带肋钢筋；对预应力锚具及连接器应有专门防护措施。

（7）四类和五类环境中的混凝土结构，其耐久性要求应符合有关标准的规定。

对临时性混凝土结构，可不考虑混凝土的耐久性要求。

复习思考题

1. 什么是永久荷载、可变荷载和偶然荷载？

2. 什么是结构功能的极限状态？承载能力极限状态和正常使用极限状态的含义分别是什么？

3. 建筑结构应满足哪些功能要求？其中最重要的一项是什么？

4. 我国结构设计基准期一般为多少年？是否等于结构的使用寿命？

5. 什么是荷载代表值？永久荷载、可变荷载分别以什么为代表值？

6. 什么是可变荷载的组合值、频遇值及准永久值？

7. 简述正常使用极限状态计算时，变形、裂缝等荷载效应组合的表达式。说明各符号代表的含义。

习　题

1. 某住宅楼面梁，由恒载标准值引起的弯矩 $M_{gk} = 40\text{kN·m}$，由楼面活荷载标准值引起的弯矩 $M_{qk} = 25\text{kN·m}$，活荷载组合值系数 $\Psi_c = 0.7$，结构安全等级为二级。试求梁的最大弯矩设计值 M。

2. 某钢筋混凝土矩形截面简支梁，截面尺寸 $b \times h = 250\text{mm} \times 500\text{mm}$，计算跨度 $l_0 = 4\text{m}$，梁上作用恒载标准值（不含自重）12kN/m，活荷载标准值 7kN/m，活荷载组合值系数 $\Psi_c = 0.7$，梁的安全等级为二级。试求梁的跨中最大弯矩设计值。

参 考 文 献

1　刘祥顺．建筑材料．北京：中国建筑工业出版社，1997

2　柯国军．建筑材料质量控制．北京：中国建筑工业出版社，2003

3　魏鸿汉．建筑材料．北京：中国建筑工业出版社，2004

4　杨　静．建筑材料．北京：中国水利水电出版社，2004

5　纪士斌．建筑材料．北京：清华大学出版社，2004

6　张　健．建筑材料与检测．北京：化学工业出版社，2003

7　胡兴福．建筑力学与结构．武汉：武汉理工大学出版社，2004

8　张良成．工程力学与结构．北京：科学出版社，2002

9　刘寿梅．建筑力学．北京：高等教育出版社，2001

10　薛正庭．土木工程力学．北京：机械工业出版社，2003

11　陶红林．建筑结构．北京：化工工业出版社，2002

12　魏明钟．钢结构．武汉：武汉工业出版社，2000

13　张曦主编．建筑力学．北京：中国建筑工业出版社，2002

14　葛若东主编．建筑力学．北京：中国建筑工业出版社，2004

15　于英主编．工程力学．北京：中国建筑工业出版社，2005

16　刘丽华等主编．建筑力学与结构．北京：中国电力出版社，2004

17　沈伦序主编．建筑力学．北京：高等教育出版社，1990

18　赵研主编．建筑识图与构造．北京：中国建筑工业出版社，2004

19　陈国瑞主编．建筑识图与CAD．北京：化学工业出版社，2004

20　建筑设计常用数据手册．北京：中国建筑工业出版社，1997

21　中华人民共和国国家标准 GB/T50001—2001　　GB/T50003—2001　　GB/T50004—2001　　GB/T50005—2001
　　GB/T50007—2002

22　中华人民共和国行业标准 JGJ79—2002　J220—2002